电子信息工程专业规划教材

数字信号处理

主　编　时　颖　康　辉　陈义平
副主编　马仲甜　崔　月　谷广宇　王奎奎

哈尔滨工程大学出版社
Harbin Engineering University Press

内 容 简 介

本书共9章，系统地阐述了数字信号处理的基本概念、基本原理和基本分析方法，主要内容包括绪论、离散时间信号和系统基础、离散傅里叶变换、快速傅里叶变换、数字滤波器结构与有限字长效应、IIR数字滤波器的设计、FIR数字滤波器的设计、多速率信号处理和数字信号处理实验。各章后均附有习题或思考题。附录中给出了MATLAB主要函数命令和英汉名词对照表。本书引入了丰富的MATLAB仿真实例，有利于学生加深对基础理论的理解。

本书适合作为普通高等学校电子信息类专业和相近专业的本科生和研究生的教材，也可作为科技人员的参考书。

图书在版编目(CIP)数据

数字信号处理 / 时颖，康辉，陈义平主编. —哈尔滨：哈尔滨工程大学出版社，2021.7
ISBN 978-7-5661-3083-9

Ⅰ. ①数… Ⅱ. ①时… ②康… ③陈… Ⅲ. ①数字信号处理 Ⅳ. ①TN911.72

中国版本图书馆CIP数据核字(2021)第144334号

数字信号处理
SHUZI XINHAO CHULI

选题策划 包国印
责任编辑 雷　霞
封面设计 刘长友

出版发行 哈尔滨工程大学出版社
社　　址 哈尔滨市南岗区南通大街145号
邮政编码 150001
发行电话 0451-82519328
传　　真 0451-82519699
经　　销 新华书店
印　　刷 哈尔滨市石桥印务有限公司
开　　本 787 mm×1 092 mm　1/16
印　　张 20.25
字　　数 479千字
版　　次 2021年7月第1版
印　　次 2021年7月第1次印刷
定　　价 49.80元
http://www.hrbeupress.com
E-mail:heupress@hrbeu.edu.cn

前　言

随着信息技术的日新月异，数字信号处理的理论与应用得到了飞跃式发展，形成了一门非常重要的学科。当今，我们正全面进入数字化、信息化和智能化的时代，而数字化是信息化和智能化的基础。本书正是阐述信号数字化的分析和处理技术。数字信号处理课程是电子信息类专业重要的专业基础课程。本课程内容丰富、理论性强，既要使学生学习足够的理论知识，又要注重对学生技术应用能力的培养。本课程的先修课程是信号与系统、工程数学等。本书中有些内容，如 Z 变换等，可以根据学生已有的基础进行适当的调整。本书每章都给出了丰富的例题、习题和 MATLAB 仿真实例，便于读者理解和掌握数字信号处理学科的基础知识和基本理论的应用，以提高分析问题和解决问题的能力。

本书第 1 章和第 5 章由时颖编写，第 2 章由马仲甜编写，第 3 章由崔月编写，第 4 章由王奎奎编写，第 6 章和第 7 章由康辉编写，第 8 章由谷广宇编写，第 9 章和附录由陈义平编写。习题答案等数字资源，由对应章节编者进行编写。全书由时颖统稿，康辉和陈义平协助统稿。

本书在编写过程中汲取了许多国内外优秀教材的精华，参考或使用了其中一些内容、例题和习题，在本书出版之际，谨向这些文献的作者们致以衷心的感谢！

由于作者水平有限，疏漏与不妥之处在所难免，欢迎广大读者批评指正。

编　者

2021 年 4 月

目　　录

第 1 章　绪论 …… 1

1.1　数字信号处理的定义和特点 …… 1

1.2　数字信号处理系统的基本组成与实现方法 …… 3

1.3　数字信号处理的研究对象及应用领域 …… 5

1.4　数字信号处理的发展趋势 …… 6

1.5　数字信号处理的学科概貌 …… 6

习题 …… 8

第 2 章　离散时间信号和系统基础 …… 9

2.1　离散时间信号——序列 …… 9

2.2　离散时间系统 …… 18

2.3　离散时间信号的频域分析 …… 24

2.4　离散时间系统的频域分析 …… 38

2.5　离散时间信号的复频域分析 …… 40

2.6　离散时间系统的复频域分析 …… 55

2.7　信号时域抽样与信号重建 …… 62

2.8　离散信号与系统分析的 MATLAB 仿真 …… 68

习题 …… 82

第 3 章　离散傅里叶变换 …… 85

3.1　傅里叶变换的四种形式 …… 85

3.2　离散傅里叶变换的定义及性质 …… 87

3.3　利用 DFT 计算线性卷积 …… 100

3.4　利用 DFT 分析连续非周期信号的频谱 …… 105

3.5　正弦信号的抽样 …… 117

3.6　短时傅里叶变换 …… 119

3.7　利用 MATLAB 实现信号 DFT 的计算 …… 120

习题 …… 125

第 4 章　离散傅里叶变换的快速算法 …… 128
4.1　基 2 时域抽取的 FFT 算法 …… 128
4.2　基 2 频域抽取的 FFT 算法 …… 132
4.3　基 4 时域抽取的 FFT 算法 …… 134
4.4　混合基 FFT 算法 …… 136
4.5　实序列的 DFT 计算 …… 138
4.6　IDFT 的快速算法 …… 140
习题 …… 140
第 5 章　数字滤波器结构与有限字长效应 …… 142
5.1　离散时间系统的结构及表示方法 …… 142
5.2　无限长脉冲响应(IIR)数字滤波器的基本结构 …… 144
5.3　有限长脉冲响应(FIR)数字滤波器的基本结构 …… 149
5.4　数字滤波器的格型结构 …… 157
5.5　有限字长效应 …… 163
5.6　数字滤波器网络结构的 MATLAB 实现 …… 171
习题 …… 176
第 6 章　IIR 数字滤波器的设计 …… 179
6.1　模拟低通滤波器的设计 …… 179
6.2　模拟非低通滤波器的设计 …… 187
6.3　脉冲响应不变法 …… 190
6.4　双线性变换法 …… 194
6.5　利用 MATLAB 实现 IIR 数字滤波器的设计 …… 198
习题 …… 204
第 7 章　FIR 数字滤波器的设计 …… 206
7.1　线性相位 FIR 滤波器的条件、特点及结构 …… 206
7.2　窗函数法设计线性相位 FIR 数字滤波器 …… 211
7.3　频率取样法设计线性相位 FIR 数字滤波器 …… 221
7.4　线性相位 FIR 数字滤波器的最优化设计 …… 223
7.5　线性相位 FIR 数字滤波器设计方法的比较 …… 228
7.6　FIR 与 IIR 数字滤波器的比较 …… 228

7.7　利用 MATLAB 实现 FIR 数字滤波器的设计 …… 229
习题 …… 238
第 8 章　多速率信号处理 …… 240
8.1　多速率系统中的基本单元 …… 240
8.2　用正有理数 *I/D* 做抽样率转换 …… 247
8.3　多相分解 …… 256
8.4　两通道滤波器组 …… 267
8.5　多速率信号处理的 MATLAB 仿真 …… 277
习题 …… 288
第 9 章　数字信号处理实验 …… 292
9.1　实验一:时域采样和频域采样 …… 292
9.2　实验二:利用 FFT 对正弦信号进行频谱分析 …… 294
9.3　实验三:IIR 数字滤波器设计 …… 295
9.4　实验四:FIR 数字滤波器设计 …… 297
9.5　实验五:双音多频信号的检测 …… 298
9.6　实验六:探究性实验课题——压缩感知原理及应用 …… 302
附录 A　MATLAB 主要命令函数表 …… 304
附录 B　汉英名词对照表 …… 309
参考文献 …… 314

第1章 绪　　论

伴随着信息科学和计算机技术的日新月异，数字信号处理（digital signal processing，DSP）的理论和应用得到了飞跃式发展。信息科学和技术研究的核心内容主要是信息的获取、传输、处理、识别和综合利用等。作为研究数字信号与系统基本理论和方法的数字信号处理，已经形成一门独立的学科体系。数字信号处理是应用性很强的学科，随着超大规模集成电路的发展及计算机技术的进步，数字信号处理理论与技术日趋成熟，并且仍在不断发展中。数字信号处理技术在越来越广阔的科技领域中发挥作用，其重要性也在不断提高。

1.1 数字信号处理的定义和特点

1.1.1 数字信号处理的定义

数字信号是用数字序列表示的信号，数字信号处理是指通过计算机或专用处理设备，用数值计算的方法对数字序列进行各种处理，将信号变换成符合需要的某种形式的过程。数字信号处理主要包括数字滤波和数字频谱分析两大部分。例如，对数字信号进行滤波，限制其频带或滤除噪声和干扰，以提取和增强信号的有用分量；对信号进行频谱分析或功率谱分析，了解信号的频谱组成，以对信号进行识别。当然，用数字方式对信号进行滤波、变换、增强、压缩、估计和识别等处理，都是数字信号处理的研究范畴。

数字信号处理在理论上所涉及的范围非常广泛。数学领域中的微积分、概率统计、随机过程、高等代数、数值分析、复变函数和各种变换（如傅里叶变换、Z变换、离散傅里叶变换、小波变换等）都是它的基本工具，网络理论、信号与系统等则是它的理论基础。在学科发展上，数字信号处理又和最优控制、通信理论等紧密相关，目前已成为人工智能、模式识别、神经网络等新兴学科的重要理论基础，其实现技术又与计算机科学和微电子技术密不可分。特别是与深度学习等机器学习理论结合后，提升了信号处理的能力和手段，扩展了信号处理的应用范围。因此，数字信号处理既把经典的理论体系作为自身的理论基础，又使自己成为一系列新兴学科的理论基础。

1.1.2 数字信号处理的特点

与模拟信号处理相比，数字信号处理具有以下优点：

（1）精度高。在模拟系统中，它的精度是由元器件决定的，模拟元器件的精度很难达到

10^{-3}以上。而在数字系统中,17 位字长的数字信号处理系统,其精度可达 10^{-6}。在计算机和微处理器普遍采用 16 位或 32 位存储器的情形下,配合适当的编程或采用浮点算法,可以达到相当高的精度。所以在高精度系统中,有时只能采用数字系统。

(2)稳定性高。数字系统只有 0 和 1 两个信号电平,受噪声及环境条件等影响小。模拟系统各参数都有一定的温度系数,易受环境条件,如温度、振动、电磁感应等影响,产生杂散效应甚至振荡等。而且数字系统使用了超大规模集成电路,其故障率远远小于采用分立元件构成的模拟系统。

(3)灵活性好。数字信号处理系统的性能取决于系统参数,而这些参数存放在存储器中,改变存放的参数,就可改变系统的性能,得到不同的系统。数字信号处理系统的灵活性还表现在可以利用一套计算设备同时处理多路相互独立的信号,即所谓的"时分复用"。

(4)易于大规模集成。数字部件由逻辑元件和记忆元件构成,具有高度的规范性,易于大规模集成化和大规模生产,对电路参数要求不严,故产品成品率高,这也是 DSP 芯片迅速发展的原因之一。尤其是对于低频信号,如地震信号分析,需要过滤几赫兹至几十赫兹的信号,用模拟系统处理时,电感器和电容器的数值、体积、质量非常大,且性能也不能达到要求,而数字信号处理系统在低频率区间却非常具有优势。

(5)时分复用。时分复用就是利用数字信号处理器同时处理几个通道的信号。由于数字信号的相邻两抽样值之间有一定的空隙时间,因而在同步器的控制下,其他路的信号被送入此时间空隙中,而各路信号利用同一个数字信号处理器,数字信号处理器在同步器的控制下,计算完一路信号后,再计算另外一路信号。所以,处理器的运算速度越高,能处理的信道数目也就越多。

(6)可获得高性能指标。当用频谱分析仪对信号进行谱分析时,模拟频谱仪只能分析 10 Hz 以上频率,而数字频谱分析仪完全可以分析 10^{-3} Hz 的频率。

此外,采用数字信号处理系统还可以方便地完成信息安全中的数字加密,并且能够实现模拟系统无法完成的许多复杂的处理功能,如信号的任意存取、严格的线性相位特性、解卷积和多维滤波等。数字信号处理系统进行存储和运算,可以获得许多高的性能指标,对于低频信号尤其优越。目前数字信号处理系统的速度还不能达到处理高频信号(如射频信号)的要求。然而,随着大规模集成电路、高速数字计算机的发展,尤其是微处理器的发展,数字信号处理系统的速度将会越来越高,数字信号处理也会越来越显示出其优越性。

当然,数字信号处理也有缺点,主要包括:

(1)增加了系统的复杂性。需要模拟接口和比较复杂的数字系统。

(2)速度不高,应用的频率范围受到限制:主要是因为 A/D 转换的采样频率受到限制,当处理的信号频率很高时数字系统不能完全取代模拟系统,必须采用模拟系统和数字系统相结合的方式实现。

(3)系统的功率消耗比较大。数字处理系统中集成了巨量的晶体管,而模拟系统中大量使用的是电阻、电容、电感等无源器件,随着系统的复杂性增加,这一矛盾会更加突出。

1.2　数字信号处理系统的基本组成与实现方法

1.2.1　数字信号处理系统的基本组成

数字信号处理系统是应用数字信号处理方法来处理模拟信号的系统，其基本组成如图 1.2.1 所示。

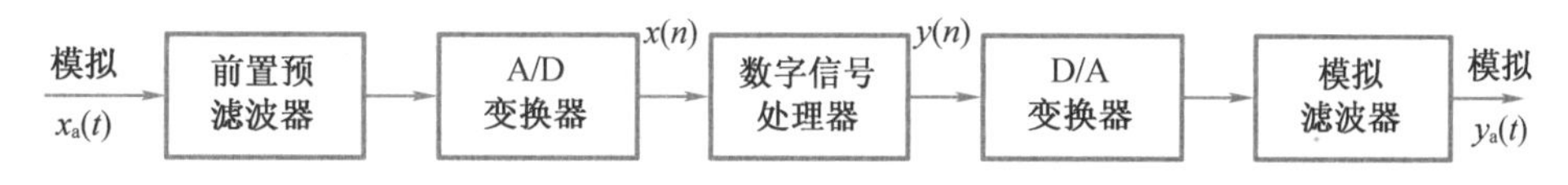

图 1.2.1　数字信号处理系统的基本组成

为了用数字的方法处理模拟信号，首先必须数字化模拟信号 $x_a(t)$，即模拟信号首先通过一个连续时间的前置预滤波器，将输入模拟信号的最高频率限制在一定范围内，改善信号的带限性能，有利于后面的采样，具有抗混叠作用。然后在 A/D 变换器中进行采样、量化和编码处理，将模拟信号变成时间上和幅值上均为量化离散的信号，即数字信号 $x(n)$。模拟信号到数字信号转换中的各种信号关系如图 1.2.2 所示，由于 A/D 变换器采用有限的二进制位，它所能表示的信号幅度也是有限的，这些幅度称为量化电平。假设用 3 位二进制表示离散信号幅度的 8 个量化电平（对应的二进制码也在图中标出），当离散信号幅度与量化电平不相同时，就要以最接近的一个量化电平来近似它。所以经过 A/D 变换器后，不仅时间离散化了，而且幅度也离散化了，这种信号被称为数字信号，它是数的序列，每个数用有限个二进制码表示。随后，数字信号 $x(n)$ 通过数字信号处理器，按照预先的要求，将信号 $x(n)$ 进行处理得到输出信号 $y(n)$。数字信号处理器承担数字信号的各种处理工作，它既可以是一台通用计算机，又可以是由各种硬件或软/硬件构成的专用处理器，还可以是某个处理软件或软件包。

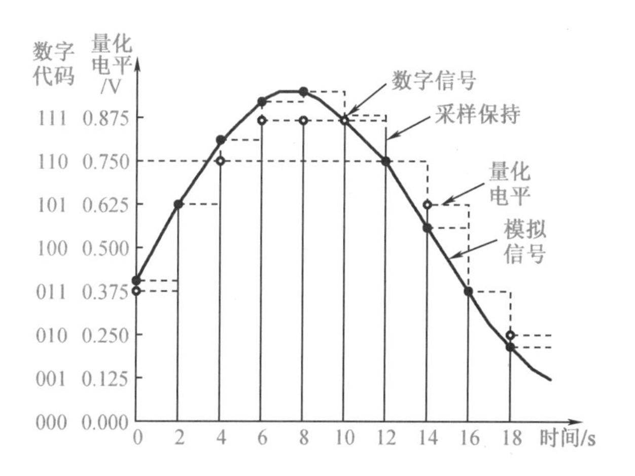

图 1.2.2　模拟信号到数字信号转换中的各种信号关系

$y(n)$送入 D/A 变换器,经过一个取样保持电路将二进制数值序列变换为连续时间脉冲序列,其波形是一个阶梯信号。该阶梯信号经模拟低通滤波器进一步平滑,滤除不需要的高频跳变,得到平滑的所需的模拟信号 $y_a(t)$。图 1.2.3 是 D/A 变换器的输入数字信号、零阶保持信号(即量化阶梯信号)和平滑滤波后的模拟信号的波形示意图。

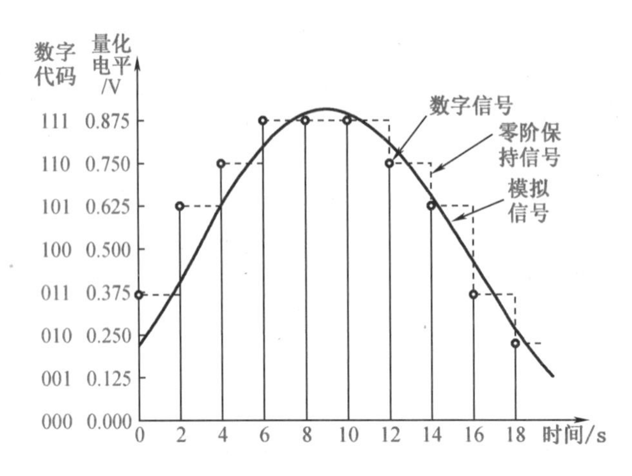

图 1.2.3　数字信号到模拟信号转换中的各种信号关系

实际的数字信号处理系统不一定要包括图 1.2.1 中的所有部分。例如,对于纯数字系统,就只需要数字信号处理器这一核心部分。

1.2.2　数字信号处理的实现方法

数字信号处理的主要研究对象是数字信号,并采用数值运算的方法达到处理的目的。数字信号处理的实现方法基本上可以分为软件实现方法、硬件实现方法和软/硬件相结合的实现方法。数字信号处理的理论、算法和实现方法三者是密不可分的。具体有以下方法。

(1)采用通用计算机利用软件实现:按照原理和算法,自行编写程序或采用现有程序在通用计算机上实现的一种方法。软件采用高级语言编写,也可以用商品化的各种 DSP 软件如 MATLAB、SYSTEMVIEW 等。该方法实现简单、灵活,但实时性较差,不能用于实时系统,主要用于教学和科研的前期研制阶段。

(2)利用硬件实现:按照具体的要求和算法,设计硬件结构图,用乘法器、加法器、延时器、存储器、控制器及输入/输出接口部件实现的一种方法,可以达到实时处理的要求,但不够灵活。

(3)利用单片机实现:单片机价格便宜,功能很强,可根据不同环境配置不同的单片机,能实现实时控制,但数据运算量不能太大,即单片机不能进行复杂的信号处理。

(4)利用通用 DSP 芯片实现:DSP 芯片配有乘法器和累加器,结构上采用并行结构、多总线和流水线工作方式,且配有适合数字信号处理的高效指令,是一类可实现高速运算的微处理器。DSP 技术及其应用已成为信息处理学科研究的核心内容之一。

(5)利用专用信号处理芯片实现:市场上推出的专门用于快速傅里叶变换(fast Fourier

transform,FFT)和有限长单位冲激响应(finite impulse response,FIR)滤波器、卷积、相关等专用芯片,其软件算法已经固化在芯片内部,使用非常方便。这种方式比通用DSP芯片速度更快,但功能比较单一,灵活性较差。

目前世界上生产DSP芯片的厂家主要有TI公司、AT&T公司、Motorola公司、AD公司等。TI公司的产品包括四个成熟的产品体系:C2000系列、C5000系列、C6000系列和OMAP系列。

1.3 数字信号处理的研究对象及应用领域

随着数字信号处理性能的迅速提高和产品成本的大幅下降,数字信号处理的应用范围不断扩大,几乎遍及整个电子领域并涉及所有的工程技术领域,其中常见的典型应用如下:

(1)语音处理。语音处理是最早应用数字信号处理技术的领域之一,也是最早推动数字信号处理理论发展的领域之一。语音处理主要包括语音邮件、语音压缩、语音信号分析、语音增强、语音合成、语音编码、语音识别、文本语音变换等。

(2)图形/图像处理。数字信号处理技术已成功应用于静止图像、活动图像的恢复与增强、去噪、数据压缩和图像识别等,还应用于三维图像变换、动画、电子出版和电子地图等。

(3)通信。在现代通信技术领域,几乎所有分支都受到数字信号处理的影响。高速调制解调、编/译码、自适应均衡、多路复用等都广泛采用了数字信号处理技术。数字信号处理在传真、数字交换、移动通信、数字基站、电视会议、保密通信和卫星通信等领域也得到了广泛应用,并且随着互联网的迅猛发展,数字信号处理又在网络管理/服务和网络(IP)电话等新领域广泛应用。软件无线电的提出和发展进一步增强了数字信号处理在无线通信领域的应用。

(4)数字电视。数字电视取代模拟电视、高清晰度电视的普及依赖于视频压缩和音频压缩技术取得的成就,而数字信号处理及其相关技术是视频压缩和音频压缩技术的重要基础。

(5)军事与尖端科技。雷达和声呐信号处理、雷达成像、自适应波束合成、阵列天线信号处理、导弹制导、全球定位系统(global positioning system,GPS)、航空航天和侦察卫星等无一不用到数字信号处理技术。

(6)生物医学工程。数字信号处理技术在生物医学中应用广泛,如心脑电图、超声波、电子计算机断层扫描(computed tomography,CT)、核磁共振和胎儿心音的自适应检测等。

(7)电力系统。通过对各种电力参数的采集和分析,可以判断输电线路是否出现故障,进而确定故障发生的位置。

(8)气体检测。通过对有害、易燃、易爆气体的检测,可以预防气体泄漏,防止重大伤害的发生。常用方法包含可调谐二极管吸收光谱技术,具有稳定性强、准确性高的特点。

(9)移动机器人控制。机器人通过红外、激光、触觉、摄像头等传感器,把周围环境及自身姿态传送给处理器,控制系统对大量的实时信号进行处理,发出相应的操作指令,控制机器人避开障碍物,并按照规划的路径运动。

(10)物联网。通过信号处理及滤波可以消除物联网采集、传送信号中混杂的噪声,保证物联网的稳定运行。例如,远程医疗监测的心电图信号由于电源干扰,含有较大的电路噪声,此时可以采用数字信号处理技术滤除这些噪声,准确获取病人的身体机能指标。

(11)消费电子产品。消费电子产品包括数字音频、数字电视、CD/VCD/DVD 播放器、数字留言/应答机、电子玩具和游戏等。

(12)仪器仪表。仪器仪表包括频谱分析仪、函数发生器、地震信号处理器、瞬态分析仪等。

(13)工业控制与自动化。应用数字信号处理技术的工业控制与自动化产品包括激光打印机控制、伺服控制、计算机辅助制造、自动驾驶等。

1.4 数字信号处理的发展趋势

数字信号处理有以下几个发展趋势:

(1)由简单运算走向复杂运算。目前几十位乘以几十位的全并行乘法器可以在数纳秒内完成一次浮点乘法运算,在速度和精度上,为复杂的数字信号处理算法提供了先决条件。

(2)由低频走向高频。模数转换器的采样频率已高达数百兆赫,可以将视频甚至更高频率的信号数字化后送入计算机处理。

(3)由一维走向多维。高分辨率彩色电视、雷达、矿产勘探等多维信号处理的应用领域不断扩大。

传统的数字信号处理方法都是在已知信号的时频或统计特性时,根据用途设计一种固定的滤波器,如低通滤波器、高通滤波器、带通滤波器、带阻滤波器,仅通过调整少量的滤波器参数来适应不同数据类型的特点,是一种基于规则的信号处理技术。近年来,机器学习,特别是深度学习在计算机视觉、语音信号处理及识别方面展示出强大的能力,因此其同样也被逐渐引入数字信号处理领域。与传统信号处理方法相比,机器学习特别是深度学习尽可能地减少了对数据的先验假设,是一种数据驱动的信号处理方法,能够准确地实现线性变化、卷积等信号处理,使得滤波过程变得更加灵活,更具有适应性。

1.5 数字信号处理的学科概貌

在国际上一般把 1965 年由 Cooley - Turkey 提出的 FFT,作为数字信号处理这一学科的开端。数字信号处理的基本工具:微积分、概率统计、随机过程、高等代数、数值分析、近代代数、复杂函数。数字信号处理的理论基础:离散线性移不变(离散 LSI)系统理论、离散傅里叶变换(DFT)。在学科发展上,数字信号处理又和最优控制、通信理论、故障诊断等紧密相连,成为人工智能、模式识别、神经网络、数字通信等新兴学科的理论基础。

数字信号处理学科有两个基本的学科分支，即数字滤波（digital filtering）和数字频谱分析（spectral analysis）。二维及多维信号处理（multi-dimension procession）则是数字信号处理新的发展领域，新的发展领域不断有新的技术涌现。

数字信号处理学科内容包括：

（1）离散时间线性时不变系统分析。

（2）离散时间信号时域及频域分析、DFT 理论。

（3）信号的采集，包含 A/D 技术、D/A 技术、抽样、多率抽样、量化噪声理论等。

（4）数字滤波技术。

（5）谱分析与 FFT、快速卷积与相关算法。

（6）自适应信号处理。

（7）估计理论，包括功率谱估计及相关函数估计等。

（8）信号的压缩，包括语音信号与图像信号的压缩。

（9）信号的建模，包括 AR、MA、ARMA、CAPON、PRONY 等各种模型。

（10）其他特殊算法（同态处理、抽取与内插、信号重建等）。

（11）数字信号处理的实现。

（12）数字信号处理的应用。

数字信号处理的学科概貌可用图 1.5.1 概述。

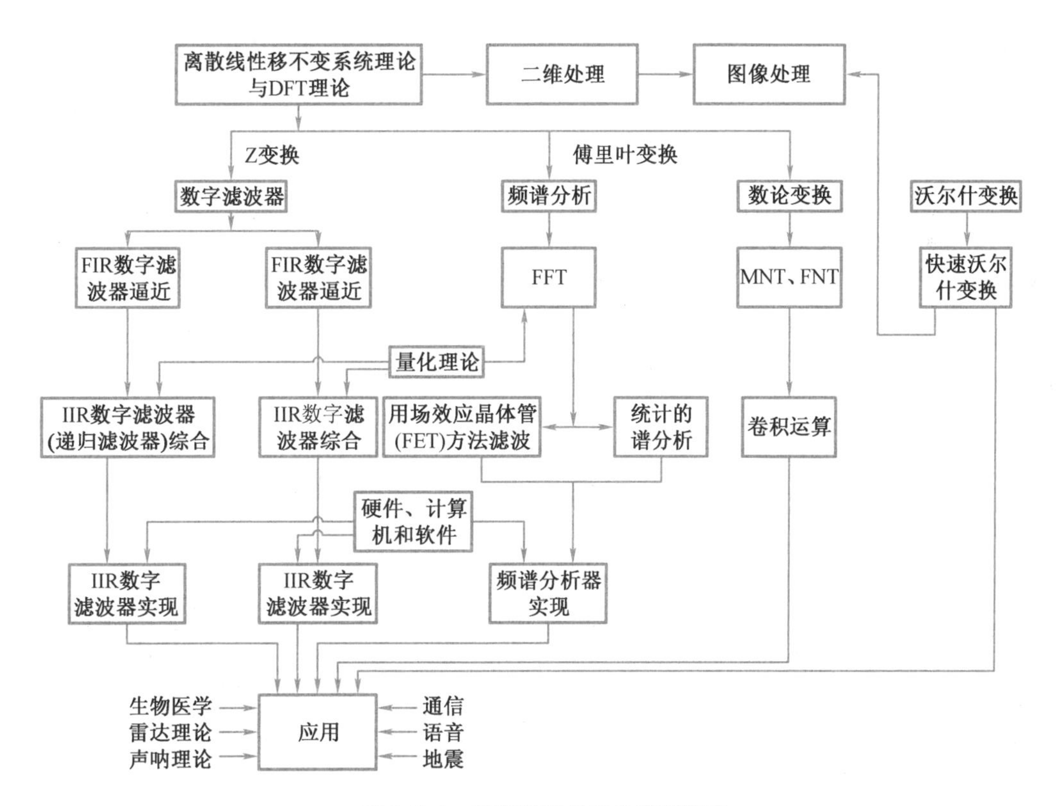

图 1.5.1　数字信号处理的学科概貌

习　　题

1. 数字系统较模拟系统有哪些优势?
2. 数字信号处理系统的基本组成是怎样的?
3. 数字信号处理的实现方式有哪几种?
4. 数字信号处理的应用领域都有哪些?
5. 数字信号处理的发展趋势是怎样的?
6. 数字信号处理器件发展现状如何?
7. 数字信号处理学科包含哪些内容?

答案

第 2 章　离散时间信号和系统基础

信号常指一个或多个自变量的函数,仅有一个自变量称为一维信号,有多个自变量则称为多维信号,在本书中研究讨论一维信号。如果信号的自变量和函数值取值均连续,则称为模拟信号或时域连续信号,如语音、温度、湿度、速度等;如果自变量和函数值均离散,则称为离散时间信号,如果对函数值进行量化则称为数字信号。传输和处理离散时间信号的系统为离散时间系统。信号和系统的分析方法包括时域分析法和频域分析法。在离散时间信号系统中,信号用离散时间信号(序列)表示,系统时域特性用差分方程描述,频域特性用傅里叶变换或 Z 变换描述。

本章学习离散时间信号的表示、序列的差分方程,利用差分方程分析系统和信号的时域特征;学习序列的傅里叶变换和 Z 变换,利用 Z 变换分析系统和信号的频域特征。本章内容是本书也是数字信号处理的理论基础。

2.1　离散时间信号——序列

实际遇到的信号通常为模拟信号,对其进行等间隔采样即可得到离散时间信号。假设 $x_a(t)$ 表示模拟信号,以 T 为采样间隔对其采样,得到:

$$x(n) = x_a(t)\big|_{t=nT} = x_a(nT),\ -\infty < n < \infty \tag{2.1.1}$$

式中,$x(n)$ 为离散时间信号,n 取整数,也可将 $x(n)$ 看成 $x_a(nT)$ 的集合形式:

$$x(n) = \{\cdots, x_a(-T), x_a(0), x_a(T), x_a(2T), \cdots\}$$

式中,$x(n)$ 表示一串有序的数的集合,因此离散时间信号也成了序列。离散时间信号有三种表示方法。

1. 集合符号表示序列

离散时间信号是一个有序的数的集合,因此可用集合符号表示:

$$x(n) = \{x_n, n = \cdots, -2, -1, 0, 1, 2, \cdots\}$$

例如,一个有限长序列可以表示为

$$x(n) = \{1,2,3,4,5,4,3,2,1; n = 0,1,2,3,4,5,6,7,8\}$$

也可简单地表示为

$$x(n) = \{\underline{1},2,3,4,5,4,3,2,1\}$$

式中,集合中下画线的元素 $\underline{1}$ 表示 $n=0$ 时刻的采样值。

2. 公式表示序列

可用公式表示序列,以指数函数为例,序列可写成:

$$x(n)=a^{|n|},\quad 0<a<1,-\infty<n<\infty$$

3. 图解表示序列

离散时间信号也常用图解(波形)表示,如图 2.1.1 所示,线段的长短表示各序列值的大小,$x(n)$仅在 n 取整数时才有意义,对于 n 的非整数值,$x(n)$无意义。

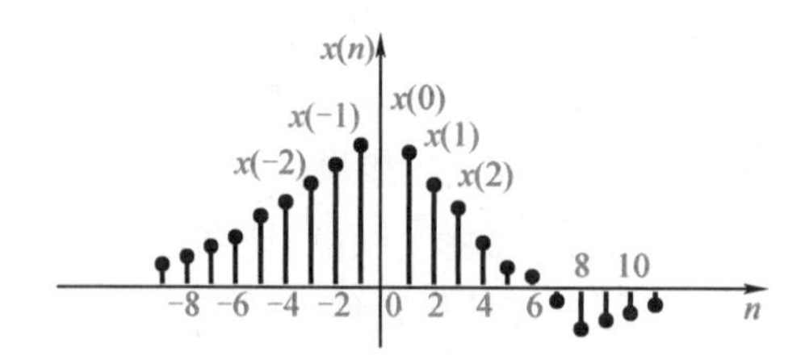

图 2.1.1　离散时间信号的图形

这是一种直观表示序列的方法,实际中要根据具体情况运用三种表示方法。对于一般的序列而言,包括由实际信号采样得到的序列,或没有明显规律的数据,可用集合或图解方法表示。

2.1.1　常用序列

1. 单位采样序列 $\delta(n)$

单位采样序列也称为离散时间冲击、单位冲击序列,标记为 $\delta(n)$,定义如下:

$$\delta(n)=\begin{cases}1, & n=0\\0, & n\neq0\end{cases}\tag{2.1.2}$$

单位采样序列的特点是仅在 $n=0$ 时取值为 1,其他情况均为 0。和模拟信号中的单位冲击函数 $\delta(t)$类似,但 $\delta(t)$在 $t=0$ 时为无穷大,其他情况均为 0,对时间 t 积分为 1。单位采样序列如图 2.1.2 所示。

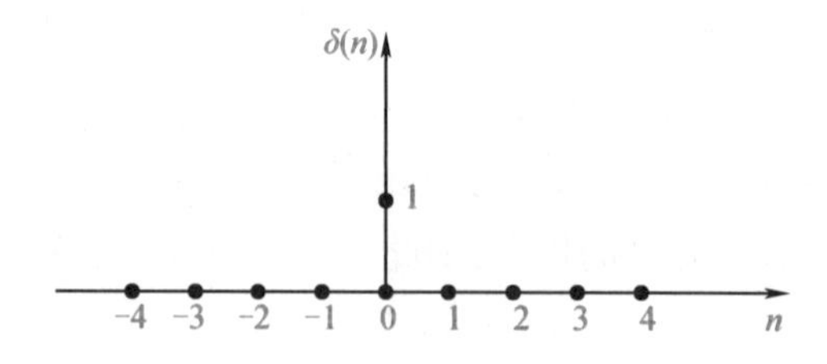

图 2.1.2　单位采样序列

平移 n_0 个样本的单位采样序列表示为

$$\delta(n-n_0)=\begin{cases}1, & n=n_0\\0, & n\neq n_0\end{cases}\tag{2.1.3}$$

移位单位采样序列 $\delta(n-n_0)$在 $n=n_0$ 处的值为 1,在其余各处均为 0。将任意离散时间序列 $\delta(n)$与 $\delta(n-n_0)$相乘,其结果 $x(n)\delta(n-n_0)$除点 $n=n_0$ 外其他处均为 0。由此可得出离散时间单位样值序列的抽样性质：

$$x(n)\delta(n-n_0)=\begin{cases}x(n_0), & n=n_0\\ 0, & n\neq n_0\end{cases} \tag{2.1.4}$$

和

$$\sum_{n=a}^{b}x(n)\delta(n-n_0)=\sum_{n=a}^{b}x(n_0)\delta(n-n_0)=x(n_0) \tag{2.1.5}$$

式中，$a<n_0<b$。

2. 单位阶跃序列 $u(n)$

单位阶跃序列标记为 $u(n)$，定义如下：

$$u(n)=\begin{cases}1, & n\geqslant 0\\ 0, & n<0\end{cases}=\{\cdots,0,0,\underset{\uparrow}{1},1,1,\cdots\} \tag{2.1.6}$$

单位阶跃序列如图 2.1.3 所示。其与模拟信号中的单位阶跃函数 $u(t)$ 类似。

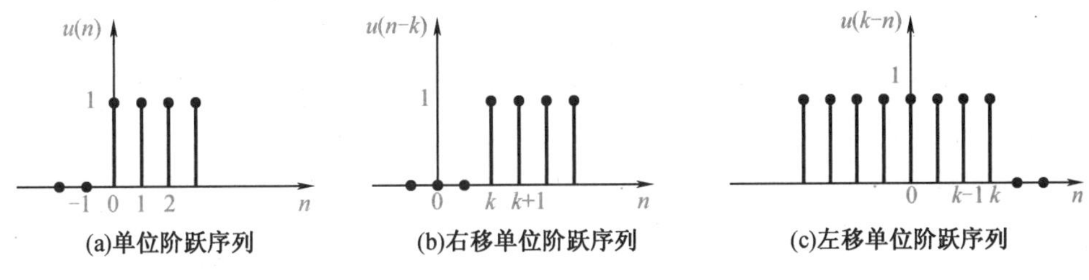

图 2.1.3　单位阶跃序列

$\delta(n)$ 和 $u(n)$ 的关系：

$$u(n)=\sum_{k=0}^{+\infty}\delta(n-k)=\sum_{k=-\infty}^{n}\delta(k) \tag{2.1.7}$$

同理，单位样值序列 $\delta(n)$ 也可以用移位阶跃序列来描述：

$$\delta(n)=u(n)-u(n-1) \tag{2.1.8}$$

式中，$u(n-1)$ 是 $u(n)$ 的位移序列。一般而言，若序列 $y(n)$ 与序列 $x(n)$ 满足关系 $y(n)=x(n-k)$，则称序列 $y(n)$ 为序列 $x(n)$ 的位移（或延迟）序列。其中 k 为整数且当 $k>0$ 时为前向（或右）位移；$k<0$ 时为后向（或左）位移。另外，根据定义式（2.1.6），$u(k-n)$ 在 $k-n\geqslant 0$，也就是 $n\leqslant k$ 时为 1，如果 $k>0$，则 $u(k-n)$ 的波形如图 2.1.3（c）所示。单位阶跃序列 $u(n)$ 可用来描述一个“通、断”过程，如 5 V 直流电源接通后的状态（或样本值）可以表示为 $5u(n)$。

3. 矩形序列 $R_N(n)$

矩形序列标记为 $R_N(n)$，定义如下：

$$R_N(n)=\begin{cases}1, & 0\leqslant n\leqslant N-1\\ 0, & \text{其他}\end{cases} \tag{2.1.9}$$

式中，N 为矩形序列的长度。当 $N=5$ 时，$R_5(n)$ 的波形如图 2.1.4 所示。

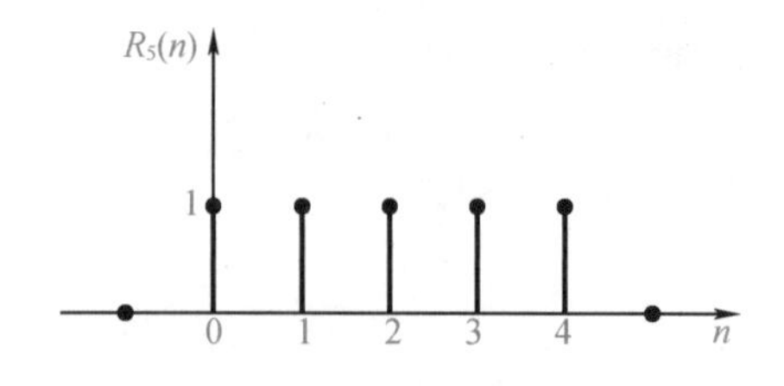

图 2.1.4 矩形序列

矩形序列可用单位阶跃序列 $u(n)$ 表示为如下形式：

$$R_N(n)=u(n)-u(n-N) \tag{2.1.10}$$

用单位采样序列 $\delta(n)$ 表示为如下形式：

$$R_N(n)=\sum_{m=0}^{N}\delta(n-m) \tag{2.1.11}$$

4. 实指数序列 $a^n u(n)$

实指数序列标记为 $a^n u(n)$，定义如下：

$$x(n)=a^n u(n),a\ 为实数 \tag{2.1.12}$$

当 $|a|<1$ 时，$x(n)$ 的幅度随 n 的增大而减小，称 $x(n)$ 为收敛序列；当 $|a|>1$ 时，则称为发散序列，其波形如图 2.1.5 所示。

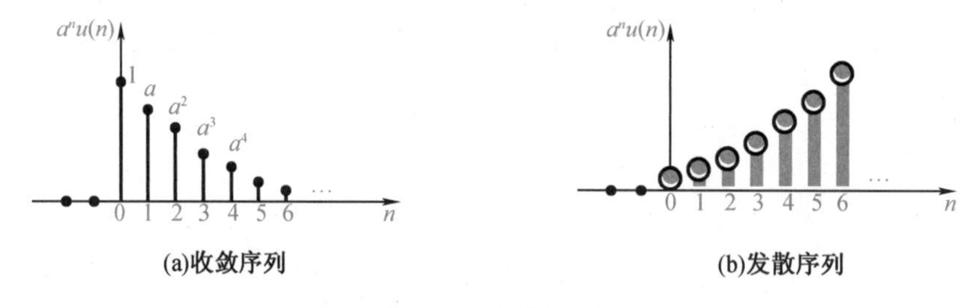

(a)收敛序列 (b)发散序列

图 2.1.5 实指数序列

5. 正弦序列

正弦序列，标记为 $\sin(\omega n)$，定义如下：

若以 T_s 为采样间隔对一模拟正弦信号 $x(t)=\cos(\omega t+\theta)$ 进行采样，在采样时刻 $t=nT_s$ 的模拟正弦信号值就可表示为

$$x(nT_s)=\cos(\omega nT_s+\theta) \tag{2.1.13}$$

式中，$\omega=2\pi f$ 是模拟角频率；n 为采样点数；$f_s=\dfrac{1}{T_s}$ 为采样频率；θ 为初相角。于是上式又可写成：

$$x(nT_s)=\cos\left(n2\pi\frac{f}{f_s}+\theta\right)=\cos(n2\pi F+\theta)=\cos(n\Omega+\theta) \tag{2.1.14}$$

式中，$F=f/f_s$ 是归一化频率，称为数字频率（单位：周期/样本）；$\Omega=2\pi F$ 是数字角频率（单位：rad）。由于模拟域中的采样值在数字域中通常被记为 $x(n)=x(nT_s)$，因此在不考虑量

化误差的情况下就有：

$$x(n)=\cos(n2\pi\frac{f}{f_s}+\theta)=\cos(n2\pi F+\theta)=\cos(n\Omega+\theta) \tag{2.1.15}$$

显然，上式中：

$$\Omega=2\pi F=2\pi\frac{f}{f_s}=\frac{\omega}{f_s} \tag{2.1.16}$$

至此我们建立了模拟频率（或角频率 $\omega=2\pi f$）与数字频率 F（或数字角频率 $\Omega=2\pi F$）之间的关系。除此之外，假设 $f=f_s$，则有 $\Omega=2\pi$，即采样频率 f_s 对应于数字频率 2π。同样，$f_s/2$ 也就对应于数字频率 π。在后面我们将看到离散序列信号的频率响应是以 2π 为周期的周期函数，故习惯上绘制离散序列的频率响应时，其范围是 $(-\pi,\pi)$ 或 $(0,2\pi)$。

6. 复指数序列 $e^{(\sigma+j\omega_0)n}$

复指数序列标记为 $e^{(\sigma+j\omega_0)n}$，定义如下：

$$x(n)=e^{(\sigma+j\omega_0)n} \tag{2.1.17}$$

式中，ω_0 为数字域频率。设 $\sigma=0$，用极坐标和实部、虚部表示如下：

$$x(n)=e^{j\omega_0 n}$$

$$x(n)=\cos(\omega_0 n)+j\sin(\omega_0 n)$$

由于 n 取整数，下面等式成立：

$$e^{(\sigma+j\omega_0)n}=e^{j\omega_0 n}$$

$$\cos[(\omega_0+2\pi M)n]=\cos(\omega_0 n)$$

$$\sin[(\omega_0+2\pi M)n]=\sin(\omega_0 n)$$

式中，M 取整数，因此对数字频域而言，正弦序列和复指数序列都是以 2π 为周期的周期函数，其范围研究的主值在 $(-\pi,\pi)$ 或 $(0,2\pi)$ 就足够了。

7. 周期序列

对于序列 $x(n)$，如果对所有 n 存在一个最小的正整数 N，对任意整数 m 满足：

$$x(n)=x(n+mN),\quad -\infty<n<\infty \tag{2.1.18}$$

则称 $x(n)$ 为周期性序列，周期为 N。

以正弦序列为例讨论周期性，设 $x(n)=A\sin(\omega n+\varphi)$，则有

$$\begin{aligned}x(n+N)&=A\sin[\omega(n+N)+\varphi]\\&=A\sin(\omega N+\omega n+\varphi)\end{aligned}$$

若满足条件 $\omega N=2k\pi$，则

$$\begin{aligned}x(n+N)&=A\sin[\omega(n+N)+\varphi]\\&=A\sin(\omega n+\varphi)=x(n)\end{aligned}$$

N、k 为整数，k 的取值满足条件，且保证 N 为最小正整数。其周期为

$$N=\frac{2\pi k}{\omega}$$

(1) $2\pi/\omega$ 为整数时，取 $k=1$，保证 N 为最小正整数。此时为周期序列，周期为 $2\pi/\omega$。如序列 $x(n)=5\sin(\frac{\pi}{4}n+3)$，因为 $2\pi/\omega=8$，所以是一个周期序列，其周期 $N=8$。

(2)$2\pi/\omega$ 为有理数而非整数时,仍然是周期序列,周期大于 $2\pi/\omega$。如序列 $x(n)=2\cos(\frac{3\pi}{4}n+7)$,$2\pi/\omega=8/3$ 是有理数,所以是周期序列,取 $k=3$,得到周期 $N=8$。

(3)$2\pi/\omega$ 为无理数时,任何 k 都不能使 N 为正整数,这时正弦序列不是周期序列。如序列 $x(n)=2\cos(\frac{3}{4}\pi n+7)$ 是非周期序列。指数为纯虚数的复指数序列的周期性与正弦序列的情况相同。

8. 用单位脉冲序列表示任意序列

任何序列都可以用单位脉冲序列的移位加权和来表示,即

$$x(n)=\sum_{m=-\infty}^{\infty}x(m)\delta(n-m) \tag{2.1.19}$$

$x(n)$ 可看成是 $x(n)$ 和 $\delta(n)$ 的卷积和,式中

$$x(m)\delta(n-m)=\begin{cases}x(n), & m=n\\ 0, & m\neq n\end{cases}$$

例如,$x(n)$ 的波形如图 2.1.6 所示,可用式(2.1.19)表示成:

$$x(n)=a_{-3}\delta(n+3)+a_2\delta(n-2)+a_6\delta(n-6)$$

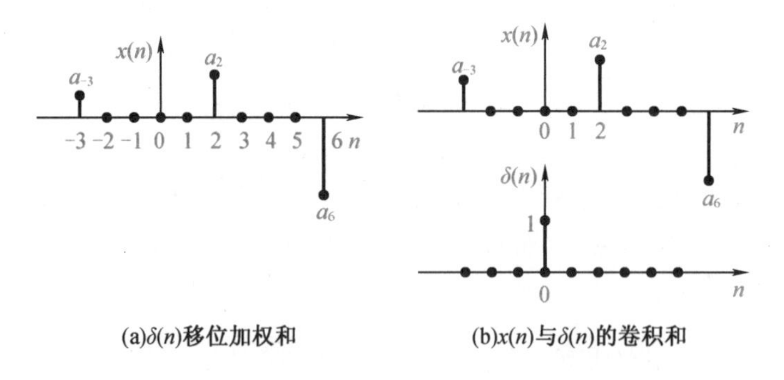

(a)$\delta(n)$移位加权和　　(b)$x(n)$与$\delta(n)$的卷积和

图 2.1.6　用单位采样序列移位加权和表示序列

2.1.2　序列的卷积运算

序列的卷积运算:

$$y(n)=\sum_{m=-\infty}^{\infty}x(m)h(n-m)=x(n)*h(n)$$

上式的运算关系称为卷积运算,式中 * 代表两个序列卷积运算。两个序列的卷积是一个序列与另一个序列反褶后逐次移位乘积之和,故称为离散卷积,也称为两序列的线性卷积。其计算的过程包括以下 4 个步骤。

(1)反褶:先将 $x(n)$ 和 $h(n)$ 的变量 n 换成 m,变成 $x(m)$ 和 $h(m)$,再将 $h(m)$ 以纵轴为对称轴反褶成 $h(-m)$。

(2)移位:将 $h(-m)$ 移位 n,得 $h(n-m)$。当 n 为正数时,右移 n 位;当 n 为负数时,左移 n 位。

(3)相乘:将 $h(n-m)$ 和 $x(m)$ 的对应点值相乘。

(4)求和:将以上所有对应点的乘积累加起来,即得 $y(n)$。

求解序列卷积的主要方法有图解法和竖乘法。

(1)图解法

【例2.1.1】　系统单位序列响应为 $h(n)=a^n u(n)$,其中 $0<a<1$。若激励信号为 $x(n)=u(n)-u(n-N)$,求响应 $y(n)$。

解　$y(n)=\sum\limits_{m=-\infty}^{\infty}x(m)h(n-m)=\sum\limits_{m=-\infty}^{\infty}[u(m)-u(m-N)]a^{n-m}u(n-m)$

图2.1.7给出了 $x(n)$、$h(n)$、$h(n-m)$ 序列图形。

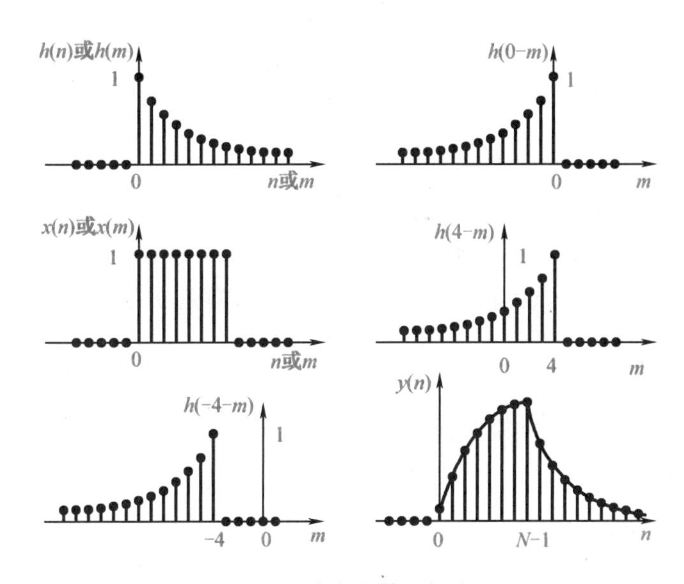

2.1.7　卷积和的图解法

由图看出:

当 $n<0$ 时:

$$y(n)=0$$

当 $0\leqslant n\leqslant N-1$ 时:

$$y(n)=\sum_{m=0}^{n}a^{n-m}=a^n\sum_{m=0}^{n}a^{-m}=a^n\frac{1-a^{-(n+1)}}{1-a^{-1}}$$

当 $n>N-1$ 时:

$$y(n)=\sum_{m=0}^{N-1}a^{n-m}=a^n\sum_{m=0}^{N-1}a^{-m}=a^n\frac{1-a^{-N}}{1-a^{-1}}$$

(2)竖乘法

【例2.1.2】　已知 $x_1(n)=2\delta(n)+\delta(n-1)+4\delta(n-2)+\delta(n-3)$,$x_2(n)=3\delta(n)+\delta(n-1)+5\delta(n-2)$,求卷积 $y(n)=x_1(n)*x_2(n)$。

解　本例给出的序列未能以闭式表示,为书写方便也可将它们写为

$$\{x_1(n)\} = \{\underset{\uparrow}{2},1,4,1\};\{x_2(n)\} = \{\underset{\uparrow}{3},1,5\}$$

序列下面的箭头标出 $n=0$ 的位置。也可在大括号下角标处标出第一个序列点的位置：

$$\{x_1(n)\} = \{2,1,4,1\}_0;\{x_2(n)\} = \{3,1,5\}_0$$

利用一种“对位相乘求和”的方法可以较快地求出卷积结果。为此，将两序列以各自 n 的最高值按右对齐，如下排列：

$x_1(n)$:			2	1	4	1
$x_2(n)$:				3	1	5
			10	5	20	5
		2	1	4	1	
	6	3	12	3		
	6	5	23	12	21	5

然后把逐个序列对应相乘但不要进位，最后把同一列上的乘积按对位求和即可得到 $y(n)$：

$$\{y(n)\} = \{\underset{\uparrow}{6},5,23,12,21,5\}$$

不难发现，这种方法实质上是将作图过程的反褶与移位两个步骤以对位排列方式巧妙地取代。这种方法采用与竖式乘法一样的格式进行，只不过要注意：各点要分别乘、分别加，且不跨点进位；卷积结果的起始序号等于两序列的非零起始序号（序列点）之和。

2.1.3　序列的运算

序列的简单运算包括加法、乘法、标乘、移位、翻转、时间尺度变换等。

1. 序列的加法和乘法运算

设序列为 $x(n)$ 和 $y(n)$，则序列 $z(n)=x(n)+y(n)$ 表示两个序列的和，定义为同序号的序列值逐项对应相加。

序列 $z(n)=x(n)\cdot y(n)$ 表示两个序列的积，定义为同序号的序列值逐项对应相乘，如图 2.1.8 所示。注意，序列相乘运算特别强调了“逐点”相乘，这是因为 MATLAB 定义的乘法算子有矩阵乘法和阵列乘法之分。其中矩阵乘法是标准的矩阵运算，而阵列乘法则规定了元素对元素的运算（即点乘）。这种差别在编程中是需要特别注意的。

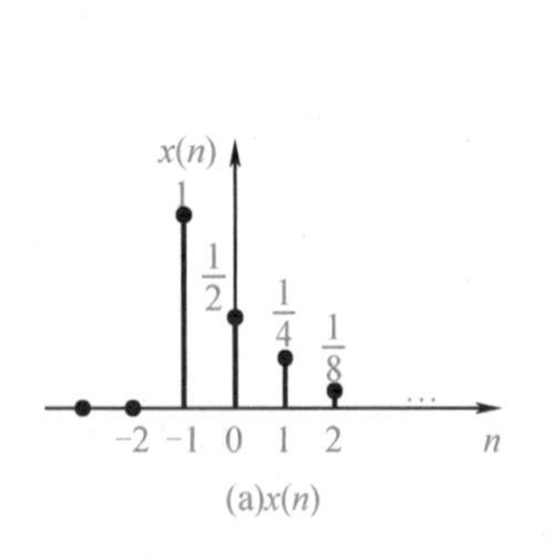

(a)$x(n)$

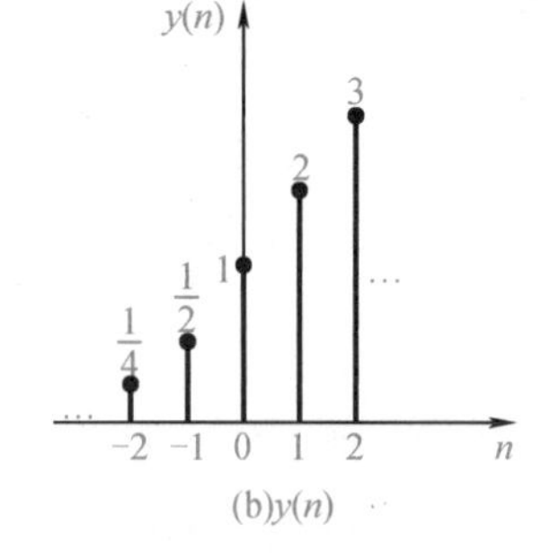

(b)$y(n)$

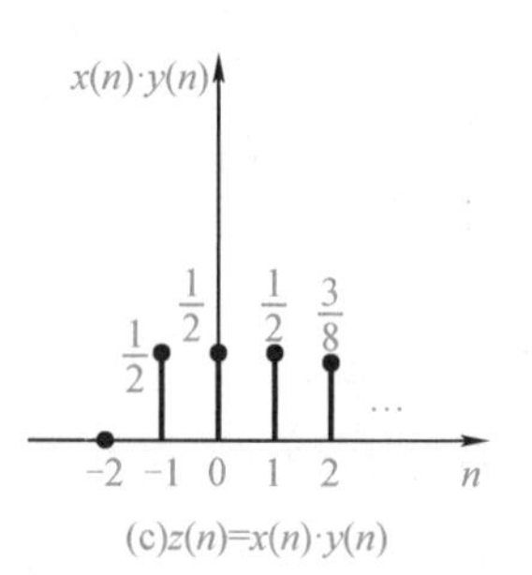

(c)$z(n)=x(n)\cdot y(n)$

图 2.1.8　序列的乘积

2. 序列的标乘

设序列为 $x(n)$，a 为常数($a \neq 0$)，则序列 $y(n)=ax(n)$ 表示将序列 $x(n)$ 的标乘，定义为各序列值均乘以 a，使新序列的幅度为原序列的 a 倍，如图 2.1.9 所示。

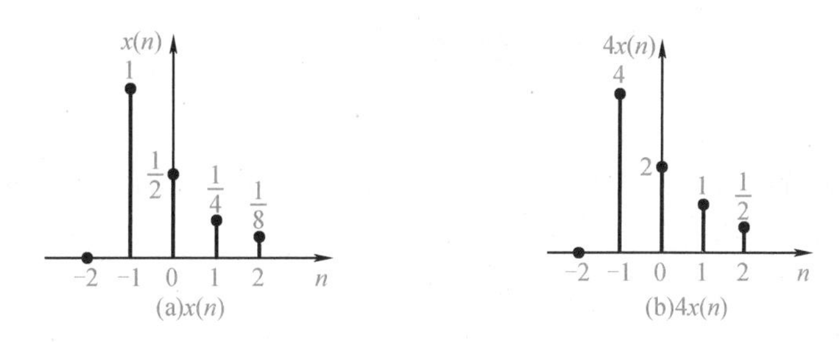

图 2.1.9　序列的标乘($a=4$)

3. 序列的移位

设序列为 $x(n)$，则序列 $y(n)=x(n-m)$ 表示将序列 $x(n)$ 进行移位。m 为正时：

$x(n-m)$：$x(n)$ 逐项依次延时(右移)m 位；

$x(n+m)$：$x(n)$ 逐项依次超前(左移)m 位。

m 为负时，则相反。如图 2.1.10 所示。

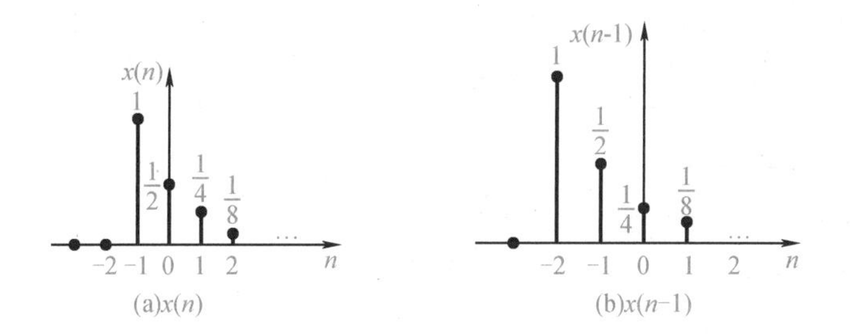

图 2.1.10　序列的移位

4. 序列的翻转

设某一序列为 $x(n)$，则 $x(-n)$ 是以 $n=0$ 为对称轴将序列 $x(n)$ 水平翻转，$x(-n)$ 称为序列 $x(n)$ 的翻转。若 $x(n)$ 如图 2.1.11(a)所示，则 $x(-n)$ 如图 2.1.11(b)所示。

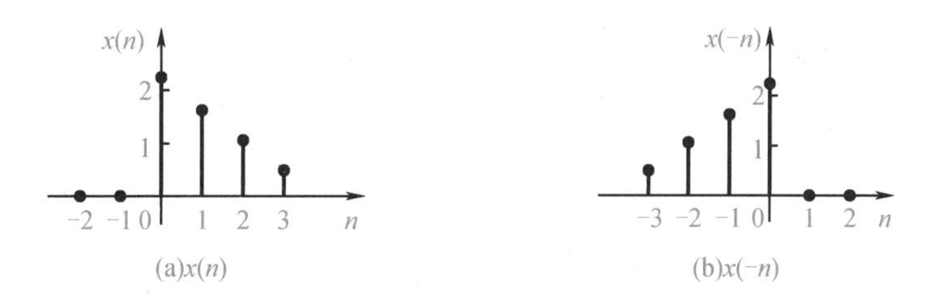

图 2.1.11　序列的翻转

5. 时间尺度变换

设序列为 $x(n)$，m 为正整数，则抽取序列：$y(n)=x(mn)$，插值序列：$z(n)=x(n/m)$。$x(mn)$ 和 $x(n/m)$ 定义为对 $x(n)$ 的时间尺度变换。

2.2 离散时间系统

设离散时间系统的输入为 $x(n)$，经过规定的运算 $T[\cdot]$，系统输出序列用 $y(n)$ 表示，离散时间系统的输入输出关系可描述为

$$y(n)=T[x(n)] \tag{2.2.1}$$

离散时间系统框图如图 2.2.1 所示。

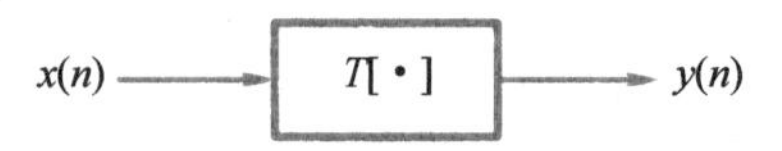

图 2.2.1　离散时间系统

离散时间系统中，最常见及最重要的是线性时不变系统，很多物理过程都可通过这类离散时间系统来表征，在一定条件下，很多非线性时变系统和线性时不变系统近似。因此，线性时不变系统以其便于分析、设计和实现等优势得到了广泛使用。

2.2.1 离散时间系统的表示和分类

1. 线性离散时间系统的表示

线性离散时间系统应满足叠加、均匀(齐次、比例)性。

可加性：设系统的输入序列和输出序列分别为

$$y_1(n)=T[x_1(n)],y_2(n)=T[x_2(n)]$$

则

$$T[x_1(n)+x_2(n)]=y_1(n)+y_2(n) \tag{2.2.2}$$

齐次性(或比例性)：设 a、b 为常数，则系统输入增加 a 倍，输出也增加 a 倍，即 $T[ax_1(n)+bx_2(n)]=ay_1(n)+by_2(n)$。

注意：必须证明系统同时满足可加性和齐次性，且信号及比例常数都可以是复数。

【例 2.2.1】　试分析下列系统是否为离散时间线性系统。

(1) $y(n)=3x(n)-2$；

(2) $y(n)=x(Mn)$，M 为正整数。

解　(1)设

$$y_1(n)=T[x_1(n)]=3x_1(n)-2$$
$$y_2(n)=T[x_2(n)]=3x_2(n)-2$$

则

$$ay_1(n)+by_2(n)=3ax_1(n)+3bx_2(n)-2(a+b)$$
$$T[ax_1(n)+bx_2(n)]=3ax_1(n)+3bx_2(n)-2$$

$$ay_1(n)+by_2(n)\neq T[ax_1(n)+bx_2(n)]$$

满足可加原理,$y(n)=3x(n)-2$ 是非线性离散时间系统。

(2)设

$$y_1(n)=T[x_1(n)]=x_1(Mn)$$

$$y_2(n)=T[x_2(n)]=x_2(Mn)$$

则

$$ay_1(n)+by_2(n)=ax_1(Mn)+bx_2(Mn)$$

$$T[ax_1(n)+bx_2(n)]=ax_1(Mn)+bx_2(Mn)$$

$$ay_1(n)+by_2(n)=T[ax_1(n)+bx_2(n)]$$

满足可加原理,$y(n)=x(Mn)$是线性离散时间系统。

2. 时不变离散时间系统的表示

离散时间系统的时不变性也称为非时变性和非移变性,是具有时不变性的离散系统。在初始条件相同的情况下,其系统的输出与输入激励加入的时刻无关,运算关系在整个运算过程中不随时间变化,即若:

$$T[x(n)]=y(n)$$

则

$$T[x(n-n_0)]=y(n-n_0) \tag{2.2.3}$$

式中,n_0 为任意常整数。时不变系统也称为移不变系统。

【例 2.2.2】　试分析下列系统的时不变性。

(1)$y(n)=3x(n)-2$;

(2)$y(n)=x(Mn)$,M 为正整数。

解　(1)

$$T[x(n-n_0)]=3x(n-n_0)-2$$

$$y(n-n_0)=3x(n-n_0)-2$$

$T[x(n-n_0)]=y(n-n_0)$,$y(n)=3x(n)-2$ 具有时不变性,为时不变系统。

(2)

$$T[x(n-n_0)]=x(Mn-n_0)$$

$$y(n-n_0)=x[M(n-n_0)]$$

$T[x(n-n_0)]\neq y(n-n_0)$, $y(n)=x(Mn)$为时变系统。

2.2.2　离散 LTI 系统的响应

如离散时间系统同时满足线性和时不变特性,该系统为离散线性时不变系统,简称离散 LTI 系统。离散 LTI 系统是信号处理中一类重要的系统,本书涉及的主要是离散 LTI 系统。

利用任意序列的单位取样脉冲序列加权和表示公式(2.1.19),代入公式(2.2.2)可得

$$y(n)=T[x(n)]=T\left[\sum_{k=-\infty}^{\infty}x(k)\delta(n-k)\right]=\sum_{k=-\infty}^{\infty}x(k)T[\delta(n-k)]$$

令 $T[\delta(n)]=h_0(n)$,$T[\delta(n-1)]=h_1(n)$,$\cdots$,$T[\delta(n-k)]=h_k(n)$,得线性离散系统的响应,即

$$y(n)=\sum_{k=-\infty}^{\infty}x(k)h_k(n) \tag{2.2.4}$$

令时不变系统中的单位脉冲$\delta(n)$的响应为$h(n)$，标记为$\delta(n)\to h(n)$，则由时不变性可得

$$\delta(n-k)\to h(n-k)=h_k(n) \tag{2.2.5}$$

将式(2.2.5)代入式(2.2.4)，可得到离散LTI系统的响应，即

$$y(n)=\sum_{k=-\infty}^{\infty}x(k)h_k(n)=\sum_{k=-\infty}^{\infty}x(k)h(n-k) \tag{2.2.6}$$

式(2.2.6)称为序列的卷积、卷积核或卷和。对式(2.2.6)右边做变量代换，令$n-k=m$，则式(2.2.6)可变为

$$y(n)=\sum_{m=-\infty}^{\infty}x(n-m)h(m) \tag{2.2.7}$$

式(2.2.7)是序列卷积公式的第二种形式，可用下述符号表示：

$$y(n)=x(n)*h(n)=h(n)*x(n) \tag{2.2.8}$$

也可用图2.2.2表示。

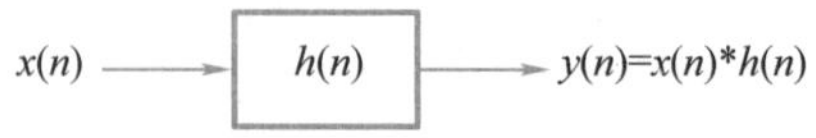

x(n) → h(n) → y(n)=x(n)*h(n)

图2.2.2　离散LTI输入输出卷积关系

当$x(n)=\delta(n)$时，响应为

$$y(n)=\delta(n)*h(n) \tag{2.2.9}$$

式中，$h(n)$是线性时不变系统的单位冲击响应。

离散时间系统的时域分析可采用离散系统差分方程、齐次解、特解及系统响应的分解等方法。

1. 离散系统差分方程

常系数线性差分方程的一般形式可表示为

$$\begin{aligned}&a_0y(n)+a_1y(n-1)+\cdots+a_{N-1}y(n-N+1)+a_Ny(n-N)\\&=b_0x(n)+b_1x(n-1)+\cdots+b_{M-1}x(n-M+1)+b_Mx(n-M)\end{aligned}$$

式中，a、b是常数；未知函数$y(n)$的位移阶次N即此差分方程的阶次。上式可简写为

$$\sum_{k=0}^{N}a_ky(n-k)=\sum_{r=0}^{M}b_rx(n-r) \tag{2.2.10}$$

求解常系数线性差分方程的方法一般有以下几种：

(1)迭代法：包括手算逐次代入求解或利用计算机求解。这种方法概念清楚，也比较简单，但只能得到其数值解，不能直接给出一个完整的解析式(闭式)作为解答。

(2)时域经典法：与微分方程的时域经典法类似，先分别求齐次解与特解，然后代入边界条件求待定系数。这种方法便于从物理概念说明各响应分量之间的关系，但求解过程比较麻烦，在解决具体问题时不宜采用。

(3)分别求零输入响应与零状态响应：可以利用求齐次解的方法得到零输入响应，利用卷积和(卷积)的方法求零状态响应。

(4)变换域方法:类似于连续系统的拉氏变换,利用 Z 变换方法解差分方程。

本章着重介绍时域中求齐次解的方法和卷积方法。下一章详细研究 Z 变换方法。本书后面研究离散时间系统状态方程的求解。

一般差分方程的齐次方程的形式为

$$\sum_{k=0}^{N} a_k y(n-k) = 0$$

2. 齐次解的求法

(1)特征根没有重根的情况下,差分方程的齐次解为

$$y(n) = C_1\alpha_1^n + C_2\alpha_2^n + \cdots + C_N\alpha_N^n$$

式中,$\alpha_1,\alpha_2,\cdots,\alpha_N$ 为差分方程的特征根,即它应满足 $\sum_{k=0}^{N} a_k\alpha^{n-k} = 0$;$C_1,C_2,\cdots,C_N$ 是由边界条件决定的系数。

现举例说明求解齐次方程的过程。

【例 2.2.3】　已知差分方程为 $y(n)-y(n-1)-y(n-2)=0$,$y(1)=1$,$y(2)=1$,求方程的解。

解　特征方程为

$$\alpha^2-\alpha-1=0$$

求得特征解为

$$\alpha_1=\frac{1+\sqrt{5}}{2},\alpha_2=\frac{1-\sqrt{5}}{2}$$

于是写出齐次解为

$$y(n)=C_1\left(\frac{1+\sqrt{5}}{2}\right)^n+C_2\left(\frac{1-\sqrt{5}}{2}\right)^n$$

将 $y(1)=1$,$y(2)=1$ 分别代入,得到方程组:

$$\begin{cases} 1=C_1\left(\dfrac{1+\sqrt{5}}{2}\right)+C_2\left(\dfrac{1-\sqrt{5}}{2}\right) \\ 1=C_1\left(\dfrac{1+\sqrt{5}}{2}\right)^2+C_2\left(\dfrac{1-\sqrt{5}}{2}\right)^2 \end{cases}$$

可求出系数:

$$C_1=\frac{1}{\sqrt{5}},C_2=-\frac{1}{\sqrt{5}}$$

因此

$$y(n)=\frac{1}{\sqrt{5}}\left(\frac{1+\sqrt{5}}{2}\right)^n-\frac{1}{\sqrt{5}}\left(\frac{1-\sqrt{5}}{2}\right)^n$$

(2)有重根的情况下,齐次解的形式将略有不同,假定 α_1 是特征方程的 K 重根,那么,齐次解中相应于 α_1 的部分将有 K 项:

$$(C_1n^{K-1}+C_2n^{K-2}+\cdots+C_{K-1}n+C_K)\alpha_1^n$$

【例 2.2.4】　求差分方程 $y(n)+6y(n-1)+12y(n-2)+8y(n-3)=x(n)$ 的齐次解。

解　特征方程为

$$\alpha^3+6\alpha^2+12\alpha+8=0$$

即

$$(\alpha+2)^3=0$$

可见，-2 是此方程的三重特征根。于是求得齐次解为

$$y(n)=(C_1n^2+C_2n+C_3)(-2)^n$$

(3)特征根为共轭复数时，齐次解的形式可以是等幅、增幅或衰减等形式的正(余)弦序列。

【例2.2.5】　求差分方程 $y(n)-2y(n-1)+2y(n-2)-2y(n-3)+y(n-4)=0$ 的齐次解。已知边界条件 $y(1)=1, y(2)=0, y(3)=1, y(5)=1$。

解　特征方程为

$$\alpha^4-2\alpha^3+2\alpha^2-2\alpha+1=0$$

$$(\alpha-1)^2(\alpha^2+1)=0$$

特征根为

$$\alpha_1=\alpha_2=1, \alpha_3=\mathrm{j}, \alpha_4=-\mathrm{j}$$

因此

$$\begin{aligned}y(n)&=(C_1n+C_2)(1)^n+C_3(\mathrm{j})^n+C_4(-\mathrm{j})^n\\&=C_1n+C_2+C_3\mathrm{e}^{\mathrm{j}\frac{n\pi}{2}}+C_4\mathrm{e}^{-\mathrm{j}\frac{n\pi}{2}}\\&=C_1n+C_2+P\cos\left(\frac{n\pi}{2}\right)+Q\sin\left(\frac{n\pi}{2}\right)\end{aligned}$$

这里，$P=C_3+C_4, Q=\mathrm{j}(C_3-C_4)$，利用边界条件：

$$\begin{cases}1=y(1)=C_1+C_2+Q\\0=y(2)=2C_1+C_2-P\\1=y(3)=3C_1+C_2-Q\\1=y(5)=5C_1+C_2+Q\end{cases}$$

解得：$C_1=0, C_2=1, P=1, Q=0$。

最后求得差分方程的解为 $y(n)=1+\cos\left(\frac{n\pi}{2}\right)$。

3. 特解的求法

为求得特解，首先将激励函数代入方程式右端(自由项)，观察自由项的函数形式来选择含有待定系数的特解函数式，将此特解函数代入方程后再求待定系数。

与微分方程的 t^n 和 e^t 形式对应，若自由项为 n^k 形式的函数，则特解选为 $D_0n^k+D_1n^{k-1}+\cdots+D_k$；若自由项为 a^n 形式的函数，且 a 不是此差分方程的特征根，则特解选为 Da^n。

【例2.2.6】　求差分方程 $y(n)+2y(n-1)=x(n)-x(n-1)$ 的完全解。其中激励函数 $x(n)=n^2$，且已知 $y(-1)=-1$。

解　(1)首先，求得它的齐次解为 $C(-2)^n$。

(2)将激励信号代入方程式右端，得到自由项为 $n^2-(n-1)^2=2n-1$。特解可设为 D_0n+D_1，代入差分方程，可得

$$D_0n+D_1+2[D_0(n-1)+D_1]=3D_0n+3D_1-2D_0=2n-1$$

对应项系数相等求得

$$D_0=\frac{2}{3},D_1=\frac{1}{9}$$

因此完全解可表示为

$$y(n)=C(-2)^n+\frac{2}{3}n+\frac{1}{9}$$

(3)利用边界条件求系数:

$$-1=y(-1)=-\frac{1}{2}C-\frac{2}{3}+\frac{1}{9}$$

$$C=\frac{8}{9}$$

最后写出完全响应:

$$y(n)=\frac{8}{9}(-2)^n+\frac{2}{3}n+\frac{1}{9}$$

4. 系统响应的分解

与连续时间系统的情况类似,线性时不变离散时间系统的完全响应也可分解为自由响应分量和强迫响应分量,或者零输入响应分量与零状态响应分量。

须指出,差分方程边界条件不一定由增序列 $y(0),y(1),\cdots,y(N-1)$ 给出,对于因果系统,常给定减序列 $y(-1),y(-2),\cdots,y(-N)$ 为边界条件。若激励信号在 $n=0$ 时接入系统,所谓零状态是指 $y(-1),y(-2),\cdots,y(-N)$ 都等于零,而不是指 $y(0),y(1),\cdots,y(N)$ 为零。如果已知 $y(-1),y(-2),\cdots,y(-N)$,欲求 $y(0),y(1),\cdots,y(N)$,可利用迭代法逐次求出。

【例 2.2.7】 已知差分方程 $y(n)-0.9y(n-1)=0.05u(n)$,求:(1)$y(-1)=0$;(2)$y(-1)=1$ 系统的全响应。

解 (1)由于激励在 $n=0$ 接入,且给定 $y(-1)=0$,因此,起始时刻系统处于零状态,由迭代法可求得 $y(0)=0.05$。

由特征方程求得齐次解为 $C(0.9)^n$,根据自由项的形式,设特解为 D,将特解代入方程得到:

$$D(1-0.9)=0.05,D=0.5$$

因此

$$y(n)=C(0.9)^n+0.5$$

将 $y(0)=0.05$ 代入,可求得 $C=-0.45$。

最后,写出完全响应:

$$y(n)=[-0.45\times(0.9)^n+0.5]u(n)$$

(2)先求零状态响应。令 $y(-1)=0$,即(1)的结果,可以写出:

$$y_{zs}(n)=0.5-0.45\times(0.9)^n$$

再求零输入响应。令激励信号等于零,差分方程写为 $y(n)-0.9y(n-1)=0$。

容易写出：$y_{zi}(n)=C_{zi}\times(0.9)^n$。

将 $y(-1)=1$ 代入求得 $C_{zi}=0.9$，于是有 $y_{zi}(n)=0.9\times(0.9)^n$。

将以上两部分叠加，得到完全响应：

$$y(n)=0.5-0.45\times(0.9)^n+0.9\times(0.9)^n=0.45\times(0.9)^n+0.5$$

2.3　离散时间信号的频域分析

数字信号处理中，有限长序列占有重要地位，既有 Z 变换又有序列的傅里叶变换，Z 变换和傅里叶变换都是连续的，不利于计算机计算或数字处理。因此需要对离散时间信号进行傅里叶变换，通常用英文缩写 DFT 表示。为更好理解有限长序列的 DFT 概念，先讨论周期序列的傅里叶级数。

2.3.1　离散傅里叶级数

与连续周期信号相同，周期序列也可用傅里叶级数表示。周期离散序列傅里叶级数可用英文缩写 DFS 表示。

设周期为 N 的序列 $\tilde{x}(n)=\tilde{x}(n+rN)$（$r$ 为整数），其基频序列为 $e_1(n)=\mathrm{e}^{\mathrm{j}(\frac{2\pi}{N})n}$，$k$ 次谐波序列为 $e_k(n)=\mathrm{e}^{\mathrm{j}(\frac{2\pi}{N})nk}$。又因为 $e_{k+rN}(n)=\mathrm{e}^{\mathrm{j}\frac{2\pi}{N}n(k+rN)}=\mathrm{e}^{\mathrm{j}\frac{2\pi}{N}nk}=e_k(n)$，所以，离散傅里叶级数中只有 N 个独立的谐波成分，可以用这 N 个独立成分将 $\tilde{x}(n)$ 展开。因而，离散傅里叶级数的所有谐波成分中只有 N 个是独立的。在展开成离散傅里叶级数时，我们只能取 N 个独立的谐波分量，通常取 $k=0$ 到 $k=N-1$。

$\tilde{X}(k)\leftrightarrow\tilde{x}(n)$ 是一个周期序列的离散傅里叶级数变换对，这种对称关系可表为

$$\tilde{X}(k)=\mathrm{DFS}[\tilde{x}(n)]=\sum_{n=0}^{N-1}\tilde{x}(n)\mathrm{e}^{-\mathrm{j}\frac{2\pi}{N}kn} \tag{2.3.1}$$

$$\tilde{x}(n)=\mathrm{IDFS}[\tilde{X}(k)]=\frac{1}{N}\sum_{k=0}^{N-1}\tilde{X}(k)\mathrm{e}^{\mathrm{j}\frac{2\pi}{N}kn} \tag{2.3.2}$$

式中　DFS[·] ——离散傅里叶级数变换；

　　　IDFS[·]——离散傅里叶级数反变换。

习惯上，记 $W_N=\mathrm{e}^{-\mathrm{j}\frac{2\pi}{N}}$。$\tilde{X}(k)$ 是周期序列离散傅里叶级数第 k 次谐波分量的系数，也称为周期序列的频谱。可将周期为 N 的序列分解成 N 个离散的谐波分量的加权和，各谐波的频率为 $\frac{2\pi}{N}k$，幅度为 $\frac{1}{N}\tilde{X}(k)$。

则 DFS 变换对可写为

$$\tilde{X}(k)=\sum_{n=0}^{N-1}\tilde{x}(n)W_N^{kn}=\mathrm{DFS}[\tilde{x}(n)]$$

$$\tilde{x}(n)=\frac{1}{N}\sum_{k=0}^{N-1}\tilde{X}(k)W_N^{-kn}=\mathrm{IDFS}[\tilde{X}(k)] \tag{2.3.3}$$

DFS 变换对公式表明,一个周期序列虽然是无穷长序列,但是只要知道它一个周期的内容(一个周期内信号的变化情况),其他的内容也就都知道了,所以这种无穷长序列实际上只有 N 个序列值的信息是有用的,因此周期序列与有限长序列有着本质的联系。

【例 2.3.1】 设 $x(n)=R_4(n)$,将 $x(n)$ 以 $N=8$ 为周期进行周期延拓,得到的周期序列 $\tilde{x}(n)$,周期为 8,求 DFS$[\tilde{x}(n)]$。

解　按照式(2.3.1),有

$$\tilde{X}(k)=\sum_{n=0}^{7}\tilde{x}(n)\mathrm{e}^{-\mathrm{j}\frac{2\pi}{8}kn}=\sum_{n=0}^{3}\mathrm{e}^{-\mathrm{j}\frac{\pi}{4}kn}=\frac{1-\mathrm{e}^{-\mathrm{j}\frac{\pi}{4}k\cdot 4}}{1-\mathrm{e}^{-\mathrm{j}\frac{\pi}{4}k}}$$

$$=\frac{1-\mathrm{e}^{-\mathrm{j}\pi k}}{1-\mathrm{e}^{-\mathrm{j}\frac{\pi}{4}k}}=\frac{\mathrm{e}^{-\mathrm{j}\frac{\pi}{2}}(\mathrm{e}^{\mathrm{j}\frac{\pi}{2}k}-\mathrm{e}^{-\mathrm{j}\frac{\pi}{2}k})}{\mathrm{e}^{\mathrm{j}\frac{\pi}{8}k}(\mathrm{e}^{\mathrm{j}\frac{\pi}{8}k}-\mathrm{e}^{-\mathrm{j}\frac{\pi}{8}k})}=\mathrm{e}^{-\mathrm{j}\frac{3}{8}\pi k}\frac{\sin\frac{\pi}{2}k}{\sin\frac{\pi}{8}k}$$

与连续周期信号的傅里叶级数相比较,周期序列的离散傅里叶级数有如下特点:

(1)连续周期信号的傅里叶级数对应的谐波分量的系数有无穷多,而周期为 N 的周期序列,其离散傅里叶级数谐波分量只有 N 个是独立的。

(2)周期序列的频谱 $\tilde{X}(k)$ 也是一个以 N 为周期的周期序列。

周期序列 $\tilde{x}(n)$ 由 N 次谐波组成,因此它的傅里叶变换(用 FT 表示)可以表示成:

$$X(\mathrm{e}^{\mathrm{j}\omega})=\mathrm{FT}[\tilde{x}(n)]=\sum_{k=0}^{N-1}\frac{2\pi}{N}\tilde{X}(k)\sum_{r=-\infty}^{\infty}\delta(\omega-\frac{2\pi}{N}k-2\pi r)\tag{2.3.4}$$

式中,$k=0,1,2,\cdots,N-1$;$r=-3,-2,-1,0,1,2,\cdots$。$\tilde{X}(k)$ 以 N 为周期,而 r 变化时,δ 函数变化 $2\pi r$,因此如果让 k 在$(-\infty,\infty)$变化,上式可以简化为

$$X(\mathrm{e}^{\mathrm{j}\omega})=\mathrm{FT}[\tilde{x}(n)]=\frac{2\pi}{N}\sum_{k=-\infty}^{\infty}\tilde{X}(k)\delta(\omega-\frac{2\pi}{N}k)\tag{2.3.5}$$

上式就是一般周期序列的傅里叶变换表达式。表 2.3.1 给出了一些基本序列的 FT。

表 2.3.1　基本序列的傅里叶变换

序列 $x(n)$	傅里叶变换 $X(\mathrm{e}^{\mathrm{j}\omega})$
$\delta(n)$	1
$a^n u(n),\ \lvert a\rvert<1$	$(1-a\mathrm{e}^{-\mathrm{j}\omega})^{-1}$
$R_N(n)$	$\mathrm{e}^{-\mathrm{j}\omega(N-1)/2}\sin(\omega N/2)/\sin(\omega/2)$
1	$2\pi\sum_{r=-\infty}^{\infty}\delta(\omega-2\pi r)$
$\mathrm{e}^{\mathrm{j}\omega_0 n}$,$2\pi/\omega_0$ 为有理数	$2\pi\sum_{r=-\infty}^{\infty}\delta(\omega-\omega_0-2\pi r)$

表 2.3.1(续)

序列 $x(n)$	傅里叶变换 $X(e^{j\omega})$
$\cos(\omega_0 n)$,$2\pi/\omega_0$ 为有理数	$\pi\sum_{r=-\infty}^{\infty}[\delta(\omega-\omega_0-2\pi r)+\delta(\omega+\omega_0-2\pi r)]$
$\sin(\omega_0 n)$,$2\pi/\omega_0$ 为有理数	$-j\pi\sum_{r=-\infty}^{\infty}[\delta(\omega-\omega_0-2\pi r)+\delta(\omega+\omega_0-2\pi r)]$
$u(n)^*$	$(1-e^{-j\omega})^{-1}+\sum_{r=-\infty}^{\infty}\pi\delta(\omega-2\pi r)$

在离散傅里叶级数中,离散时间周期序列在时间 n 上是离散的,在频率 ω 上也是离散的,且频谱是 ω 的周期函数,理论上解决了时域离散和频域离散的对应关系问题。

2.3.2　离散傅里叶级数的基本性质

离散傅里叶级数和连续信号的傅里叶变换具有类似的性质,离散傅里叶级数的性质对信号处理问题的解决非常重要。由于 $\tilde{x}(n)$ 和 $\tilde{X}(k)$ 都具有周期性,所以和以往的相关性质有一些重要区别。

1. 线性

若 $\tilde{x}_1(n)\overset{N_1}{\leftrightarrow}\tilde{X}_1(k)$,$\tilde{x}_2(n)\overset{N_2}{\leftrightarrow}\tilde{X}_2(k)$,则

$$\tilde{x}_3(n)=\widetilde{ax_1}(n)+\widetilde{bx_2}(n)\overset{N}{\leftrightarrow}\tilde{X}_3(k)=\widetilde{aX_1}(k)+\widetilde{bX_2}(k)$$

式中,$N=N_1=N_2$。

2. 位移特性

周期序列位移后,仍为相同周期的周期序列,因此,只需要观察位移后序列一个周期的情况。若 $\tilde{x}(n)\overset{N}{\leftrightarrow}\tilde{X}(k)$,则:

(1)时移特性

$$\mathrm{DFS}\{\tilde{x}[k-n]\}=\tilde{X}[m]e^{-j\frac{2\pi}{N}mn}\tag{2.3.6}$$

上式表明:序列在时域的位移,对应其频域的相移。

(2)频移特性

$$\mathrm{DFS}\{\tilde{x}[k]e^{-j\frac{2\pi}{N}lk}\}=\tilde{X}[m+l]\tag{2.3.7}$$

上式表明:序列在时域的相移,对应其频域的位移。

3. 周期卷积

若有周期为 N 的序列 $\tilde{x}_1(n)$、$\tilde{x}_2(n)$,周期卷积定义为

$$\tilde{x}_1[n]\,\widetilde{*}\,\tilde{x}_2[n]=\sum_{m=0}^{N-1}\tilde{x}_1[m]\tilde{x}_2[n-m]\tag{2.3.8}$$

为了区别,我们将在此之前所讨论的卷积称为线性卷积。周期卷积与线性卷积的区别

是:$\tilde{x}_1(n)$、$\tilde{x}_2(n)$均为以 N 为周期的周期序列;仅在主值区间$(0\sim N-1)$求和;周期卷积结果仍是以 N 为周期的周期序列。

若 $\tilde{x}_1(n)\overset{N_1}{\leftrightarrow}\tilde{X}_1(k)$,$\tilde{x}_2(n)\overset{N_2}{\leftrightarrow}\tilde{X}_2(k)$,则:

时域周期卷积定理:

$$\mathrm{DFS}\{\tilde{x}_1[n]\,\tilde{*}\,\tilde{x}_2[n]\}=\mathrm{DFS}\{\tilde{x}_1[n]\}\cdot\mathrm{DFS}\{\tilde{x}_2[n]\} \tag{2.3.9}$$

频域周期卷积定理:

$$\mathrm{DFS}\{\tilde{x}_1[n]\cdot\tilde{x}_2[n]\}=\frac{1}{N}\mathrm{DFS}\{\tilde{x}_1[n]\}\,\tilde{*}\,\mathrm{DFS}\{\tilde{x}_2[n]\} \tag{2.3.10}$$

上式表明:时域的周期卷积对应频域的乘积;时域的乘积对应频域的周期卷积。

【例2.3.2】　周期为3的序列 $\tilde{x}_1[n]$、$\tilde{x}_2[n]$ 如图2.3.1所示,计算 $\tilde{y}[n]=\tilde{x}_1[n]*\tilde{x}_2[n]$。

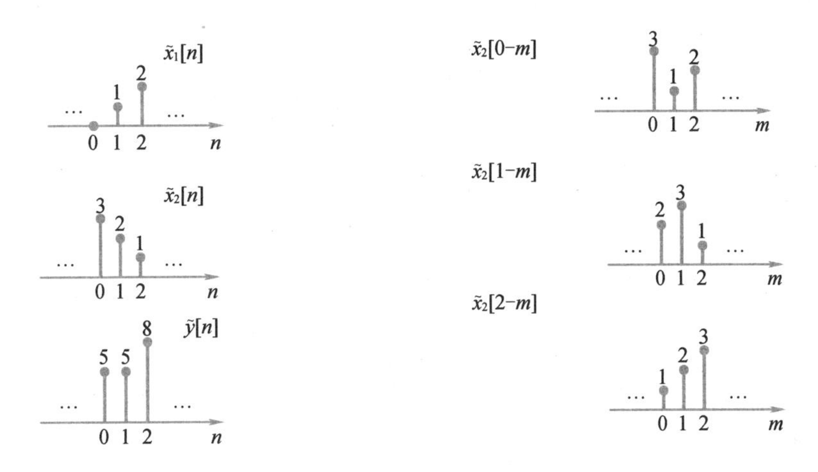

图2.3.1　例2.3.2图

解　根据公式(2.3.8)有 $\tilde{x}_1[n]\,\tilde{*}\,\tilde{x}_2[n]=\sum_{k=0}^{N-1}\tilde{x}_1[k]\tilde{x}_2[n-k]$,周期卷积的矩阵表示为

$$\begin{bmatrix}\tilde{y}[0]\\\tilde{y}[1]\\\tilde{y}[2]\end{bmatrix}=\begin{bmatrix}\tilde{x}_2[0]&\tilde{x}_2[-1]&\tilde{x}_2[-2]\\\tilde{x}_2[1]&\tilde{x}_2[0]&\tilde{x}_2[-1]\\\tilde{x}_2[2]&\tilde{x}_2[1]&\tilde{x}_2[0]\end{bmatrix}\begin{bmatrix}\tilde{x}_1[0]\\\tilde{x}_1[1]\\\tilde{x}_1[2]\end{bmatrix}$$

$$=\begin{bmatrix}3&1&2\\2&3&1\\1&2&3\end{bmatrix}\begin{bmatrix}0\\1\\2\end{bmatrix}=\begin{bmatrix}5\\5\\8\end{bmatrix}$$

4. 对称性

若 $\tilde{x}(n) \overset{N}{\leftrightarrow} \tilde{X}(k)$，则对称性描述为

$$\mathrm{DFS}\{\tilde{x}^*[n]\} = \tilde{X}^*[-k]$$
$$\mathrm{DFS}\{\tilde{x}^*[-n]\} = \tilde{X}^*[k] \tag{2.3.11}$$

若 $\tilde{x}(n)$ 为实序列，则有 $\tilde{X}[k] = \tilde{X}^*[-k]$，即

$$\begin{cases} |\tilde{X}[k]| = |\tilde{X}[-k]| \\ \varphi[k] = -\varphi[-k] \end{cases} \tag{2.3.12}$$

$$\begin{cases} \tilde{X}_{\mathrm{R}}[k] = \tilde{X}_{\mathrm{R}}[-k] \\ \tilde{X}_{\mathrm{I}}[k] = -\tilde{X}_{\mathrm{I}}[-k] \end{cases} \tag{2.3.13}$$

2.3.3 离散时间傅里叶变换

由于其在时域和频域都是周期序列，所以都是无限长序列。无限长序列在计算机运算上仍然是无法实现的。因此，还有必要对有限长序列研究其时域离散和频域离散的对应关系。

序列 $x(n)$ 的傅里叶变换定义为

$$X(\mathrm{e}^{\mathrm{j}\omega}) = \mathrm{FT}[x(n)] = \sum_{n=-\infty}^{\infty} x(n)\mathrm{e}^{-\mathrm{j}\omega n} \tag{2.3.14}$$

FT 为 Fourier Transform 的缩写，$\mathrm{FT}[x(n)]$ 存在的充分条件是序列 $x(n)$ 绝对可和，即满足下列条件：

$$\sum_{n=-\infty}^{\infty} |x(n)| < \infty \tag{2.3.15}$$

$X(\mathrm{e}^{\mathrm{j}\omega})$ 的傅里叶反变换为

$$x(n) = \mathrm{IFT}[X(\mathrm{e}^{\mathrm{j}\omega})] = \frac{1}{2\pi}\int_{-\pi}^{\pi} X(\mathrm{e}^{\mathrm{j}\omega})\mathrm{e}^{\mathrm{j}\omega n}\mathrm{d}\omega \tag{2.3.16}$$

公式(2.3.14)和公式(2.3.16)组成离散时间一对傅里叶变换公式。公式(2.3.15)为傅里叶变换存在的充分条件，如周期函数不满足公式(2.3.15)，则周期函数的傅里叶变换不存在，需要引入冲激函数表示傅里叶变换，即周期离散时间函数的傅里叶变化。

在模拟系统中，$X_{\mathrm{a}}(t) = \mathrm{e}^{\mathrm{j}\Omega_0 t}$ 的傅里叶变换是在 $\Omega = \Omega_0$ 处的一个冲激，强度为 2π，即

$$X_{\mathrm{a}}(\mathrm{j}\Omega) = \mathrm{FT}(\mathrm{e}^{\mathrm{j}\Omega_0 t}) = \int_{-\infty}^{\infty} \mathrm{e}^{\mathrm{j}\Omega_0 t}\mathrm{e}^{\mathrm{j}\Omega t}\mathrm{d}t = 2\pi\delta(\Omega - \Omega_0) \tag{2.3.17}$$

对于时域离散系统中的复指数序列 $\mathrm{e}^{\mathrm{j}\Omega_0 t}$，仍假设它的傅里叶变换是在 $\omega = \omega_0$ 处的一个冲激，强度为 2π，考虑到时域离散信号傅里叶变换的周期性，因此 $X_{\mathrm{a}}(t) = \mathrm{e}^{\mathrm{j}\Omega_0 t}$ 的傅里叶变换应写为

$$X_{\mathrm{a}}(\mathrm{e}^{\mathrm{j}\omega}) = \mathrm{FT}(\mathrm{e}^{\mathrm{j}\omega_0 t}) = \sum_{r=-\infty}^{\infty} 2\pi\delta(\omega - \omega_0 - 2\pi r) \tag{2.3.18}$$

假设 $\tilde{x}(n)$ 的周期为 N,将它用傅里叶级数来表示,即

$$\tilde{X}(k)=\sum_{n=0}^{N-1}\tilde{x}(n)\mathrm{e}^{-\mathrm{j}\frac{2\pi}{N}kn},\quad -\infty\leqslant k\leqslant\infty$$

上式的求和符号中的每一项都是复指数序列,其中第 k 项即为第 k 次谐波 $\frac{1}{N}\sum_{r=-\infty}^{\infty}\tilde{X}(k)\mathrm{e}^{-\mathrm{j}\frac{2\pi}{N}kn}$ 的傅里叶变换,根据其周期性能够表示为

$$\mathrm{FT}\left[\frac{1}{N}\tilde{X}(k)\mathrm{e}^{\mathrm{j}\frac{2\pi}{N}kn}\right]=\frac{2\pi}{N}\tilde{X}(k)\sum_{r=-\infty}^{\infty}\delta\left(\omega-\frac{2\pi}{N}k-2\pi r\right)$$

周期序列 $\tilde{x}(n)$ 由 N 次谐波组成,因此它的傅里叶变换可以表示成

$$X(\mathrm{e}^{\mathrm{j}\omega})=\mathrm{FT}[\tilde{x}(n)]=\sum_{k=0}^{N-1}\frac{2\pi}{N}\tilde{X}(k)\sum_{r=-\infty}^{\infty}\delta\left(\omega-\frac{2\pi}{N}k-2\pi r\right)$$

式中,$k=0,1,2,\cdots,N-1$;$r=-3,-2,-1,0,1,2,\cdots$。$\tilde{X}(k)$ 以 N 为周期,而 r 变化时,δ 函数变化 $2\pi r$,因此如果让 k 在 $(-\infty,\infty)$ 变化,上式可以简化为

$$X(\mathrm{e}^{\mathrm{j}\omega})=\mathrm{FT}[\tilde{x}(n)]=\frac{2\pi}{N}\sum_{k=-\infty}^{\infty}\tilde{X}(k)\delta\left(\omega-\frac{2\pi}{N}k\right)\tag{2.3.19}$$

公式(2.3.19)即为周期性序列的傅里叶变换表达式。说明:上式中 $\delta(\omega)$ 为单位冲激函数,而 $\delta(n)$ 为单位脉冲序列,由于括弧中自变量不同,因而不会引起混淆。

【例 2.3.3】　令 $\tilde{x}(n)=\cos(\omega_0 n)$,$2\pi/\omega_0$ 为有理数,求其傅里叶变换。

解　将 $\tilde{x}(n)$ 用欧拉公式展开为 $\tilde{x}(n)=\frac{1}{2}(\mathrm{e}^{\mathrm{j}\omega_0 n}+\mathrm{e}^{-\mathrm{j}\omega_0 n})$

由

$$\mathrm{FT}[\mathrm{e}^{\mathrm{j}\omega_0 n}]=\sum_{r=-\infty}^{\infty}2\pi\delta(\omega-\omega_0-2\pi r)$$

得余弦傅里叶变换为

$$\begin{aligned}X(\mathrm{e}^{\mathrm{j}\omega})&=\mathrm{FT}[\cos(\omega_0 n)]\\&=\frac{1}{2}\times 2\pi\sum_{r=-\infty}^{\infty}[\delta(\omega-\omega_0-2\pi r)+\delta(\omega+\omega_0-2\pi r)]\\&=\pi\sum_{r=-\infty}^{\infty}[\delta(\omega-\omega_0-2\pi r)+\delta(\omega+\omega_0-2\pi r)]\end{aligned}$$

上式表明,余弦信号的傅里叶变换是在 $\omega=\pm\omega_0$ 处的冲激函数,强度为 π,同时以 2π 为周期进行周期性延拓,如图 2.3.2 所示。

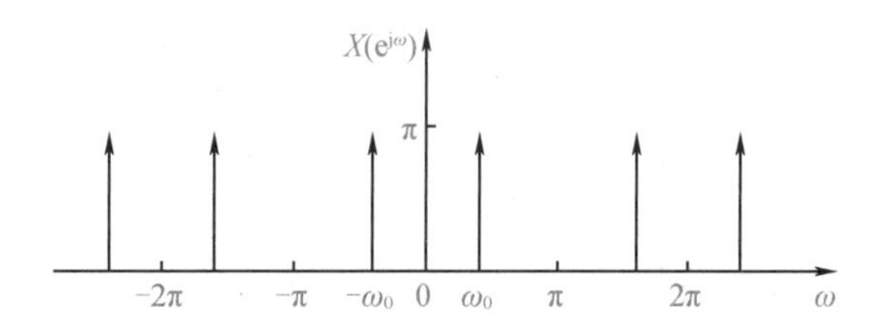

图 2.3.2　例 2.3.3 图 $\cos(\omega_0 n)$ 的傅里叶变换

对于正弦序列 $\tilde{x}(n)=\sin(\omega_0 n)$，$2\pi/\omega_0$ 为有理数，它的傅里叶变换：

$$X(e^{j\omega}) = FT[\sin(\omega_0 n)] = -j\pi\sum_{r=-\infty}^{\infty}[\delta(\omega-\omega_0-2\pi r)+\delta(\omega+\omega_0-2\pi r)]$$

【例 2.3.4】 计算周期信号 $x[n]=\sum_{k=-\infty}^{\infty}\delta[n-kN]$ 的频谱密度函数。

解 根据 $x[n]=\sum_{k=-\infty}^{\infty}\delta[n-kN]$，可得 $C_n=\frac{1}{N}$

$$X(e^{j\omega}) = \frac{1}{N}\sum_{k=-\infty}^{\infty}2\pi\delta(\omega-2\pi k/N)$$

其频谱密度函数如图 2.3.3 所示。

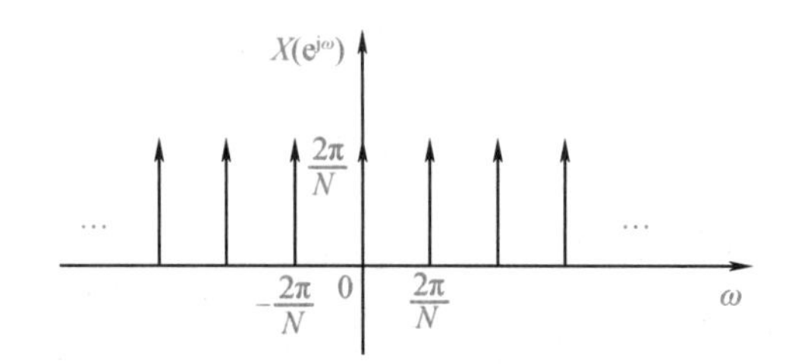

图 2.3.3　例 2.3.4 图 周期序列的频谱密度函数

2.3.4　离散时间傅里叶变换的基本性质

1. 傅里叶变换的周期性

在公式(2.3.14)中，n 取整数，则下式成立：

$$X(e^{j\omega}) = \sum_{n=-\infty}^{\infty}x(n)e^{-j\omega n} = \sum_{n=-\infty}^{\infty}x(n)e^{-j(\omega+2\pi M)n} = X(e^{j(\omega+2\pi M)}) \tag{2.3.20}$$

式中，M 为整数，得到傅里叶变换是频率 ω 的周期函数，周期是 2π。由傅里叶变换的周期性进一步分析得到，在 $\omega=0$ 和 $\omega=2\pi M$ 附近的频谱分布应是相同的，在 $\omega=0,\pm2\pi,\pm4\pi$ 点上表示 $x(n)$ 信号的直流分量；离开这些点愈远，其频率愈高，但又以 2π 为周期，那么最高的频率应是 $\omega=\pi$。一般只分析$[-\pi,\pi]$之间或 $0\sim2\pi$ 范围的傅里叶变换就够了。

2. 线性

设 $X_1(e^{j\omega})=FT[x_1(n)]$，$X_2(e^{j\omega})=FT[x_2(n)]$，则

$$FT[ax_1(n)+bx_2(n)] = aX_1(e^{j\omega})+bX_2(e^{j\omega}) \tag{2.3.21}$$

式中，a、b 为常数。

3. 时移与频移性质

设 $X(e^{j\omega})=FT[x(n)]$，则

$$FT[x(n-n_0)] = e^{-j\omega n_0}X(e^{j\omega}) \tag{2.3.22}$$

$$FT[e^{j\omega_0 n}x(n)] = X(e^{j(\omega-\omega_0)}) \tag{2.3.23}$$

4. 傅里叶变换的对称性

首先阐述共轭对称与共轭反对称以及其性质。

设序列 $x_e(n)$ 满足下式：

$$x_e(n) = x_e^*(-n) \tag{2.3.24}$$

则称 $x_e(n)$ 为共轭对称序列。为研究共轭对称序列具有什么性质，将 $x_e(n)$ 用其实部与虚部表示：

$$x_e(n) = x_{er}(n) + jx_{ei}(n)$$

将上式两边 n 用 $-n$ 代替，并取共轭，得到：

$$x_e^*(-n) = x_{er}(-n) - jx_{ei}(-n)$$

对比上面两公式，因左边相等，因此得到：

$$x_{er}(n) = x_{er}(-n) \tag{2.3.25}$$

$$x_{ei}(n) = -x_{ei}(-n) \tag{2.3.26}$$

两式表明共轭对称序列其实部是偶函数，而虚部是奇函数。满足下式的序列称为共轭反对称序列：

$$x_o(n) = -x_o^*(-n) \tag{2.3.27}$$

将 $x_o(n)$ 表示成实部与虚部，如下式：

$$x_o(n) = x_{or}(n) + jx_{oi}(n)$$

可以得到

$$x_{or}(n) = -x_{or}(-n) \tag{2.3.28}$$

$$x_{oi}(n) = x_{oi}(-n) \tag{2.3.29}$$

即共轭反对称序列的实部是奇函数，而虚部是偶函数。

【例 2.3.5】 试分析 $x(n) = e^{j\omega n}$ 的对称性。

解　因为 $x^*(-n) = e^{j\omega n} = x(n)$，满足式(2.3.24)，所以 $x(n)$ 是共轭对称序列，如展成实部与虚部，则得到：

$$x(n) = \cos(\omega n) + j\sin(\omega n)$$

上式表明，共轭对称序列的实部确实是偶函数，虚部是奇函数。

一般序列可用其共轭对称与共轭反对称分量之和表示，即

$$x(n) = x_e(n) + x_o(n) \tag{2.3.30}$$

将式(2.3.30)中的 n 用 $-n$ 代替，再取共轭，得到：

$$x^*(-n) = x_e(n) - x_o(n) \tag{2.3.31}$$

利用式(2.2.30)和式(2.2.31)，得到：

$$x_e(n) = \frac{1}{2}[x(n) + x^*(-n)] \tag{2.3.32}$$

$$x_o(n) = \frac{1}{2}[x(n) - x^*(-n)] \tag{2.3.33}$$

利用上面两式，可以用 $x(n)$ 分别求出其 $x_e(n)$ 和 $x_o(n)$。对于频域函数 $X(e^{j\omega})$，也有和上面类似的概念和结论：

$$X(e^{j\omega}) = X_e(e^{j\omega}) + X_o(e^{j\omega}) \tag{2.3.34}$$

$X_e(e^{j\omega})$为共轭对称部分(函数),$X_o(e^{j\omega})$为共轭反对称部分(函数),它们满足:

$$X_e(e^{j\omega}) = X_e^*(e^{-j\omega}) \tag{2.3.35}$$

$$X_o(e^{j\omega}) = -X_o^*(e^{-j\omega}) \tag{2.3.36}$$

同样有下面公式成立:

$$X_e(e^{j\omega}) = \frac{1}{2}[X(e^{j\omega}) + X^*(e^{-j\omega})] \tag{2.3.37}$$

$$X_o(e^{j\omega}) = \frac{1}{2}[X(e^{j\omega}) - X^*(e^{-j\omega})] \tag{2.3.38}$$

根据上面的概念和结论,可研究傅里叶变换的对称性。

(1)将序列$x(n)$分成实部$x_r(n)$与虚部$x_i(n)$,即

$$x(n) = x_r(n) + jx_i(n)$$

将上式进行傅里叶变换,得到:

$$X(e^{j\omega}) = X_e(e^{j\omega}) + X_o(e^{j\omega})$$

式中

$$X_e(e^{j\omega}) = FT[x_r(n)] = \sum_{n=-\infty}^{\infty} x_r(n)e^{-j\omega n}$$

$$X_o(e^{j\omega}) = FT[jx_i(n)] = j\sum_{n=-\infty}^{\infty} x_i(n)e^{-j\omega n}$$

式中,$x_r(n)$和$x_i(n)$都是实数序列。$X_e(e^{j\omega})$具有共轭对称性,它的实部是偶函数,虚部是奇函数;$X_o(e^{j\omega})$具有共轭反对称性质,它的实部是奇函数,虚部是偶函数。最后得到结论:序列分成实部与虚部两部分,实部对应的傅里叶变换具有共轭对称性,虚部和j一起对应的傅里叶变换具有共轭反对称性。

(2)将序列分成共轭对称部分$x_e(n)$和共轭反对称部分$x_o(n)$,即

$$x(n) = x_e(n) + x_o(n) \tag{2.3.39}$$

将式(2.3.32)和式(2.3.33)重写如下:

$$x_e(n) = \frac{1}{2}[x(n) + x^*(-n)]$$

$$x_o(n) = \frac{1}{2}[x(n) - x^*(-n)]$$

将上面公式进行傅里叶变换,得到:

$$FT[x_e(n)] = \frac{1}{2}[X(e^{j\omega}) + X^*(e^{j\omega})] = Re[X(e^{j\omega})] = X_R(e^{j\omega}) \tag{2.3.40a}$$

$$FT[x_o(n)] = \frac{1}{2}[X(e^{j\omega}) - X^*(e^{j\omega})] = jIm[X(e^{j\omega})] = jX_I(e^{j\omega}) \tag{2.3.40b}$$

因此式(2.3.39)的傅里叶变换为

$$X(e^{j\omega}) = X_R(e^{j\omega}) + jX_I(e^{j\omega}) \tag{2.3.40c}$$

上式表明:序列$x(n)$的共轭对称部分$x_e(n)$对应着$X(e^{j\omega})$的实部$X_R(e^{j\omega})$,其共轭反对称部分$x_o(n)$对应$X(e^{j\omega})$的虚部$jX_I(e^{j\omega})$。下面利用傅里叶变换的对称性,分析实序列

$h(n)$的对称性，并推导其偶函数$h_e(n)$和奇函数$h_o(n)$与$h(n)$之间的关系。

$h(n)$是实序列，其傅里叶变换只有共轭对称部分$H_e(e^{j\omega})$，共轭反对称部分为零。

$$H(e^{j\omega}) = H_e(e^{j\omega})$$
$$H(e^{j\omega}) = H^*(e^{-j\omega})$$

因此实序列的傅里叶变换是共轭对称函数，其实部是偶函数，虚部是奇函数，用公式表示为

$$H_R(e^{j\omega}) = H_R(e^{-j\omega})$$
$$H_I(e^{j\omega}) = -H_I(e^{-j\omega})$$

可见其模$|H(e^{j\omega})| = |H^*(e^{-j\omega})| = |H(e^{-j\omega})|$为偶函数，相位函数$\arg[H(e^{j\omega})] = \arg[H^*(e^{-j\omega})] = -\arg[H(e^{-j\omega})]$为奇函数，与模拟信号傅里叶变换有相同的结论。

根据公式(2.3.32)和公式(2.3.33)，可得

$$h(n) = h_e(n) + h_o(n)$$
$$h_e(n) = \frac{1}{2}[h(n) + h(-n)]$$
$$h_o(n) = \frac{1}{2}[h(n) - h(-n)]$$

因为$h(n)$是实因果序列，$h_e(n)$和$h_o(n)$可用下式表示：

$$h_e(n) = \begin{cases} h(0), & n = 0 \\ \frac{1}{2}h(n), & n > 0 \\ \frac{1}{2}h(-n), & n < 0 \end{cases} \tag{2.3.41}$$

$$h_o(n) = \begin{cases} 0, & n = 0 \\ \frac{1}{2}h(n), & n > 0 \\ -\frac{1}{2}h(-n), & n < 0 \end{cases} \tag{2.3.42}$$

实因果序列$h(n)$可以分别用$h_e(n)$和$h_o(n)$表示为

$$h(n) = h_e(n)u_+(n) \tag{2.3.43}$$
$$h(n) = h_o(n)u_+(n) + h(0)\delta(n) \tag{2.3.44}$$

式中

$$u_+(n) = \begin{cases} 2, & n > 0 \\ 1, & n = 0 \\ 0, & n < 0 \end{cases} \tag{2.3.45}$$

因为$h(n)$是实序列，上面公式中$h_e(n)$是偶函数，$h_o(n)$是奇函数。按照式(2.3.43)，实因果序列完全由其偶序列恢复，但按照式(2.3.44)，$h_o(n)$中缺少$n = 0$点$h(n)$的信息。因此由$h_o(n)$恢复$h(n)$时，要补充一点$h(n)\delta(n)$信息。

【例 2.3.6】　$x(n) = a^n u(n)$，$0 < a < 1$。求其偶函数$x_e(n)$和奇函数$x_o(n)$。

解　$x(n)=x_e(n)+x_o(n)$

根据公式(2.3.41),得:

$$x_e(n)=\begin{cases}x(0), & n=0\\ \frac{1}{2}x(n), & n>0\\ \frac{1}{2}x(-n), & n<0\end{cases}=\begin{cases}1, & n=0\\ \frac{1}{2}a^n, & n>0\\ \frac{1}{2}a^{-n}, & n<0\end{cases}$$

根据式(2.3.42),得到:

$$x_o(n)=\begin{cases}0, & n=0\\ \frac{1}{2}x(n), & n>0\\ -\frac{1}{2}x(-n), & n<0\end{cases}=\begin{cases}0, & n=0\\ \frac{1}{2}a^n, & n>0\\ -\frac{1}{2}a^{-n}, & n<0\end{cases}$$

5. 时域卷积定理

设 $y(n)=x(n)*h(n)$,则

$$Y(e^{j\omega})=X(e^{j\omega})H(e^{j\omega}) \tag{2.3.46}$$

证明

$$y(n)=\sum_{m=-\infty}^{\infty}x(m)h(n-m)$$

$$Y(e^{j\omega})=FT[y(n)]=\sum_{n=-\infty}^{\infty}\left[\sum_{m=-\infty}^{\infty}x(m)h(n-m)\right]e^{-j\omega n}$$

令 $k=n-m$,则

$$\begin{aligned}Y(e^{j\omega})&=\sum_{k=-\infty}^{\infty}\sum_{m=-\infty}^{\infty}h(k)x(m)e^{-j\omega k}e^{-j\omega n}\\&=\sum_{k=-\infty}^{\infty}h(k)e^{-j\omega k}\sum_{m=-\infty}^{\infty}x(m)e^{-j\omega n}\\&=H(e^{j\omega})X(e^{j\omega})\end{aligned}$$

表明:两序列卷积的傅里叶变换服从相乘的关系(时域卷积,频域相乘)。LTI 系统,输出的傅里叶变换等于输入信号的傅里叶变换和单位脉冲相应傅里叶变换的乘积。所以,在求系统的输出信号时,可以在时域应用卷积公式计算,也可以在频域根据公式(2.3.46)求出输出的傅里叶变换,再求傅里叶逆变换,进而求出输出序列。

6. 频域卷积定理

设 $y(n)=x(n)h(n)$,则

$$Y(e^{j\omega})=\frac{1}{2\pi}X(e^{j\omega})*H(e^{j\omega})=\frac{1}{2\pi}\int_{-\pi}^{\pi}X(e^{j\theta})H(e^{j(\omega-\theta)})d\theta \tag{2.3.47}$$

证明

$$Y(e^{j\omega})=\sum_{n=-\infty}^{\infty}x(n)h(n)e^{-j\omega n}=\sum_{n=-\infty}^{\infty}x(n)\left[\frac{1}{2\pi}\int_{-\pi}^{\pi}H(e^{j\theta})e^{j\theta n}d\theta\right]e^{-j\omega n} \tag{2.3.48}$$

交换积分与求和的次序,得到:

$$
\begin{aligned}
Y(e^{j\omega}) &= \frac{1}{2\pi}\int_{-\pi}^{\pi} H(e^{j\theta})\left[\sum_{n=-\infty}^{\infty} x(n) e^{-j(\omega-\theta)n}\right] d\theta \\
&= \frac{1}{2\pi}\int_{-\pi}^{\pi} H(e^{j\theta}) X(e^{j(\omega-\theta)}) d\theta \\
&= \frac{1}{2\pi} X(e^{j\omega}) * H(e^{j\omega})
\end{aligned} \tag{2.3.49}
$$

频域卷积定理表明：时域两序列相乘，转移到频域服从卷积关系。

7. 帕斯瓦尔(Parseval)定理

帕斯瓦尔定理，定义如下：

$$
\sum_{n=-\infty}^{\infty} |x(n)|^2 = \frac{1}{2\pi}\int_{-\pi}^{\pi} |x(e^{j\omega})|^2 d\omega \tag{2.3.50}
$$

证明

$$
\begin{aligned}
\sum_{n=-\infty}^{\infty} |x(n)|^2 &= \sum_{n=-\infty}^{\infty} x(n) x^*(n) \\
&= \sum_{n=-\infty}^{\infty} x^*(n)\left[\frac{1}{2\pi}\int_{-\pi}^{\pi} X(e^{j\omega}) e^{j\omega n} d\omega\right] \\
&= \frac{1}{2\pi}\int_{-\pi}^{\pi} X(e^{j\omega}) \sum_{n=-\infty}^{\infty} x^*(n) e^{j\omega n} d\omega \\
&= \frac{1}{2\pi}\int_{-\pi}^{\pi} X(e^{j\omega}) X^*(e^{j\omega}) d\omega = \frac{1}{2\pi}\int_{-\pi}^{\pi} |X(e^{j\omega})|^2 d\omega
\end{aligned}
$$

帕斯瓦尔定理表明了信号时域的能量与频域的能量关系。

表2.3.2给出时间离散信号傅里叶变换的性质和定理，可在实际应用中解决重要问题。

表2.3.2　序列傅里叶变换的性质和定理

序列	傅里叶变换
$x(n)$	$X(e^{j\omega})$
$y(n)$	$Y(e^{j\omega})$
$ax(n)+by(n)$	$aX(e^{j\omega})+bY(e^{j\omega})$，$a$、$b$为常数
$x(n-n_0)$	$X(e^{j\omega n_0})X(e^{j\omega})$
$x^*(n)$	$X^*(e^{j\omega})$
$x(-n)$	$X(e^{-j\omega})$
$x(n)*y(n)$	$X(e^{j\omega})Y(e^{j\omega})$
$x(n)y(n)$	$\frac{1}{2\pi}\int_{-\pi}^{\pi} X(e^{-j\theta})Y(e^{j(\omega-\theta)})d\theta$
$nx(n)$	$j\frac{dX(e^{j\omega})}{d\omega}$
$\mathrm{Re}[x(n)]$	$X_e(e^{j\omega})$
$j\mathrm{Im}[x(n)]$	$X_o(e^{j\omega})$

表 2.3.2(续)

序列	傅里叶变换
$x_e(n)$	$\mathrm{Re}[X(e^{j\omega})]$
$x_o(n)$	$\mathrm{jIm}[X(e^{j\omega})]$
帕斯瓦尔定理：$\sum_{n=-\infty}^{\infty}\|x(n)\|^2 = \frac{1}{2\pi}\int_{-\pi}^{\pi}\|X(e^{j\omega})\|^2 d\omega$	

2.3.5 离散信号的频域抽样定理

下面介绍推导离散信号的频域抽样定理。对于模拟信号采样可以看作一个模拟信号通过一个电子开关 S。设电子开关每个周期 T 闭合一次，每次闭合的时间间隔 $\tau \leqslant T$，在电子开关输出端得到采样信号 $\hat{x}_a(t)$。该电子开关的作用可等效为宽度为 τ、周期为 T 的矩形脉冲串 $P_\tau(t)$，采样信号 $\hat{x}_a(t)$ 为 $x_a(t)$ 与 $P_\tau(t)$ 相乘的结果，采样过程如图 2.3.4 所示。

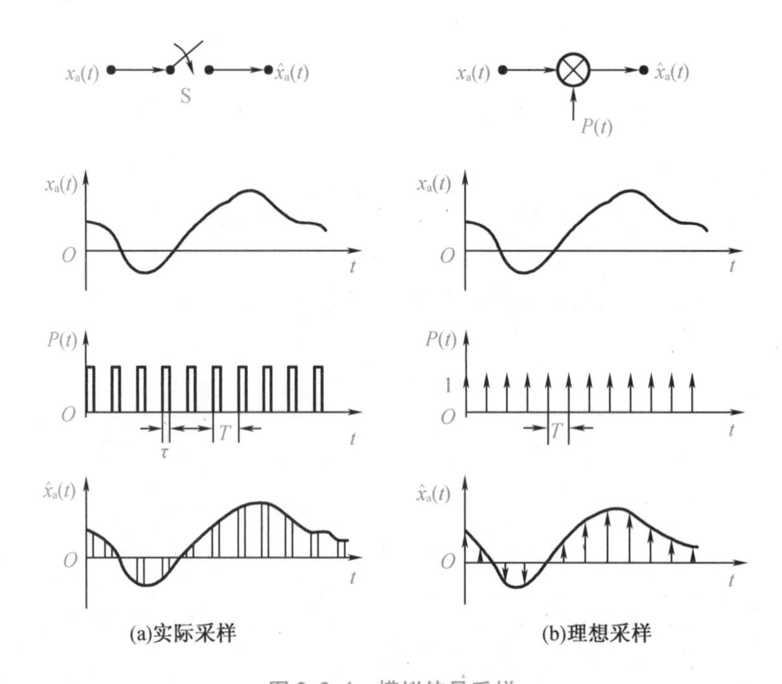

图 2.3.4　模拟信号采样

采样过程可描述为

$$P_\delta(t) = \sum_{n=-\infty}^{\infty}\delta(t - nT)$$

$$\hat{x}_a(t) = x_a(t)P_\delta(t) = \sum_{n=-\infty}^{\infty}x_a(t)\delta(t - nT) \tag{2.3.51}$$

式中，$\delta(t)$ 为单位冲击信号，仅当 $t = nT$ 时，才存在非零值，因此可改写为

$$\hat{x}_a(t) = \sum_{n=-\infty}^{\infty}x_a(nT)\delta(t - nT) \tag{2.3.52}$$

根据傅里叶变换的频域卷积定理，按照公式(2.3.52)，得到：

$$X_a(j\Omega)=\mathrm{FT}[x_a(t)]$$

$$\hat{X}_a(j\Omega)=\mathrm{FT}[\hat{x}_a(t)]$$

$$P_\delta(j\Omega)=\mathrm{FT}[P_\delta(t)]$$

对公式(2.3.51)进行傅里叶变换，得到：

$$P_\delta(j\Omega)=\sum_{k=-\infty}^{\infty}2\pi a_k\delta(\Omega-k\Omega_s) \tag{2.3.53}$$

式中，$\Omega_s=2\pi/T$，称为采样角频率，单位是 rad/s。

所以，有

$$a_k=\frac{1}{T}\int_{-t/2}^{T/2}\delta(t)\mathrm{e}^{-jk\Omega_s t}\mathrm{d}t=\frac{1}{T} \tag{2.3.54}$$

$$\begin{aligned}\hat{X}_a(j\Omega)&=\frac{1}{2\pi}X_a(j\Omega)*P_\delta(j\Omega)\\&=\frac{1}{2\pi}\cdot\frac{2\pi}{T}\int_{-\infty}^{\infty}X_a(j\theta)\sum_{k=-\infty}^{\infty}\delta(\Omega-k\Omega_s-\theta)\mathrm{d}\theta\\&=\frac{1}{T}\sum_{k=-\infty}^{\infty}\int_{-\infty}^{\infty}X_a(j\theta)\delta(\Omega-k\Omega_s-\theta)\mathrm{d}\theta\\&=\frac{1}{T}\sum_{k=-\infty}^{\infty}X_a(j\Omega-jk\Omega_s)\end{aligned} \tag{2.3.55}$$

上式表明：理想采样信号的频谱是原模拟信号的频谱沿频率轴，每间隔采样角频率 Ω_s 重复出现一次，或者说理想采样信号的频谱是原模拟信号的频谱以 Ω_s 为周期，进行周期性延拓而成的。

总结上述内容，可得到离散信号的频域抽样定理：

(1)对连续信号进行等间隔采样形成采样信号，采样信号的频谱是原连续信号的频谱以采样频率 Ω_s 为周期进行周期性的延拓形成的，用公式(2.3.55)表示。

(2)设连续信号 $x_a(t)$ 属带限信号，最高截止频率为 Ω_c，如果采样角频率 $\Omega_s\geqslant2\Omega_c$，那么让采样信号 $\hat{x}_a(t)$ 通过一个增益为 T、截止频率为 $\Omega_s/2$ 的理想低通滤波器，可以唯一地恢复出原连续信号 $x_a(t)$。否则，$\Omega_s<2\Omega_c$ 会造成采样信号中的频谱混叠现象，不可能无失真地恢复原连续信号。

实际中对模拟信号进行采样，需根据模拟信号的截止频率，按照采样定理的要求选择采样频率，即 $\Omega_s\geqslant2\Omega_c$，但考虑到理想滤波器 $G(j\Omega)$ 不可实现，要有一定的过渡带，为此可选 $\Omega_s=(3\sim4)\Omega_c$。另外，可以在采样之前加一抗混叠的低通滤波器，滤去高于 $\Omega_s/2$ 的一些无用的高频分量，以及滤除其他的一些杂散信号。

可以通过 ADC 模数转换器将模拟信号转换为数字信号，如图 2.3.5 所示。

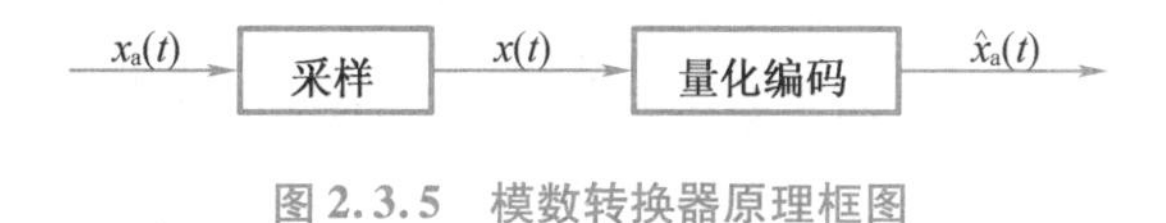

图 2.3.5　模数转换器原理框图

例如:模拟信号 $x_a(t)=\sin(2\pi ft+\pi/8)$,式中 $f=50$ Hz, 选采样频率 $f_s=200$ Hz,将 $t=nT$ 代入 $x_a(t)$ 中,得到采样数据:

$$\begin{aligned} x_a(nT) &= \sin\left(2\pi fnT+\frac{\pi}{8}\right) \\ &= \sin\left(2\pi\frac{50}{200}n+\frac{\pi}{8}\right) \\ &= \sin\left(\frac{1}{2}\pi n+\frac{\pi}{8}\right) \end{aligned}$$

$$T=\frac{1}{f_s}$$

采用不同进制对离散时间信号编码会产生不同的序列,序列之间的误差可用量化误差表示,量化误差的影响为量化效应,我们在后续章节会详细介绍。

2.4　离散时间系统的频域分析

2.4.1　离散 LTI 系统的频域描述

线性时不变系统对任意输入信号 $x(n)$ 系统的时域特性用单位脉冲响应 $h(n)$ 表示,对 $h(n)$ 进行傅里叶变换,得到:

$$H(e^{j\omega}) = \sum_{n=-\infty}^{\infty} h(n)e^{-j\omega n} \tag{2.4.1}$$

称 $H(e^{j\omega})$ 为系统的频率响应函数,或称系统的传输函数,它表征系统的频率响应特性。

下面阐述频率响应 $H(e^{j\omega})$ 的物理意义。设输入序列是频率为 ω 的复指数序列 $x(n)=e^{j\omega n}$,则由线性卷积公式得到系统的响应 $y(n)$:

$$y(n) = h(n)*x(n) = \sum_{m=-\infty}^{\infty} h(m)e^{j\omega(n-m)} = e^{j\omega n}\sum_{m=-\infty}^{\infty} h(m)e^{-j\omega m} = H(e^{j\omega})e^{j\omega n}$$

即

$$y(n)=H(e^{j\omega})e^{j\omega n}=|H(e^{j\omega})|e^{j[\omega n+\varphi(\omega)]}$$

上式表明:离散 LTI 系统对输入为单频复指数序列 $e^{j\omega n}$ 的响应,仍为同频率 ω 的单频复指数序列。其幅度放大 $|H(e^{j\omega})|$ 倍,相移变化为 $\varphi(\omega)$。$H(e^{j\omega})$ 是一个与系统频率特性有关的量,如果输入为 $x(n)$,则系统响应为对输入 $x(n)$ 的所有频率成分响应的加权和。

2.4.2　离散周期信号通过系统的频域分析

基本周期为 N 的周期信号 $x(n)$ 输入到稳定的线性时不变系统时,系统在任意时刻 n 的响应是稳态响应。线性系统可能会改变周期输入信号的形状(如收缩、放大、相位移动),但不能改变输入信号的周期。下面以正弦信号为例,加深对 $H(e^{j\omega})$ 物理意义的理解,系统输入信号为 $x(n)=A\cos(\omega_0 n+\theta)=\frac{A}{2}e^{j\theta}e^{j\omega_0 n}+\frac{A}{2}e^{-j\theta}e^{-j\omega_0 n}$,求系统的输出信号:

$$y(n)=\frac{A}{2}[H(e^{j\omega_0})\cdot e^{j\theta}e^{j\omega_0 n}+H(e^{-j\omega_0})\cdot e^{-j\theta}e^{-j\omega_0 n}]$$

$$=A|H(e^{j\omega_0})|\cos[\omega_0 n+\varphi(\omega_0)+\theta]$$

式中,$\varphi(\omega_0)=\arg[H(e^{j\omega_0})]$。

可见,当离散 LTI 系统输入单频正弦序列时,输出仍为同频率的单频正弦序列,其幅度为频率响应幅度$|H(e^{j\omega})|$的乘积,而相位为输入相位 θ 与系统相位响应 $\varphi(\omega_0)$之和。

2.4.3　离散非周期信号通过系统的频域分析

离散时间非周期序列的频率分析同样涉及时域信号序列的傅里叶变换——离散时间傅里叶变换。离散时间傅里叶变换(DTFT)是描述离散时间序列的频谱,给出了离散时间信号序列具有周期频谱的概念。

设离散序列 $x(n)$是绝对可求和(能量有限)的,即满足 $\sum\limits_{n=-\infty}^{\infty}|x(n)|<\infty$,则其离散时间傅里叶变换定义为

$$X(e^{j\omega}) \triangleq F[x(n)] = \sum_{n=-\infty}^{\infty}x(n)e^{-j\omega n} \tag{2.4.2}$$

逆变换为

$$x(n) \triangleq F^{-1}[X(e^{j\omega})] = \frac{1}{2\pi}\int_{-\pi}^{\pi}X(e^{j\omega})e^{j\omega n}d\omega \tag{2.4.3}$$

上式可以看作是在频率区间 $-\pi<\omega\leqslant\pi$ 内把 $x(n)$分解成复指数的线性组合。

【例 2.4.1】　求序列 $x(n)=a^n u(n)$的频率特性。

解　根据离散傅里叶变化的定义式(2.4.2)有:

$$X(e^{j\omega}) = \sum_{n=-\infty}^{\infty}x(n)e^{-j\omega n} = \sum_{n=0}^{\infty}a^n e^{-j\omega n}$$

当$|a|\geqslant1$ 时发散;当$|a|<1$ 时收敛,此时:

$$X(e^{j\omega}) = \sum_{n=0}^{\infty}a^n e^{-j\omega n} = \frac{1}{1-ae^{-j\omega}} = \frac{e^{j\omega}}{e^{j\omega}-a}$$

如果 a 是实数,利用欧拉公式可将上式展开为

$$X(e^{j\omega})=\frac{1}{1-ae^{-j\omega}}=\frac{1}{1-a\cos\omega+ja\sin\omega}$$

它的幅度谱和相位谱分别为

$$|X(e^{j\omega})|=\frac{1}{[(1-a\cos\omega)^2+a^2\sin^2\omega]^{\frac{1}{2}}}=\frac{1}{(a^2+1-2a\cos\omega)^{\frac{1}{2}}}$$

$$\arg[X(e^{j\omega})] = -\arctan\left(\frac{a\sin\omega}{1-a\cos\omega}\right)$$

幅度谱是偶函数,相位谱为奇函数,周期均为 2π。

2.5 离散时间信号的复频域分析

2.5.1 离散时间信号的 Z 变换

一个序列 $x(n)$ 的离散时间傅里叶变换已知为 $X(e^{j\omega}) = \sum_{n=-\infty}^{\infty} x(n)e^{-j\omega n}$，为使上式收敛，序列 $x(n)$ 必须绝对可和，即 $\sum_{n=-\infty}^{\infty} |x(n)| < \infty$。但在实际工作中的许多信号却不满足这个条件，因而它们也就不存在离散时间傅里叶变换。但若采用与连续时间信号同样的处理方法，将 $x(n)$ 乘以一个指数衰减序列 r^{-n}，$|r|<1$，使得 $r^{-n}x(n)$ 满足绝对可和条件，然后求其离散时间傅里叶变换：

$$\mathrm{DTFT}[r^{-n}x(n)] = \sum_{n=-\infty}^{\infty} x(n)r^{-n}e^{-j\omega n} = \sum_{n=-\infty}^{\infty} x(n)(re^{j\omega})^{-n} \tag{2.5.1}$$

令 $z=re^{j\omega}$，得到序列 $x(n)$ 的双边带 Z 变换定义：

$$\mathrm{DTFT}[r^{-n}x(n)] = X(z) \overset{\mathrm{def}}{=} \sum_{n=-\infty}^{\infty} x(n)z^{-n} \tag{2.5.2}$$

z 为复变量，其值能够在修正的笛卡儿平面上进行几何表示，这个平面就是所谓的 z 平面（z - plane），即 z 所在的复平面称为 z 平面。如序列 $x(n) = \{-7,3,\underset{\uparrow}{1},4,-8,5\}$ 的 Z 变换可写为

$$X(z) = -7z^2 + 3z^1 + z^0 + 4z^{-1} - 8z^{-2} + 5z^{-3}$$

当 $n=2$ 时：$x(2) = -8 \overset{\text{对应于}}{\Leftrightarrow} X(z)$ 中的 z^{-2} 项，因此理论上如果所有给出的序列值都是有限的样值，就可以方便地在序列及其 Z 变换中互相转换。

还有一种是单边带 Z 变换的定义，为

$$X(z) \overset{\mathrm{def}}{=} \sum_{n=0}^{\infty} x(n)z^{-n} \tag{2.5.3}$$

因果序列的 Z 变换：因果序列的单边 Z 变换与双边 Z 变换相同。本书中使用双边带 Z 变换，在 z 平面上对离散时间信号进行分析和变换。

Z 变换定义式中 z 所在的复平面 z 是一个连续复变量，具有实部和虚部。变量 z 的极坐标形式 $z=|z|e^{j\omega}$，$|z|=1$ 为单位圆，$z=e^{j\omega}$。z 平面如图 2.5.1 所示。

Z 变换存在的条件要求级数绝对可和，即

$$\sum_{n=-\infty}^{\infty} |x(n)z^{-n}| < +\infty \tag{2.5.4}$$

因此，为使上式成立，Z 变换取值的域称为收敛域，根据罗朗级数性质，收敛域通常为环状域，如图 2.5.2 所示，即

$$R_{x-} < |z| < R_{x+} \tag{2.5.5}$$

收敛半径 R_{x-} 可以小到 0，R_{x+} 可以大到∞；收敛域是以原点为中心，以 R_{x-} 和 R_{x+} 为半

径的环域。

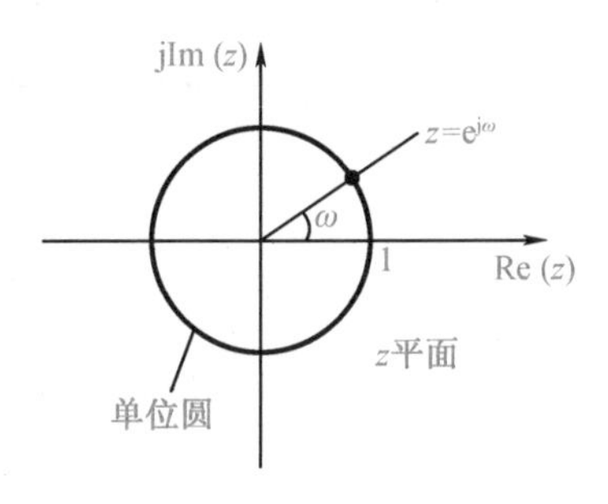

图 2.5.1　z 平面

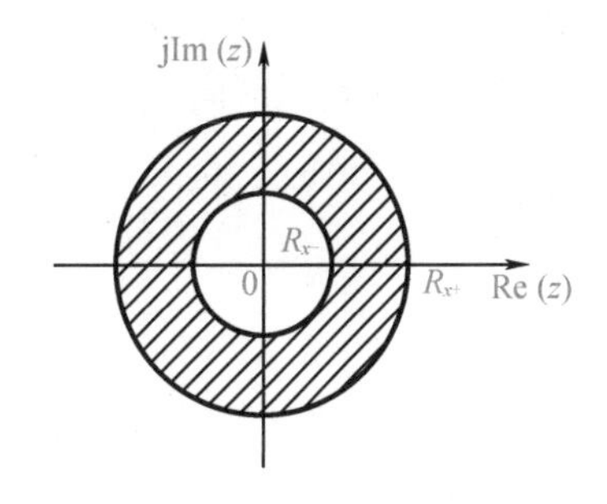

图 2.5.2　Z 变换的收敛域

对比傅里叶变换定义式,可得到离散时间信号傅里叶变换和 Z 变换之间的关系,描述为

$$X(e^{j\omega}) = X(z)\big|_{z=e^{j\omega}} \tag{2.5.6}$$

式中,$z=e^{j\omega}$表示在 z 平面上 $r=1$ 的单位圆。上式表明:单位圆上的 Z 变换就是序列的傅里叶变换,但 z 的收敛域必须包含单位圆。

【例 2.5.1】　(1)求序列 $x(n)=a^nu(n)$的 Z 变换;

(2)求序列 $x(n) = -a^nu(-n-1)$的 Z 变换。

解　(1)序列 $x(n)$是因果序列,根据 Z 变换的定义

$$\begin{aligned} X(z) &= \sum_{n=-\infty}^{\infty} x(n)z^{-n} = \sum_{n=0}^{\infty} a^n z^{-n} = \sum_{n=0}^{\infty}(az^{-1})^n \\ &= 1 + az^{-1} + (az^{-1})^2 + (az^{-1})^3 + \cdots \end{aligned}$$

分析收敛性:$X(z)$是无穷项幂级数。当$|z|\leqslant|a|$时级数发散;当$|z|>|a|$时级数收敛。$X(z)$可用封闭形式,即解析函数形式表示为

$$X(z) = \sum_{n=0}^{\infty}(az^{-1})^n = \frac{1}{1-az^{-1}} = \frac{z}{z-a},\quad |z|>|a|$$

(2)序列 $x(n)$是一个左序列,$n\geqslant 0$ 时,$x(n)=0$

$$X(z) = \sum_{n=-\infty}^{\infty} -a^nu(-n-1)z^{-n} = \sum_{n=-\infty}^{-1} -a^nz^{-n} = \sum_{n=1}^{\infty} -a^{-n}z^n$$

要使 $X(z)$存在,要求$|a^{-1}z|<1$,即$|z|<|a|$,

$$X(z) = \frac{-a^{-1}z}{1-a^{-1}z} = \frac{1}{1-az^{-1}} = \frac{z}{z-a},\quad |z|<|a|$$

对比(1)和(2)的结果:

$$X(z) = \frac{1}{1-az^{-1}} = \frac{z}{z-a},\ |z|>|a| \Rightarrow x(n) = a^nu(n)$$

$$X(z) = \frac{1}{1-az^{-1}} = \frac{z}{z-a},\ |z|<|a| \Rightarrow x(n) = -a^nu(-n-1)$$

可得如下结论:Z 变换相同,收敛域不同,对应的序列也不同。序列的 $X(z)$与其收敛域是一个不可分离的整体,求 Z 变换就要包含其收敛域。

序列特性决定其 Z 变换的收敛域,因此有必要了解序列特性对 Z 变换收敛域的影响。

1. 有限长序列

有限长序列只在有限区间 $n_1 \leqslant n \leqslant n_2$ 内具有非零的有限值,在此区间外序列值都为零:

$$x(n)=\begin{cases}x(n), & n_1 \leqslant n \leqslant n_2 \\ 0, & \text{其他}\end{cases}$$

Z 变换为

$$X(z)=\sum_{n=n_1}^{n_2} x(n) z^{-n}$$

收敛域与 n_1、n_2 取值情况有关:

$$n_1<0, n_2 \leqslant 0 \text{ 时}, \quad 0 \leqslant |z|<\infty$$

$$n_1<0, n_2>0 \text{ 时}, \quad 0<|z|<\infty$$

$$n_1 \geqslant 0, n_2>0 \text{ 时}, \quad 0<|z| \leqslant \infty$$

【例 2.5.2】 求序列 $x(n)=R_N(n)$ 的 Z 变换及收敛域。

解　根据 Z 变换的定义

$$X(z)=\sum_{n=0}^{N-1} z^{-n}=\sum_{n=0}^{N-1}\left(z^{-1}\right)^n=\frac{1-z^{-N}}{1-z^{-1}}$$

$X(z)$ 有一个 $z=1$ 的极点,但也有一个 $z=1$ 的零点,所以零、极点对消,$X(z)$ 在单位圆上收敛,收敛域为 $0<|z| \leqslant \infty$ 。

2. 右边序列

右边序列只在有限区间 $n \geqslant n_1$ 内具有非零的有限值,在此区间外序列值都为零,Z 变换为

$$X(z)=\sum_{n=n_1}^{\infty} x(n) z^{-n}=\sum_{n=n_1}^{-1} x(n) z^{-n}+\sum_{n=0}^{\infty} x(n) z^{-n}$$

式中,第一项为有限长序列,收敛域为 $0 \leqslant |z|<\infty$;第二项为因果序列,收敛域为 $R_{x-}<|z| \leqslant \infty$,共有收敛域为 $R_{x-}<|z|<\infty$ 。

3. 左边序列

左边序列只在有限区间 $n \leqslant n_2$ 内具有非零的有限值,在此区间外序列值都为零,其 Z 变换为

$$X(z)=\sum_{n=-\infty}^{n_2} x(n) z^{-n}$$

如果 $n_2 \leqslant 0$,$z=0$ 点收敛,但 $z=\infty$ 点不收敛,收敛域为

$$0 \leqslant |z|<R_{x+}$$

如果 $n_2>0$,收敛域为

$$0<|z|<R_{x+}$$

4. 双边序列

双边序列指 n 从 $-\infty$ 到∞ 都具有非零的有限值,可看成左边序列和右边序列之和,其 Z 变换为

$$X(z)=\sum_{n=-\infty}^{\infty}x(n)z^{-n}=X_1(z)+X_2(z)$$
$$=\sum_{n=-\infty}^{-1}x(n)z^{-n}+\sum_{n=0}^{\infty}x(n)z^{-n}$$

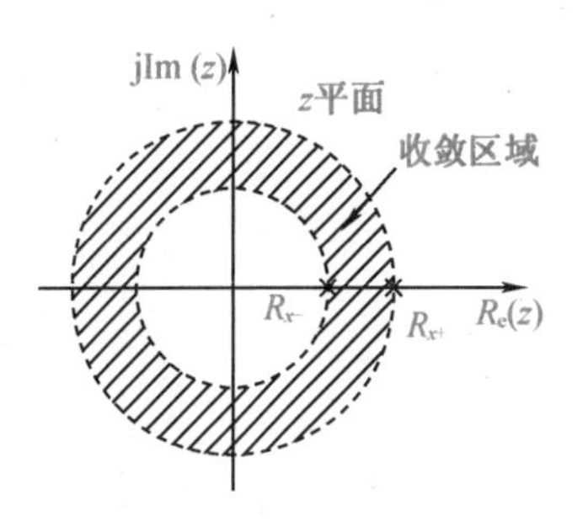

图 2.5.3　收敛域图示

如图 2.5.3 所示，$X_1(z)$ 收敛域为 $|z|<R_{x+}$；$X_2(z)$ 收敛域为 $R_{x-}<|z|$。双边序列 Z 变换的收敛域是二者的公共部分。如果满足 $R_{x-}<R_{x+}$，则 $X(z)$ 的收敛域为环状区域，即 $R_{x-}<|z|<R_{x+}$；如果满足 $R_{x-}\geqslant R_{x+}$，则 $X(z)$ 无收敛域。

【例 2.5.3】　已知序列 $x(n)=a^{|n|}$，a 为实数，求其 Z 变换及其收敛域。

解　$X(z)=\sum_{n=-\infty}^{\infty}a^{|n|}z^{-n}=\sum_{n=-\infty}^{-1}a^{-n}z^{-n}+\sum_{n=0}^{\infty}a^{n}z^{-n}=\sum_{n=1}^{\infty}a^{n}z^{n}+\sum_{n=0}^{\infty}a^{n}z^{-n}$

上式第一项收敛域为 $|z|<|a|^{-1}$；

上式第二项收敛域为 $|z|>|a|$。

如果 $|a|<1$，则

$$X(z)=\frac{az}{1-az}+\frac{1}{1-az^{-1}}=\frac{1-a^2}{(1-az)(1-az^{-1})},\ |a|<|z|<|a|^{-1}$$

如果 $|a|\geqslant 1$，则无公共收敛域，$X(z)$ 不存在。

当 $0<a<1$ 时，$x(n)$ 和 $X(z)$ 的图形如图 2.5.4 所示。

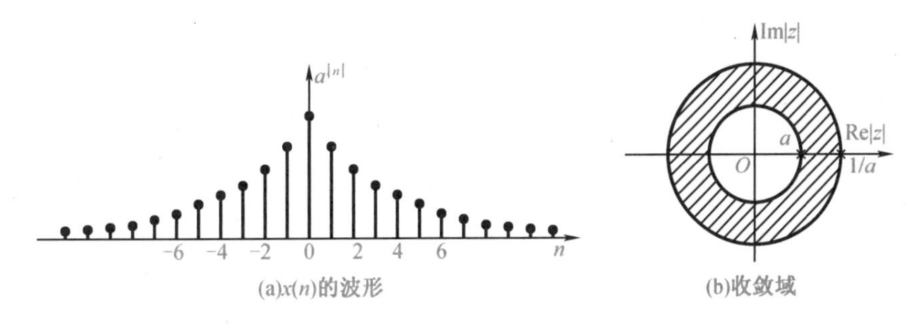

(a)$x(n)$的波形　　(b)收敛域

图 2.5.4　例 2.5.3 图

2.5.2　Z 变换的基本性质

1. 线性性质

Z 变换的线性性质满足如下条件：

$$Z[a_1x_1(n)+a_2x_2(n)]=a_1X_1(z)+a_2X_2(z) \tag{2.5.7}$$

收敛域是 R_{x_1} 和 R_{x_2} 的交集。注意，当序列的线性组合中 Z 变换出现零、极点的对消时，则收敛域可能会扩大。

【例 2.5.4】　已知 $x(n)=\left(\frac{1}{2}\right)^n u(n)-\left(\frac{3}{2}\right)^n u(-n-1)$，$y(n)=\left(\frac{1}{4}\right)^n u(n)-\left(\frac{1}{2}\right)^n u(n)$，试求 $ax(n)+by(n)$ 的 Z 变换。

解　容易求得

$$X(z)=\frac{-z}{\left(z-\frac{1}{2}\right)\left(z-\frac{3}{2}\right)},\quad \frac{1}{2}<|z|<\frac{3}{2}$$

$$Y(z)=\frac{-\frac{1}{4}z}{\left(z-\frac{1}{4}\right)\left(z-\frac{1}{2}\right)},\quad |z|>\frac{1}{2}$$

利用Z变换的线性性质,得到:

$$Z[ax(n)+by(n)]=aX(z)+bY(z)=a\frac{-z}{\left(z-\frac{1}{2}\right)\left(z-\frac{3}{2}\right)}+b\frac{-\frac{1}{4}z}{\left(z-\frac{1}{4}\right)\left(z-\frac{1}{2}\right)}$$

一般而言,上式的收敛域是等式右端两项收敛域的交集,也就是$\frac{1}{2}<|z|<\frac{3}{2}$,当$a=b$时,序列线性组合的Z变换将出现零、极点的对消,即

$$aX(z)+bY(z)=a\left[\frac{-z}{\left(z-\frac{1}{2}\right)\left(z-\frac{3}{2}\right)}+\frac{-\frac{1}{4}z}{\left(z-\frac{1}{4}\right)\left(z-\frac{1}{2}\right)}\right]=a\frac{-\frac{5}{4}z\left(z-\frac{1}{2}\right)}{\left(z-\frac{1}{4}\right)\left(z-\frac{1}{2}\right)\left(z-\frac{3}{2}\right)}$$

上式中$z=\frac{1}{2}$处的零点将和$z=\frac{1}{2}$处的极点相抵消,因此,得到:

$$aX(z)+aY(z)=a\frac{-\frac{5}{4}z}{\left(z-\frac{1}{4}\right)\left(z-\frac{3}{2}\right)},\quad \frac{1}{4}<|z|<\frac{3}{2}$$

2. 位移性质

Z变换的位移性质满足如下条件:

$$Z[x(n-m)]=z^{-m}X(z) \tag{2.5.8}$$

证明

$$Z[x(n-m)]=\sum_{n=-\infty}^{\infty}x(n-m)z^{-n}=z^{-m}\sum_{k=-\infty}^{\infty}x(k)z^{-k}=z^{-m}X(z)$$

如果$m>0$,则原序列$x(n)$向右移;如果$m<0$,则原序列$x(n)$向左移。

【例2.5.5】 设序列$x_1(n)=\{\underset{\uparrow}{1},2,5,7,0,1\}$,$x_2(n)=\{1,2,\underset{\uparrow}{5},7,0,1\}$,$x_3(n)=\{\underset{\uparrow}{0},0,1,2,5,7,0,1\}$,试用$x_1(n)$的Z变换求$x_2(n)$和$x_3(n)$的Z变换。

解 容易看出$x_2(n)=x_1(n+2)$,$x_3(n)=x_1(n-2)$。

由公式(2.5.2)定义式可以直接得到:

$$X_1(z)=1+2z^{-1}+5z^{-2}+7z^{-3}+z^{-5},\quad |z|>0$$

根据移位性质可得:

$$X_2(z)=z^2X_1(z)=z^2+2z+5+7z^{-1}+z^{-3},\quad 0<|z|<\infty$$

$$X_3(z)=z^{-2}X_1(z)=z^{-2}+2z^{-3}+5z^{-4}+7z^{-5}+z^{-7},\quad |z|>0$$

注意:因为乘以了z^2,所以$X_2(z)$的收敛域为$0<|z|<\infty$。

3. 指数(或缩放)性质

Z变换的指数性质,满足如下等式:

$$Z[a^n x(n)] = X(a^{-1}z) \tag{2.5.9}$$

a为常数,收敛域为$|a| \cdot R_x$。当$a=-1$时,则有$Z\{(-1)x(n)\} = X(-z)$;当$a=e^{-\alpha}$时,指数性质就是拉普拉斯变换中的s域尺度变换性质(后面章节详细介绍)。

【例2.5.6】 试求出指数变化的正弦序列$x(n)=a^n\sin(bn)u(n)$的Z变换。

解　根据Z变换定义可知:

$$X(z) = Z[\sin(bn)u(n)] = \frac{z\sin b}{z^2 - 2z\cos b + 1}$$

根据指数性质可得

$$X(z) = \frac{\left(\frac{z}{a}\right)\sin b}{\left(\frac{z}{a}\right)^2 - 2\left(\frac{z}{a}\right)\cos b + 1} = \frac{az\sin b}{z^2 - 2az\cos b + a^2}$$

4. 时间反转(或倒置)性质

Z变换的时间反转性质,满足如下等式:

$$Z[x(-n)] = X(z^{-1}) \tag{2.5.10}$$

收敛域为$\frac{1}{R_x}$,如果R_x具有$|z|>|a|$的形式,则其映射序列的收敛域就为$\frac{1}{|z|}>|a|$或$|z|<\frac{1}{|a|}$。如果R_x具有$|a|<|z|<|b|$的形式,则其映射序列的收敛域就为$|a|<\frac{1}{|z|}<|b|$或$\frac{1}{|b|}<|z|<\frac{1}{|a|}$。

时间反转性质主要有两方面的应用。

(1)与序列的对称性有关

对于偶对称序列,有$x(n)=x(-n)$,则由反转性质得$X(z)=X(z^{-1})$;对于奇对称序列,有$x(n)=-x(-n)$,则由反转性质得$X(z)=-X(z^{-1})$。

(2)与反因果序列有关

如果已知:$x(n)u(n) \leftrightarrow X(z)$,$|z|>|a|$,则有$x(-n)u(-n-1) \leftrightarrow X(z^{-1}) - x(0)$,$|z|<\frac{1}{|a|}$,如图2.5.5所示。

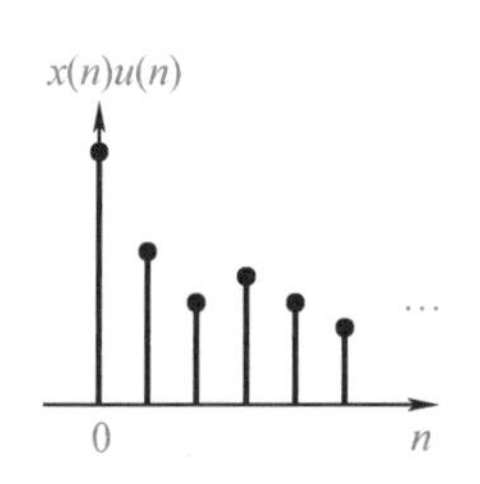

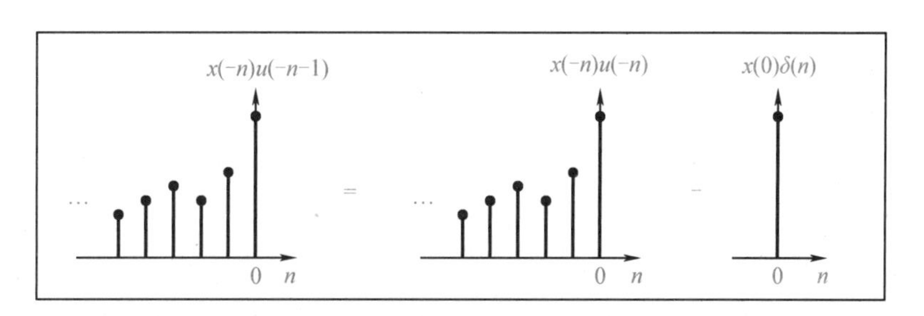

图2.5.5　反转性质与反因果序列

【例 2.5.7】 试用时间反转性质求出序列 $x(n)=a^{|n|}$, $|a|<1$ 的 Z 变换。

解 为运用反转性质,可将原式改写成 $x(n)=a^{n}u(n)+a^{-n}u(-n)-\delta(n)$, $x(n)$ 由单边指数衰减序列和它的反转形式组成,如图 2.5.6 所示。

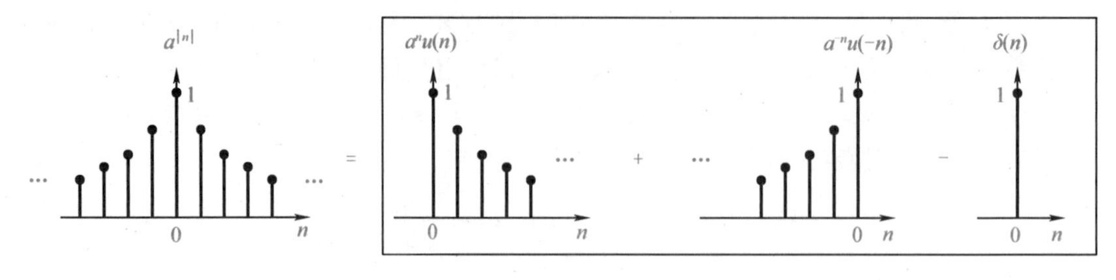

图 2.5.6　例 2.5.7 图

针对变换对 $a^{n}u(n)\leftrightarrow\dfrac{z}{z-a}$, $|z|>|a|$,运用时间反转性质得到:

$$a^{-n}u(-n)\leftrightarrow\frac{\frac{1}{z}}{\frac{1}{z}-a},\ |z|<\frac{1}{|a|}$$

因此有

$$X(z)=\frac{z}{z-a}+\frac{\frac{1}{z}}{\frac{1}{z}-a}-1=\frac{z}{z-a}-\frac{z}{z-\frac{1}{a}},\quad |a|<|z|<\frac{1}{|a|}$$

5. 复共轭性质

设

$$X(z)=\mathrm{ZT}[x(n)],\quad R_{x-}<|z|<R_{x+}$$

则

$$\mathrm{ZT}[x^{*}(n)]=X^{*}(z^{*}),\quad R_{x-}<|z|<R_{x+}\tag{2.5.11}$$

6. 初值定理

若 $x(n)$ 是因果序列,即 $x(n)=0$, $n<0$,则

$$x(0)=\lim_{z\to\infty}X(z)\tag{2.5.12}$$

证明 $x(n)$ 是因果序列,有

$$X(z)=\sum_{n=0}^{\infty}x(n)z^{-n}=x(0)+x(1)z^{-1}+x(2)z^{-2}+\cdots+x(n)z^{-n}+\cdots$$

显然,有

$$x(0)=\lim_{z\to\infty}X(z)$$

若 $x(n)$ 是逆因果序列,即 $x(n)=0$, $n>0$,有

$$x(0)=\lim_{z\to 0}X(z)$$

7. 中值定理

若 $x(n)$ 是因果序列,且 $X(z)$ 的全部极点,除在 $z=1$ 处可以有一阶极点外,其余极点都

在单位圆内,则

$$\lim_{n\to\infty}x(n)=\lim_{z\to 1}[(z-1)X(z)] \tag{2.5.13}$$

证明　由移位性质可得

$$(z-1)X(z)=zX(z)-X(z)=Z[x(n+1)-x(n)]=\sum_{n=-\infty}^{\infty}[x(n+1)-x(n)]z^{-n}$$

因为 $x(n)$ 是因果序列,则

$$(z-1)X(z)=\lim_{n\to\infty}\sum_{k=-1}^{n}[x(k+1)-x(k)]z^{-k}$$

有

$$\begin{aligned}\lim_{n\to\infty}[(z-1)X(z)]&=\lim_{n\to\infty}\sum_{k=-1}^{n}[x(k+1)-x(k)]\\&=\lim_{n\to\infty}\{[x(0)-0]+[x(1)-x(0)]+\cdots+[x(n+1)-x(n)]\}\\&=\lim_{n\to\infty}\{x(n+1)\}\\&=\lim_{n\to\infty}x(n)\end{aligned}$$

8. 时域卷积定理

$$W(z)=Z[x(n)*y(n)]=X(z)\cdot Y(z),\quad R_-<|z|<R_+ \tag{2.5.14}$$

证明

$$W(z)=Z[x(n)*y(n)]=\sum_{n=-\infty}^{\infty}[\sum_{k=-\infty}^{\infty}x(k)y(n-k)]z^{-n}$$

交换求和次序,并代入 $m=n-k$,得

$$\begin{aligned}W(z)&=\sum_{k=-\infty}^{\infty}x(k)\sum_{n=-\infty}^{\infty}y(n-k)z^{-n}\\&=\sum_{k=-\infty}^{\infty}x(k)z^{-k}\sum_{m=-\infty}^{\infty}y(m)z^{-m}\\&=X(z)\cdot Y(z)\end{aligned}$$

【例2.5.8】　已知网络的单位脉冲响应 $h(n)=a^nu(n)$, $|a|<1$, 网络输入序列 $x(n)=u(n)$,求网络的输出序列 $y(n)$。

解　方法(一)　直接求解线性卷积

$$y(n)=h(n)*x(n)$$

$$\begin{aligned}y(n)&=\sum_{m=-\infty}^{\infty}h(m)x(n-m)\\&=\sum_{m=0}^{\infty}a^mu(m)u(n-m)\\&=\sum_{m=0}^{n}a^m=\frac{1-a^{n+1}}{1-a},\quad n\geqslant 0\end{aligned}$$

方法(二)　Z变换法

$$y(n)=h(n)*x(n)$$

$$H(z)=\mathrm{ZT}[a^n u(n)]=\frac{1}{1-az^{-1}},\quad |z|>|a|$$

$$X(z)=\mathrm{ZT}[u(n)]=\frac{1}{1-z^{-1}},\quad |z|>1$$

$$Y(z)=H(z)\cdot X(z)=\frac{1}{(1-z^{-1})(1-az^{-1})},\quad |z|>1$$

$$y(n)=\frac{1}{2\pi \mathrm{j}}\oint_c \frac{z^{n+1}}{(z-1)(z-a)}\mathrm{d}z$$

由收敛域判定 $y(n)=0, n<0$。

$n\geqslant 0$ 时，

$$\begin{aligned} y(n) &= \mathrm{Res}[Y(z)z^{n-1},1]+\mathrm{Res}[Y(z)z^{n-1},a] \\ &= \frac{1}{1-a}+\frac{a^{n+1}}{a-1}=\frac{1-a^{n+1}}{1-a} \end{aligned}$$

将 $y(n)$ 表示为

$$y(n)=\frac{1-a^{n+1}}{1-a}u(n)$$

9. 复卷积定理

如果

$$\mathrm{ZT}[x(n)]=X(z),\quad R_{x-}<|z|<R_{x+}$$
$$\mathrm{ZT}[y(n)]=Y(z),\quad R_{y-}<|z|<R_{y+}$$
$$w(n)=x(n)y(n)$$

则

$$W(z)=\frac{1}{2\pi \mathrm{j}}\oint_c X(v)Y\left(\frac{z}{v}\right)\frac{\mathrm{d}v}{v} \tag{2.5.15}$$

$W(z)$ 的收敛域为

$$R_{x-}R_{y-}<|z|<R_{x+}R_{y+} \tag{2.5.16}$$

式(2.5.15)中 v 平面上，被积函数的收敛域为

$$\max\left(R_{x-},\frac{|z|}{R_{y+}}\right)<|v|<\min\left(R_{x+},\frac{|z|}{R_{y-}}\right) \tag{2.5.17}$$

证明

$$\begin{aligned} W(z) &= \sum_{n=-\infty}^{\infty} x(n)y(n)z^{-n} \\ &= \sum_{n=-\infty}^{\infty}\left[\frac{1}{2\pi \mathrm{j}}\oint_c X(v)v^{n-1}\mathrm{d}v\right]y(n)z^{-n} \\ &= \frac{1}{2\pi \mathrm{j}}\oint_c X(v)\sum_{n=-\infty}^{\infty} y(n)\left(\frac{z}{v}\right)^{-n}\frac{\mathrm{d}v}{v} \\ &= \frac{1}{2\pi \mathrm{j}}\oint_c X(v)Y\left(\frac{z}{v}\right)\frac{\mathrm{d}v}{v} \end{aligned}$$

由 $X(z)$ 的收敛域和 $Y(z)$ 的收敛域得到：

$$R_{x-}<|v|<R_{x+},\quad R_{y-}<\left|\frac{z}{v}\right|<R_{y+}$$

所以

$$R_{x-}R_{y-}<|z|<R_{x+}R_{y+}$$

$$\max\left(R_{x-},\frac{|z|}{R_{y+}}\right)<|v|<\min\left(R_{x+},\frac{|z|}{R_{y-}}\right)$$

【例 2.5.9】　已知 $x(n)=u(n),y(n)=a^{|n|}$，若 $w(n)=x(n)y(n)$，求 $W(z)=\mathrm{ZT}[w(n)],0<a<1$。

解

$$X(z)=\frac{1}{1-z^{-1}},\quad 1<|z|\leqslant\infty$$

$$Y(z)=\frac{1-a^2}{(1-az^{-1})(1-az)},\quad |a|<|z|<|a|^{-1}$$

$$W(z)=\frac{1}{2\pi \mathrm{j}}\oint_c Y(v)X\left(\frac{z}{v}\right)\frac{\mathrm{d}v}{v}$$

$$=\frac{1}{2\pi \mathrm{j}}\oint_c \frac{1-a^2}{(1-av^{-1})(1-av)}\cdot\frac{1}{1-\frac{v}{a}}\frac{\mathrm{d}v}{v}$$

$W(z)$的收敛域为$|a|<|z|\leqslant\infty$；被积函数 v 平面上的收敛域为 $\max(|a|,0)<|v|<\min(|a^{-1}|,|z|)$，$v$ 平面上极点：a、a^{-1}；c 内极点：$z=a$。如图 2.5.7所示。

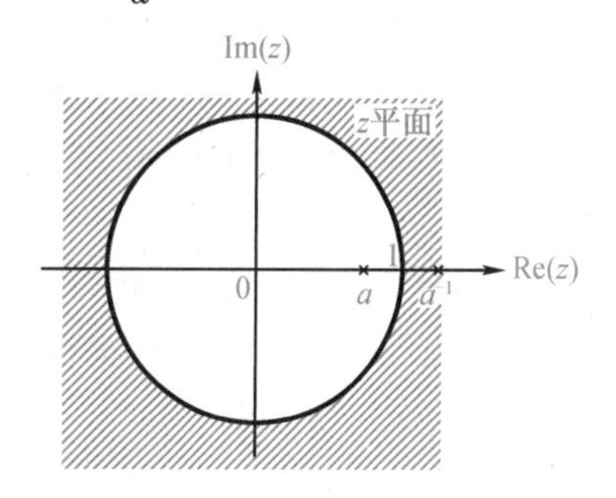

图 2.5.7　例 2.5.9 $X(z)$的极点

令 $F(z)=X(v)Y\left(\frac{z}{v}\right)v^{-1}$，则 $W(z)=\mathrm{Res}[F(v),a]=\frac{1}{1-az^{-1}},\quad a<|z|\leqslant\infty$

$$\omega(n)=a^n u(n)$$

10. 帕斯瓦尔(Parseval)定理

设 $X(z)=\mathrm{ZT}[x(n)],\quad R_{x-}<|z|<R_{x+}$

$$Y(z)=\mathrm{ZT}[x(n)],\quad R_{x-}<|z|<R_{x+}$$

$$R_{x-}R_{y-}<1,\quad R_{x+}R_{y+}>1$$

则

$$\sum_{n=-\infty}^{\infty}x(n)y^*(n)=\frac{1}{2\pi \mathrm{j}}\oint_c X(v)Y^*\left(\frac{1}{v^*}\right)v^{-1}\mathrm{d}v \tag{2.5.18}$$

v 平面上，c 所在的收敛域为

$$\max\left(R_{x-},\frac{1}{R_{y+}}\right)<|v|<\min\left(R_{x+},\frac{1}{R_{y-}}\right) \tag{2.5.19}$$

利用复卷积定理可以证明上面的重要的帕斯瓦尔定理。

2.5.3　Z 逆变换

1. 留数定理求 Z 逆变换

Z 逆变换的定义为

$$x(n) = Z^{-1}[X(z)] = \frac{1}{2\pi \mathrm{j}}\oint_c X(z)z^{n-1}\mathrm{d}z \tag{2.5.20}$$

式中,c 是收敛域内包围原点、沿逆时针方向的一条围线,它包含 $X(z)$ 的所有极点。用 $F(z)$ 表示被积函数:$F(z)=X(z)z^{n-1}$。

如果 $F(z)$ 在围线 c 内的极点用 z_k 表示,则根据留数定理有,式(2.5.20)中,$\mathrm{Res}[F(z),z_k]$ 表示被积函数 $F(z)$ 在极点 $z=z_k$ 的留数,逆 Z 变换是围线 c 内所有的极点留数之和。

如果 z_k 是单阶极点,则根据留数定理有

$$\mathrm{Res}[F(z),z_k]=(z-z_k)\cdot F(z)\big|_{z=z_k} \tag{2.5.21}$$

如果 z_k 是 N 阶极点,则根据留数定理有

$$\mathrm{Res}[F(z),z_k]=\frac{1}{(N-1)!}\frac{\mathrm{d}^{N-1}}{\mathrm{d}z^{N-1}}[(z-z_k)^N F(z)]\big|_{z=z_k} \tag{2.5.22}$$

逆 Z 变换对于 N 阶极点,需要求 $N-1$ 次导数,这是比较麻烦的。如果 c 内有多阶极点,而 c 外没有多阶极点,则可以根据留数辅助定理改求 c 外的所有极点留数之和。

如果 $F(z)$ 在 z 平面上有 N 个极点,在收敛域内的封闭曲线 c 将 z 平面上的极点分成两部分:

一部分 c 是内极点,设有 N_1 个极点,用 z_{1k} 表示;另一部分是 c 外极点,设有 N_2 个极点,用 z_{2k} 表示。$N=N_1+N_2$。根据留数辅助定理,下式成立:

$$\sum_{k=1}^{N_1}\mathrm{Res}[F(z),z_{1k}] = -\sum_{k=1}^{N_2}\mathrm{Res}[F(z),z_{2k}] \tag{2.5.23}$$

成立的条件:$F(z)$ 的分母阶次应比分子阶次高二阶以上。设 $X(z)=P(z)/Q(z)$,$P(z)$ 和 $Q(z)$ 分别是 M 与 N 阶多项式。

成立的条件是:$N-M-n+1\geqslant 2$。因此要求:

$$n<N-M \tag{2.5.24}$$

c 圆内极点中有多阶极点,而 c 圆外没有多阶极点,则逆 Z 变换可以按式(2.5.23)计算,改求 c 圆外极点留数之和,最后加一个负号。

【例 2.5.10】　已知 $X(z)=(1-az^{-1})^{-1}$,$|z|>a$,求其逆 Z 变换 $x(n)$。

解

$$x(n) = \frac{1}{2\pi \mathrm{j}}\oint_c (1-az^{-1})^{-1}z^{n-1}\mathrm{d}z$$

$$F(z)=\frac{1}{1-az^{-1}}z^{n-1}$$

分析 $F(z)$ 的极点:

(1)$n\geqslant 0$ 时,$F(z)$ 在 c 内只有 1 个极点:$z_1=a$;

(2)$n<0$ 时,$F(z)$ 在 c 内只有 2 个极点:$z_1=a$,$z_2=0$ 是一个 n 阶极点。所以,应当分段计算 $x(n)$。

$n \geqslant 0$ 时,有

$$x(n)=\mathrm{Res}[F(z),a]=(z-a)\frac{z^n}{z-a}\bigg|_{z=a}$$

$n<0$ 时,$z=0$ 是 n 阶极点,不易求留数。采用留数辅助定理求解,先检查 $n \leqslant N-M-1$ 是否满足。可以采用留数辅助定理求解,改求圆外极点留数,但对于 $F(z)$,该例题中圆外没有极点,故 $n<0$,$x(n)=0$。最后得到该例题的原序列为

$$x(n)=a^n u(n)$$

事实上,该例题由于收敛域是 $|z|>a$,根据前面分析的序列特性对收敛域的影响可知,$x(n)$ 一定是因果序列,这样 $n<0$ 部分一定为零,无须再求。本题如此求解是为了证明留数辅助定理法的正确性。

【例 2.5.11】　已知 $X(z)\dfrac{1-a^2}{(1-az)(z-az^{-1})}$,$|a|<1$,求其逆变换 $x(n)$。

解　该例题没有给定收敛域,为求出唯一的原序列 $x(n)$,必须先确定收敛域。分析 $X(z)$,有两个极点:$z=a$ 和 $z=a^{-1}$,则收敛域有三种选法:

(1) $|z|>|a^{-1}|$,对应的 $x(n)$ 是因果序列;

(2) $|z|<|a|$,对应的 $x(n)$ 是左序列;

(3) $|a|<|z|<|a^{-1}|$,对应的 $x(n)$ 是双边序列。

下面分别按照不同的收敛域求其 $x(n)$。

(1) 收敛域为 $|z|>|a^{-1}|$

$$F(z)=\frac{1-a^2}{(1-az)(1-az^{-1})}z^{n-1}=\frac{1-a^2}{-a(z-a)(z-a^{-1})}z^n$$

这种情况的原序列是因果的右序列,无须求 $n<0$ 时的 $x(n)$。当 $n \geqslant 0$ 时,$F(z)$ 在 c 内有两个极点:$z=a$ 和 $z=a^{-1}$,因此

$$\begin{aligned}
x(n)&=\mathrm{Res}[F(z),a]+\mathrm{Res}[F(z),a^{-1}]\\
&=\frac{(1-a^2)z^n}{(z-a)(1-az)}(z-a)\bigg|_{z=a}+\frac{(1-a^2)z^n}{-a(z-a)(z-a^{-1})}(z-a^{-1})\bigg|_{z=a^{-1}}\\
&=a^n-a^{-n}
\end{aligned}$$

最后表示成:$x(n)=(a^n-a^{-n})u(n)$。

(2) 收敛域为 $|z|<|a|$

这种情况原序列是左序列,无须计算 $n \geqslant 0$ 情况。实际上,当 $n \geqslant 0$ 时,围线积分 c 内没有极点,因此 $x(n)=0$。$n<0$ 时,c 内只有 1 个极点:$z=0$,且是 n 阶极点,改求 c 外极点留数之和。

$n<0$ 时,有:

$$\begin{aligned}
x(n)&=-\mathrm{Res}[F(z),a]-\mathrm{Res}[F(z),a^{-1}]\\
&=-\frac{(1-a^2)z^n}{-a(z-a)(z-a^{-1})}(z-a)\bigg|_{z=a}-\frac{(1-a^2)z^n}{-a(z-a)(z-a^{-1})}(z-a^{-1})\bigg|_{z=a^{-1}}\\
&=-a^n-(-a^{-n})\\
&=a^{-n}-a^n
\end{aligned}$$

最后将 $x(n)$ 表示成封闭式：$x(n)=(a^{-n}-a^{n})u(-n-1)$。

(3)收敛域为 $|a|<|z|<|a^{-1}|$

这种情况对应的 $x(n)$ 是双边序列。根据被积函数 $F(z)$，按 $n\geqslant 0$ 和 $n<0$ 两种情况分别求 $x(n)$。

$n\geqslant 0$ 时，c 内只有 1 个极点 $z=a$。

$$x(n)=\text{Res}[F(z),a]=a^{n}$$

$n<0$ 时，c 内极点有 2 个，其中 $z=0$ 是 n 阶极点，改求 c 外极点留数，c 外极点只有 $z=a^{-1}$，因此

$$x(n)=-\text{Res}[F(z),a^{-1}]=a^{-n}$$

最后将 $x(n)$ 表示为

$$x(n)=\begin{cases}a^{n}, & n\geqslant 0\\ a^{-n}, & n<0\end{cases}$$

即 $x(n)=a^{|n|}$。

2. 部分分式展开法求逆 Z 变换

对于大多数单阶极点的 $X(z)$，常用部分分式展开法求逆 Z 变换。方法：将有理分式 $X(z)$ 展开成简单常用的部分分式之和，求各简单分式的逆 Z 变换，再相加得到 $x(n)$。

假设 $X(z)$ 有 N 个一阶极点，可展成如下部分分式：

$$X(z)=A_0+\sum_{m=1}^{N}\frac{A_m z}{z-z_m} \tag{2.5.25}$$

$$\frac{X(z)}{z}=\frac{A_0}{z}+\sum_{m=1}^{N}\frac{A_m}{z-z_m} \tag{2.5.26}$$

观察上式，$X(z)/z$ 在 $z=0$ 的极点留数等于系数 A_0，在极点 $z=z_m$ 的留数就是系数 A_m。

$$A_0=\text{Res}\left[\frac{X(z)}{z},\quad 0\right] \tag{2.5.27}$$

$$A_m=\text{Res}\left[\frac{X(z)}{z},\quad z_m\right] \tag{2.5.28}$$

求出 A_m 系数后，查表 2.5.1 可求得序列 $x(n)$。

表 2.5.1　常见序列的 Z 变换及其收敛域

序列	Z 变换	收敛域
$\delta(n)$	1	$0\leqslant\|z\|\leqslant\infty$
$u(n)$	$\frac{1}{1-z^{-1}}$	$1<\|z\|\leqslant\infty$
$a^{n}u(n)$	$\frac{1}{1-az^{-1}}$	$\|a\|<\|z\|\leqslant\infty$
$-a^{n}u(-n-1)$	$\frac{1}{1-az^{-1}}$	$0\leqslant\|z\|<\|a\|$

表 2.5.1(续)

序列	Z 变换	收敛域
$\delta(n)$	1	$0\leqslant \|z\|\leqslant\infty$
$R_N(n)$	$\dfrac{1-z^{-N}}{1-z^{-1}}$	$0<\|z\|\leqslant\infty$
$nu(n)$	$\dfrac{z^{-1}}{(1-z^{-1})^2}$	$\|a\|<\|z\|\leqslant\infty$
$na^nu(n)$	$\dfrac{az^{-1}}{(1-az^{-1})^2}$	$\|a\|<\|z\|\leqslant\infty$
$e^{j\omega_0 n}u(n)$	$\dfrac{1}{1-e^{j\omega_0}z^{-1}}$	$1<\|z\|\leqslant\infty$
$\sin(\omega_0 n)u(n)$	$\dfrac{z^{-1}\sin\omega_0}{1-2z^{-1}\cos\omega_0+z^{-2}}$	$1<\|z\|\leqslant\infty$
$\cos(\omega_0 n)u(n)$	$\dfrac{1-z^{-1}\cos\omega_0}{1-2z^{-1}\cos\omega_0+z^{-2}}$	$1<\|z\|\leqslant\infty$

例如,设序列 $x(n)$ 的有理 Z 变换为

$$X(z)=\frac{b_0+b_1z^{-1}+b_2z^{-2}+b_6z^{-6}}{a_0+a_1z^{-1}+a_2z^{-2}+a_3z^{-3}+a_4z^{-4}+a_5z^{-5}}$$

求解逆 Z 变换的基本步骤如下:

步骤 1　对 $X(z)$ 分子、分母同乘 z^6,将其分子、分母多项式变换为按 z 的降幂排列的多项式,即

$$X(z)=\frac{b_0z^6+b_1z^5+b_2z^4+b_6}{a_0z^6+a_1z^5+a_2z^4+a_3z^3+a_4z^2+a_5z}$$

步骤 2　将分母多项式化为首一多项式,即

$$X(z)=\frac{\left(\frac{b_0}{a_0}\right)z^6+\left(\frac{b_1}{a_0}\right)z^5+\left(\frac{b_2}{a_0}\right)z^4+\frac{b_6}{a_0}}{z^6+\left(\frac{a_1}{a_0}\right)z^5+\left(\frac{a_2}{a_0}\right)z^4+\left(\frac{a_3}{a_0}\right)z^3+\left(\frac{a_4}{a_0}\right)z^2+\left(\frac{a_5}{a_0}\right)z}$$

步骤 3　对分母多项式进行因式分解。考虑到一般性,我们假设分母多项式中包含 1 个 $z=0$的极点,1 个一阶实极点 $z=p_1$,1 个二阶实极点 $z=p_2$ 以及 1 对共轭复数极点 $z^2+c_1z+c_2=0$。因此,$X(z)$分母多项式的因式分解中就包括了应用上常见的形式,即

$$X(z)=\frac{\left(\frac{b_0}{a_0}\right)z^6+\left(\frac{b_1}{a_0}\right)z^5+\left(\frac{b_2}{a_0}\right)z^4+\frac{b_6}{a_0}}{z(z-p_1)(z-p_2)^2(z^2+c_1z+c_2)}$$

步骤 4　考虑到 Z 变换的基本形式为$\frac{z}{z-a}$,因此一般先对$\frac{X(z)}{z}$进行展开,也就是说用$\frac{1}{z}$乘以 $X(z)$,得到:

$$\frac{X(z)}{z}=\frac{1}{z}\frac{\left(\frac{b_0}{a_0}\right)z^6+\left(\frac{b_1}{a_0}\right)z^5+\left(\frac{b_2}{a_0}\right)z^4+\frac{b_6}{a_0}}{z(z-p_1)(z-p_2)^2(z^2+c_1z+c_2)}$$

步骤5　对$\frac{X(z)}{z}$进行部分分式展开,有

$$\frac{X(z)}{z}=\frac{A_{1,1}}{z}+\frac{A_{1,2}}{z^2}+\frac{A_2}{z-p_1}+\frac{A_{3,1}}{z-p_2}+\frac{A_{3,2}}{(z-p_2)^2}+\frac{Bz+C}{z^2+c_1z+c_2}$$

上式中除一阶极点外,高阶极点展开项中的系数$A_{i,j}$的下角标表示第i阶极点对应的第j个系数。

步骤6　对$\frac{X(z)}{z}$乘以z,即可恢复$X(z)$

$$X(z)=A_{1,1}+\frac{A_{1,2}}{z}+\frac{A_2z}{z-p_1}+\frac{A_{3,1}z}{z-p_2}+\frac{A_{3,2}z}{(z-p_2)^2}+\frac{Bz^2+Cz}{z^2+c_1z+c_2}$$

可见$X(z)$已被展开为$\frac{z}{z-a}$的基本形式,最后得到序列$x(n)$。

【例2.5.12】　设$X(z)=\frac{z^{-3}}{2-3z^{-1}+z^{-2}}$,试求Z逆变换的序列$x(n)$。

解　首先将$X(z)$写成如下形式:

$$X(z)=\frac{z^{-3}}{2-3z^{-1}+z^{-2}}=\frac{1}{2z^3-3z^2+z}=\frac{0.5}{z(z-1)(z-0.5)}$$

用$\frac{1}{z}$乘以$X(z)$,并进行部分分式展开,有

$$\frac{X(z)}{z}=\frac{0.5}{z^2(z-1)(z-0.5)}=\frac{A_{1,1}}{z}+\frac{A_{1,2}}{z^2}+\frac{A_2}{z-1}+\frac{A_3}{z-0.5}$$

展开式中各项的系数确定如下:

$$A_{1,2}=z^2\left[\frac{X(z)}{z}\right]\bigg|_{z=0}=\frac{0.5}{(0-1)(0-0.5)}=1$$

$$A_2=(z-1)\left[\frac{X(z)}{z}\right]\bigg|_{z=1}=\frac{0.5}{(1)^2(1-0.5)}=1$$

$$A_3=(z-0.5)\left[\frac{X(z)}{z}\right]\bigg|_{z=0.5}=\frac{0.5}{(0.5)^2(0.5-1)}=-4$$

$A_{1,1}$可以通过令$z=-1$($z=-1$不是$\frac{X(z)}{z}$的极点)得到:

$$\frac{0.5}{(-1)^2(-1-1)(-1-0.5)}=\frac{A_{1,1}}{-1}+\frac{1}{(-1)^2}+\frac{1}{-1-1}+\frac{-4}{-1-0.5}$$

可得$A_{1,1}=3$。

等式两边同乘z,得到:

$$X(z)=3+\frac{1}{z}+\frac{z}{z-1}+\frac{-4z}{z-0.5}\text{或}X(z)=3+z^{-1}+\frac{1}{1-z^{-1}}-4\cdot\frac{1}{1-0.5z^{-1}}$$

查询Z变换表就可求出:

$$x(n)=3\delta(n)+\delta(n-1)+u(n)-4(0.5)^n u(n)$$

2.6　离散时间系统的复频域分析

2.6.1　离散时间系统的 Z 域描述

N 阶离散 LTI 系统的差分方程为

$$\sum_{k=1}^{N} a_k y(n-k) = \sum_{k=0}^{N} b_k x(n-k) \tag{2.6.1}$$

1. 求稳态解

如果输入序列 $x(n)$ 是在 $n=0$ 之前加入的，n 时刻 $y(n)$ 是稳态解，对式(2.6.1)求 Z 变换，得到：

$$Y(z) = \frac{\sum_{k=0}^{M} b_k z^{-k}}{\sum_{k=0}^{N} a_k z^{-k}} \cdot X(z)$$

$$Y(z) = H(z)X(z) \tag{2.6.2}$$

式中

$$H(z) = \frac{\sum_{k=0}^{M} b_k z^{-k}}{\sum_{k=0}^{N} a_k z^{-k}}$$

$$y(n) = \mathrm{IZT}[Y(z)] \tag{2.6.3}$$

2. 求暂态解

对于 N 阶差分方程，求暂态解必须已知 N 个初始条件。设 $x(n)$ 是因果序列，即 $x(n)=0, n<0$，已知初始条件：$y(-1), y(-2), \cdots, y(-N)$。

设 $Y(z) = \sum_{n=0}^{\infty} y(n) z^{-n}$，

$$\begin{aligned}
\mathrm{ZT}[y(n-m)u(n)] &= \sum_{n=0}^{\infty} y(n-m) z^{-n} \\
&= z^{-m} \sum_{n=0}^{\infty} y(n-m) z^{-n} \\
&= z^{-m} \sum_{k=-m}^{\infty} y(k) z^{-k} \\
&= z^{-m} \left[\sum_{k=0}^{\infty} y(k) z^{-k} + \sum_{k=-m}^{-1} y(k) z^{-k} \right] \\
&= z^{-m} \left[Y(z) + \sum_{k=-m}^{-1} y(k) z^{-k} \right]
\end{aligned} \tag{2.6.4}$$

按照式(2.6.4)对 $\sum_{k=0}^{N} a_k y(n-k) = \sum_{r=0}^{M} b_r x(n-r)$ 进行单边 Z 变换,得到:

$$\sum_{k=0}^{N} a_k z^{-k}[Y(z) + \sum_{l=k}^{-1} y(l) z^{-l}] = \sum_{k=0}^{M} b_k X(z) z^{-k}$$

$$Y(z) = \frac{\sum_{k=0}^{M} b_k z^{-k}}{\sum_{k=0}^{N} a_k z^{-k}} X(z) - \frac{\sum_{k=0}^{N} a_k z^{-k} \sum_{l=-k}^{-1} y(l) z^{-1}}{\sum_{k=0}^{N} a_k z^{-k}} \tag{2.6.5}$$

零状态解:上式第一部分(与系统初始状态无关)。零输入解:上式第二部分(与输入信号无关)。求零状态解时, 可用双边 Z 变换求解,也可用单边 Z 变换求解;求零输入解时必须考虑初始条件,用单边 Z 变换求解。

【例 2.6.1】 已知一个线性时不变系统的差分方程 $y(n) = by(n-1) + x(n)$,设初始条件 $y(-1) = 2$,输入 $x(n) = a^n u(n) \sigma_X$,求系统的输出 $y(n)$。

解 $Y(z) = bz^{-1}Y(z) + by(-1) + X(z) \Rightarrow Y(z) = \frac{2b + X(z)}{1 - bz^{-1}}$

$$x(n) = a^n u(n) \Rightarrow X(z) = \frac{1}{1 - az^{-1}}, \quad |z| > |a|$$

$$Y(z) = \frac{2b}{1 - bz^{-1}} + \frac{1}{(1 - az^{-1})(1 - bz^{-1})}, \quad |z| > \max(|a|, |b|)$$

于是,有

$$y(n) = 2b^{n+1} + \frac{a^{n+1} - b^{n+1}}{a - b}, \quad n \geqslant 0$$

零输入解和零状态解分别为 $y_1(n) = 2a^{n+1}$,$y_2(n) = \frac{a^{n+1} - b^{n+1}}{a - b}$。

2.6.2 离散时间系统的系统函数及系统特性

1. 频率响应函数与系统函数

系统的时域特性用单位脉冲响应 $h(n)$ 表示,对 $h(n)$ 进行傅里叶变换,得到:

$$H(e^{j\omega}) = \sum_{n=-\infty}^{\infty} h(n) e^{-j\omega n} \tag{2.6.6}$$

称 $H(e^{j\omega})$ 为系统的频率响应函数,或称系统的传输函数,它表征系统的频率响应特性。

将 $h(n)$ 进行 Z 变换,得到:

$$H(z) = \sum_{n=-\infty}^{\infty} h(n) z^{-n} \tag{2.6.7}$$

一般称其为 $H(z)$ 系统的系统函数,它表征系统的复频域特性。

复函数 $H(e^{j\omega})$ 是以 2π 为周期的连续周期函数,用实部和虚部表示为

$$H(e^{j\omega}) = H_R(e^{j\omega}) + jH_I(e^{j\omega})$$

$H(e^{j\omega})$ 用幅度与相位表示为

$$H(e^{j\omega}) = |H(e^{j\omega})| e^{j\arg[H(e^{j\omega})]} = |H(e^{j\omega})| e^{j\varphi(\omega)}$$

$H(e^{j\omega})$的幅度响应和相位响应为

$$|H(e^{j\omega})| = \sqrt{H_R^2(e^{j\omega}) + H_I^2(e^{j\omega})}$$

$$\arg[H(e^{j\omega})] = \varphi(\omega) = \arg \frac{H_I(e^{j\omega})}{H_R(e^{j\omega})}$$

一个线性时不变系统可定义为如下形式：

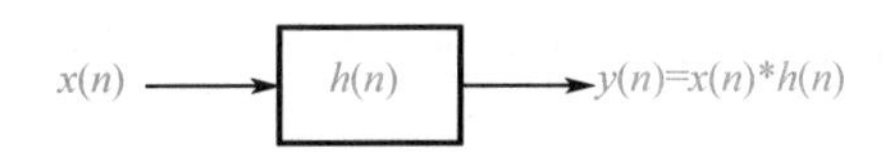

$$y(n) = x(n) * h(n) \xrightarrow{\text{Z 变换}} Y(z) = X(z)H(z)$$

$$\longrightarrow H(z) = Z[h(n)] = \frac{Y(z)}{X(z)}$$

系统函数 $H(z)$：表示系统的零状态响应与输入序列 Z 变换的比值。

线性时不变系统输入和输出满足差分方程为 $\sum_{i=0}^{N} a_i y(n-i) = \sum_{i=0}^{M} b_i x(n-i)$，因果输入序列，零初始状态，差分方程取 Z 变换，得到 N 阶差分方程的系统函数：

$$Y(z)\sum_{i=0}^{N} a_i z^{-i} = X(z)\sum_{i=0}^{M} b_i z^{-i} \Rightarrow H(z) = \frac{Y(z)}{X(z)} = \frac{\sum_{i=0}^{M} b_i z^{-i}}{\sum_{i=0}^{N} a_i z^{-i}}$$

频率响应 $H(e^{j\omega})$在数值上等于 $H(z)$在 z 平面单位圆上的取值（$H(z)$必须在单位圆上收敛）。如果已知系统函数 $H(z)$，则可求得其频率响应，即

$$H(e^{j\omega}) = H(z)\big|_{z=e^{j\omega}} = \frac{Y(z)}{X(z)}\bigg|_{z=e^{j\omega}} \tag{2.6.8}$$

2. 分析系统因果性和稳定性

利用系统函数的极点分布可分析离散 LTI 系统的因果性和稳定性。因果稳定的充分必要条件：一个因果稳定系统 $H(z)$的收敛域必须在某个圆的外部，该圆包含 $H(z)$所有的极点，而且 $R_{x-} < 1$（收敛域必须包含单位圆）。即

$$R_{x-} < |z| \leqslant \infty, \quad 0 < R_{x-} < 1$$

如果系统函数 $H(z)$的所有极点都在单位圆内，则系统是因果稳定的；如果系统因果稳定，则系统的所有极点都在单位圆内。收敛域包含单位圆时，系统稳定；收敛域包含无穷远时，系统因果。

【例 2.6.2】　已知一个线性时不变系统的系统函数 $H(z) = \dfrac{1-\frac{1}{2}z^{-1}}{1+\frac{3}{4}z^{-1}+\frac{1}{8}z^{-2}}$，试确定系统的收敛域，并分析系统的因果性和稳定性。

解　对 $H(z)$的分母进行因式分解得：

$$H(z)=\frac{1-\frac{1}{2}z^{-1}}{\left(1+\frac{1}{4}z^{-1}\right)\left(1+\frac{1}{2}z^{-1}\right)}=\frac{z\left(z-\frac{1}{2}\right)}{\left(z+\frac{1}{4}\right)\left(z+\frac{1}{2}\right)}$$

极点为 -0.25，-0.5；零点为 $0,0.5$，如图 2.6.1 所示。

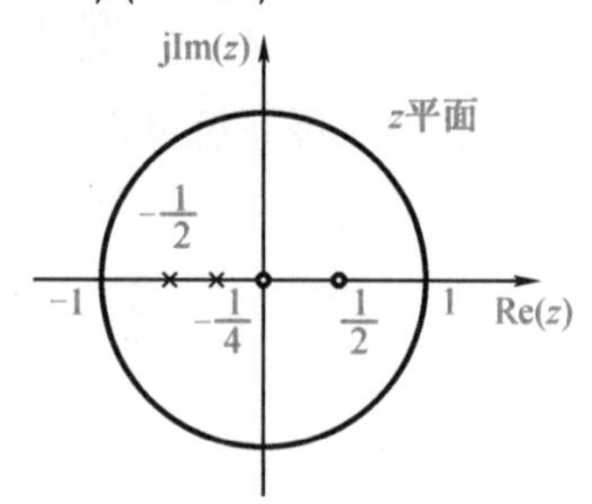

图 2.6.1　例 2.6.2 中 $H(z)$ 的零、极点分布

两个极点把平面划分为三个区域，所以 $H(z)$ 的收敛域有三种可能的情况，下面分别进行讨论。

(1) 如果收敛域是极点 -0.5 所在的圆的外部区域，收敛域包含无穷远，有 $\lim\limits_{z\to\infty}H(z)=1$，因此系统是因果的。系统函数的收敛域为 $0.5<|z|\leqslant\infty$，而且包含单位圆，所以对应系统是稳定的。

(2) 如果收敛域是极点 -0.25 所在的圆的内部区域，有 $\lim\limits_{z\to 0}H(z)=0$，因此系统是逆因果的，收敛域为 $0\leqslant|z|<0.25$。收敛域不包含单位圆，所以对应系统不是稳定的。

(3) 如果收敛域是极点 -0.25 和 -0.5 所在的两个圆之间的环域，即 $0.25\leqslant|z|<0.5$，收敛域不包含无穷远，单位圆也没有位于收敛域内，所以对应系统是非因果且不稳定的。

【例 2.6.3】　已知 $H(z)=\dfrac{1-a^2}{(1-az^{-1})(1-az)}$，$0<a<1$，分析其因果性和稳定性。

解　$H(z)$ 的极点为 $z=a,z=a^{-1}$。

(1) 收敛域为 $a^{-1}<|z|\leqslant\infty$：对应的系统是因果系统，但由于收敛域不包含单位圆，因此是不稳定系统。单位脉冲响应 $h(n)=(a^n-a^{-n})u(n)$，这是一个因果序列，但不收敛。

(2) 收敛域为 $0\leqslant|z|<a$：对应的系统是非因果且不稳定系统。其单位脉冲响应 $h(n)=(a^{-n}-a^n)u(-n-1)$，这是一个非因果且不收敛的序列。

(3) 收敛域为 $a<|z|<a^{-1}$：对应一个非因果系统，但由于收敛域包含单位圆，因此是稳定系统。其单位脉冲响应 $h(n)=a^{|n|}$，这是一个收敛的双边序列。

3. 系统频率响应特性

对系统函数的分子、分母多项式进行因式分解，得到：

$$H(z)=A\frac{\prod\limits_{r=1}^{M}(1-c_rz^{-1})}{\prod\limits_{r=1}^{N}(1-d_rz^{-1})}\tag{2.6.9}$$

式中，$H(z)$ 在 $z=c_r$ 处有零点，在 $z=d_r$ 处有极点；$N>M$ 时，在 $z=0$ 处有一个 $N-M$ 阶零点；零点和极点分别由差分方程的系数 a_i 和 b_i 决定。除常数 A 外，系统函数完全由零点 c_r 极点 d_r 唯一确定。零、极点也是描述系统的一种方法，因为已知系统的零、极点分布，就可以大致了解系统的性能。

将式(2.6.9)分子、分母同乘以 z^{N+M}，得到：

$$H(z) = Az^{N-M}\frac{\prod_{r=1}^{M}(z-c_r)}{\prod_{r=1}^{N}(z-d_r)} \tag{2.6.10}$$

设系统稳定,将 $z=\mathrm{e}^{\mathrm{j}\omega}$ 代入式(2.6.10),得到频率响应函数:

$$H(\mathrm{e}^{\mathrm{j}\omega}) = A\mathrm{e}^{\mathrm{j}\omega(N-M)}\frac{\prod_{r=1}^{M}(\mathrm{e}^{\mathrm{j}\omega}-c_r)}{\prod_{r=1}^{N}(\mathrm{e}^{\mathrm{j}\omega}-d_r)} \tag{2.6.11}$$

零点矢量:

$$\mathrm{e}^{\mathrm{j}\omega}-c_r \Rightarrow \overrightarrow{c_rB} = c_rB\mathrm{e}^{\mathrm{j}\alpha_r}$$

极点矢量:

$$\mathrm{e}^{\mathrm{j}\omega}-d_r \Rightarrow \overrightarrow{d_rB} = d_rB\mathrm{e}^{\mathrm{j}\beta_r}$$

矢量的模即矢量长度;矢量的幅角是对应矢量与正实轴的夹角。

将零点矢量和极点矢量代入公式(2.6.11),系统频率响应式可表示为

$$H(\mathrm{e}^{\mathrm{j}\omega}) = A\mathrm{e}^{\mathrm{j}\omega(N-M)}\frac{\prod_{r=1}^{M}\overrightarrow{c_rB}}{\prod_{r=1}^{N}\overrightarrow{d_rB}} = |H(\mathrm{e}^{\mathrm{j}\omega})|\mathrm{e}^{\mathrm{j}\varphi(\omega)} \tag{2.6.12}$$

幅度响应等于各零点矢量长度之积除以各极点矢量长度之积,再乘以常数 $|A|$:

$$|H(\mathrm{e}^{\mathrm{j}\omega})| = |A|\frac{\prod_{r=1}^{M}c_rB}{\prod_{r=1}^{N}d_rB} \tag{2.6.13}$$

相位响应等于各零点矢量的相角之和减去各极点矢量的相角之和,再加上线性分量 $\omega(N-M)$:

$$\varphi(\omega) = \omega(N-M) + \left(\sum_{r=1}^{M}\alpha_r - \sum_{r=1}^{N}\beta_r\right) \tag{2.6.14}$$

零点位置:主要影响幅度响应的谷点值及形状。当点旋转到某个零点 c_r 附近时,如果零点矢量长度最短,则幅度响应在该点可能出现谷点;零点 c_r 越靠近单位圆,零点矢量长度越短,则谷点越接近零;如果零点 c_r 在单位圆上,零点矢量长度为零,则谷点为零。

极点位置:主要影响幅度响应的峰值及尖锐程度。当点旋转到某个极点 d_r 附近时,如果极点矢量长度最短,则幅度响应在该点可能出现峰值;极点 d_r 越靠近单位圆,极点矢量长度越短,则幅度响应在峰值附近越尖锐;如果极点 d_r 在单位圆上,极点矢量长度为零,则幅度响应的峰值趋于无穷大,此时系统不稳定。

由此可见,单位圆附近的零点位置对幅度响应波谷的位置和深度有明显的影响,零点可在单位圆外。在单位圆内且靠近单位圆附近的极点对幅度响应的波峰的位置和高度则有明显的影响,极点在单位圆上,则不稳定。利用直观的几何确定法,适当地控制零、极点的分布,就能改变系统频率响应的特性,达到预期的要求,因此它是一种非常有用的分析系

统的方法。

【例 2.6.4】 已知 $H(z)=z^{-1}$，分析其频率特性。

解 由 $H(z)=z^{-1}$，可知极点为 $z=0$，幅频特性 $|H(\mathrm{e}^{\mathrm{j}\omega})|=1$，相频特性 $\varphi(\omega)=-\omega$，当 $\omega=0$ 转到 $\omega=2\pi$ 时，极点向量的长度始终为 1。

当 $\omega=0$ 转到 $\omega=2\pi$ 时，极点向量的长度始终为 1。

由该例可以得到结论：位于原点处的零点或极点，由于零点向量长度或者极点向量长度始终为 1，因此原点处的零极点不影响系统的幅频响应特性，但对相频特性有贡献。

【例 2.6.5】 求出以下系统的频率响应。

(1) 单位样值响应描述的非递归滤波器：$h(n)=2\delta(n)-3\delta(n-1)+4\delta(n-2)$；

(2) 差分方程描述的带通滤波器：$y(n)+0.25y(n-4)=x(n)-x(n-2)$。

解 (1) 系统的频率响应为

$$\begin{aligned}H(z)\big|_{z=\mathrm{e}^{\mathrm{j}\omega}} &= H(\mathrm{e}^{\mathrm{j}\omega})\\ &=\sum_{n=-\infty}^{\infty}h(n)\mathrm{e}^{-\mathrm{j}n\omega}\\ &=\sum_{n=-\infty}^{\infty}[2\delta(n)-3\delta(n-1)+4\delta(n-2)]\mathrm{e}^{-\mathrm{j}n\omega}\\ &=2-3\mathrm{e}^{-\mathrm{j}\omega}+4\mathrm{e}^{-\mathrm{j}2\omega}\end{aligned}$$

(2) 系统的系统函数为

$$H(z)=\frac{z^2(z^2-1)}{z^4+0.25}$$

系统的极点是 $z^4+0.25=0$ 或 $z^4=-0.25$ 的根，利用 De Moiver 定理，有

$$-0.25=0.25\mathrm{e}^{\mathrm{j}(\pi+k2\pi)},k=0,1,2,3$$

故可得出：$z^4=0.25\mathrm{e}^{\mathrm{j}(\pi+k2\pi)},k=0,1,2,3$。

等式两边开 4 次根得：$(z^4)^{\frac{1}{4}}=(0.25)^{\frac{1}{4}}\mathrm{e}^{\frac{\mathrm{j}(\pi+k2\pi)}{4}},k=0,1,2,3$。它的 4 个根，也就是系统的极点

$$z_1=0.707\mathrm{e}^{\mathrm{j}\frac{\pi}{4}},z_2=0.707\mathrm{e}^{\mathrm{j}\frac{3\pi}{4}},z_3=0.707\mathrm{e}^{\mathrm{j}\frac{5\pi}{4}},z_4=0.707\mathrm{e}^{\mathrm{j}\frac{7\pi}{4}}$$

因为极点的模均小于 1，故因果系统是稳定的。频率响应可令 $z=\mathrm{e}^{\mathrm{j}\omega}$ 代入，有

$$H(z)\big|_{z=\mathrm{e}^{\mathrm{j}\omega}}=H(\mathrm{e}^{\mathrm{j}\omega})=\frac{\mathrm{e}^{\mathrm{j}2\omega}(\mathrm{e}^{\mathrm{j}2\omega}-1)}{\mathrm{e}^{\mathrm{j}4\omega}+0.25}$$

周期性：频率响应 $H(\mathrm{e}^{\mathrm{j}\omega})$ 是以 2π/rad 为周期的周期函数。

对称性：频率响应 $H(\mathrm{e}^{\mathrm{j}\omega})$ 的幅度响应 $|H(\mathrm{e}^{\mathrm{j}\omega})|$ 是偶函数，它的相位响应 $\angle H(\mathrm{e}^{\mathrm{j}\omega})$ 是奇函数。

【例 2.6.6】 设二阶全通系统的系统函数 $H(z)=\dfrac{z^2-2z+4}{z^2-\frac{1}{2}z+\frac{1}{4}}$，求系统的频率响应函数，并画出相应曲线，如图 2.6.2 所示。

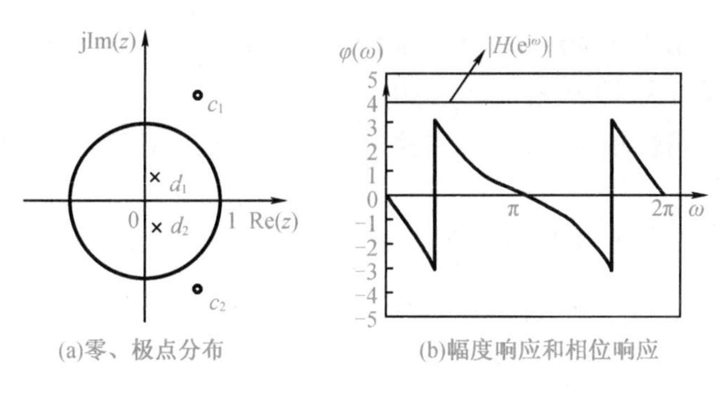

(a)零、极点分布　(b)幅度响应和相位响应

图2.6.2　二阶全通系统频率响应特性

解
$$H(z)=4\cdot\frac{z^2-2z+4}{4z^2-2z+1}$$

$$c_{1,2}=1\pm \mathrm{j}\sqrt{3}=2\mathrm{e}^{\pm \mathrm{j}\frac{\pi}{3}},d_{1,2}=\frac{1}{4}\pm \mathrm{j}\frac{\sqrt{3}}{4}=\frac{1}{2}\mathrm{e}^{\pm \mathrm{j}\frac{\pi}{3}}$$

$$H(\mathrm{e}^{\mathrm{j}\omega})=4\cdot\frac{z^2-2z+4}{4z^2-2z+1}\bigg|_{z=\mathrm{e}^{\mathrm{j}\omega}}=4\cdot\frac{\mathrm{e}^{2\mathrm{j}\omega}-2\mathrm{e}^{\mathrm{j}\omega}+4}{4\mathrm{e}^{2\mathrm{j}\omega}-2\mathrm{e}^{\mathrm{j}\omega}+1}$$

$$=4\cdot\frac{\mathrm{e}^{\mathrm{j}\omega}-2+4\mathrm{e}^{-\mathrm{j}\omega}}{4\mathrm{e}^{\mathrm{j}\omega}-2+\mathrm{e}^{-\mathrm{j}\omega}}=4\cdot\frac{(5\cos\omega-2)-\mathrm{j}3\sin\omega}{(5\cos\omega-2)+\mathrm{j}3\sin\omega}$$

$$|H(\mathrm{e}^{\mathrm{j}\omega})|=4,\varphi(\omega)=-2\arctan\frac{3\sin\omega}{5\cos\omega-2}$$

【例2.6.7】　已知一个系统函数 $H(z)=1-z^{-N}$,试定性画出系统的幅度响应曲线。

解
$$H(z)=1-z^{-N}=\frac{z^N-1}{z^N}$$

一个 N 阶极点 $z=0$,不影响幅度响应。N 个一阶零点等间隔分布在单位圆上,由分子多项式的根决定。其幅度响应曲线如图2.6.3所示。

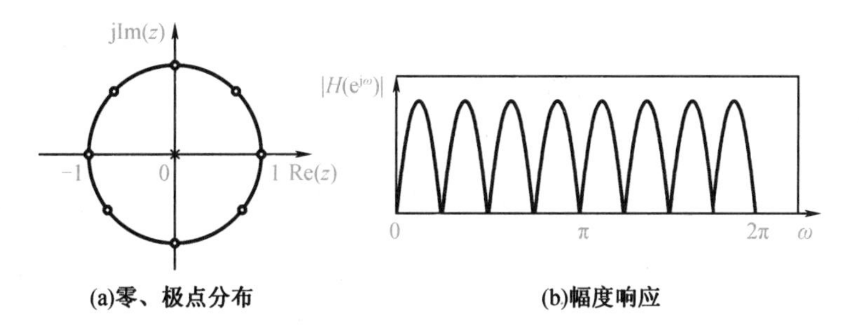

(a)零、极点分布　(b)幅度响应

图2.6.3　梳状滤波器幅度响应曲线

当 ω 从0变化到 2π 时,每遇到一个零点幅度为零;两个零点之间幅度由零逐渐增大,在零点中间幅度最大,形成峰值,再逐渐减小至零。幅度谷点频率为 $\omega k=2\pi k/N$。

一个因果稳定的离散LTI系统 $H(z)$,其所有极点必须在单位圆内,但其零点可能在 z 平面上任意位置,只要频率响应特性满足要求即可。如果因果稳定系统 $H(z)$ 的所有零点都在单位圆内,则称之为“最小相位系统”。

(1)任何一个非最小相位系统的系统函数 $H(z)$ 均可由一个最小相位系统 $H_{\min(z)}$ 和一个全通系统 $H_{ap(z)}$ 级联而成,即 $H(z)=H_{\min(z)}H_{ap(z)}$。

(2)在幅频响应特性相同的所有因果稳定系统集中,最小相位系统的相位延迟(负的相位值)最小。

(3)最小相位系统保证其逆系统存在。给定一个因果稳定系统 $H(z)=B(z)/A(z)$,定义其逆系统为

$$H_{\mathrm{INV}}(z)=\frac{1}{H(z)}=\frac{A(z)}{B(z)} \tag{2.6.15}$$

当且仅当 $H(z)$ 为最小相位系统时,$H_{\mathrm{INV}}(z)$ 才是因果稳定的(物理可实现的)。逆滤波器在信号检测以及卷积运算中有重要应用,例如信号检测中信道均衡器实质上就是设计信道的近似逆滤波器。通过观测值的逆运算得出信道传输函数。

2.7　信号时域抽样与信号重建

2.7.1　信号时域抽样定理

基于信号时域分析和频域分析,以全新的方式揭示了信号时域抽样定理的本质。在许多实际问题中,常常需要将连续时间信号变为离散时间信号,这就要对信号进行抽样(取样或采样)。对信号的抽样过程可概括为利用抽样脉冲序列 $s(t)$ 从连续时间信号 $f(t)$ 中“抽取”一系列离散样值的过程,这样得到的离散信号通常称为抽样信号或取样信号,用 $f_s(t)$ 表示,如图 2.7.1 所示。

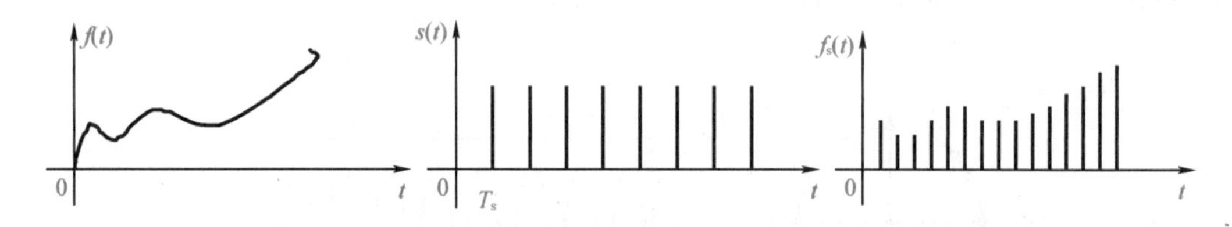

图 2.7.1　连续时间信号抽样为离散时间信号

抽样后的信号为

$$f_s(t)=f(t)s(t) \tag{2.7.1}$$

式中,抽样脉冲序列 $s(t)$ 也称为开关函数。如其各脉冲间隔时间相同,均为 T_s,则称为均匀抽样。T_s 称为抽样(取样)周期,$f_s=\dfrac{1}{T_s}$ 称为抽样频率或抽样率,$\omega_s=2\pi f_s$ 称为抽样角频率。

时域抽样定理:一个频谱在区间 $(-\omega_m,\omega_m)$ 以外为零的有限频带信号 $f(t)$,可唯一地由其在均匀间隔 $T_s\left(T_s\leqslant\dfrac{1}{2f_m}\right)$ 上的样点值 $f(nT_s)$ 所确定。

由时域抽样定理可知:为了能从抽样信号 $f_s(t)$ 恢复原信号 $f(t)$,必须满足两个条件:

(1)信号 $f(t)$ 必须是限带信号,其频谱函数在 $|\omega|>\omega_m$ 时为零;

(2)抽样频率不能太低,必须 $\omega_s \geqslant 2\omega_m$(或 $f_s \geqslant 2f_m$),或者说抽样间隔不能太长,必须 $T_s \leqslant \frac{1}{2f_m}$。

通常把最低允许抽样频率 $f_s=2f_m$ 称为奈奎斯特频率,把最大允许抽样间隔 $T_s=\frac{\pi}{\omega_m}=\frac{1}{2f_m}$ 称为奈奎斯特间隔。

模拟信号数字化处理系统结构如图 2.7.2 所示,它由模数转换、数字信号处理和数模转换三部分组成。

图 2.7.2　模拟信号数字化处理系统结构

(1)模数转换:要对模拟信号实现数字化处理,首先要将模拟信号离散化。在实际中,让模拟信号通过一个 A/D 转换器就实现了信号数字化。A/D 转换器是一个具有取样、量化和编码功能的采样保持电路。由于本书主要关心的是模拟信号转化为离散信号的问题,所以下面仅仅把 A/D 转换器看作一个采样器,采样器可用一个开关表示。

(2)数字信号处理:通过 A/D 转换以后,模拟信号被转换为数字信号,数字信号处理由离散系统完成,包括传输、数字滤波等,输入是离散信号,输出也是离散信号。

(3)数模转换:数字信号处理输出的离散信号需要通过一个模拟恢复滤波器再转换成模拟信号。一般常应用的模拟恢复滤波器有低通滤波器、零阶保持电路和 RC 滤波器,通常称为数模转换器(常简称 D/A)。零阶保持电路如图 2.7.3 所示。

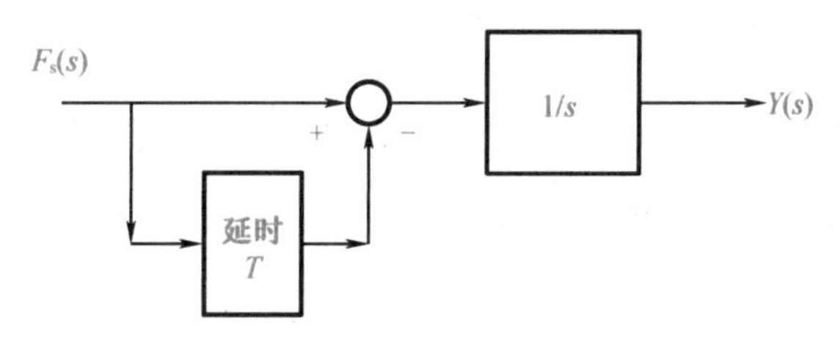

图 2.7.3　零阶保持电路

一个零阶保持电路就是由取样值再现为连续信号的粗糙的复制器,如果输入为 $f(t)$ 的取样信号 $f_s(t)$,则其输出为一个与 $f(t)$ 相似的阶梯信号,如图 2.7.4 所示。

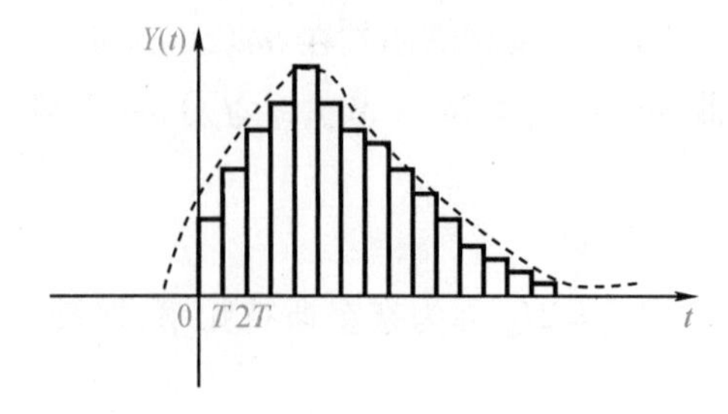

图 2.7.4　零阶保持电路的输出

【例 2.7.1】　已知$f(t)=\frac{-1}{10(\pi t)^2}[\cos(10\pi t)-1)]$,现用采样频率 $\omega_s=30\pi$ 对信号进行采样,试画出采样后信号的频谱。为使采样信号通过一个理想低通滤波器后的频谱为 $G_1(\omega)=5F(\omega),|\omega|\leqslant\omega_c$,试求理想低通滤波器的传输函数。

解　因$f(t)=\frac{-1}{10(\pi t)^2}[\cos(10\pi t)-1)]=5\frac{\sin^2(5\pi t)}{(5\pi t)^2}$,而$\frac{\sin(5\pi t)}{5\pi t}\leftrightarrow\frac{1}{5}g_{10\pi}(\omega)$

$$F(\omega)=\frac{1}{2\pi}\times5\times\left[\frac{1}{5}g_{10\pi}(\omega)*\frac{1}{5}g_{10\pi}(\omega)\right]=\begin{cases}1-\frac{|\omega|}{10\pi} & |\omega|<10\pi\\ 0 & |\omega|>10\pi\end{cases}$$

信号的频谱如图 2.7.5 所示。

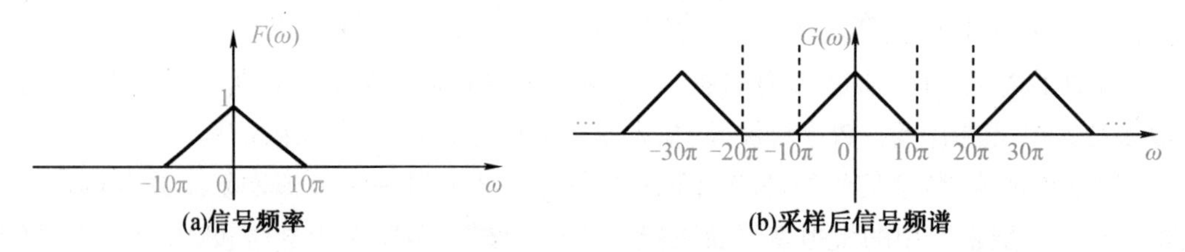

图 2.7.5　例 2.7.1 图

又因为

$$G(\omega)=\frac{1}{T_s}\sum_{-\infty}^{\infty}F(\omega-n\omega_s)=15\sum_{-\infty}^{\infty}F(\omega-30\pi n)$$

信号的频域抽样即对非周期序列 $x[n]$ 的频谱 $X(e^{j\omega})$ 在每个周期 2π 内均匀抽样 N 点,得到:

$$X(e^{j\Omega})\big|_{\Omega=\frac{2\pi}{N}m}=\widetilde{X}[m]=\sum_{k=-\infty}^{\infty}x[k]e^{-j\frac{2\pi}{N}mk}\tag{2.7.2}$$

令 $k=n-rN,n=0,1,\cdots,N-1,r\in\mathbf{Z}$,得到:

$$\widetilde{X}[m]=\sum_{n=0}^{N-1}\sum_{r=-\infty}^{\infty}x[n-rN]W_N^{m(n-rN)}=\sum_{n=0}^{N-1}\tilde{x}_N[n]W_N^{mn}\tag{2.7.3}$$

将 $x[n]$ 以 N 为周期进行周期化,得到:

$$X(e^{j\Omega})\big|_{\Omega=\frac{2\pi}{N}m}=\widetilde{X}[m]=\mathrm{DFS}(\tilde{x}_N[n])\tag{2.7.4}$$

当序列长度不超过 N 时,周期化后的序列和原序列一个周期内的值相同。

当序列长度超过 N 时,周期化后的序列会出现混叠(aliasing)。

【例 2.7.2】　已知有限序列 $x[k]=\{-1,-1,4,3;k=0,1,2,3\}$，序列 $x[k]$ 的 DTFT 为 $X(e^{j\omega})$。记 $X(e^{j\omega})$ 在 $\{W=2pm/3;m=0,1,2\}$ 的取样值为 $X[m]$，求 IDFS$\{X[m]\}$。

解　$X(e^{j\omega})$ 在频域的离散化导致对应的时域序列 $x[k]$ 的周期化，如图 2.7.6 所示。

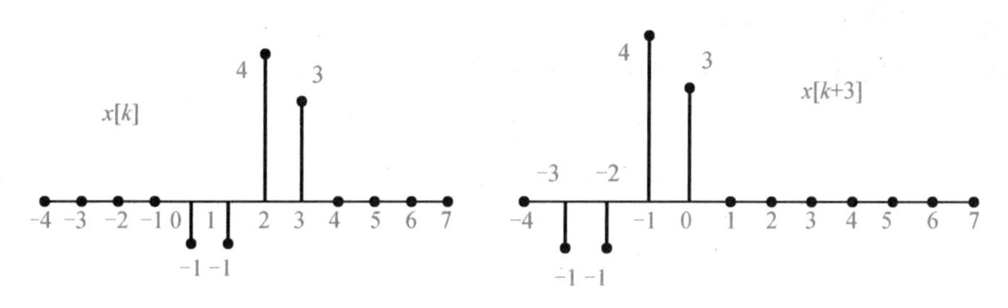

图 2.7.6　例 2.7.2 图

$$\text{IDFT}\{X[m]\}=x[k]+x[k+3]=\{2,\ -1,\ 4;k=0,1,2\}$$

信号的时域和频域抽样过程如图 2.7.7 所示。

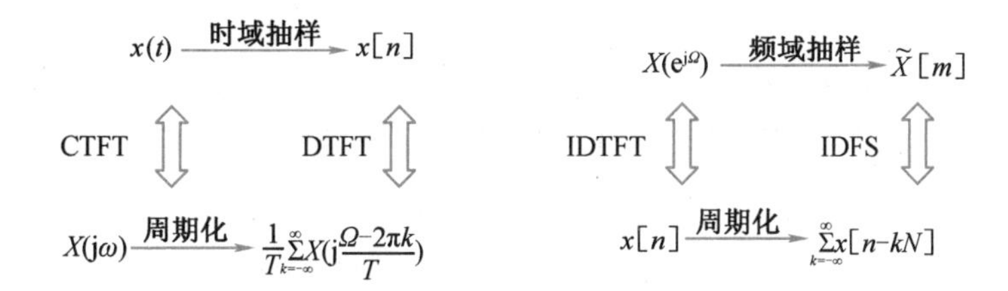

图 2.7.7　信号抽样过程

$x(t)$ 在时域的离散化导致对应的频谱函数 $X(j\omega)$ 的周期化。$X(e^{j\omega})$ 在频域的离散化导致对应的时域序列 $x[n]$ 的周期化。时域抽样定理和频域抽样定理为利用数字化方式分析和处理信号奠定了理论基础。

2.7.2　信号的重建

信号的重建过程为如何通过无混叠的 $X_s(\Omega)$ 中提取原信号 $x(t)$ 的频谱 $X(\Omega)$，可以用一个矩形频谱函数（理想低通滤波器）与 $X_s(\omega)$ 相乘，如图 2.7.8 所示。

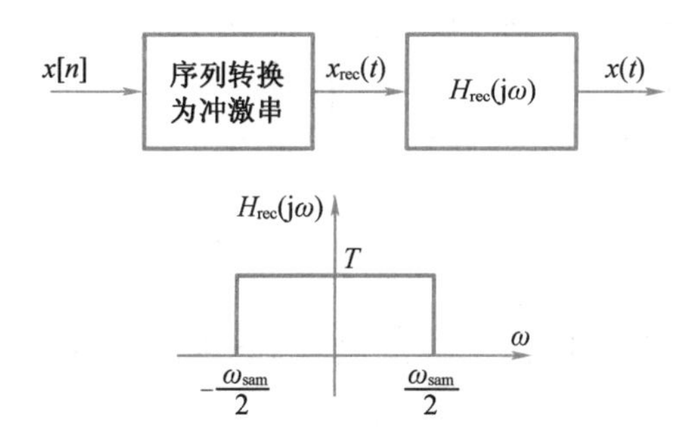

图 2.7.8　理想低通信号重建

$$x_{rec}(t) = \sum_{n} x[n]Sa[\pi(t-kT)/T] \tag{2.7.5}$$

理想 D/A 输入与输出的频谱关系：

$$X_{rec}(j\omega) = X(e^{jT\omega}) \tag{2.7.6}$$

如图 2.7.9 所示。

可通过零阶保持 D/A 实现信号的重建，如图 2.7.10 所示。

$$H_z(j\omega) = TSa(\omega T/2)e^{-j\omega T/2} \tag{2.7.7}$$

$$X_z(j\omega) = H_z(j\omega)X(j\omega) \tag{2.7.8}$$

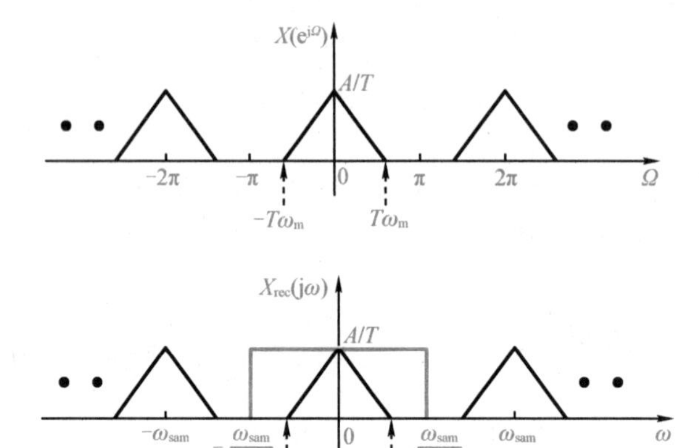

图 2.7.9　理想 D/A 输入与输出的频谱

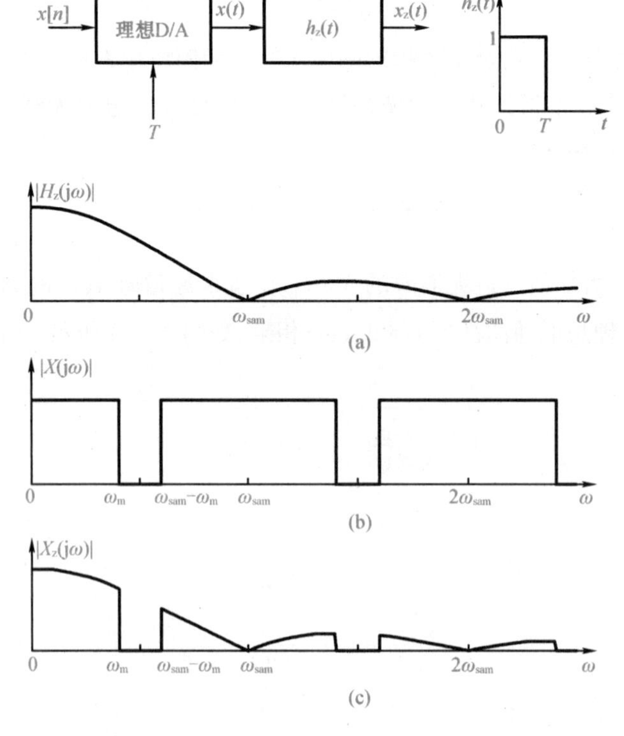

图 2.7.10　零阶保持 D/A 实现信号的重建

2.7.3　窄带信号抽样

窄带信号指信号的频谱集中在信号中心频率 Ω_0 附近的一个窄的频率范围内的信号，如图 2.7.11 所示。上限为 Ω_h，下限为 Ω_l，则带宽 $B=\Omega_h-\Omega_l$。

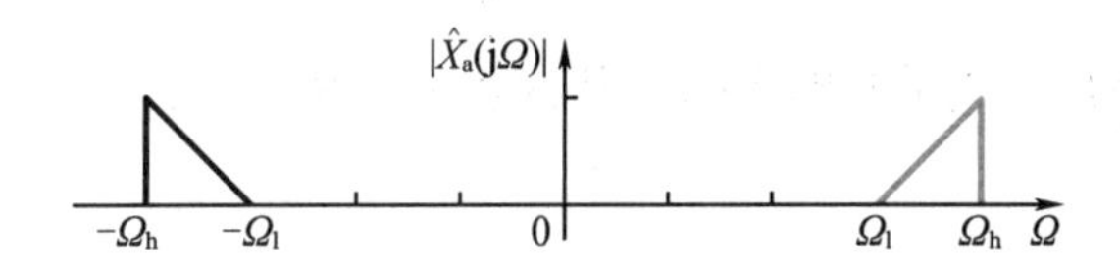

图 2.7.11　窄带信号示意图

对窄带信号采样，其采样频率 $\Omega_s>2\Omega_m$ 则不会发生频谱混叠现象，但采样频率会出现空档。存在这样的问题：仅为了不混叠，对窄带信号的采样频率是否可以不取得这么高？因为采样频率越高，计算量越大，需要的存储空间、速度、成本等都会随之增加。

若 $\Omega_h=4W$，$\Omega_l=3W$，用 $|\hat{X}_a(j\Omega)|$ 表示采样信号频率。讨论几种不同采样频率的情况：

(1) $\Omega_s=2W$，频谱重复周期为 $\pm2W$，$\pm4W$，$\pm6W$，…时的 $|X_a(j\Omega)|$、$|\hat{X}_a(j\Omega)|$ 如图 2.7.12所示。

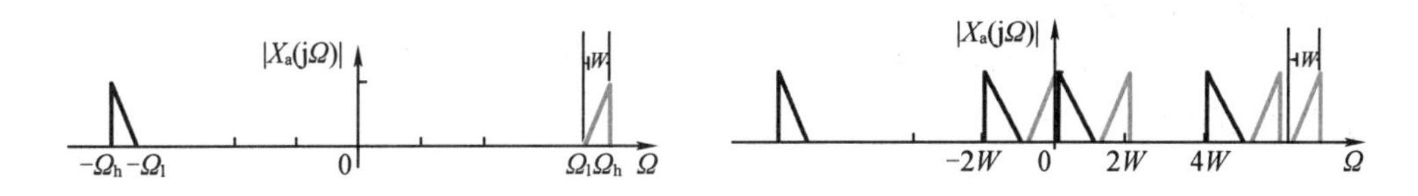

图 2.7.12　$\Omega_s=2W$ 时的频谱

可见，当 $\Omega_s=2W$ 时，对带宽为 W 的窄带信号采样不会引起混叠失真。

(2) $\Omega_s=3W$，频谱重复周期为 $\pm3W$，$\pm6W$，…，$|\hat{X}_a(j\Omega)|$ 频谱仍然无混频现象。

(3) $\Omega_s=1.5W<2W$，频谱重复周期为 $\pm1.5W$，$\pm3W$，…，这种情况下频谱有混叠。

(4) $\Omega_s=3.5W$，频谱重复周期为 $\pm3.5W$，$\pm7W$，…，$|\hat{X}_a(j\Omega)|$ 频谱也会出现混频，因此 $\Omega_s>2W$ 并不能保证采样信号频谱不发生混叠。下面讨论避免频谱混叠发生的两个条件。

若 $|\hat{X}_a(j\Omega)|$ 的频谱以 Ω_s 为周期的连续函数，如果将 $-\Omega_h\sim-\Omega_l$ 的频谱做周期延拓，则原来在 $-\Omega_h$、$-\Omega_l$ 处的谱线左移或右移 Ω_s 的整数倍。而向右移如果不与 $\Omega_h\sim\Omega_l$ 之间的频谱混叠，则必须满足两个条件：

(1) $-\Omega_l$ 向右移 $(N-1)\Omega_s$ 后要小于 Ω_l（最多等于 Ω_l），其中 N 为正整数。

即 $-\Omega_l+(N-1)\Omega_s\leqslant\Omega_l$，或

$$\Omega_s\leqslant\frac{2\Omega_l}{N-1} \tag{2.7.9}$$

(2) $-\Omega_h$ 向右移 $N\Omega_s$ 后要大于 Ω_h（至少等于 Ω_h），其中 N 为正整数。

即 $-\Omega_h + N\Omega_s \geqslant \Omega_h$，或

$$\Omega_s \geqslant \frac{2\Omega_h}{N} \tag{2.7.10}$$

两个条件要同时满足，则有

$$\frac{2\Omega_h}{N} \leqslant \Omega_s \leqslant \frac{2\Omega_l}{N-1} \tag{2.7.11}$$

式中，N 是正整数。满足上式采样频率的信号不会发生混频。

2.8 离散信号与系统分析的 MATLAB 仿真

2.8.1 离散信号的 MATLAB 仿真

1. 单位采样序列 $\delta(n)$

程序代码：

```
n = -10:10;
x = [n == 0];
stem(n,x);
title('单位采样序列');
xlabel('n');ylabel('x');grid on;
```

仿真图如图 2.8.1 所示。

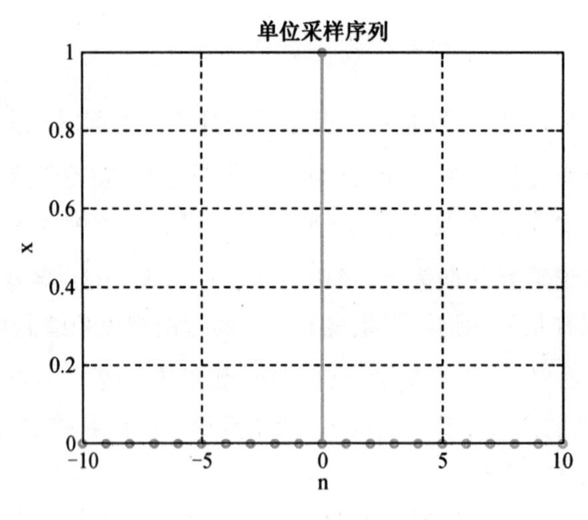

图 2.8.1 单位采样序列

2. 单位阶跃序列 $u(n)$

程序代码：

```
n = -5:10;
```

```
x=[zeros(1,5),ones(1,11)];
stem(n,x,'m','p');
axis([-5,10,-0.5,1.5]);
title('单位阶跃序列');
xlabel('n');ylabel('幅度')
grid on;
```

仿真图如图 2.8.2 所示。

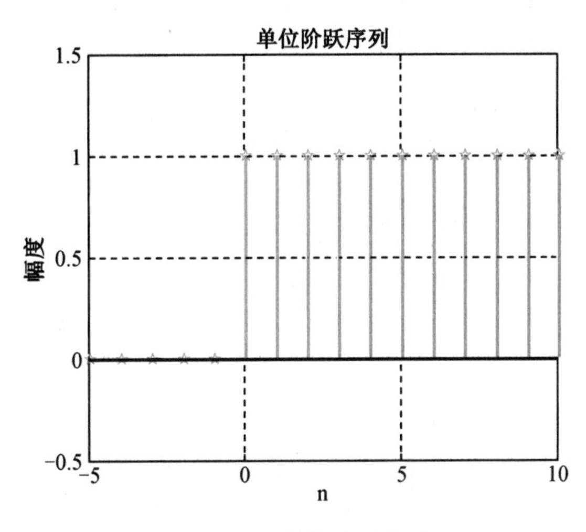

图 2.8.2　单位阶跃序列

3. 矩形序列 $R_N(n)$

程序代码：

```
n=-5:15;
x=[zeros(1,5),ones(1,11),zeros(1,5)];
stem(n,x,'r','h')
axis([-5,15,-0.5,1.5]);
title('矩形序列');
xlabel('时间');ylabel('幅度')
grid on;
```

仿真图如图 2.8.3 所示。

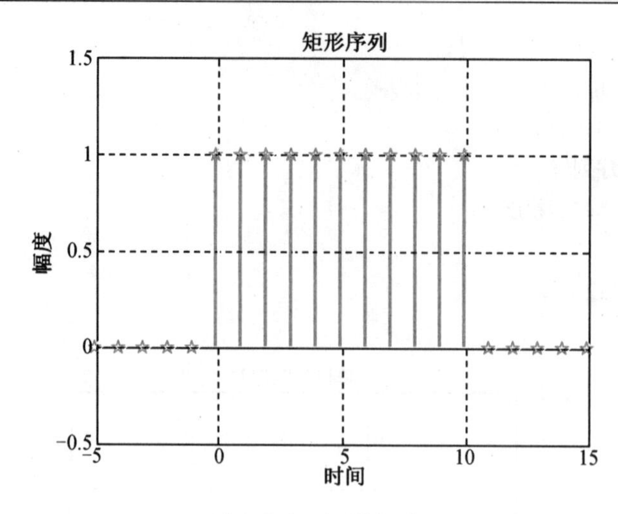

图 2.8.3　矩形序列

4. 实指数序列 $a^n u(n)$

程序代码：

```
n = -5:5;
x =2.^n;
stem(n,x)
title('指数序列');
xlabel('时间 n');ylabel('幅度');
grid on ;
```

仿真图如图 2.8.4 所示。

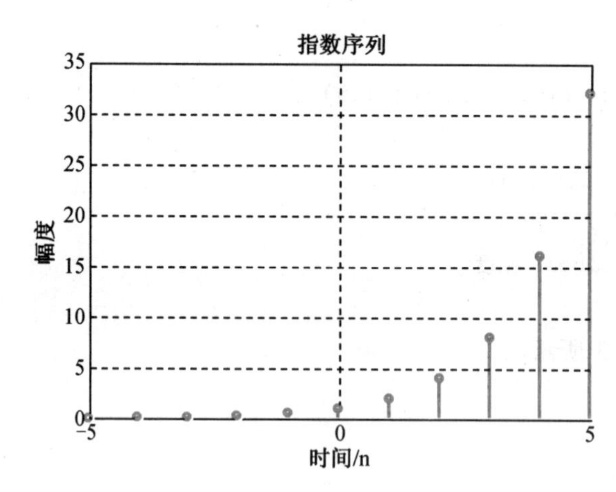

图 2.8.4　指数序列

5. 正弦序列 $\cos(\omega n)$

程序代码：

```
n =1:30;
```

```
x=2*sin(pi*n/6+pi/4);
stem(n,x);
xlabel ('时间序列 n');
ylabel('振幅');
title('正弦函数序列 x=2*sin(pi*n/6+pi/4)');
```

仿真图如图 2.8.5 所示。

6. 复指数序列 $e^{(\sigma+j\omega_0)n}$

代码如下：

```
n=1:30;
x=5*exp(j*3*n);
stem(n,x);
xlabel ('时间序列 n');
ylabel('振幅');
title('复指数序列 x=5*exp(j*3*n)');
```

仿真图如图 2.8.6 所示。

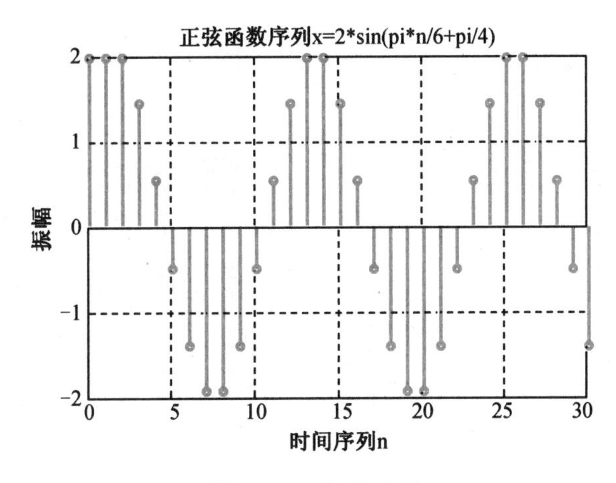

图 2.8.5　正弦序列

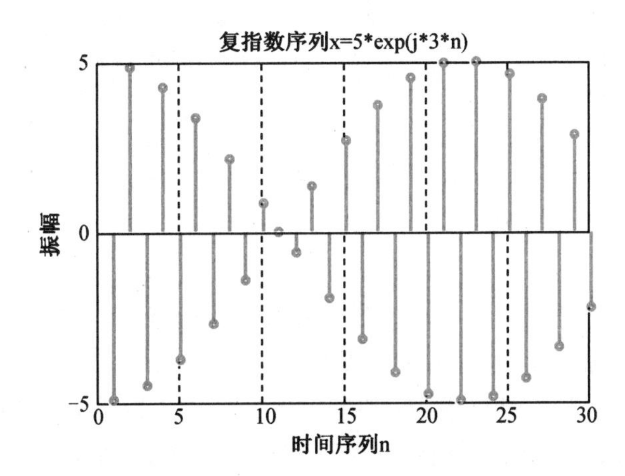

图 2.8.6　正弦序列

7. 周期序列

以复指数序列为例讨论序列的周期性:对于离散复指数函数 $x = a \cdot e^{zn}$,只有当 z 是纯虚数,且纯虚数的系数是 π 的倍数时,才是周期性的。其他情况下均不是。

程序代码:

```
n=0:80;
x1 =1.5*sin(0.3*pi*n);
x2 =sin(0.6*n);
subplot(1,2,1);
stem(n,x1);
xlabel ('时间序列 n');
ylabel('振幅');
title('正弦序列 x1 =1.5*sin(0.3*pi*n)');
subplot(1,2,2);
stem(n,x2);
xlabel ('时间序列 n');
ylabel('振幅');
title('正弦序列 x1 =1.5*sin(0.3*pi*n)');
```

仿真图如图 2.8.7 所示。

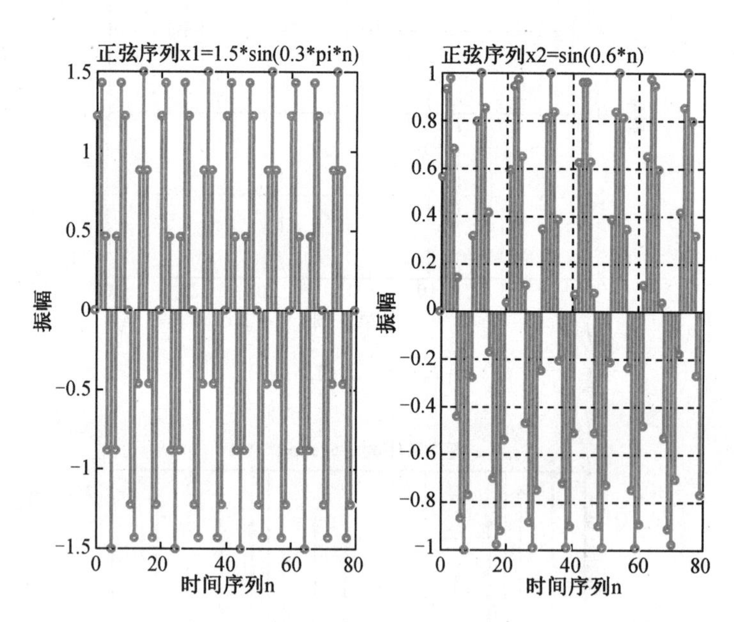

图 2.8.7　复指数序列的周期性

为了研究复指数序列的周期性质,分别做了正弦函数 $x_1 = 1.5\sin(0.3\pi n)$ 和 $x_2 = \sin(0.6n)$ 的幅度特性图像。由图 2.8.7 看出:$x_1 = 1.5\sin(0.3\pi n)$ 的周期是 20,而 $x_2 = \sin(0.6n)$ 是非周期的。理论计算中,对第一个,$N = 2\pi/(0.3\pi) = 20/3$,为有理数;而第二个 0.6 不是 π 的倍数,所以不是周期性的。因此可以看出,MATLAB 仿真结果和理论相符。

2.8.2　借助 MATLAB 计算序列卷积

离散时间序列 $x_1(n)$ 和 $x_2(n)$ 的卷积和定义：

$$x(n) = x_1(n) * x_2(n) = \sum_{i=-\infty}^{\infty} x_1(i)x_2(n-i)$$

在离散信号与系统分析中有两个与卷积和相关的重要结论：

(1) $x(n) = \sum_{i=-\infty}^{\infty} x(i) \cdot \delta(n-i)$ 即离散序列可分解为一系列幅度由 $x(n)$ 决定的单位序列 $\delta(n)$ 及其平移序列之积。

(2)对线性时不变系统，设其输入序列为 $x(n)$，单位响应为 $h(n)$，其零状态响应为 $y(n)$，则有 $y(n) = \sum_{i=-\infty}^{\infty} x(i) \cdot h(n-i)$。

借助 MATLAB conv. m 函数来实现两个离散序列的线性卷积。

其调用格式是：y = conv(x,h)。

若 x 的长度为 N，h 的长度为 M，则 y 的长度 $L = N + M - 1$。

【例 2.8.1】　令 $x(n) = \{1,2,3,4,5\}$，$h(n) = \{6,2,3,6,4,2\}$，$y(n) = x(n) * h(n)$，求 $y(n)$。要求用 subplot 和 stem 画出 $x(n)$、$h(n)$、$y(n)$ 与 n 的离散序列图形。

源程序：

```
N=5;
M=6;
L=N+M-1;
x=[1,2,3,4,5];
h=[6,2,3,6,4,2];
y=conv(x,h);
nx=0:N-1;
nh=0:M-1;
ny=0:L-1;
subplot(131); stem(nx,x,'*k'); xlabel('n');
ylabel('x(n)'); grid on ;
subplot(132); stem(nh,h,'*k'); xlabel('n');
ylabel('h(n)'); grid on ;
subplot(133); stem(ny,y,'*k'); xlabel('n');
ylabel('y(n)'); grid on ;
```

仿真结果如图 2.8.8 所示。

根据 MATLAB 仿真结果分析可知，实验所得的数值跟 $x(n)$ 与 $y(n)$ 所卷积的结果相同。

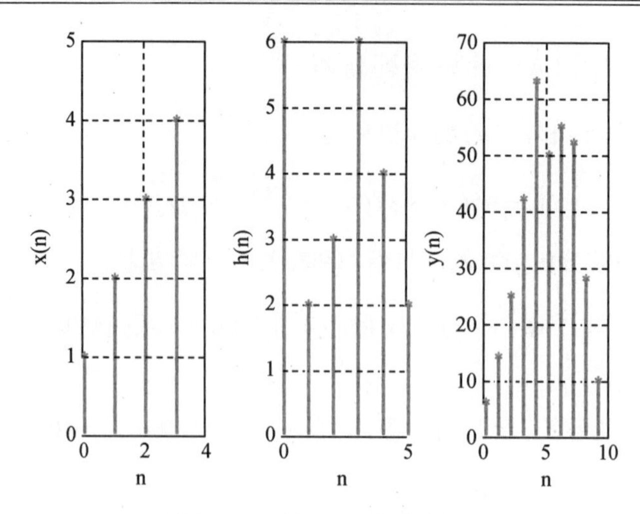

图 2.8.8　例 2.8.1 的仿真结果

【例 2.8.2】 已知序列

$$x_1(n)=\begin{cases}1, & 0\leqslant k\leqslant 2\\0, & 其他\end{cases},x_2(n)=\begin{cases}1, & k=1\\2, & k=2\\3, & k=3\\0, & 其他\end{cases}$$

调用 conv( ) 函数求上述两序列的卷积和。

源程序:

```
clc;
k1 =3;
k2 =3;
k=k1 +k2 -1;
x1 =[1,1,1];
x2 =[0,1,2,3];
x=conv(x1,x2);
nx1 =0:k1 -1;
nx2 =0:k2;
nx =0:k;
subplot(131); stem(nx1,x1,'*r'); xlabel('n');
ylabel('x1(n)'); grid on ;
subplot(132); stem(nx2,x2,'*b'); xlabel('n');
ylabel('x2(n)'); grid on ;
subplot(133); stem(nx,x,'*g'); xlabel('n');
ylabel('x(n)'); grid on ;
```

仿真结果如图 2.8.9 所示。

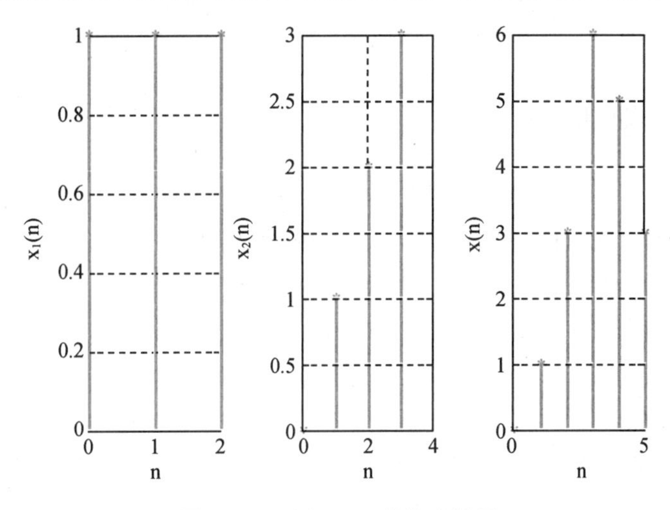

图2.8.9　例2.8.2的仿真结果

根据MATLAB仿真结果分析可知,实验所得的数值跟 $x_1(n)$ 与 $x_2(n)$ 所卷积的结果相同。

2.8.3　借助MATLAB计算序列相关

以m序列为例分析借助MATLAB计算序列相关的过程。m序列是最长线性反馈移位寄存器序列的简称,m序列是由带线性反馈的移位寄存器产生的。由 n 级串联的移位寄存器和反馈逻辑线路可组成动态移位寄存器,如果反馈逻辑线路只由模2和构成,则称为线性反馈移位寄存器。带线性反馈逻辑的移位寄存器设定初始状态后,在时钟触发下,每次移位后各级寄存器会发生变化。其中任何一级寄存器的输出,随着时钟节拍的推移都会产生一个序列,该序列称为移位寄存器序列。n 级线性移位寄存器如图2.8.10所示。

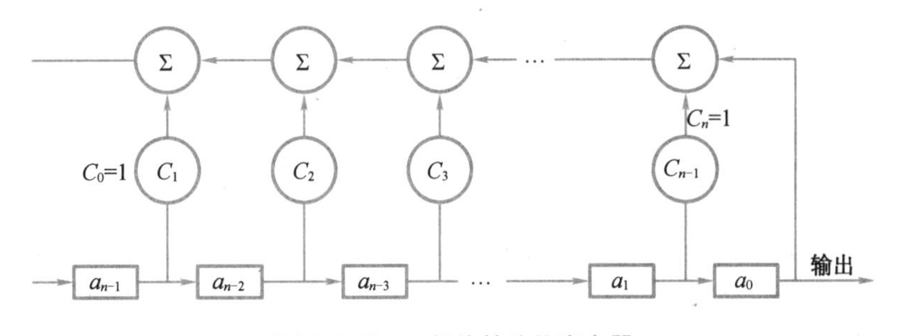

图2.8.10　n 级线性移位寄存器

图中 C_i 表示反馈线的两种可能连接方式,$C_i=1$ 表示连线接通,第 $n-i$ 级输出加入反馈中;$C_i=0$ 表示连接线断开,第 $n-i$ 级输出未参加反馈。因此,一般形式的线性反馈逻辑表达式为

$$a_n = C_1 a_{n-1} \oplus C_2 a_{n-2} \oplus \cdots \oplus C_n a_0 = \sum_{i=1}^{n} C_i a_{n-i} (\bmod 2)$$

将等式左侧的 a_n 移至右侧,并将 $a_n=C_0 a_n(C_0=1)$ 代入上式,则上式可改写为

$$0 = \sum_{i=0}^{n} C_i a_{n-1}$$

定义一个与上式相对应的多项式：

$$F(x) = \sum_{i=0}^{n} C_i x^i$$

式中，x 的幂次表示元素的相应位置。上式称为线性反馈移位寄存器的特征多项式，特征多项式与输出序列的周期有密切关系。当 $F(x)$ 满足下列三个条件时，就一定能产生 m 序列：

（1）$F(x)$ 是不可约的，即不能再分解多项式；

（2）$F(x)$ 可整除 x^p+1，这里 $p=2^n-1$；

（3）$F(x)$ 不能整除 x^q+1，这里 $q<p$。

满足上述条件的多项式称为本原多项式，这样产生 m 序列的充要条件就变成了如何寻找本原多项式。根据 m 序列的特征方程：

$$f(x) = C_0 + C_1 x + C_2 x^2 + \cdots + C_n x^n = \sum_{i=0}^{n} C_i x^i$$

根据其连接多项式 MATLAB 程序代码如下：

```
主程序 Untitled.m:
clear all;
close all;
g = 19;% G = 10011;
state = 8;% state = 1000
L = 1000;
% m 序列产生
N = 15;
mq = mgen(g,state,L);
% m 序列自相关
ms = conv(1 - 2 * mq,1 - 2 * mq(15: - 1:1)) / N;
figure(1)
% subplot(222)
stem(ms(15:end));
axis([0 63 -0.3 1.2]);title('m 序列自相关序列')
figure(2)
% m 序列构成的信号(矩形脉冲)
N_sample = 8;
Tc = 1;
dt = Tc / N_sample;
t = 0:dt:Tc * L - dt;
gt = ones(1,N_sample);
mt = sigexpand(1 - 2 * mq,N_sample);
mt = conv(mt,gt);
figure(2)
```

```
% subplot(221);
plot(t,mt(1:length(t)));
axis([0 63 -0.3 1.2]);title('m序列矩形成形信号')
st=sigexpand(1-2*mq(1:15),N_sample);
s=conv(st,gt);
st=s(1:length(st));
rt1=conv(mt,st(end:-1:1))/(N*N_sample);
figure(3)
% subplot(223)
plot(t,rt1(length(st):length(st)+length(t)-1));
axis([0 63 -0.3 1.2]);title('m序列矩形成形信号的自相关');xlabel('t');
Tc=1;
dt=Tc/N_sample;
t=-20:dt:20;
gt=sinc(t/Tc);
mt=sigexpand(1-2*mq,N_sample);
mt=conv(mt,gt);
st2=sigexpand(1-2*mq(1:15),N_sample);
s2=conv(st2,gt);
st2=s2;
rt2=conv(mt,st2(end:-1:1))/(N*N_sample);
figure(4)
% subplot(224);
t1=-55+dt:dt:Tc*L-dt;
plot(t,mt(1:length(t)));
plot(t1,rt2(1:length(t1)));
axis([0 63 -0.5 1.2]);title('m序列 since 成形信号的自相关');xlabel('t')
```

调用的子程序如下：

(1)mgen. m：

```
function [out]=mgen(g,state,N)
% 输入 g:m序列生成多项式(10进制输入)
% state:寄存器初始状态(10进制输入)
% N:输出序列长度
%  test g=11;state=3;N=15;
gen=dec2bin(g)-48;
M=length(gen);
curState=dec2bin(state,M-1) - 48;
for k=1:N
out(k) =curState(M-1);
a=rem(sum( gen(2:end).*curState),2);
curState=[a curState(1:M-2)];
```

```
end
```

(2) mseq. m:

```
% m序列发生器及其自相关 mseq.m
clear all;
close all;
g=19;% G=10011;
state=8;% state=1000
L=1000;
```

(3) sigexpand. m:

```
function [out]=sigexpand(d,M)
N=length(d);
out=zeros(M,N);
out(1,:)=d;
out=reshape(out,1,M*N);
end
```

仿真结果如图 2.8.11 至图 2.8.14 所示。

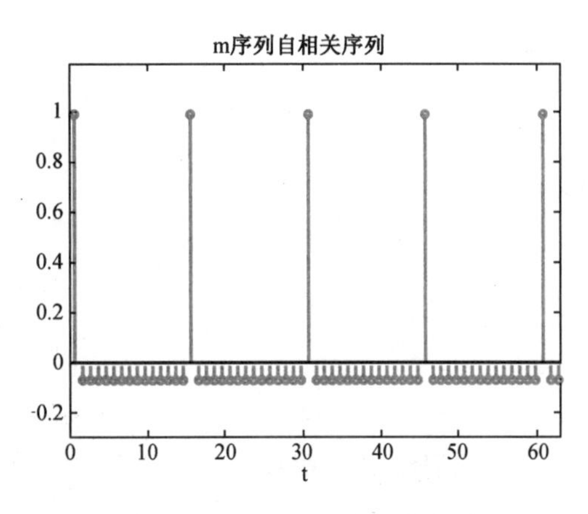

图 2.8.11　m 序列自相关序列

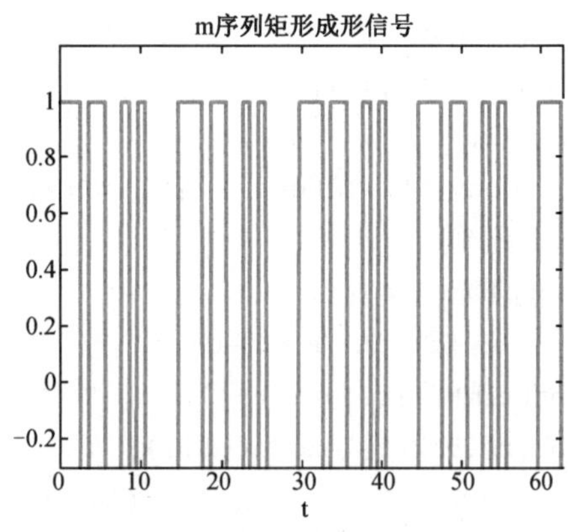

图 2.8.12　m 序列矩形成形信号

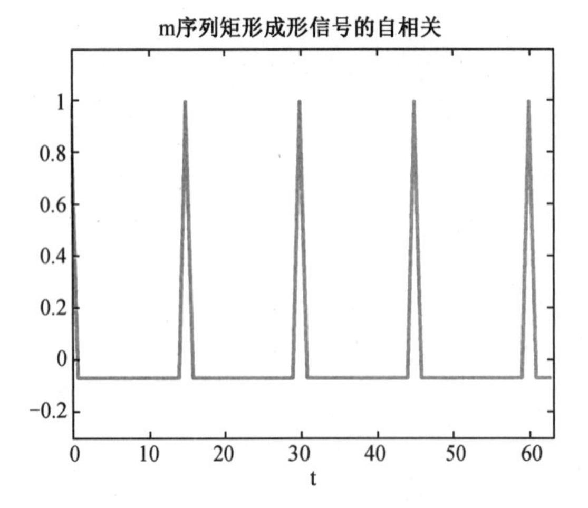

图 2.8.13　m 序列矩形成形信号的自相关

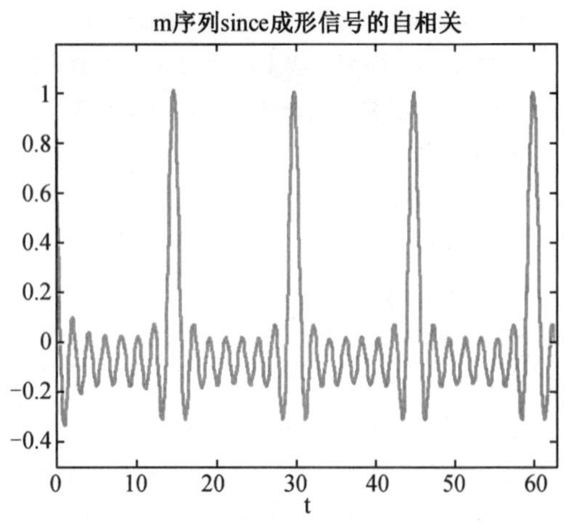

图 2.8.14　m 序列 since 成形信号的自相关

2.8.4　借助 MATLAB 求解逆 Z 变换

借助 MATLAB 使用 ztrans、iztrans 函数分别求出离散时间信号的 Z 变换和逆 Z 变换。

1. 求解 Z 变换

【例 2.8.3】　求 $x(n)=[(\frac{1}{2})^n+(\frac{1}{3})^n]u(n)$ 的 Z 变换。

解　程序代码：

```
clear
syms n
f=0.5^n+(1/3)^n;                    % 定义离散信号
F=ztrans(f)                         % z 变换
pretty(F);
```

运行结果：

```
F =
z/(z-1/2)+z/(z-1/3)
   z         z
------- + -------
z-1/2     z-1/3
```

2. 求解逆 Z 变换

【例 2.8.4】　求 $X(z)=\frac{2z}{(z-2)^2}$ 的逆 Z 变换。

解　程序代码：

```
clear
syms k z
Fz=2*z/(z-2)^2;                     % 定义逆 Z 变换表达式
fk=iztrans(Fz,k)                    % 逆 Z 变换
pretty(fk);
```

运行结果：

```
fk =
2^k+2^k*(k-1)
 k    k
2  +2 (k-1)
```

【例 2.8.5】　求 $X(z)=\frac{z(z-1)}{z^2+2z+1}$ 的逆 Z 变换。

解　程序代码：

```
clear
syms k z
Fz=z*(z-1)/(z^2+2*z+1);             % 定义逆 Z 变换表达式
fk=iztrans(Fz,k)                    % 逆 Z 变换
pretty(fk);
```

运行结果：

```
fk =
```

```
3*(-1)^k+2*(-1)^k*(k-1)
3(-1)^k +2(-1)^k(k-1)
```

【例 2.8.6】 求 $X(z)=\dfrac{1+z^{-1}}{1-2z^{-1}\cos\omega+z^{-2}}$的逆 Z 变换。

解 程序代码:

```
clear
syms k z w
Fz=(1+z^(-1))/(1-2*z^-1*cos(w)+z^-2);          % 定义逆 Z 变换表达式
fk=iztrans(Fz,k)                                 % 逆 Z 变换
pretty(fk);
```

运行结果:

```
fk =
(sin(k*w)*(cos(w)+1))/sin(w)-(cos(k*w)*(cos(w)+1))/cos(w)+(cos(k*w)
*(2*cos(w)+1))/cos(w)
sin(kw)(cos(w)+1)   cos(kw)(cos(w)+1)   cos(kw)(2cos(w)+1)
----------------- - ----------------- + ------------------
     sin(w)              cos(w)               cos(w)
```

2.8.5 借助 MATLAB 求解离散 LTI 系统的响应

定义系统的频率响应为

$$H(e^{j\omega}) = \mathrm{DTFT}[h(n)] = \sum_{n=-\infty}^{\infty}[h(n)e^{-jn\omega}]$$

一个单位脉冲响应为 $h(n)$的系统对出入序列 $x(n)$的输出为 $y(n)=x(n)*h(n)$,根据 DTFT 的卷积性质,可得:

$$Y(e^{j\omega})=\mathrm{DTFT}[y(n)]=\mathrm{DTFT}[x(n)*h(n)]=X(e^{j\omega})*H(e^{j\omega})$$

对于求解系统的输出响应,可利用卷积计算实现,也可先求出 $X(e^{j\omega})$和 $H(e^{j\omega})$,求出 $Y(e^{j\omega})$,通过求 IDTFT 变换的方式求解 $y(n)$。

【例 2.8.7】 给定一个系统的单位脉冲响应为

$$h(n)=\sin(0.4n)[\varepsilon(n)-\varepsilon(n-20)]$$

求:

(1)利用 MATLAB 求出该系统的频率响应特性。

(2)若输入该系统的信号为 $x(n)=\cos(0.5\pi n+\pi/3)+2\sin(0.4\pi n)$,确定该系统的稳态输出信号。

代码如下:

实现 DTFT 的函数:

```
function[xjw,w]=dtft(x,n,kl,kr,k)
% realize dtft sequence x
% [xjw,w]=dtft(x,n,kl,kr,k)
% x,n:original sequence and its position vector
% kl,kr,k:[kl,kr]is fuequency points
% xjw,w:dtft of sequence x;w is correspond frequency
```

```
fstep=(kr-kl)/k;                                    % 计算频率间隔
w=[kl:fstep:kr];                                    % 计算频率点
xjw=x*(exp(-j*pi).^(n'*w));                         % 计算 x(n)的 DTFT
```

实现 IDTFT 的函数:

```
fuction[x,n]=idtft(xjw,w,nl,nr)
% realize idtft for xjw
% [x,n]=idtft(xjw,w,nl,nr)
% w:frequency with unit pi*/red/s
% and w must be interval
% nl,nr:[nl,nr]resultant sequence's sample time range
% they must be interger
% x,n:resultant sequencce and its position vector
n=[nl,nr];                                          % 计算序列的位置向量
l=max(w)-min(w);                                    % 频率范围
dw=(w(2)-w(1))*pi;                                  % 相邻频率间隔也是积分步长
x=(dw*xjw*(exp(j*pi).^(w'*n)))/(1*pi);              % 用求和代替积分,求出 IDTFT
```

下面编写调用上面两个函数的 m 语言程序来计算 $h(n)$的 DTFT。

```
nh=[0:39];
h=sin(0.4*nh)/(0.4*nh);                             % 系统脉冲响应
h(1)=1;
[hjw,wh]=dtft(h,nh,-2,2,400);                       % 计算系统频率响应
subplot(3,1,1);plot(wh,abs(hjw));
nx=[0:39];
x=cos(0.5*pi*nx+pi/3)+2*sin(0.4*pi*nx);             % 输入序列 x(n)
[xjw,wx]=dtft(x,nx,-2,2,400);                       % x(n)的 DTFT
subplot(3,1,2);plot(wx,abs(xjw));
yjw=xjw.*hjw;wy=wx;
subplot(3,1,3);plot(wy,abs(yjw));                   % 计算输出序列的 DTFT
```

运行此程序即可得到系统的输出序列的频谱曲线。通过调用 idtft 函数来求输出序列;同时还可以利用卷积的概念求出输出序列。这样就可以比较两种方法的等效性。

```
[y1,ny1]=idtft(yjw,wy,0,80);
[y2,ny2]=conv_m(h,x,nh,nx);
subplot(2,1,1);stem(ny1,abs(y1));
subplot(2,1,2);stem(ny2,abs(y2));
```

输出序列的 DTFT 结果如图 2.8.15 所示。

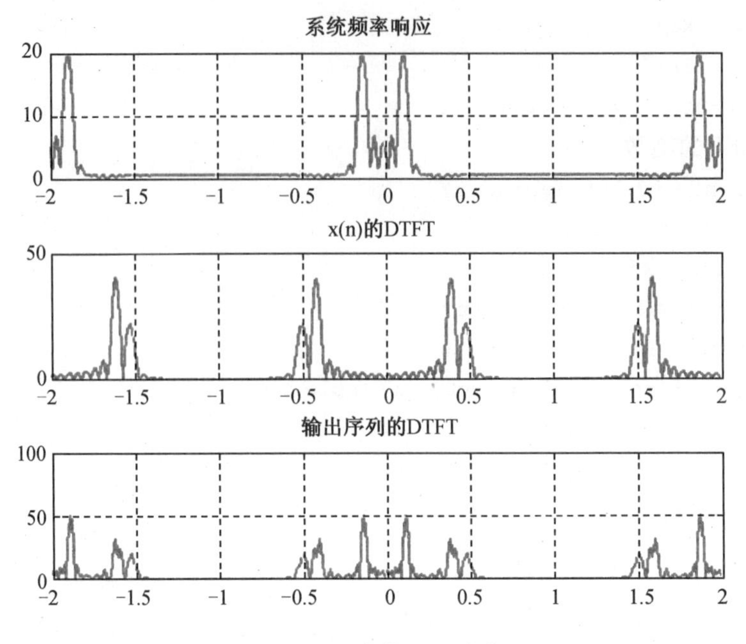

图 2.8.15　离散 LTI 响应

习　　题

1. 设 $X(e^{j\omega})$ 和 $Y(e^{j\omega})$ 分别为 $x(n)$、$y(n)$ 的傅里叶变换，试求下面序列的傅里叶变换：

(1) $x(n-k)$；

(2) $x(-n)$；

(3) $x(n)y(n)$；

(4) $x(n)*y(n)$。

2. 试判断下列序列是否为周期序列，若为周期序列，确定其周期。

(1) $x(n)=\cos(\frac{3}{7}\pi n-\frac{\pi}{4})$；

(2) $x(n)=\cos(\frac{4}{7}\pi n-\frac{\pi}{4})$；

(3) $x(n)=e^{j(\frac{1}{5}n-\pi)}$；

(4) $x(n)=\sin^2(\frac{\pi}{8}n)$；

(5) $x(n)=\cos(\frac{\pi}{8}n)\sin(\frac{\pi}{8}n)$。

3. 已知 $x(n)$ 和 $h(n)$ 分别为

$$x(n)=\begin{cases}1, & 0\leqslant n\leqslant 4\\ 0, & \text{其他}\end{cases} \text{和 } h(n)=\begin{cases}a^n, & 0\leqslant n\leqslant 6\\ 0, & \text{其他}\end{cases}$$

a 为常数,且 $1<a$,试求 $x(n)$ 和 $h(n)$ 的卷积。

4. 计算下列卷积和 $y(n)=x_1(n)*x_2(n)$:

(1)$x_1(n)=0.3^n u(n), x_2(n)=0.5^n u(n)$;

(2)$x_1(n)=u(n+2), x_2(n)=u(n-3)$。

5. 设系统分别用下面的差分方程描述,$x(n)$、$y(n)$ 分别表示系统的输入和输出,判断系统是否是线性非时变的。

(1)$y(n)=x(n)+2x(n-1)+3x(n-2)$;

(2)$y(n)=2x(n)+3$;

(3)$y(n)=x(n-n_0)$,n_0 为常数;

(4)$y(n)=x(-n)$。

6. 试求下列序列的傅里叶变换:

(1)$x(n)=\delta(n-3)$;

(2)$x(n)=\frac{1}{2}\delta(n+1)+\delta(n)+\frac{1}{2}\delta(n-1)$;

(3)$x(n)=u(n+3)-u(n-4)$;

(4)$x(n)=a^n u(n), 0<a<1$。

7. 求下列序列的 Z 变换及收敛域:

(1)$2-n^u(n)$;

(2)$-2-n^u(-n-1)$;

(3)$2-n^u(-n)$;

(4)$\delta(n)$;

(5)$\delta(n-1)$;

(6)$2-n[u(n)-u(n-10)]$。

8. 已知 $X(z)=\frac{z^2}{(z+1)(z-2)}, |z|>2$,求出对应 $X(z)$ 的各种可能的序列表达式。

9. 用 Z 变换法解下列差分方程:

(1)$y(n)-0.9y(n-1)=0.05u(n), y(n)=0, n\leqslant -1$;

(2)$y(n)-0.9y(n-1)=0.05u(n), y(-1)=1, y(n)=0, n<-1$;

(3)$y(n)-0.8y(n-1)-0.15y(n-2)=\delta(n), y(-1)=0.2, y(-2)=0.5, y(n)=0, n\leqslant -3$。

10. 设系统由下面差分方程描述:

$$y(n)=y(n-1)+y(n-2)+x(n-1)$$

(1)求系统函数 $H(Z)$;

(2)限定系统稳定,写出 $H(Z)$ 的收敛域,并求出其单位脉冲响应 $h(n)$。

11. 已知 $X(z)=\frac{-3z^{-1}}{2-5z^{-1}+2z^{-2}}$,分别求:

(1)收敛域 $0.5<|z|<2$ 对应的原序列 $x(n)$;

(2)收敛域 $|z|>2$ 对应的原序列 $x(n)$。

12. 用部分分式法求解下列 $X(z)$ 的反变换：

(1) $X(z)=\dfrac{1-\frac{1}{3}z^{-1}}{1-\frac{1}{4}z^{-2}},\ |z|>\dfrac{1}{2}$；

(2) $X(z)=\dfrac{1-2z^{-1}}{1-\frac{1}{4}z^{-2}},\ |z|<\dfrac{1}{2}$。

13. 已知系统的差分方程为

$$y(n)=0.8y(n-1)+x(n)+0.8x(n-1)$$

写出系统的频率响应函数 $H(\mathrm{e}^{\mathrm{j}\omega})$，并定性画出其幅频响应曲线。

14. 已知网络的输入和单位脉冲响应分别为

$$x(n)=a^nu(n),\quad h(n)=b^nu(n),\quad 0<a<1,0<b<1$$

(1) 试用卷积法求网络输出 $y(n)$；

(2) 试用 ZT 法求网络输出 $y(n)$。

15. 线性因果系统用下面差分方程描述：

$$y(n)-2ry(n-1)\cos\theta+r^2y(n-2)=x(n)$$

式中，$x(n)=a^nu(n)$，$0<a<1$，$0<r<1$；θ 为常数。试求系统的响应 $y(n)$。

16. 如果 $x_1(n)$ 和 $x_2(n)$ 是两个不同的因果稳定实序列，求证：

$$\frac{1}{2\pi}\int_{-\pi}^{\pi}X_1(\mathrm{e}^{\mathrm{j}\omega})X_2(\mathrm{e}^{\mathrm{j}\omega})\mathrm{d}\omega=\left[\frac{1}{2\pi}\int_{-\pi}^{\pi}X_1(\mathrm{e}^{\mathrm{j}\omega})\mathrm{d}\omega\right]\left[\frac{1}{2\pi}\int_{-\pi}^{\pi}\int_{-\pi}^{\pi}X_2(\mathrm{e}^{\mathrm{j}\omega})\mathrm{d}\omega\right]$$

式中，$X_1(\mathrm{e}^{\mathrm{j}\omega})$ 和 $X_2(\mathrm{e}^{\mathrm{j}\omega})$ 分别表示 $x_1(n)$ 和 $x_2(n)$ 的傅里叶变换。

17. 若序列 $h(n)$ 是因果序列，其傅里叶变换的实部如下式：

$$H_{\mathrm{R}}(\mathrm{e}^{\mathrm{j}\omega})=\frac{1-a\cos\omega}{1+a^2-2a\cos\omega},\quad |a|<1$$

求序列 $h(n)$ 及其傅里叶变换 $H(\mathrm{e}^{\mathrm{j}\omega})$。

18. 若序列 $h(n)$ 是因果序列，$h(0)=1$，其傅里叶变换的虚部为

$$H_{\mathrm{I}}(\mathrm{e}^{\mathrm{j}\omega})=\frac{-a\sin\omega}{1+a^2-2a\cos\omega},\quad |a|<1$$

求序列 $h(n)$ 及其傅里叶变换 $H(\mathrm{e}^{\mathrm{j}\omega})$。

答案

第3章　离散傅里叶变换

傅里叶变换和Z变换是数字信号处理中常用的重要数学变换,有限长序列在数字信号处理中占有很重要的地位。对于有限长序列,还有一种更为重要的数学变换,即本章要讨论的离散傅里叶变换(discrete Fourier transform,DFT)。计算机只能处理有限长序列,前面讨论的傅里叶变换和Z变换虽然能分析研究有限长序列,但无法利用计算机进行数值计算。在这种情况下,可以推导出另一种傅里叶变换式——离散傅里叶变换。DFT是有限长序列的傅里叶变换,它相当于把信号的傅里叶变换进行等频率间隔采样。DFT之所以更为重要,是因为其实质是有限长序列博里叶变换的有限点离散采样,从而实现了频域离散化,使数字信号处理可以在频域采用数值运算的方法进行,这样就大大增加了数字信号处理的灵活性。DFT除了在理论上具有重要意义之外,还有多种快速算法,统称为快速傅里叶变换(fast Fourier transform,FFT),可使信号的实时处理和设备的简化得以实现。时域离散系统的研究与应用在许多方面取代了传统的连续时间系统。所以说,DFT不仅在理论上有重要意义,而且在各种数字信号处理的算法中亦起着核心作用。

本章主要讨论DFT的定义、物理意义、基本性质、利用DFT计算线性卷积、利用DFT分析连续非周期信号的频谱、正弦信号的抽样、短时傅里叶变换及利用MATLAB实现信号DFT的计算的应用举例等内容。

3.1　傅里叶变换的四种形式

傅里叶变换是建立以时间t为自变量的“信号”与以频率f为自变量的“频率函数”(频谱)之间的某种变换关系。所以“时间”或“频率”取连续值还是离散值就形成各种不同形式的傅里叶变换对。

有限长序列的DFT和周期序列的离散傅里叶级数(DFS)本质上是一样的。在讨论DFS与DFT前先来回顾并讨论一下傅里叶变换的四种可能形式。

1. 连续时间、连续频率——连续傅里叶变换

连续傅里叶变换是非周期连续时间信号$x(t)$的傅里叶变换,其频谱$X(\mathrm{j}\Omega)$是一个连续的非周期函数。这一变换对为

$$X(\mathrm{j}\Omega) = \int_{-\infty}^{\infty} x(t)\mathrm{e}^{-\mathrm{j}\Omega t}\mathrm{d}t \tag{3.1.1}$$

$$x(t) = \frac{1}{2\pi}\int_{-\infty}^{\infty} X(\mathrm{j}\Omega)\mathrm{e}^{\mathrm{j}\Omega t}\mathrm{d}\Omega \tag{3.1.2}$$

这一变换对的示意图如图3.1.1(a)所示,可以看出时域连续函数造成频域是非周期的

谱，而时域的非周期造成频域是连续的谱。

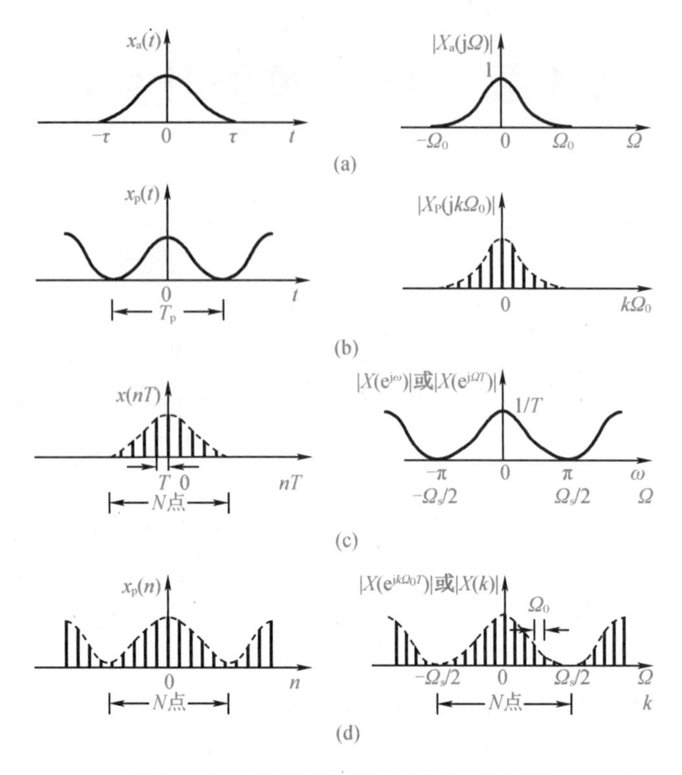

图 3.1.1　4 种形式的傅里叶变换对示意图

2. 连续时间、离散频率——傅里叶级数(FS)

FS 是周期(T_p)连续时间信号 $x(t)$ 的傅里叶变换，得到的是非周期离散频谱函数 $X(jk\Omega_0)$，这一变换对为

$$X(jk\Omega_o) = \frac{1}{T_p}\int_{-\frac{T_p}{2}}^{\frac{T_p}{2}} x(t)e^{-jk\Omega_o t}dt \tag{3.1.3}$$

$$x(t) = \sum_{k=-\infty}^{\infty} X(jk\Omega_o)e^{jk\Omega_o t} \tag{3.1.4}$$

式中，$\Omega_0 = 2\pi F = \frac{2\pi}{T_p}$，为离散频谱相邻两谱线之间的角频率间隔；$k$ 为谐波序号。

这一变换对的示意图如图 3.1.1(b)所示，可以看出时域的连续函数造成频域是非周期的频谱函数，而频域的离散频谱就与时域的周期时间函数相对应。

3. 离散时间、连续频率——序列的傅里叶变换(DTFT)

DTFT 是非周期离散时间信号的傅里叶变换，得到的是周期性连续的频率函数。这正是前面所介绍的序列(离散时间信号)的傅里叶变换。该变换对为

$$X(e^{j\omega}) = \sum_{n=-\infty}^{\infty} x(n)e^{-j\omega n} \tag{3.1.5}$$

$$x(n) = \frac{1}{2\pi}\int_{-\pi}^{\pi} X(e^{j\omega})e^{j\omega n}d\omega \tag{3.1.6}$$

式中,ω 是数字频率,它和模拟角频率 Ω 的关系为 $\omega = \Omega T$。

这一变换对的示意图如图 3.1.1(c)所示,可以看出时域的离散造成频域的周期延拓,而时域的非周期对应于频域的连续。

4. 离散时间、离散频率——离散傅里叶变换(DFT)

上面讨论的 3 种傅里叶变换对都不适合在计算机上运算,因为它们至少在一个域(时域或频域)中函数是连续的。我们感兴趣的是时域及频域都是离散的情况,这就是离散傅里叶变换。一种常用的离散傅里叶变换对可表示为

$$X(k) = \sum_{n=0}^{N-1} x(n)e^{-j\frac{2\pi}{N}nk}, \quad 0 \leqslant k \leqslant N-1 \tag{3.1.7}$$

$$x(n) = \frac{1}{N}\sum_{k=0}^{N-1} X(k)e^{j\frac{2\pi}{N}nk}, \quad 0 \leqslant n \leqslant N-1 \tag{3.1.8}$$

比较图 3.1.1(a)、图 3.1.1(b)和图 3.1.1(c)可发现有以下规律:如果信号频域是离散的,则表现为周期性的时间函数;相反,在时域上是离散的,则该信号在频域必然表现为周期性的频率函数。不难设想,一个离散周期序列,它一定具有既是周期又是离散的频谱,其示意图如图 3.1.1(d)所示。由此可以得出一般的规律:一个域的离散对应另一个域的周期延拓,一个域的连续必定对应另一个域的非周期。表 3.1.1 对这 4 种傅里叶变换形式的特点做了简要归纳。下面先从周期性序列的离散傅里叶级数开始讨论,然后讨论可作为周期函数一个周期的有限长序列的离散傅里叶变换。

表 3.1.1　4 种傅里叶变换形式的归纳

傅里叶变换	时间函数	频率函数
FT	连续和非周期	非周期和连续
FS	连续和周期(T_p)	非周期和离散($\Omega_0 = \frac{2\pi}{T_p}$)
DTFT	离散(T)和非周期	周期($\Omega_s = \frac{2\pi}{T}$)和连续
DFT	离散(T)和周期(T_p)	周期($\Omega_s = \frac{2\pi}{T}$)和离散($\Omega_0 = \frac{2\pi}{T_p}$)

3.2　离散傅里叶变换的定义及性质

DFT 是傅里叶变换在时域和频域上都呈现离散的形式,将时域信号的采样变换为在 DTFT 频域的采样。在形式上,变换两端(时域和频域上)的序列是有限长的,而实际上这两组序列都应当被认为是离散周期信号的主值序列。即使对有限长的离散信号作 DFT,也应

当将其看作经过周期延拓成为周期信号再作变换。在实际应用中通常采用快速傅里叶变换以高效计算 DFT。

3.2.1　有限长序列的 DFT

设 $x(n)$ 是一个长度为 M 的有限长序列，则定义 $x(n)$ 的 N 点 DFT 为

$$X(k) = \mathrm{DFT}[x(n)] = \sum_{n=0}^{N-1} x(n) W_N^{kn}, \quad k = 0,1,\cdots,N-1 \tag{3.2.1}$$

$X(k)$ 的离散傅里叶逆变换(inverse discrete Fourier transform, IDFT)为

$$x(n) = \mathrm{IDFT}[X(k)] = \frac{1}{N}\sum_{k=0}^{N-1} X(k) W_N^{-kn}, \quad k = 0,1,\cdots,N-1 \tag{3.2.2}$$

式中，$W_N = \mathrm{e}^{-\mathrm{j}\frac{2\pi}{N}}$，$N$ 称为 DFT 区间长度，$N \geqslant M$。通常称式(3.2.1)和式(3.2.2)为离散傅里叶变换对。为了叙述简洁，常常用 $\mathrm{DFT}[x(n)]_N$ 和 $\mathrm{IDFT}[X(k)]_N$ 分别表示 N 点 DFT 和 N 点 IDFT。长度为 N 的有限长序列和周期为 N 的周期序列，都是由 N 个值定义，但是有一点需要记住，凡是谈到傅里叶变换关系，有限长序列都是作为周期序列的一个周期来表示的，都隐含有周期性的意思。下面证明 $\mathrm{IDFT}[X(k)]$ 的唯一性。

把式(3.2.1)代入式(3.2.2)，有

$$\mathrm{IDFT}[X(k)]_N = \frac{1}{N}\sum_{k=0}^{N-1}\left[\sum_{m=0}^{N-1} x(m) W_N^{mk}\right] W_N^{-kn} = \sum_{m=0}^{N-1} x(m) \frac{1}{N}\sum_{k=0}^{N-1} W_N^{k(m-n)}$$

由于

$$\frac{1}{N}\sum_{k=0}^{N-1} W_N^{k(m-n)} = \begin{cases} 1, & m = n + iN, i \text{ 为整数} \\ 0, & m \neq n + iN, i \text{ 为整数} \end{cases}$$

所以，在变换区间上满足下式：

$$\mathrm{IDFT}[X(k)]_N = x(n), \quad 0 \leqslant n \leqslant N-1$$

由此可见，式(3.2.2)定义的 IDFT 是唯一的。

【例 3.2.1】　已知序列 $x(n) = \delta(n)$，求它的 N 点 DFT。

解　单位脉冲序列的 DFT 很容易由 DFT 的定义式(3.2.1)得到

$$X(k) = \mathrm{DFT}[x(n)] = \sum_{n=0}^{N-1} \delta(n) W_N^{kn} = W_N^0 = 1$$

$\delta(n)$ 的 $X(k)$ 如图 3.2.1 所示。这是一个很特殊的例子，它表明对序列 $\delta(n)$ 来说，不论对它进行多少点的 DFT，所得结果都是一个离散矩形序列。

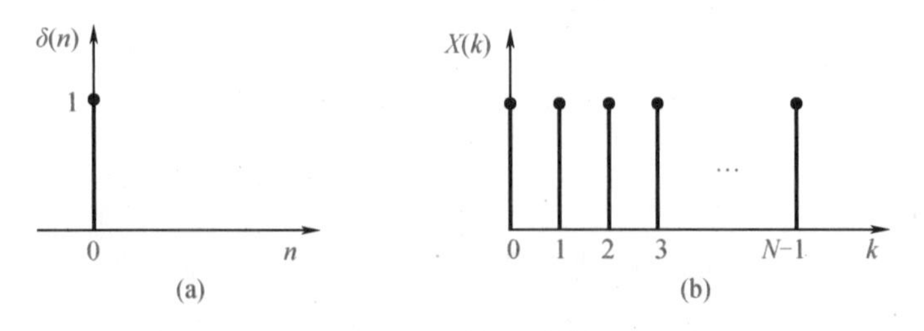

图 3.2.1　序列 $\delta(n)$ 及其离散傅里叶变换

在一般情况下，$X(k)$是一个复量，可表示为

$$X(k)=X_R(k)+jX_I(k)$$

或者

$$X(k)=|X(k)e^{j\theta(k)}|$$

【例 3.2.2】 求有限长序列 $x(n)=\begin{cases}a^n, & 0\leqslant n\leqslant N-1\\ 0, & 其他\end{cases}$ 的 DFT，其中 $a=0.8,N=8$。

解

$$\begin{aligned}X(k)=\mathrm{DFT}[x(n)]&=\sum_{n=0}^{8-1}x(n)W_8^{kn}\\&=\sum_{n=0}^{7}a^n e^{-j\frac{2\pi}{8}nk}\\&=\sum_{n=0}^{7}(ae^{-j\frac{2\pi}{8}k})^n\\&=\frac{1-a^8}{1-ae^{-j\frac{\pi}{4}k}},\quad 0\leqslant k\leqslant 7\end{aligned}$$

因此得

$X(0)=4.161\ 14$　　$X(1)=0.710\ 63-j0.925\ 58$

$X(2)=0.507\ 46-j0.405\ 97$　　$X(3)=0.470\ 17-j0.169\ 87$

$X(4)=0.462\ 35$　　$X(5)=0.470\ 17+j0.169\ 87$

$X(6)=0.507\ 46+j0.405\ 97$　　$X(7)=0.710\ 63+j0.925\ 58$

【例 3.2.3】 已知序列 $x(n)=R_4(n)$，求 $x(n)$的 4 点、8 点、16 点的 DFT。

解 设变换区间 $N=4$，则

$$X(k)=\mathrm{DFT}[x(n)]=\sum_{n=0}^{4-1}x(n)W_4^{kn}=\sum_{n=0}^{3}e^{-j\frac{2\pi}{4}nk}=\frac{1-e^{-j2\pi k}}{1-e^{-j\frac{\pi}{2}k}}=\begin{cases}4, & k=0\\ 0, & k=1,2,3\end{cases}$$

设变换区间 $N=8$，则

$$X(k)=\mathrm{DFT}[x(n)]=\sum_{n=0}^{8-1}x(n)W_8^{kn}=\sum_{n=0}^{7}e^{-j\frac{2\pi}{8}nk}=e^{-j\frac{3}{8}\pi k}\frac{\sin(\frac{\pi}{2}k)}{\sin(\frac{\pi}{8}k)},k=0,1,\cdots,7$$

设变换区间 $N=16$，则

$$X(k)=\mathrm{DFT}[x(n)]=\sum_{n=0}^{16-1}x(n)W_{16}^{kn}=\sum_{n=0}^{15}e^{-j\frac{2\pi}{16}nk}=e^{-j\frac{3}{16}\pi k}\frac{\sin(\frac{\pi}{4}k)}{\sin(\frac{\pi}{16}k)},k=0,1,\cdots,15$$

由此例可见，$x(n)$的 DFT 结果与变换区间长度 N 的取值有关。对 DFT 与 Z 变换和傅里叶变换的关系及 DFT 的物理意义进行讨论后，上述问题就会得到解释。

3.2.2 DFT 与 Z 变换的关系

设序列 $x(n)$的长度为 M，其 Z 变换和 $N(N\geqslant M)$点 DFT 分别为

$$X(k) = \mathrm{ZT}[x(n)] = \sum_{n=0}^{M-1} x(n) z^{-n}$$

$$X(k) = \mathrm{DFT}[x(n)]_N = \sum_{n=0}^{M-1} x(n) W_N^{kn}, \quad k = 0,1,2,\cdots,N-1$$

对比上面两个关系式可以得到

$$X(k) = X(z)\big|_{z=\mathrm{e}^{\mathrm{j}\frac{2\pi}{N}}}, \quad k=0,1,2,\cdots,N-1 \tag{3.2.3}$$

$$X(k) = X(\mathrm{e}^{\mathrm{j}\omega})\big|_{\omega=\frac{2\pi}{N}k}, \quad k=0,1,2,\cdots,N-1 \tag{3.2.4}$$

关系式(3.2.3)表明了序列 $x(n)$ 的 N 点 DFT 是 $x(n)$ 的 Z 变换在单位圆上的 N 点等间隔采样。关系式(3.2.4)则说明了 $X(k)$ 为 $x(n)$ 的傅里叶变换 $X(\mathrm{e}^{\mathrm{j}\omega})$ 在区间 $[0,2\pi]$ 上的 N 点等间隔采样。这就是 DFT 的物理意义。

由此可见，DFT 的变换区间长度 N 不同，表示对 $X(\mathrm{e}^{\mathrm{j}\omega})$ 在区间 $[0,2\pi]$ 上的采样间隔和采样点数不同，所以 DFT 的结果不同。上例中，$x(n)=R_4(n)$，DFT 区间长度 N 分别取 8，16 时，$X(\mathrm{e}^{\mathrm{j}\omega})$ 和 $X(k)$ 的幅频特性曲线图如图 3.2.2 所示。那么，由此可以容易得到 $x(n)=R_4(n)$ 的 4 点 DFT 为 $X(k)=\mathrm{DFT}[x(n)]_4=4\delta(k)$，这一特殊的结果将在下面进一步解释。

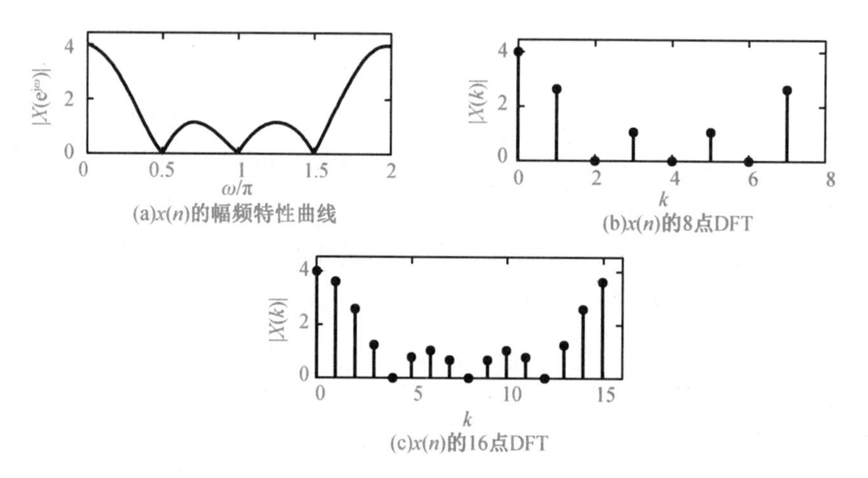

图 3.2.2 $R_4(n)$ 的傅里叶变换和 DFT 的幅频特性关系

前面定义的 DFT 变换对中，$x(n)$ 与 $X(k)$ 均为有限长序列，但 W_N^{kn} 的周期性使关系式(3.2.1)和关系式(3.2.2)中的 $X(k)$ 和 $x(n)$ 隐含周期性，且周期均为 N。对任意整数 m，总有

$$W_N^{kn} = W_N^{k+mN}, \quad k,m \text{ 为整数}, N \text{ 为自然数}$$

所以关系式(3.2.1)中，$X(k)$ 满足：

$$X(k+mN) = \sum_{n=0}^{N-1} x(n) W_N^{(k+mN)n} = \sum_{n=0}^{N-1} x(n) W_N^{kn} = X(k)$$

实际上，任何周期为 N 的周期序列 $\tilde{x}(n)$ 都可以看作是长度为 N 的有限长序列 $x(n)$ 的周期延拓序列，而 $x(n)$ 则是 $\tilde{x}(n)$ 的一个周期，即

$$\tilde{x}(n) = \sum_{m=-\infty}^{\infty} x(n+mN) \tag{3.2.5}$$

$$x(n) = R_N(n) \tag{3.2.6}$$

上述关系如图3.2.3(a)(b)所示，一般称周期序列$\tilde{x}(n)$中从$n=0$到$N-1$的第一个周期为$\tilde{x}(n)$的主值区间，而主值区间上的序列称为$\tilde{x}(n)$的主值序列。因此$x(n)$与$\tilde{x}(n)$的上述关系可叙述为$\tilde{x}(n)$是$x(n)$的周期延拓序列，$x(n)$是$\tilde{x}(n)$的主值序列。

为了以后叙述方便，当N大于等于序列$x(n)$的长度时，将关系式(3.2.5)用如下形式表示：

$$\tilde{x} = x((n))_N \tag{3.2.7}$$

关系式(3.2.7)中$x((n))_N$表示$x(n)$以N为周期的周期延拓序列，$((n))_N$表示模N对n求余，即如果

$$n = MN + n_1, \quad 0 \leqslant n_1 \leqslant N-1, M\text{为整数}$$

则

$$((n))_N = n_1$$

例如，$N=8$，$\tilde{x}(n) = x((n))_8$，则有

$$\tilde{x}(8) = x((8))_8 = x(0)$$

$$\tilde{x}(9) = x((9))_8 = x(1)$$

所得结果符合图3.2.3(a)(b)所示的周期延拓规律。

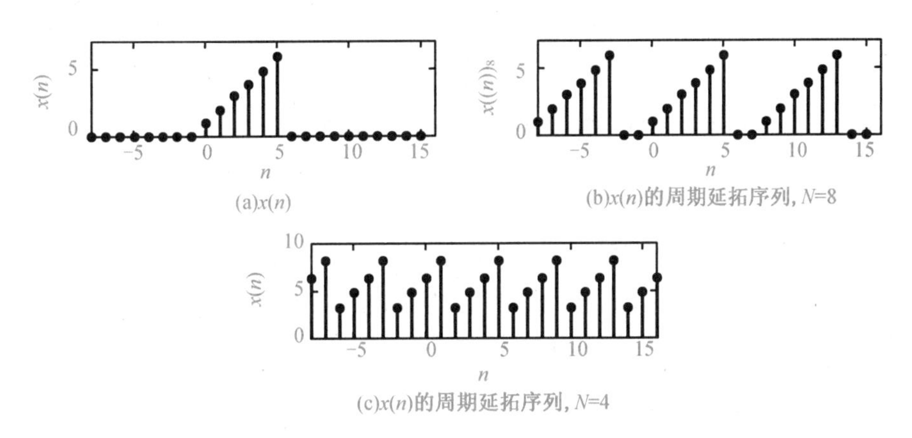

(a)$x(n)$　(b)$x(n)$的周期延拓序列，N=8

(c)$x(n)$的周期延拓序列，N=4

图3.2.3　$x(n)$及其周期延拓序列

应当说明，若$x(n)$实际长度为M，延拓周期为N，则当$N<M$时，关系式(3.2.5)仍表示以N为周期的周期序列，但关系式(3.2.6)和式(3.2.7)仅对$N \geqslant M$时成立。图3.2.3(a)中$x(n)$实际长度$M=6$，当延拓周期$N=4$时，$\tilde{x}(n)$如图3.2.3(c)所示。

如果$x(n)$的长度为M，且$\tilde{x}(n) = x((n))_N$，$N \geqslant M$，则可写出$\tilde{x}(n)$的DFS表示式

$$\widetilde{X}(k) = \sum_{n=0}^{N-1}\widetilde{x}(n)W_N^{kn} = \sum_{n=0}^{N-1}x((n))W_N^{kn} = \sum_{n=0}^{N-1}x(n)W_N^{kn} \tag{3.2.8}$$

$$\widetilde{x}(n) = \frac{1}{N}\sum_{k=0}^{N-1}\widetilde{X}(k)W_N^{-kn} = \frac{1}{N}\sum_{k=0}^{N-1}x(n)W_N^{-kn} \tag{3.2.9}$$

式中

$$X(k) = \widetilde{X}(k)R_N(k) \tag{3.2.10}$$

即 $X(k)$ 为 $\widetilde{X}(k)$ 的主值序列。将关系式(3.2.8)和式(3.2.9)与 DFT 的定义关系式(3.2.1)和式(3.2.2)相比较可知,有限长序列 $x(n)$ 的 N 点 DFT $X(k)$ 正好是 $x(n)$ 的周期延拓序列 $x((n))_N$ 的 DFS 系数 $\widetilde{X}(k)$ 的主值序列,即 $X(k)=\widetilde{X}(k)R_N(k)$。后面要讨论的频域采样理论将会加深对这一关系的理解。我们知道,周期延拓序列频谱完全由其 DFS 系数 $\widetilde{X}(k)$ 确定,因此,$X(k)$ 实质上是 $x(n)$ 的周期延拓序列 $x((n))_N$ 的频谱特性,这就是 N 点 DFT 的第二种物理解释(物理意义)。现在解释 $\mathrm{DFT}[R_4(n)]_4=4\delta(k)$。根据 DFT 第二种物理解释可知,$\mathrm{DFT}[R_4(n)]_4$ 表示 $R_4(n)$ 以 4 为周期的周期延拓序列 $R_4((n))_4$ 的频谱特性,因为 $R_4((n))_4$ 是一个直流序列,只有直流成分(即零频率成分)。

3.2.3 频域抽样定理

从上述描述中,可看到 DFT 相当于信号傅里叶变换的等间隔采样,也就是说实现了频域的抽样,这样是为了便于计算机计算。那么是否任何序列都能用频域抽样的方法去逼近呢?

我们考虑一个任意的绝对可和的序列 $x(n)$,它的 Z 变换为

$$X(z) = \sum_{n=-\infty}^{\infty}x(n)z^{-n}$$

如果对 $X(z)$ 在单位圆上进行等距离抽样,就可以得到

$$X(k) = X(z)\big|_{z=W_N^{-k}} = \sum_{n=-\infty}^{\infty}x(n)W_N^{nk} \tag{3.2.11}$$

现在的问题是,这样频域抽样以后,信息有没有损失呢?或者说,频域抽样后从 $X(k)$ 的反变换中所获得的有限长序列,即 $x_N(n)=\mathrm{IDFT}[X(k)]$,能不能代表原序列 $x(n)$?为此,我们先来分析 $X(k)$ 的周期延拓序列 $\widetilde{X}(k)$ 的 DFS 的反变换。为了弄清这个问题,首先从周期序列 $\widetilde{x}_N(n)$ 开始:

$$\widetilde{x}_N(n) = \mathrm{IDFS}[\widetilde{X}(k)] = \frac{1}{N}\sum_{k=0}^{N-1}\widetilde{X}(k)W_N^{-nk} = \frac{1}{N}\sum_{k=0}^{N-1}X(k)W_N^{-nk}$$

将式(3.2.11)代入上式,可得

$$\widetilde{x}_N(n) = \frac{1}{N}\sum_{k=0}^{N-1}\left[\sum_{m=-\infty}^{\infty}x(m)W_N^{mk}\right]W_N^{-nk} = \sum_{m=-\infty}^{\infty}x(m)\left[\sum_{k=0}^{N-1}\frac{1}{N}W_N^{(m-n)k}\right]$$

由于

$$\frac{1}{N}\sum_{k=0}^{N-1}W_N^{(m-n)k}=\begin{cases}1, & mn+rN,r\text{ 为任意整数}\\0, & \text{其他}\end{cases}$$

所以

$$\tilde{x}_N(n)=\sum_{r=-\infty}^{\infty}x(n+rN) \tag{3.2.12}$$

即 $\tilde{x}_N(n)$ 是原非周期序列 $x(n)$ 的周期延拓序列，其时域周期为频域抽样点数 N。在前面章节中，时域的抽样造成频域的周期延拓，这里又可以看到，频域抽样同样造成时域的周期延拓。在实际中，根据序列 $x(n)$ 的长度不同，可分为下列几种情况进行讨论：

(1) 如果 $x(n)$ 是有限长序列，点数为 M，则当频域抽样不够密，也就是当 $N<M$ 时，$x(n)$ 以 N 为周期进行延拓，就会造成混叠。在这个时候，$\tilde{x}_N(n)$ 就不能不失真地恢复出原信号 $x(n)$。因此，对于 M 点的有限长序列 $x(n)$，频域抽样不失真的条件是频域抽样点数 N 要大于或等于时域序列长度 M（时域抽样点数），即满足 $N\geqslant M$。

此时可得到

$$x_N(n)=\tilde{x}_N(n)R_N(n)=\sum_{r=-\infty}^{\infty}x(n+rN)R_N(n)=x(n),N\geqslant M \tag{3.2.13}$$

也就是说，点数为 N（或小于 N）的有限长序列，可以利用它的 Z 变换在单位圆上的 N 个等间隔点上的抽样值精确地表示。

(2) 如果 $x(n)$ 不是有限长序列（即无限长序列），则时域周期延拓后，必然造成混叠现象，因而一定会产生误差；当 n 增加时信号衰减得越快，或频域抽样越密（即采样点数 N 越大），则误差越小，即 $\tilde{x}_N(n)$ 越接近 $x(n)$。

概括起来，对于 M 点的有限长序列 $x(n)$，当频域抽样点数 $N\geqslant M$ 时，即可由频域抽样值 $X(k)$ 恢复出原序列 $x(n)$，否则产生时域混叠现象，这就是所谓的频域抽样定理。

【例 3.2.4】 一个长度 $M=5$ 的矩形序列，其波形和频谱图如图 3.2.4 所示，若在频域上进行抽样处理，使其频域也离散化，试比较抽样点数分别取 5 和 4 时的结果。

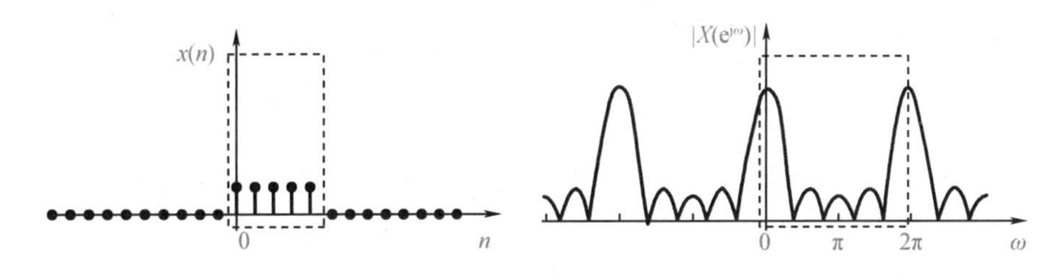

图 3.2.4 例 3.2.4 图

解 (1) 取 $N=5$，频域抽样，时域延拓相加，时域延拓的周期个数等于频域的抽样点数 5，由于 $N=M$，所以时域延拓后，与原序列相比，无混叠现象，如图 3.2.5(a) 所示。

(2) 取 $N=4$ 时进行抽样，序列长度 $M=5$，$N<M$，时域延拓后，与原序列相比，产生混叠现象，如图 3.2.5(b) 所示。

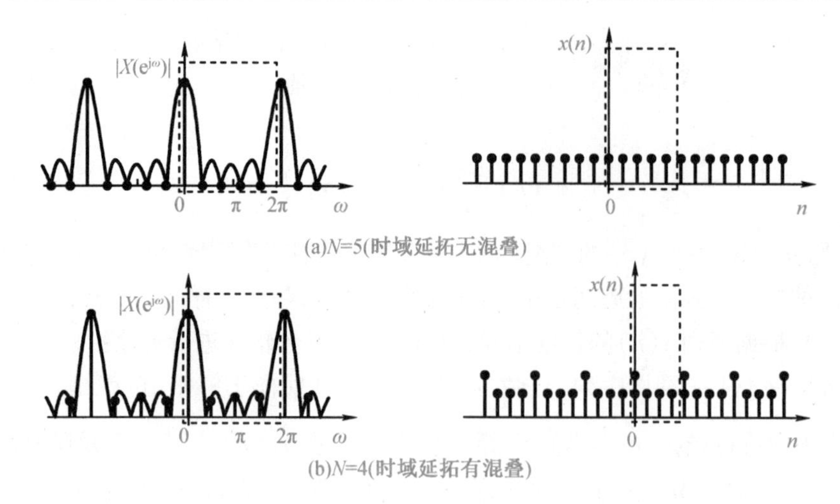

图 3.2.5　频域抽样点数 N 取不同值时的结果

3.2.4　DFT 的性质

1. 线性性质

如果 $x_1(n)$ 和 $x_2(n)$ 是两个有限长序列，长度分别为 N_1 和 N_2，且

$$y(n)=ax_1(n)+bx_2(n)$$

式中，a、b 为常数，取 $N\geqslant\max[N_1,N_2]$，则 $y(n)$ 的 N 点 DFT 为

$$Y(k)=\mathrm{DFT}[y(n)]_N=aX_1(k)+bX_2(k),\quad 0\leqslant k\leqslant N-1 \tag{3.2.14}$$

式中，$X_1(k)$ 和 $X_2(k)$ 分别为 $x_1(n)$ 和 $x_2(n)$ 的 N 点 DFT。

2. 循环移位性质

(1)序列的循环移位

一个有限长序列 $x(n)$ 的循环移位是指以它的长度 N 为周期，将其延拓成周期序列 $\tilde{x}(n)$，将周期序列 $\tilde{x}(n)$ 移位，然后取主值区间上的序列。

设 $x(n)$ 为有限长序列，长度为 M，$M\leqslant N$，则 $x(n)$ 的循环移位定义为

$$y(n)=x((n+m))_N R_N(n) \tag{3.2.15}$$

关系式(3.2.13)表明，将 $x(n)$ 以 N 为周期进行周期延拓得到 $\tilde{x}(n)=x((n))_N$。再将 $\tilde{x}(n)$ 左移 m 得到 $\tilde{x}(n+m)$，最后取 $\tilde{x}(n+m)$ 的主值序列，则得到有限长序列 $x(n)$ 的循环移位序列 $y(n)$。$M=6$，$N=8$，$m=2$ 时，$x(n)$ 及其循环移位过程如图 3.2.6 所示。显然，$y(n)$ 是长度为 N 的有限长序列。观察图 3.2.6 可见，循环移位的实质是将 $x(n)$ 左移 m 位，而移出主值区($0\leqslant n\leqslant N-1$)的序列值又依次从右侧进入主值区。“循环移位”就是由此而得名的。

由循环移位的定义可知，对同一序列 $x(n)$ 和相同的位移 m，当延拓周期 N 不同时，$y(n)=x((n+m))_N R_N(n)$ 则不同。请读者画出 $N=M=6$，$m=2$ 时，$x(n)$ 的循环移位序列 $y(n)$ 波形图。

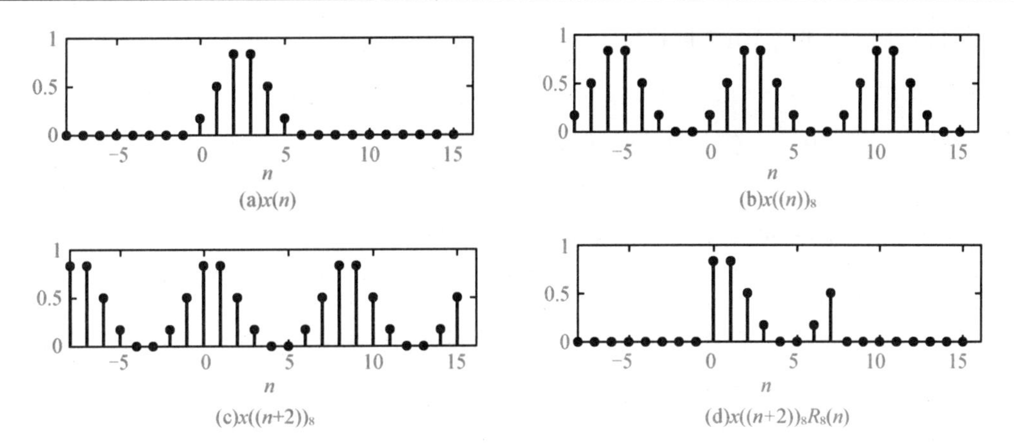

图 3.2.6　$x(n)$ 及其循环移位过程

(2)时域循环移位定理

设 $x(n)$ 是长度为 $M(M\leqslant N)$ 的有限长序列，$y(n)$ 为 $x(n)$ 的循环移位，即

$$y(n)=x((n+m))_N R_N(n)$$

则

$$Y(k)=\mathrm{DFT}[y(n)]_N=W_N^{-km}X(k) \tag{3.2.16}$$

其中

$$X(k)=\mathrm{DFT}[x(n)]_N,\quad 0\leqslant k\leqslant N-1$$

证明

$$Y(k)=\mathrm{DFT}[y(n)]_N=\sum_{n=0}^{N-1}x((n+m))_N R_N(n)W_N^{kn}=\sum_{n=0}^{N-1}x((n+m))_N R_N(n)W_N^{kn}$$

令 $n+m=n'$，则有

$$Y(k)=\sum_{n'=m}^{N-1+m}x((n'))_N W_N^{k(n'-m)}=W_N^{-km}\sum_{n'=m}^{N-1+m}x((n'))_N W_N^{kn'}$$

由于上面关系式中求和项 $x((n'))_N W_N^{kn'}$ 以 N 为周期，因此对其中在任一周期上的求和结果一致。将上面关系式的求和区间改在主值区，则得

$$Y(k)=W_N^{-km}\sum_{n'=0}^{N-1}x((n'))_N W_N^{kn'}=W_N^{-km}\sum_{n'=0}^{N-1}x((n'))_N W_N^{kn'}=W_N^{-kn}X(k)$$

这表明，有限长序列 $x(n)$ 的移位，在离散频域中只引入一个和频率成正比的线性相移 W_N^{-kn}，对频谱的幅度是没有影响的。

(3)频域循环移位定理

如果

$$X(k)=\mathrm{DFT}[x(n)]_N,\quad 0\leqslant k\leqslant N-1$$
$$Y(k)=X((k+l))_N R_N(k)$$

则

$$y(n)=\mathrm{IDFT}[Y(k)]_N=W_N^{nl}x(n) \tag{3.2.17}$$

关系式(3.2.17)的证明方法与时域循环移位定理类似，可以直接对 $Y(k)=$

$X((k+l))_N R_N(k)$进行 IDFT 即得证。

3. 对偶性

序列为 $x(n)$,其离散傅里叶变换为 $X(k)$,即

$$\text{DFT}[x(n)] = X(k) \tag{3.2.18}$$

若将 $X(k)$中的 k 换成 n,即我们来看 $X(n)$的 DFT,则有

$$\text{DFT}[X(n)] = Nx((-k))_N R_N(k) = Nx((N-k))_N R_N(k) = Nx(N-k) \tag{3.2.19}$$

证明　可以用周期性序列的对偶性关系证明,把 $x(n)$看成 $\tilde{x}(n)$的主值序列,而把 $\tilde{x}(n)$看成 $x(n)$的以其长度 N 为周期的周期延拓序列。

当然,也可直接利用序列的 DFS 的反变换而得出,请读者自己证明。可以看出,式(3.2.18)与式(3.2.19)的关系与连续时间傅里叶变换中的对偶关系是相似的。

但是要注意,非周期序列 $x(n)$和它的 DFT 是两类不同的函数,$x(n)$的变量是离散的,序列是非周期的,$X(e^{j\omega})$的变量是连续的,函数是周期性的,因而时域 $x(n)$与频域函数 $X(e^{j\omega})$之间不存在对偶性。

4. 循环卷积

前面讨论的时域卷积和定理中的卷积和指的是离散时域的线性卷积和,其频域是连续的。本节讨论的是与 DFT 相关联的有限长序列的循环卷积和定理,其频域是离散的,但是其所涉及的循环卷积和运算与线性卷积和是有区别的。

设两个有限长序列 $x_1(n)$、$x_2(n)$长度分别为 N_1点和 N_2点,则将以下表达式称为$x_1(n)$、$x_2(n)$的 L 点圆周卷积和

$$\begin{aligned} y(n) &= \left[\sum_{m=0}^{L-1} x_1(m)x_2((n-m))_L\right]R_L(n) \\ &= \left[\sum_{m=0}^{L-1} x_2(m)x_1((n-m))_L\right]R_L(n), L \geqslant \max[N_1, N_2] \\ &= x_1(n) L x_2(n) = x_2(n) L x_1(n) \end{aligned} \tag{3.2.20}$$

此处,L 点循环卷积和用符号 L 表示。

也可以用矩阵来表示循环卷积和关系,由于式(3.2.20)中,是以 m 为哑变量,故 $x_2((n-m))_L$表示对圆周翻褶序列 $x_2((-m))_L$的循环移位序列,移位数为 n。即当 $n=0$ 时,以 m 为变量($m=0,1,2,\cdots,L-1$)的 $x_2((-m))_L R_L(n)$序列为$\{x_2(0), x_2(L-1), x_2(L-2), \cdots, x_2(2), x_2(1)\}$,这就是循环翻褶序列。当 $n=1,2,\cdots,L-1$ 时,分别将这翻褶序列循环右移 $1,2,\cdots,L-1$ 位。

由此可得出 $x_2((-m))_L R_L(n)$的矩阵表示

$$\begin{bmatrix} x_2(0) & x_2(L-1) & x_2(L-2) & \cdots & x_2(1) \\ x_2(1) & x_2(0) & x_2(L-1) & \cdots & x_2(2) \\ x_2(2) & x_2(1) & x_2(0) & \cdots & x_2(3) \\ \vdots & \vdots & \vdots & & \vdots \\ x_2(L-1) & x_2(L-2) & x_2(L-3) & \cdots & x_2(0) \end{bmatrix} \tag{3.2.21}$$

此矩阵称为$x_2(n)$的L点循环卷积矩阵。其第一行是$x_2(n)$的L点循环翻褶序列,其他各行是第一行的循环右移序列,每向下一行,循环右移1位。这里若$x_2(n)$长度$N_2<L$,则需在$x_2(n)$的尾部补零值,补到L点后再循环翻褶、循环移位。有了这一矩阵,则可将式(3.2.20)表示成圆周卷积的矩阵形式,即

$$\begin{bmatrix} y(0) \\ y(1) \\ y(2) \\ \vdots \\ y(L-1) \end{bmatrix} = \begin{bmatrix} x_2(0) & x_2(L-1) & x_2(L-2) & \cdots & x_2(1) \\ x_2(1) & x_2(0) & x_2(L-1) & \cdots & x_2(2) \\ x_2(2) & x_2(1) & x_2(0) & \cdots & x_2(3) \\ \vdots & \vdots & \vdots & & \vdots \\ x_2(L-1) & x_2(L-2) & x_2(L-3) & \cdots & x_2(0) \end{bmatrix} \begin{bmatrix} x_1(0) \\ x_1(1) \\ x_1(2) \\ \vdots \\ x_1(L-1) \end{bmatrix} \tag{3.2.22}$$

同样,若$x_1(n)$长度$N_1<L$,也要在尾部先将零值点补到L点后,再写出圆周卷积矩阵。

例如,若$x_1(n)=\{\underline{1},2,3,4\}$,$x_2(n)=\{\underline{2},6,3\}$,即$x_1(n)$为$N_1=4$,$x_2(n)$为$N_2=3$,若需作$L=6$点循环卷积,则两序列应分别表示成$x_1(n)=\{1,2,3,4,0,0\}$,$x_2(n)=\{2,6,3,0,0,0\}$,则循环卷积可表示成

$$\begin{bmatrix} y(0) \\ y(1) \\ y(2) \\ y(3) \\ y(4) \\ y(5) \end{bmatrix} = \begin{bmatrix} 2 & 0 & 0 & 0 & 3 & 6 \\ 6 & 2 & 0 & 0 & 0 & 3 \\ 3 & 6 & 2 & 0 & 0 & 0 \\ 0 & 3 & 6 & 2 & 0 & 0 \\ 0 & 0 & 3 & 6 & 2 & 0 \\ 0 & 0 & 0 & 3 & 6 & 2 \end{bmatrix} \begin{bmatrix} 1 \\ 2 \\ 3 \\ 4 \\ 0 \\ 0 \end{bmatrix} = \begin{bmatrix} 2 \\ 10 \\ 21 \\ 32 \\ 33 \\ 12 \end{bmatrix}$$

即

$$y(n)=\{\underline{2},10,21,32,33,12\}$$

可以看出,公式中$x_2((-m))_L$[或$x_1((-m))_L$]只在$m=0$到$m=L-1$范围内取值,因而它就是循环移位,所以这一卷积和称为循环卷积和。

①L点循环卷积和是以L为周期的周期卷积和的主值序列。

②L的取值$L\geqslant\max[N_1,N_2]$,N_1、N_2分别为参与循环卷积和运算的两个序列的长度点数;取值L不同,则周期延拓就不同,因而所得结果也不同。

循环卷积和与线性卷积和的不同:①参与循环卷积运算的两个序列的长度必须同为L,若长度不同,则可采用补零值点的方法,使其长度相同,线性卷积和则无此要求;②循环卷积和得到的序列长度为L点,和参与卷积的两序列长度相同,线性卷积和若参与卷积运算的两序列长度分别为N_1及N_2,则卷积得到的序列长度为N_1+N_2-1,与参与卷积运算两序列的长度都不相同;③线性卷积和的运算中是做线性移位,循环卷积和的运算中是做循环移位。

图3.2.7表示了$x_1(n)$与$x_2(n)$的$N=7$点的循环卷积和,其中

$$x_1(n)=R_3(n)=\begin{cases}1, & 0\leqslant n\leqslant 2 \\ 0, & 3\leqslant n\leqslant 6\end{cases}$$

$$x_2(n)=\begin{cases}1, & 0\leqslant n\leqslant 2\\0, & 3\leqslant n\leqslant 5\\1, & n=6\end{cases}$$

此处，$x_1(n)$ 为 $N_1=3$ 点长序列，将它补零值补到为 $L=7$ 点长序列，$x_1(n)$ 为 $N_2=7$ 点长序列。

求得循环卷积和为 $y(n)=x_1(n)⑥x_2(n)=[\underline{2},3,3,2,1,0,1]$

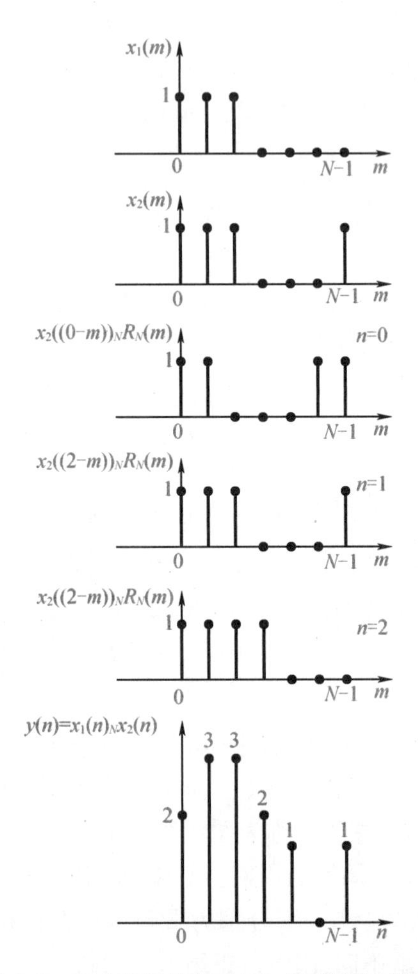

图 3.2.7　两个有限长序列（$N=7$）的循环卷积和

【例 3.2.5】　设 $x(n)=[\underline{1},3,2,4]$，$h(n)=[\underline{2},1,3]$，求循环卷积和 $y(n)=x(n)④h(n)$，$L=4$。

解　用公式表示

$$y(n)=x(n)④h(n)=\sum_{m=0}^{L-1}x(m)h((n-m))_L R_L(n),L=4$$

①首先，将 $h(m)$ 补零值点，补到 $L=4$ 点序列，成为 $h(m)=[\underline{2},1,3,0]$。

②其次，将 $h(m)$ 做循环翻褶 $h((L-m))R_L(m)=h(L-m)$，即排列成 $h((L-m))R_L(m)=h(L-m)=[\underline{h}(0),h(L-1),h(L-2),\cdots,h(1)]=[\underline{2},0,3,1]$。

③然后，利用逐位循环移位(n)来求 $n=0,1,2,\cdots,L-1$ 各点的 $y(n)$。移位时，$h((n-m))R_L(m)$ 右边 $m=L-1$ 处序列值移出 m 的主值区间，则同一序列值一定出现在左边 $m=0$ 处，这就相当于在循环移位。

④相乘。只需将哑变量 m 在主值区间 $0\leqslant m\leqslant L-1$ 中的 $x(m)$ 与 $h((n-m)_L R_L(m)$ 相乘。

⑤将 m 的主值区间中各相乘结果相加，即得到某一个 n 处的 $y(n)$ 值。

⑥取变量为 $n+1$，重复③到⑤的计算，直到算出 $0\leqslant n\leqslant L-1$ 中的所有 $y(n)$ 值，直接用画图法表示更为直观，如图 3.2.8 所示。

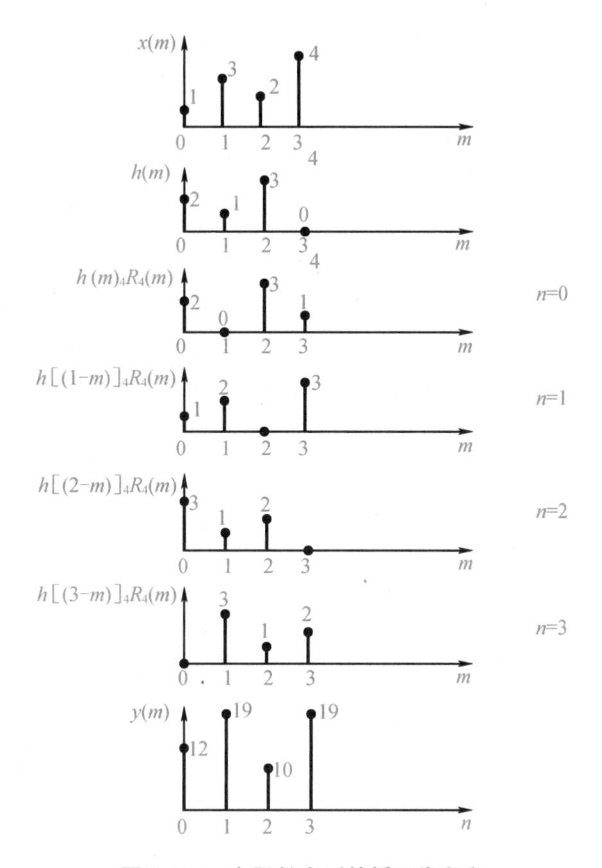

图 3.2.8　有限长序列的循环卷积和

注意，运算中循环移位(n)及相乘相加都是在 m 的主值区间内进行。

由此得出

$$y(n)=[\underline{12},19,10,19]$$

设有限长序列 $x_1(n)$ 为 N_1点序列($0\leqslant n\leqslant N_1-1$)，有限长序列 $x_2(n)$ 为 N_2点序列($0\leqslant n\leqslant N_2-1$)，取 $L\geqslant \max[N_1,N_2]$。将 $x_1(n)$ 与 $x_2(n)$ 都补零值点补到为 L 点长序列，它们的 L 点 DFT 分别为 $X_1(k)=\mathrm{DFT}[x_1(n)]$，$X_2(k)=\mathrm{DFT}[x_2(n)]$，若 $y(n)=x_1(n)\text{Ⓛ}x_2(n)$，则

$$Y(k)=\mathrm{DFT}[y(n)]=X_1(k)X_2(k),L\text{ 点} \tag{3.2.23}$$

证明

$$
\begin{aligned}
Y(k) = \mathrm{DFT}[y(n)] &= \sum_{n=0}^{L-1}\left[\sum_{m=0}^{L-1}x_1(m)x_2((n-m))_L R_L(n)\right]W_L^{kn} \\
&= \sum_{m=0}^{L-1}x_1(m)\sum_{n=0}^{L-1}x_2((n-m))_L W_L^{kn} \\
&= \sum_{m=0}^{L-1}x_1(m)W_L^{km}X_2(k) \quad (\text{利用循环移位性}) \\
&= X_1(k)X_2(k)
\end{aligned}
$$

此定理说明,时域序列做循环卷积和,在离散频域中是做相乘运算。

设 $x_1(n)$ 为 N_1 点序列($0\leqslant n\leqslant N_1-1$),$x_2(n)$ 为 N_2 点序列($0\leqslant n\leqslant N_2-1$),取 $L\geqslant \max[N_1,N_2]$。将 $x_1(n)$ 与 $x_2(n)$ 都补零值点补到为 L 点长序列

$$X_1(k)=\mathrm{DFT}[x_1(n)],L\text{ 点}$$

$$X_2(k)=\mathrm{DFT}[x_2(n)],L\text{ 点}$$

若

$$y(n)=x_1(n)x_2(n),L\text{ 点} \tag{3.2.24}$$

则

$$
\begin{aligned}
Y(k)=\mathrm{DFT}[y(n)] &= \frac{1}{L}X_1(k) \text{ Ⓛ } X_2(k) \\
&= \frac{1}{L}\left[\sum_{l=0}^{L-1}x_1(l)x_2((k-l))_L\right]R_L(k) \\
&= \frac{1}{L}\left[\sum_{l=0}^{L-1}x_1(l)x_2((k-l))_L\right]R_L(k)
\end{aligned} \tag{3.2.25}
$$

此定理说明,若时域序列做 L 点长的相乘运算,则在离散频域中做 L 点循环卷积和运算,但要将循环卷积结果除以 L。

3.3　利用 DFT 计算线性卷积

3.3.1　用循环卷积计算线性卷积的条件

若 $x_1(n)$ 为 N_1 点序列($0\leqslant n\leqslant N_1-1$),$x_2(n)$ 为 N_2 点序列($0\leqslant n\leqslant N_2-1$),则两序列的线性卷积和为

$$y_1(n)=x_1(n)*x_2(n)=\sum_{m=0}^{N_1-1}x_1(m)*x_2(n-m) \tag{3.3.1}$$

线性卷积和 $y_1(n)$ 是 $N=N_1+N_2-1$ 点长度的序列 $0\leqslant n\leqslant N_1+N_2-2$。

设 $x_1(n)$、$x_2(n)$ 与线性卷积中的序列相同,做此两序列的 L 点循环卷积和,其中 $L\geqslant \max[N_1,N_2]$,则 $x_1(n)$ 要补上 $L-N_1$ 个零点,$x_2(n)$ 要补上 $L-N_2$ 个零点,补到两个序列皆为 L 点长序列。即

$$x_1(n)=\begin{cases}x_1(n), & 0\leqslant n\leqslant N_1-1\\ 0, & N_1\leqslant n\leqslant L-1\end{cases}$$

$$x_2(n)=\begin{cases}x_2(n), & 0\leqslant n\leqslant N_2-1\\ 0, & N_2\leqslant n\leqslant L-1\end{cases}$$

则 L 点循环卷积和 $y(n)$ 为

$$y(n)=\left[\sum_{m=0}^{L-1}x_1(m)x_2((n-m))_L\right]R_L(n) \tag{3.3.2}$$

循环卷积既可以在时域上直接计算，也可以在频域计算。由于 DFT 有快速算法，当 L 很大时，在频域计算循环卷积的速度快很多，因而常用 DFT(FFT)计算循环卷积。用 DFT 计算循环卷积的原理如图 3.3.1 所示。

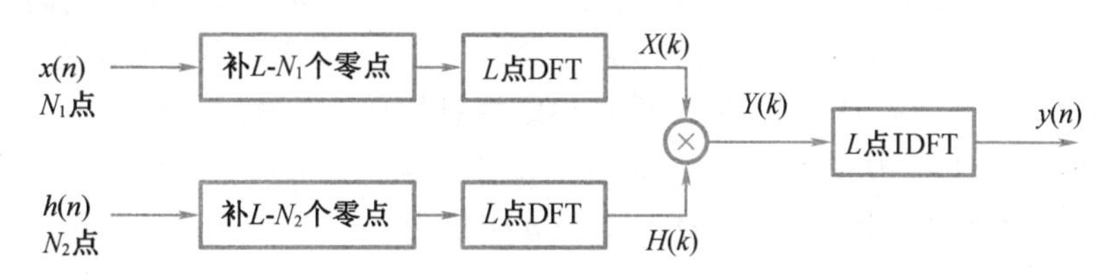

图 3.3.1　用 DFT 计算循环卷积的原理框图

在实际应用中，为了分析时域离散线性时不变系统或者对序列进行滤波处理等，需要计算两个序列的线性卷积。与计算循环卷积一样，为了提高运算速度，也希望用 DFT(FFT)计算线性卷积，而 DFT 只能直接用来计算循环卷积。

(1)由线性卷积和 $y_1(n)$ 求循环卷积和 $y(n)$

在式(3.3.2)中，必须将 $x_2(n)$ 变成以 L 为周期的周期延拓序列，即

$$\tilde{x}_2(n)=X_2((n))_L=\sum_{r=-\infty}^{\infty}X_2(n+rL)$$

把此式代入式(3.3.2)中，可得

$$\begin{aligned}y(n)&=\left[\sum_{m=0}^{L-1}x_1(m)\sum_{r=-\infty}^{\infty}x_2(n+rL-m)\right]R_L(n)\\&=\left[\sum_{r=-\infty}^{\infty}\sum_{m=0}^{L-1}x_1(m)x_2(n+rL-m)\right]R_L(n)\end{aligned}$$

将此式与式(3.3.1)比较，可得(注意 $x_1(m)$ 有值区间为 $0\leqslant m\leqslant N_1-1$)

$$y(n)=\left[\sum_{r=-\infty}^{\infty}y_1(n+rL)\right]R_L(n) \tag{3.3.3}$$

由此看出，由线性卷积和求循环卷积和：两序列的线性卷积和 $y_1(n)$ 以 L 为周期的周期延拓后混叠相加序列的主值序列，即为此两序列的 L 点循环卷积和 $y(n)$。

(2)由循环卷积和 $y(n)$ 求线性卷积和

$y_1(n)$ 的长度为 N_1+N_2-1 点，即有 N_1+N_2-1 个非零值点，要想用循环卷积和 $y(n)$ 代替线性卷积和，延拓周期 L 必须满足

$$L\geqslant N_1+N_2-1 \tag{3.3.4}$$

这时各延拓周期才不会交叠，则式(3.3.3)代表的在主值区间的 $y(n)$ 才能等于 $y_1(n)$，也就是说 $y(n)$ 的前 N_1+N_2-1 个值就代表 $y_1(n)$，而主值区间内剩下的 $y(n)$ 值，即 $L-(N_1+N_2-1)$ 个剩下的 $y(n)$ 值，则是补充的零值。

因而式(3.3.4)正是 L 点循环卷积和等于线性卷积和的先决条件，满足此条件后就有

$y_1(n)=y(n)$，即

$$x_1(n)Ⓛx_2(n)=x_1(n)*x_2(n),\begin{cases}L\geqslant N_1+N_2-1\\0\leqslant n\leqslant N_1+N_2-2\end{cases}\tag{3.3.5}$$

由循环卷积和求线性卷积和：若两序列的 L 点循环卷积和为 $y(n)$，当 $L\geqslant N_1+N_2-1$ 时，$y(n)$ 就能代表此两序列的线性卷积和 $y_1(n)$。

一般取 $L\geqslant N_1+N_2-1$ 且 $L=2^r$（r 为整数），以便利用 FFT 算法计算。

以上说明了由 L 点循环卷积和求线性卷积和的条件（$L\geqslant N_1+N_2-1$）及结果；由线性卷积结果做 L 点周期延拓后混叠相加序列的主值序列即为 L 点循环卷积和。

线性卷积是信号通过线性移不变系统的基本运算过程。但是，实际上我们不是直接计算循环卷积（当然可以用矩阵方法来计算循环卷积），而是利用循环卷积和定理，用 DFT 方法（采用 FFT 算法）来求循环卷积和，从而求得线性卷积和。求解过程如下：

设输入序列为 $x(n)$，$0\leqslant n\leqslant N_1-1$，系统单位抽样响应 $h(n)$，$0\leqslant n\leqslant N_2-1$，用计算循环卷积和的办法求系统的输出 $y_1(n)=x(n)*h(n)$ 的过程为

①令 $L=2^m\geqslant N_1+N_2-1$

②取 $x(n)=\begin{cases}x(n), & 0\leqslant n\leqslant N_1-1\\0, & N_1\leqslant n\leqslant L-1\end{cases}$

$h(n)=\begin{cases}h(n), & 0\leqslant n\leqslant N_2-1\\0, & N_2\leqslant n\leqslant L-1\end{cases}$

③$X(k)=\mathrm{DFT}[x(n)]$，L 点

$H(k)=\mathrm{DFT}[h(n)]$，L 点

④$Y(k)=X(k)\cdot H(k)$

⑤$y(n)=\mathrm{IDFT}[Y(k)]$，L 点

⑥$y_1(n)=y(n)$，$0\leqslant n\leqslant N_1-1$

3.3.2　快速卷积

假定 $h(k)$ 是一个 L 点信号，$x(k)$ 是一个 M 点信号。$h(k)$ 与 $x(k)$ 的线性卷积为

$$h(k)*x(k)=\sum_{i=0}^{L}h(i)x(k-i),0\leqslant k<L+M-1\tag{3.3.6}$$

为了计算方便，可以利用上述最重要的结果：通过补零，有限长信号的线性卷积可以用循环卷积来实现。

$$h(k)*x(k)=h_z(k)\cdot x_z(k)\tag{3.3.7}$$

这里，$h_z(k)$ 为 $h(k)$ 补 $M+p$ 个零后的序列；$x_z(k)$ 为 $x(k)$ 补 $L+p$ 个零后的序列，其中 $p\geqslant -1$。这样，$h_z(k)$ 和 $x_z(k)$ 的共同长度为 $N=M+L+p$。接下来利用 DFT 的性质：

$$\mathrm{DFT}\{h_z(k)\cdot x_z(k)\}=H_z(i)X_z(i)\tag{3.3.8}$$

由此，时域的循环卷积通过 DFT 转换为频域的直接乘积。因此，一种实现循环卷积的有效方法为

$$h_z(k)\cdot x_z(k)=\mathrm{IDFT}\{H_z(i)X_z(i)\},0\leqslant k<N\tag{3.3.9}$$

尽管快速卷积包括的步骤很多，但是当 N 超过某个值时，快速卷积的效率远远高于直接计算线性卷积的效率。

为了简化快速卷积运算量分析,我们假定信号 $h(k)$ 和 $x(k)$ 是长度为 L 的信号,并且 L 是2的整数幂。在这种情况下,通过补零使信号长度为 $N=2L$ 时效率较高。当 L 的值较小的时候,直接计算线性卷积快些。然而,因为 $2L^2$ 的增长速度大于 $L\log_2(2L)$ 的增长速度,所以最终快速卷积将优于直接卷积。当 $L\geqslant 64$ 时,快速卷积明显好于直接线性卷积,并且随着 L 的增加,这种优势将变得更明显。

3.3.3　长序列与短序列的线性卷积

实际上,经常遇到两个序列的长度相差很大的情况,例如 $M\gg N$。若仍选取 $L\geqslant N+M-1$,以 L 为循环卷积区间,并用上述快速卷积法计算线性卷积,则要求对短序列补充很多零点,而且长序列必须全部输入后才能进行快速计算,因此要求存储容量大,运算时间长,并使处理延时很大,不能实现实时处理。况且在某些应用场合,序列长度不定或者认为是无限长,如电话系统中的语音信号和地震检测信号等,显然,这些信号在要求实时处理时,直接套用上述方法是不行的。解决这个问题的方法是将长序列分段计算,这种分段处理方法有重叠相加法和重叠保留法两种。

1. 重叠相加法

设序列 $h(n)$ 长度为 N,$x(n)$ 为无限长序列。将 $x(n)$ 等长分段,每段长度取 M,则

$$x(n)=\sum_{k=0}^{\infty}x_k(n),x_k(n)=x(n)R_M(n-kM) \tag{3.3.10}$$

于是,$h(n)$ 与 $x(n)$ 的线性卷积可表示为

$$y(n)=h(n)*x(n)=h(n)*\sum_{k=0}^{\infty}x_k(n)=\sum_{k=0}^{\infty}h(n)*x_k(n)=\sum_{k=0}^{\infty}y_k(n) \tag{3.3.11}$$

式中

$$y_k(n)=h(n)*x_k(n) \tag{3.3.12}$$

式(3.3.11)说明,计算 $h(n)$ 与 $x(n)$ 的线性卷积时,可先计算分段线性卷积 $y_k(n)=h(n)*x_k(n)$,然后把分段卷积结果叠加起来即可,如图3.3.2所示。每一分段卷积 $y_k(n)=h(n)*x_k(n)$ 的长度为 $N+M-1$,因此相邻分段卷积 $y_k(n)$ 与 $y_{k+1}(n)$ 有 $N-1$ 个点重叠,必须把重叠部分的 $y_k(n)$ 与 $y_{k+1}(n)$ 相加,才能得到正确的卷积序列 $y(n)$。显然,可用快速卷积法计算分段卷积 $y_k(n)$,其中 $L=N+M-1$。由图3.3.2可以看出,当第二个分段卷积 $y_1(n)$ 计算完后,叠加重叠点便可得输出序列 $y(n)$ 的前 $2M$ 个值;同样道理,分段卷积 $y_i(n)$ 计算完后,就可得到 $y(n)$ 第 i 段的 M 个序列值。因此,这种方法不要求大的存储容量,且运算量和延时也大大减少,最大延时 $T_{D\max}=2MT_s+T_o$,T_s 是系统采样间隔,T_o 是计算1个分段卷积所需时间,一般要求 $T_o<MT_s$。这样,就实现了边输入边计算边输出。如果计算机的运算速度快,可以实现实时处理。

2. 重叠保留法

重叠保留法与重叠相加法的区别在于,将数据 $x(n)$ 分成长为 $N=L+M-1$ 的段 $x_i(n)$,且相邻段有 $M-1$ 点相重叠。计算每段与 $h(n)$ 的 N 点循环卷积

$$y_N^{(i)}=x_i(n)\copyright h(n)$$

式中,$y_N^{(i)}$ 是长为 N 的序列,它的前 $M-1$ 个的值由于循环卷在其前面补 $M-1$ 个零以使段长

为 N;$x_i(n)$与 $h(n)$的循环卷积都用 FFT 来计算。重叠保留法的计算原理如图 3.3.3 所示。

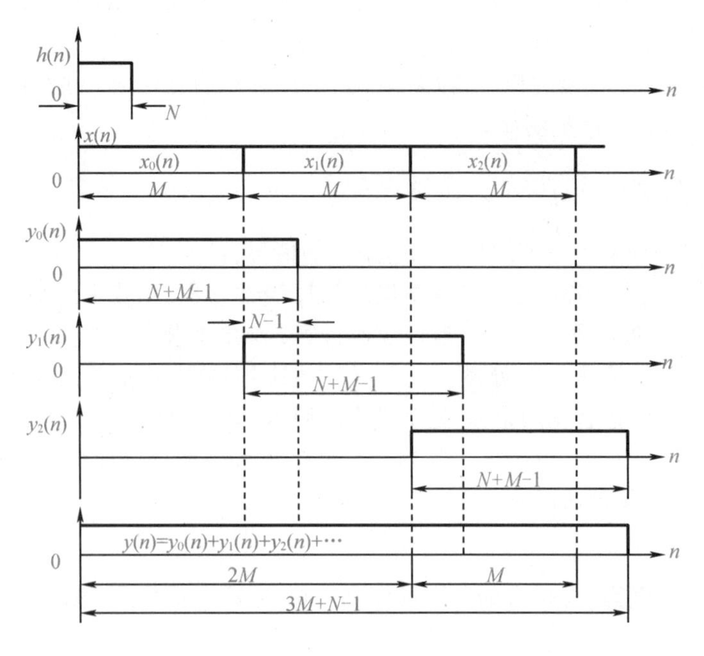

图 3.3.2　用重叠相加法计算线性卷积时的关系示意图

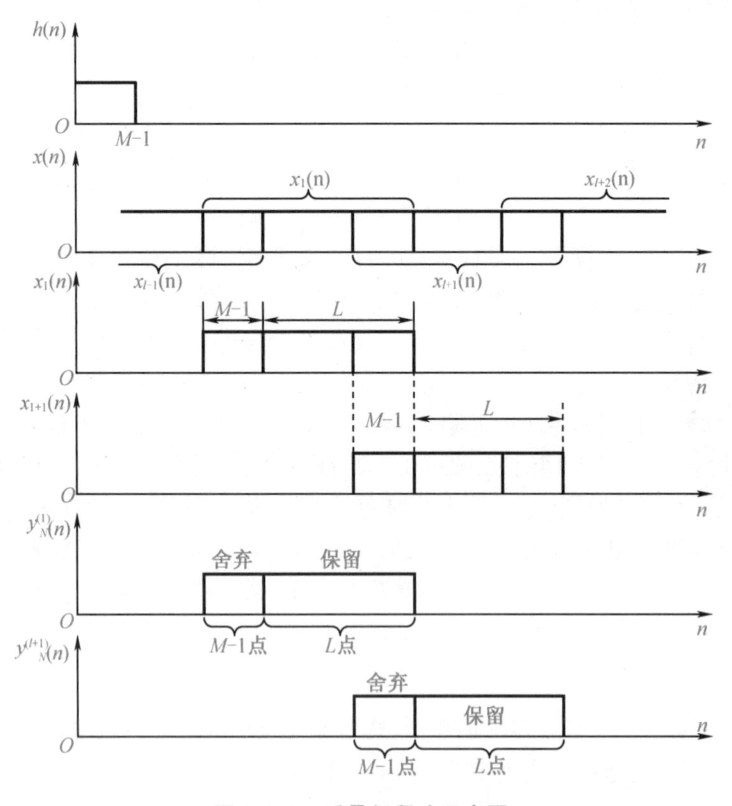

图 3.3.3　重叠保留法示意图

3.4　利用 DFT 分析连续非周期信号的频谱

所谓信号的谱分析，就是计算信号的傅里叶变换。连续信号与系统的傅里叶分析显然不便于直接用计算机进行计算，使其应用受到限制。而 DFT 是一种时域和频域均离散化的变换，适合数值运算，成为用计算机分析离散信号和系统的有力工具。对连续信号和系统，可以通过时域采样，应用 DFT 进行近似谱分析。下面分别介绍用 DFT 对连续信号和离散信号(序列)进行谱分析的基本原理和方法。

DFT 实现了频域采样，同时 DFT 存在快速算法，所以在实际应用中，可以利用计算机，用 DFT 来逼近连续时间信号的傅里叶变换，进而分析连续时间信号的频谱。连续时间信号 DFT 分析的基本步骤如图 3.4.1 所示。

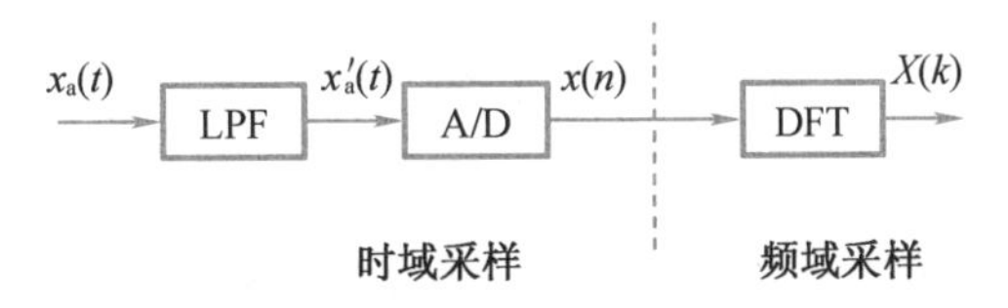

图 3.4.1　连续时间信号 DFT 分析的基本步骤

连续时间信号 $x_a(t)$ 首先通过抗混叠低通滤波器进行限带处理，然后 A/D 变换进行采样、保持、量化，得到了数字信号 $x(n)$。利用 DFT 处理信号 $x(n)$，就实现了连续时间信号的频谱分析。

3.4.1　连续非周期信号频谱与 DFT 的关系

工程实际中，经常遇到连续信号 $x_a(t)$，其频谱函数 $X_a(j\Omega)$ 也是连续函数。数字计算机难以处理，因而我们采用 DFT 对其进行逼近。

为了利用 DFT 对 $x_a(t)$ 进行频谱分析，先对 $x_a(t)$ 进行时域采样，得到 $x(n)=x_a(nT)$，再对 $x(n)$ 进行 DFT，得到的 $X(k)$ 则是 $x(n)$ 的傅里叶变换 $X(e^{j\omega})$ 在频率区间 $[0,2\pi]$ 上的 N 点等间隔采样。这里 $x(n)$ 和 $X(k)$ 均为有限长序列。然而，由傅里叶变换理论知道，若信号持续时间有限长，则其频谱无限宽；若信号的频谱有限宽，则其持续时间必然为无限长。所以严格地讲，持续时间有限的带限信号是不存在的。因此，按采样定理采样时，在上述两种情况下的采样序列 $x(n)=x_a(nT)$ 均应为无限长，不满足 DFT 的变换条件。实际上对频谱很宽的信号，为防止时域采样后产生频谱混叠失真，可用预滤波器滤除幅度较小的高频成分，使连续信号的带宽小于折叠频率。对于持续时间很长的信号，采样点数太多，以致无法存储和计算，只好截取有限点进行 DFT。由上述可见，用 DFT 对连续信号进行频谱分析必然是近似的。其近似程度与信号带宽、采样频率和截取长度有关。实际上从工程角度看，滤除幅度很小的高频成分和截去幅度很小的部分时间信号是允许的。因此，在下面分析中，假设 $x_a(t)$ 是经过预滤波和截取处理的有限长带限信号。

设对连续非周期信号进行时域采样，采样间隔为 T(时域)，对其连续非周期性的频谱函数进行频域采样，频域采样间隔为 F(频域)。时域采样，频域必然周期延拓，且延拓周期为时域采样的频率值，即频域周期 $f_s=\frac{1}{T}$；频域采样，对应时域按频域采样间隔的倒数周期延拓，即 $T_p=\frac{1}{F}$。对无限长的信号，计算机是不能处理的，必须对时域与频域做截短处理，若时域取 N 点，则频域至少也要取 N 点。下面把以上的推演过程用严密的数学公式来表示。

连续非周期信号 $x_a(t)$ 的傅里叶变换对为

$$X_a(\mathrm{j}f)=\int_{-\infty}^{\infty}x_a(t)\mathrm{e}^{-\mathrm{j}2\pi ft}\mathrm{d}t \tag{3.4.1}$$

$$x_a(t)=\int_{-\infty}^{\infty}X_a(\mathrm{j}f)\mathrm{e}^{\mathrm{j}2\pi ft}\mathrm{d}f \tag{3.4.2}$$

下面介绍用 DFT 方法计算这一傅里叶变换对的步骤。首先由式(3.4.1)推出连续非周期信号的傅里叶变换的采样值。

(1)对 $x_a(t)$ 以采样间隔 $T\leqslant\frac{1}{2f_c}$(即 $f_s=\frac{1}{T}\geqslant 2f_c$)采样得

$$x(n)=x_a(nT)=x_a(t)\big|_{t=nT} \tag{3.4.3}$$

对 $X_a(\mathrm{j}f)$ 作零阶近似，即 $t\to nT,\mathrm{d}t\to T,\int_{-\infty}^{\infty}\mathrm{d}t\to\sum_{-\infty}^{+\infty}T$，得频谱密度的近似值为

$$X(\mathrm{j}f)\approx T\sum_{n=-\infty}^{+\infty}x_a(nT)\mathrm{e}^{-\mathrm{j}2\pi fnT} \tag{3.4.4}$$

(2)将序列 $x(n)=x_a(nT)$ 截短为从 $t=0$ 到 $t=T_p$ 的有限长序列，包含 N 个采样(即时域取 N 个采样点)，则上式成为

$$X(\mathrm{j}f)\approx T\sum_{n=0}^{N-1}x_a(nT)\mathrm{e}^{-\mathrm{j}2\pi fnT} \tag{3.4.5}$$

因为时域采样(采样频率 $f_s=\frac{1}{T}$)，则频域必然周期延拓，且延拓周期为时域采样的频率值即 f_s，若频域是限带信号，就可能不产生混叠，则 $X(\mathrm{j}f)$ 是频率 f 的连续周期函数(周期为 f_s)，$x_a(t)$ 和 $X_a(\mathrm{j}f)$ 的波形如图 3.4.2(a)所示，$x_a(nT)$ 和 $X(\mathrm{j}f)$ 的波形如图 3.4.2(b)所示。

(3)为了数值计算，在频域上也要离散化(采样)。即对 $X(\mathrm{j}f)$ 在区间 $[0,f_s]$ 上等间隔采样 N 点，采样间隔为 F，如图 3.4.2(c)所示。参数 f_s、T_p、N 和 F 满足如下关系式：

$$F=\frac{f_s}{N}=\frac{1}{NT}=\frac{1}{T_p} \tag{3.4.6}$$

式中，$NT=T_p$，T_p 是时域连续信号的持续时间或称记录长度。

需要强调的是，频域采样、截短，也就是将连续函数 f 离散化，且取有限个采样值，即

$$f=kF,0\leqslant k\leqslant N-1 \tag{3.4.7}$$

将式(3.4.7)和式(3.4.8)代入 $X(\mathrm{j}f)$ 中可得 $X(\mathrm{j}f)$ 的采样为

$$X(\mathrm{j}kF)=X(\mathrm{j}f)\big|_{f=kF}=T\sum_{n=0}^{N-1}x_a(nT)\mathrm{e}^{-\mathrm{j}\frac{2\pi}{N}nk},0\leqslant k\leqslant N-1$$

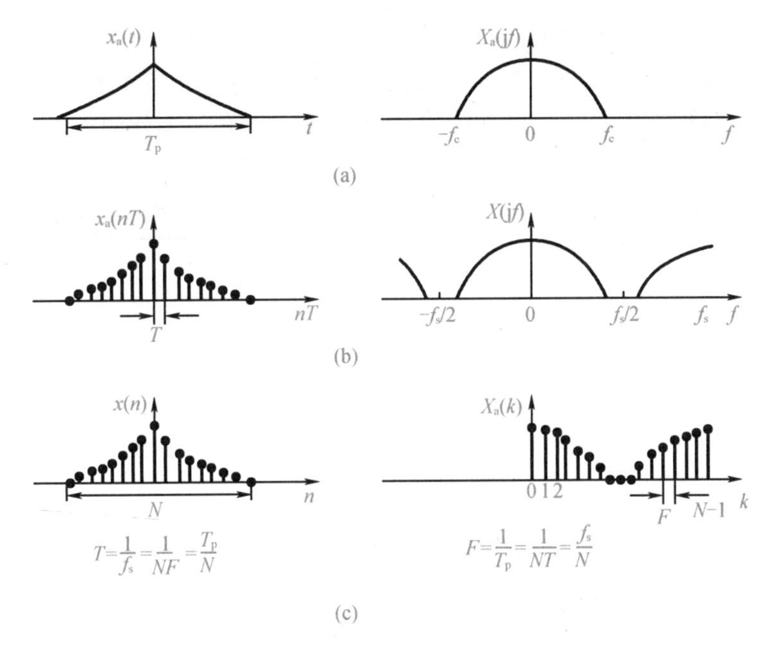

图 3.4.2　用 DFT 方法分析连续信号频谱的原理示意图

将 $X(\mathrm{j}kF)\to X_a(k)$，$x_a(nT)\to x(n)$，则

$$X_a(k)=T\sum_{n=0}^{N-1}x(n)\mathrm{e}^{-\mathrm{j}\frac{2\pi}{N}nk}=T\cdot \mathrm{DFT}[X(n)] \tag{3.4.8}$$

同理，由式(3.4.2)可推出由傅里叶变换的采样值得到连续非周期信号的表达式。即由 $x_a(t)=\int_{-\infty}^{\infty}X_a(\mathrm{j}f)\mathrm{e}^{\mathrm{j}2\pi ft}\mathrm{d}f$，得

$$x(n)=x_a(nT)=F\sum_{k=0}^{N-1}x_a(k)\mathrm{e}^{\mathrm{j}\frac{2\pi}{N}nk}=FN\left[\frac{1}{N}\sum_{k=0}^{N-1}X(k)\mathrm{e}^{\mathrm{j}\frac{2\pi}{N}nk}\right]=\frac{1}{T}\mathrm{IDFT}[x_a(k)] \tag{3.4.9}$$

式(3.4.8)和式(3.4.9)分别说明连续非周期信号的频谱可以通过对连续信号采样后进行 DFT 并乘以系数 T 的方法来近似得到，而对该 DFT 值做反变换并乘以系数 $1/T$ 就得到时域采样信号。

上面我们用数学表达式分析了利用 DFT 对连续非周期信号进行谱分析的逼近过程和原理，现在用图 3.4.3 来全面概括整个过程。进一步讨论的问题是：第一，最后得到的 $x_N(n)$ 是否为模拟信号 $x_a(t)$ 的准确采样？即是否包含了 $x_a(t)$ 的全部信息？第二，$x_N(n)$ 的 DFT 系数 $X_N(k)$ 是否是 $x_a(t)$ 的频谱 $X_a(\mathrm{j}\Omega)$ 的准确采样？即是否包含了 $X_a(\mathrm{j}\Omega)$ 的全部信息？

根据连续时间信号傅里叶变换的尺度变换性质，若 $x(t)$ 的傅里叶变换为 $X_a(\mathrm{j}\Omega)$，则 $x(at)$ 的傅里叶变换为 $\frac{1}{|a|}X\left(\mathrm{j}\frac{\Omega}{a}\right)$，式中 a 为常数。这说明若信号 $x(t)$ 沿时间轴压缩（或扩展）了 a 倍，其频谱将在频率轴上扩展（或压缩）a 倍。这样，信号的时宽和频宽不可能同时缩小或同时扩大，也不可能同时为有限值。即若信号是有限时宽的，则其频谱必为无限带宽的，反之亦然。最典型的例子是矩形函数，设矩形函数的信号持续时间为 $(-T,T)$，而其

频谱为 sin *c* 函数。若 T 为有限值,则 sin *c* 函数表示的频谱必覆盖$(-\infty,\infty)$;若 $T\to\pm\infty$,则 sin *c* 函数趋近于 $\delta(\cdot)$;反之,若 $T\to 0$,则 sin *c* 函数趋近于一条水平直线。信号时宽和频宽的这种制约关系可以帮助我们理解 DFT 对傅里叶变换的近似问题。

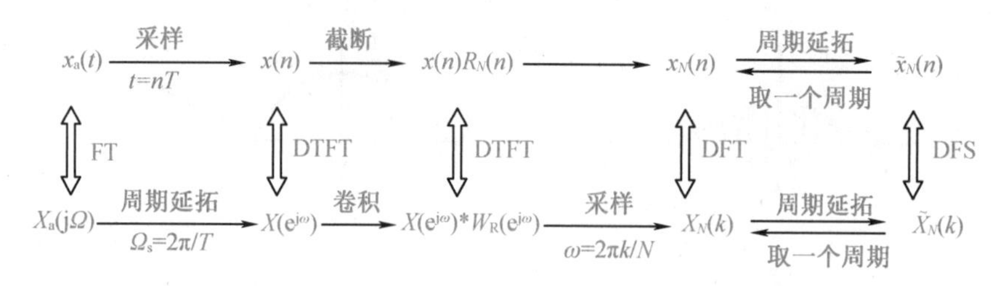

图 3.4.3 用 DFT 实现对连续时间信号逼近的全过程

若 $X_a(j\Omega)$ 是有限带宽的,且满足在 $|\Omega|\geqslant\frac{\Omega_s}{2}$ 时为零,那么时域采样后的频谱将不会产生频谱混叠现象,则 $X(e^{j\omega})$ 的一个周期就等于 $X_a(j\Omega)$。此种情况,$x_a(t)$ 和 $x(n)$ 必是无限长,当用窗函数例如矩形序列 $R_N(n)$ 对 $x(n)$ 加窗截短时,因为 $X_N(e^{j\omega})=X(e^{j\omega})*W_R(e^{j\omega})$,所以 $x_N(n)$ 的 DTFT $X_N(e^{j\omega})$ 受窗函数的影响已不再等于 $X_a(j\Omega)$,然后对 $X_N(e^{j\omega})$ 进行频域采样时,其一个周期的 $X_N(k)$ 当然也不完全等于 $X_a(j\Omega)$ 的采样。这时,$X_N(k)$ 只是对 $X_a(j\Omega)$ 的近似,则由 $X_N(k)$ 做反变换得到的 $x_N(n)$ 也将是对原 $x_a(t)$ 的近似。由于原 $x(n)$ 为无限长,因此,频域采样时域周期延拓将发生时域混叠失真。这样,$\tilde{x}_N(n)$ 的一个周期只是 $x(n)$ 或 $x_a(t)$ 的近似。

若 $x_a(t)$ 是有限长,那么 $X_a(j\Omega)$ 必不是有限带宽的,对 $x_a(t)$ 采样时将无法满足采样定理。这样,采样后的 $X(e^{j\omega})$ 将会发生混叠,$x(n)$ 也只是 $x_a(t)$ 的近似。而 $X_N(k)$ 是 $X(e^{j\omega})$ 在一个周期内的采样,则 $x_N(n)$ 和 $X_N(k)$ 分别是 $x_a(t)$ 和 $X_a(j\Omega)$ 的近似。

下面具体讨论用 DFT 实现对连续时间信号进行谱分析的误差问题。

3.4.2 时域加窗截短及频谱泄漏

利用 DFT 分析信号的频谱,只需采集信号的有限个数据 $x_N(n)\,(0\leqslant n\leqslant N-1)$,而且只计算有限个分析频率 $\omega_k=\frac{2\pi k}{N}(k=0,1,2,\cdots,N-1)$ 上的频谱分量。可将 $x_N(n)$ 看成用长为 N 的矩形窗从无限长序列 $x(n)$ 中截取出来的,即

$$x_N(n)=\omega_R x(n) \tag{3.4.10}$$

式中,$\omega_R(n)$ 是矩形窗,定义为

$$\omega_R(n)=\begin{cases}1, & 0\leqslant n\leqslant N-1\\ 0, & \text{其他}\end{cases} \tag{3.4.11}$$

$x_N(n)$ 的连续频谱为

$$x_N(\omega)=\sum_{n=-\infty}^{\infty}x_N(n)e^{-j\omega n}=\sum_{n=0}^{N-1}x(n)e^{-j\omega n} \tag{3.4.12}$$

在 N 个等间隔频率点 $\omega_k=\dfrac{2\pi k}{N}(k=0,1,2,\cdots,N-1)$ 上对 $x_N(\omega)$ 取样，得到 $x_N(n)$ 的 N 点 DFT 为

$$x_N(k)=\sum_{n=0}^{N-1}x(n)\mathrm{e}^{-\mathrm{j}2\pi kn/N},k=0,1,\cdots,N-1$$

1. 加窗截短造成 DTFT 的频谱泄漏

设从无限长正弦序列 $x(n)=\cos(\omega_0 n)=\cos(2\pi Mn/N)$ 中取出一段长为 N 的正弦序列 $x_N(n)$，

$$x_N(n)=\omega_{\mathrm{R}}(n)\cos(2\pi Mn/N) \tag{3.4.13}$$

式中，M 是 N 个取样值对应的正弦周期数。由于 $\omega_0=2\pi M/N=\dfrac{2\pi f_0}{f_s}$，所以 $f_s=f_0N/M$ 或 $f_s=N/(MT_0)$。$x_N(n)$ 的 DTFT（即连续频谱）为

$$x_N(\omega)=\frac{1}{2}[W_{\mathrm{R}}(\omega-2\pi M/N)+W_{\mathrm{R}}(\omega+2\pi M/N)] \tag{3.4.14}$$

式中，$W_{\mathrm{R}}(\omega)$ 是矩形窗 $w_{\mathrm{R}}(\omega)$ 的 DTFT

$$W_{\mathrm{R}}(\omega)=\mathrm{e}^{-\mathrm{j}\omega(N-1)/2}\frac{\sin(\omega N/2)}{\sin(\omega/2)} \tag{3.4.15}$$

式(3.4.14)说明，$X_N(\omega)$ 由主瓣中心位于 $\omega_0=2\pi M/N$ 和 $-\omega_0=-2\pi M/N$ 的两个矩形窗谱组成。图 3.4.4(a)是 $M=3$ 和 $N=64$ 时 $X_N(\omega)$ 的幅度。注意，图 3.4.4(b)是无限长正弦序列的理想频谱 $X(\omega)$，它的能量集中在 $\pm\omega_0$ 频率上；而图 3.4.4(a)所示的有限长正弦序列的频谱 $X_N(\omega)$ 却按照矩形窗谱的形状将能量扩展到整个频率范围，这是加窗截短造成的频谱泄漏，简称为泄漏。

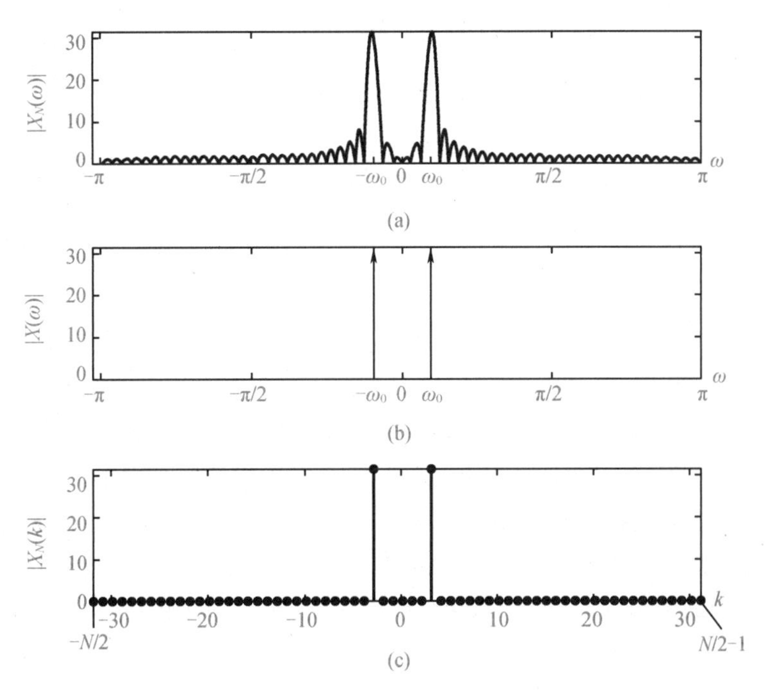

图 3.4.4　长为 $N=64$ 的正弦序列（包含 $M=3$ 个正弦周期）的 DTFT 和 DFT 的幅度

2. 加窗截短使 DTFT 的频率分辨率下降

设无限长序列 $x(n)$ 由频率不同的两个正弦分量组成

$$x(n)=\cos(w_1 n)+\cos(w_2 n)$$

用矩形窗 $w_R(n)$ 截取 $0\leqslant n\leqslant N-1$ 中的一段得到有限长序列 $x_N(n)$，其 DTFT 为

$$X_N(\omega)=\frac{1}{2}[W_R(\omega-\omega_1)+W_R(\omega+\omega_1)+W_R(\omega-\omega_2)+W_R(\omega+\omega_2)] \quad (3.4.16)$$

$W_R(\omega)$是矩形窗 $w_R(\omega)$的 DTFT，称为矩形窗谱。式(3.4.16)说明，$X_N(\omega)$由位于 $\pm\omega_1$ 和 $\pm\omega_2$ 的 4 个矩形窗谱组成。$W_R(\omega)$的主瓣宽度为 $B=2N/N=2$(用样本数度量)，或 $B=2\times 2\pi/N$(rad)(用数字频率度量)。若频率差 $|\omega_1-\omega_2|<B/2=2\pi/N$，则矩形窗谱 $W_R(\omega-\omega_1)$与 $W_R(\omega-\omega_2)$、$W_R(\omega+\omega_1)$与 $W_R(\omega+\omega_2)$的主瓣将有重叠，以致无法区分频谱成分 ω_1 和 ω_2；只有当$|\omega_1-\omega_2|\geqslant 2\pi/N$时，才能在 $X_N(\omega)$中观察到两个分开的主瓣。因此，矩形窗谱 $W_R(\omega)$的主瓣宽度限制了区分相邻频率成分的能力。常将矩形窗谱主瓣宽度的一半定义为频率分辨率

$$\Delta\omega=\frac{2\pi}{N} \quad (\text{rad}) \quad (3.4.17)$$

或

$$\Delta f=\frac{\Delta\omega}{2\pi}f_s=\frac{\Delta\omega}{2\pi T_s}=\frac{1}{NT_s}=\frac{f_s}{N} \quad (\text{Hz}) \quad (3.4.18)$$

式中，T_s 是时域取样间隔；N 是取样点数；NT_s 是序列 $x_N(n)$的时间长度(单位为秒)。式(3.4.18)表明，频率分辨率与序列的时间长度成反比，序列越长，则分辨率 Δf 的数值越小，表示频率分辨能力越强。在 T_s 一定的情况下，增大 N 意味着采集更多的信号取样数据。

3. 加窗截短造成 DFT 的频谱泄漏

在式(3.4.18)中以 $\omega_k=2\pi k/N$ 代替 ω，得到 DFT

$$X_N(k)=\frac{1}{2}[W_R(2\pi(k-M)/N)+W_R(2\pi(k+M)/N)] \quad (3.4.19)$$

$$=e^{j[\pi(M-k)-\pi(M-k)/N]}\frac{1}{2}\frac{\sin[\pi(M-k)]}{\sin[\pi(M-k)/N]}+e^{j[\pi(M+k)-\pi(M+k)/N]}\frac{1}{2}\frac{\sin[\pi(M+k)]}{\sin[\pi(M+k)/N]} \quad (3.4.20)$$

$X_N(k)$的幅度为

$$|X_N(k)|=\frac{1}{2}\left|\frac{\sin[\pi(M-k)]}{\sin[\pi(M-k)/N]}\right|+\frac{1}{2}\left|\frac{\sin[\pi(M+k)]}{\sin[\pi(M+k)/N]}\right| \quad (3.4.21)$$

设有两个正弦序列 $x_1(n)=\sin(2\pi\cdot 3\cdot n/64)$和 $x_2(n)=\sin(2\pi\cdot 3.4\cdot n/64)$，可以看出它们具有相同的 $N=64$，但 M 值不同，前者的 $M=3$，而后者的 $M=3.4$。将 M 和 N 的数值代入式(3.4.21)，得到它们的 DFT 的幅度分别示于图 3.4.5(a)和图 3.4.5(b)。注意二者的明显区别：$|X_1(k)|$除了在 $k=3$ 和 $k=-3$(即 $k=61$)两个分析频率上的值不等于 0 外，其他所有的值都等于 0；但是，$|X_2(k)|$却在几乎所有分析频率上都有非零值。这说明$|X_1(k)|$准确地描述了信号 $x_1(n)$中只含有标号为 $k=M=3$ 的频率成分，而$|X_2(k)|$却发生了频谱泄漏。

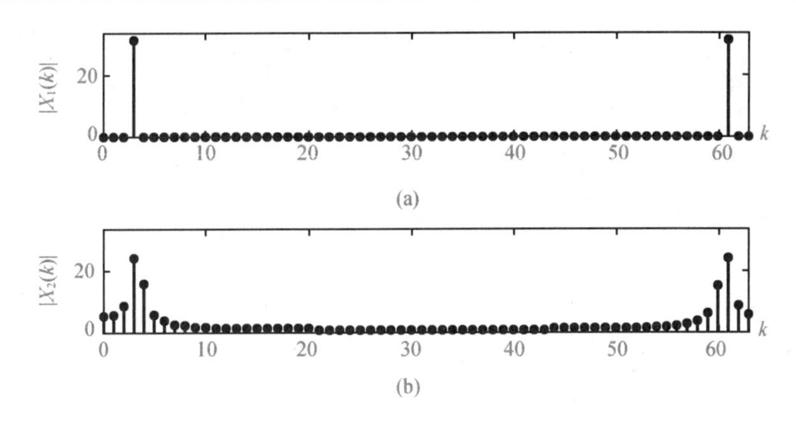

图 3.4.5　DFT 中的频谱泄漏现象

为了清楚起见，将连续谱与 DFT 的幅度绘在一起，如图 3.4.6 所示，图中只绘出了半个周期。

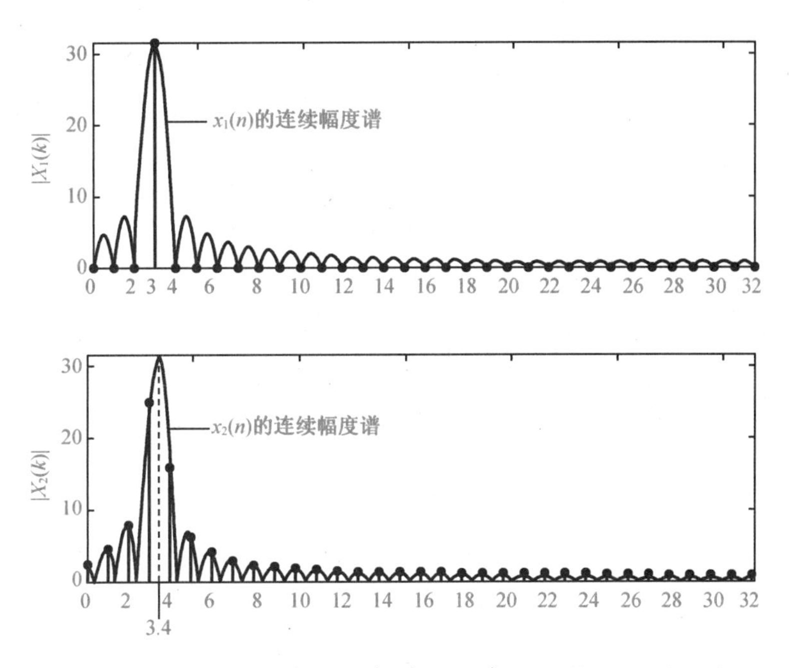

图 3.4.6　图 3.4.5 中的 $|X_1(k)|$ 和 $|X_2(k)|$ 沿时间轴展开放大后的图形

可以看出，$|X_1(\omega)|$的主瓣中心 $\omega_1=3(2\pi/64)$ 恰等于 $k=3$ 的分析频率，因此，能够用分析频率准确描述。但是，$|X_2(\omega)|$的主瓣中心 $\omega_2=3.4(2\pi/64)$ 介于 $k=3$ 和 $k=4$ 的分析频率之间，所以无法用任何一个分析频率来描述。所有分析频率都是基频 $f_1=f_s/N$ 的整数倍，所以只有当 M 是整数即 $\omega=M(2\pi/N)$ 等于 $2\pi/N$ 的整数倍时，DFT 才能准确地描述 DTFT；而当 M 不是整数时，DFT 只能近似地表示信号的频率分量。

DFT 的频谱泄漏现象可以这样形象地解释：假想 N 个等间隔分析频率点上各有一个存放信号能量的“频盒”，若信号频率恰等于某个分析频率，则 DFT 把信号的全部能量存放在该分析频率点的频盒中；反之，若信号频率不等于任何分析频率，而介于某两个相邻分析频率之间,则 DFT 把信号能量分散地存放在所有 N 个频盒中。各频盒中存放能量的多少按照中心位于信号频率的矩形窗谱的形状大小进行分配,因为 DFT 是分析频率点上对连续谱的取样。

一个值得注意的现象是,虽然矩形窗谱本身是对称的,但是发生泄漏现象的 $|X_2(k)|$ 却不是对称的。这是因为,DFT 是周期序列,它的相邻周期产生了混叠,如图 3.4.7 所示。

4. 加窗截短使 DFT 的频率分辨率降低

DFT 是在 N 个等间隔分析频率点上对连续频谱的取样,因此,只能用 N 个离散分析频率来近似表示信号中的频率分量。如果 $|X(k)|$ 在 k_0 处有峰值,那么,可以判定信号中含有下列频率范围内的某个频率分量

$$(k_0-1)2\pi/N<\omega_0<(k_0+1)2\pi/N \tag{3.4.22}$$

但是并不能确定信号中频率分量的准确数值。式(3.66)对应的实际频率范围是

$$(k_0-1)f_s/N<f_0<(k_0+1)f_s/N \tag{3.4.23}$$

或

$$(k_0-1)/(NT_s)<f_0<(k_0+1)/(NT_s) \tag{3.4.24}$$

式中,f_s 是取样频率;N 是数据长度。以上 3 个公式的频率估计误差为 $\pm\dfrac{2\pi}{N}$(单位为 rad)或 $\pm f_s/N$(单位为 Hz)。

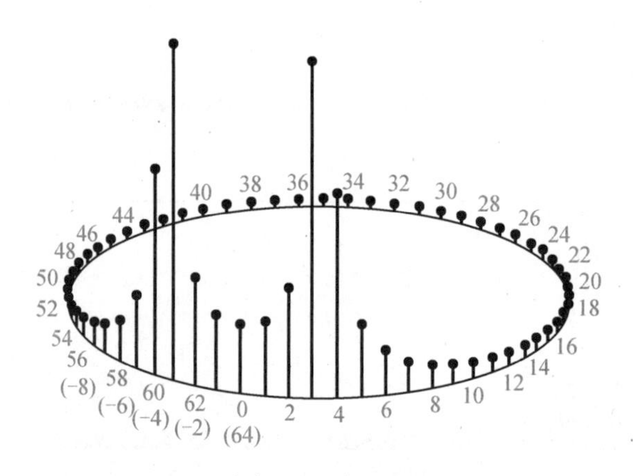

图 3.4.7 $|X_2(k)|$ 的周期性表示

如果序列 $x_N(n)$ 的时间长度 NT_s 用 t_N 表示,则式(3.4.24)又可以表示成

$$(k_0-1)/t_N<f_0<(k_0+1)/t_N \tag{3.4.25}$$

即频率估计误差为 $\Delta f=\pm 1/t_N$,它与输入数据序列的时间长度成反比。如果信号中含有两个频率分量,它们的频率差小于 $2/t_N$,那么,无论取样频率多高,也不能根据 DFT 分辨它们。

在 DFT 中,频谱泄漏由矩形窗谱的旁瓣引起,分辨率降低是因为矩形窗谱的主瓣不是无限窄。因此,为减小泄漏需降低旁瓣幅度,为提高分辨率应减小主瓣宽度。主瓣宽度 B 与信号长度(或数据量)L 和 DFT 的分析频率点数 N 的关系是 $B=2N/L$,在 N 一定时,增加 L 可以减小 B。因此,通常将信号长度增加为 $L=N$,即矩形窗 $w_R(n)$ 是一个全 1 矩形序列,它的频谱主瓣两边第一个过零点分别对应于 $k=1$ 和 $k=-1$,因而主瓣宽度 $B=2$。遗憾的

是，增加 L 固然能够减小 B，从而提高分辨率，但对旁瓣幅度却没有影响，因而无助于减小频谱泄漏。矩形窗谱的旁瓣是由于矩形窗时间序列的前后沿跳变引起的，因此为了减小频谱泄漏，应选择前后沿缓慢变化的非矩形窗，它们的旁瓣幅度比矩形窗的低而且衰减快。但是非矩形窗的主瓣比矩形窗的宽，因而分辨率比矩形窗低。因此，采用非矩形窗减小泄漏是以降低频率分辨率为代价的。

3.4.3　栅栏效应与时域补零

一般非周期模拟信号的频谱是频率的连续函数，而用 DFT 来分析信号频谱时，DFT 计算的频率间隔，即看到的频谱间隔为 f_s/N，也就是得到的是连续频谱的等间隔的 N 点抽样值，而这 N 点抽样值中的任意相邻两点之间的频率点上的频谱值是未知的，就好像是通过一个栅栏的缝隙观看一个景象一样，只能在相隔一定间距的离散点上看到真实景象，被栅栏挡住部分是看不见的，这种现象称为栅栏效应。

为了减小栅栏效应，可以有三种办法：①在数据长度 T_0 不变的情况下，增加 f_s，也就是增加时域抽样点数 N（此时时域数据 $x(n)$ 发生变化），即增加 DFT 的点数；②如果 T_0 不变，时域有效抽样点数也不变，则可在有效 N 点数据的尾部增加零值点，使整个数据长度为 M 点（$M>N$），这就相当于使频域的抽样点数为 M，即 DFT 的点数为 M。这时，时域的 $x(n)$ 的有效数据没有变化；③增加 T_0，在 f_s 不变的情况下，N 必然增加，即 DFT 点数增加。

以上三种办法，都可使频域抽样密度加大，可看到更多的频率上的频谱，也就是减小了栅栏效应。

将数据补零值点的办法，除了可减小栅栏效应外，还可在有效数据不变的情况下，使 DFT 运算的点数变成 2 的整数幂（$N=2^r$，r 正整数），以便用 FFT 算法进行计算。

在有限长序列后面添加零取样值使序列长度增加，称为序列补零。序列补零有许多用处：增加 DFT 分析频率点数，使分析频率间隔减小，从而使 DFT 能更细致地描述信号频谱；将两个序列延长为具有相等长度，以便用循环卷积计算线性卷积；使序列长度等于 2 的幂，以提高 FFT 的计算速度。

设序列 $x(n)$ 长为 N，补 $pN-N$ 个零后成为长为 pN 的序列 $x_E(n)$，p 为正整数，即

$$x_E(n)=\begin{cases}x(n), & 0\leqslant n\leqslant N-1\\ 0, & N\leqslant n\leqslant pN\end{cases}\tag{3.4.26}$$

$x(n)$ 和 $x_E(n)$ 的 DFT 分别为

$$X(k)=\sum_{n=0}^{N-1}x(n)W_N^{kn}\tag{3.4.27}$$

和

$$X_E(k)=\sum_{n=0}^{pN-1}x_E(n)W_{pN}^{kn}=\sum_{n=0}^{N-1}x(n)W_{pN}^{kn}\tag{3.4.28}$$

$X(k)$ 与 $X_E(k)$ 仅有变换核的周期不同，前者是 N，后者是 pN。将式(3.4.28)中的 $x(n)$ 用 $X(k)$ 表示，得到

$$X_E(k)=\sum_{n=0}^{pN-1}\frac{X(l)}{N}\sum_{l=0}^{N-1}W_N^{-nl}W_{pN}^{kn}\tag{3.4.29}$$

注意到

$$W_N = \mathrm{e}^{-\mathrm{j}\frac{2\pi}{N}} = \mathrm{e}^{-\mathrm{j}\frac{2\pi p}{Np}} = W_{pN}^{p}$$

所以式(3.4.28)可写成

$$X_E(k) = \sum_{l=0}^{pN-1} \frac{X(l)}{N} \sum_{n=0}^{N-1} W_{pN}^{(k-pl)n} \tag{3.4.30}$$

由式(3.4.30)得出

$$X_E(k) = \frac{1}{N}\sum_{l=0}^{pN-1} X(l) \frac{\mathrm{e}^{\mathrm{j}\pi(pl-k)/p}\sin[\pi(k-pl)/p]}{\mathrm{e}^{\mathrm{j}\pi(pl-k)/(pN)}\sin[\pi(k-pl)/(pN)]} \tag{3.4.31}$$

由式(3.4.31)看出,当$k=pl$时,$X_E(k)=X(l)$,即$X_E(pl)=X(l)$;当$k\neq pl$时,$X_E(k)$由式(3.4.31)确定,它们是对$X(k)$的插值。

序列补零增加了DFT的分析频率点,使信号频谱描述更精细。但是,补零没有增加任何新信息,因此不能提高频率分辨率。频率分辨率取决于窗函数主瓣的宽度,与分析频率的点数无关。主瓣宽度由输入数据量决定,无论补多少个零都没有增加有效数据量。因此,为了提高分辨率,需要采集更多的信号数据。

注意,DFT的分析频率间隔与频率分辨率是两个完全不同的概念。频率分辨率Δf说明分辨相邻频率分量的能力,取决于主瓣宽度,而主瓣宽度取决于序列的有效长度N。频率分辨率$\Delta f=f_s/N$,这个数值越小表示频率分辨能力越强。当信号中两个频率分量的频率差小于这个数值时,无论序列后面补多少个零,也无法根据DFT分辨它们。补零只是增加了DFT的分析频率点数。为了能够分辨两个频率分量,必须在保持取样频率不变的情况下增加信号的有效长度,或在信号有效长度不变的情况下提高取样频率。

3.4.4　频率分辨率及DFT参数的选择

用DFT对连续信号进行谱分析时,一般要考虑两方面的问题:第一,频谱分析范围;第二,频率分辨率。

频谱分析范围由采样频率f_s决定。为减小混叠失真,通常要求$f_s>2f_c$。但采样频率f_s越高,频谱分析范围越宽,在单位时间内采样点越多,要储存的数据量越大,计算量也越大。所以应结合实际的具体情况,确定频谱分析范围。

频谱分辨率在信号谱分析中是一个非常重要的概念。它反映了将两个相邻谱峰分开的能力,是分辨两个不同频率分量的最小间隔,因此将频域采样间隔$F=\frac{f_s}{N}=\frac{1}{NT}=\frac{1}{T_p}$定义为频率分辨率。但要注意,由于对连续信号进行谱分析时要进行截短处理,所以频率分辨率实际上还与截短窗函数及时宽相关。因此一方面有文献将$F=\frac{f_s}{N}$称为“计算分辨率”,即该分辨率是靠计算得出的,但它并不能反映真实的频率分析能力。而另一方面将$F=\frac{1}{T_p}$称为“物理分辨率”,数据的有效长度越小,频率分辨能力越差。前面提到,补零是改善栅栏效应的一个方法,但不能提高频率分辨率,即得不到高分辨率谱。这说明,补零仅仅是提高了计算分辨率,得到的是高密度频谱,而要得到高分辨率谱,则要通过增加数据的记录长度T_p来提高物理分辨率。在实际工作中,当数据的实际长度T_p或N不能再增加时,通过发展新的信号处理算法也可能提高频率分辨率。

通过前面的讨论可知,频率分辨率的概念和 DFT 紧密相连,频率分辨率的大小反比于数据的实际长度。在数据长度相同的情况下,使用不同的窗函数将在频谱的分辨率和频谱的泄漏之间有着不同的取舍。窗函数的主瓣宽度主要影响分辨率,而旁瓣的大小影响了频谱的泄漏。

综上所述,DFT 参数选择的一般原则是:

(1)确定信号的最高频率 f_c 后,为防止混叠,采样频率 $f_s \geqslant (3\sim6)f_c$。

(2)根据实际需要,即根据频谱的"计算分辨率"需要确定频率采样两点之间的间隔 F,F 越小频谱越密,计算量也越大。

(3)F 确定后,就可确定做 DFT 所需的点数 N,即

$$N=\frac{f_s}{F}$$

为了使用后面将要介绍的基 2 - FFT 算法,一般取 $N=2^M$,若点数 N 已给定且不能再增加,可采用补零的方法使 N 为 2 的整次幂。

(4)f_s 和 N 确定后,则可确定所需的数据长度,即

$$T_p=\frac{N}{f_s}=NT$$

3.4.5　DFT 对傅里叶变换的近似

用 DFT 对连续时间非周期信号的傅里叶变换的近似,实际上,就是利用 DFT 来对模拟信号进行频谱分析。因而对时域、频域都必须要离散化,以便在计算机上用 DFT 对模拟信号的傅里叶变换对进行逼近。

连续时间非周期的绝对可积信号 $x(t)$ 的傅里叶变换对为

$$X(\mathrm{j}\Omega)=\int_{-\infty}^{\infty}x(t)\mathrm{e}^{-\mathrm{j}\Omega t}\mathrm{d}t \tag{3.4.32}$$

$$x(t)=\frac{1}{2\pi}\int_{-\infty}^{\infty}X(\mathrm{j}\Omega)\mathrm{e}^{\mathrm{j}\Omega t}\mathrm{d}\Omega \tag{3.4.33}$$

用 DFT 方法计算这一对变换的步骤如下:

(1)将 $x(t)$ 在 t 轴上等间隔(宽度为 T)分段,每一段用一个矩形脉冲代替,脉冲的幅度为其起始点的抽样值 $x(t)\big|_{t=nT}=x(nT)=x(n)$,然后把所有矩形脉冲的面积相加。

由于

$$t\to nT$$

$$\mathrm{d}t\to T(\mathrm{d}t=(n+1)T-nT)$$

$$\int_{-\infty}^{\infty}\mathrm{d}t\to\sum_{n=-\infty}^{\infty}T$$

则得频谱密度 $X(\mathrm{j}\Omega)=\int_{-\infty}^{\infty}x(t)\mathrm{e}^{-\mathrm{j}\Omega t}\mathrm{d}t$ 的近似值为

$$X(\mathrm{j}\Omega)\approx\sum_{n=-\infty}^{\infty}x(nT)\mathrm{e}^{-\mathrm{j}\Omega nT}\cdot T \tag{3.4.34}$$

(2)将序列 $x(n)=x(nT)$ 截短成从 $t=0$ 开始长度为 T_0 的有限长序列,包含 N 个抽样(即 $n=0\sim(N-1)$,时域取 N 个样点),则式(3.4.34)写成

$$X(\mathrm{j}\Omega) \approx T\sum_{n=0}^{N-1} x(nT)\mathrm{e}^{-\mathrm{j}\Omega nT} \tag{3.4.35}$$

由于时域抽样,抽样频率为 $f_s = 1/T$,则频域产生以 f_s 为周期的周期延拓(角频率为 $\Omega_s = 2\pi f_s$),称为连续周期频谱序列,频域周期为 $f_s = 1/T$(即时域的抽样频率)。这时,如果频域是限带信号,则有可能不产生频谱混叠。

(3)为了数值计算,在频域上也要离散化(抽样),即在频域的一个周期(f_s)中取 N 个样点,$f_s = NF$,每个样点间的间隔为 F。频域抽样,那么频域的积分式(3.4.33)式就变成求和式,而时域就得到原已截短的离散时间序列的周期延拓序列,其时域周期为 $T_0 = 1/F_0$,这时 $\Omega = k\Omega_0$。即有

$$\mathrm{d}\Omega = (k+1)\Omega_0 - k\Omega_0 = \Omega_0$$

$$\int_{-\infty}^{\infty} \mathrm{d}\Omega \rightarrow \sum_{k=0}^{N-1} \Omega_0$$

各参量关系为

$$T_0 = \frac{1}{F_0} = \frac{N}{f_s} = NT$$

又

$$\Omega_0 = 2\pi F_0$$

则

$$\Omega_0 T = \Omega_0 \cdot \frac{1}{f_s} = \Omega_0 \cdot \frac{2\pi}{\Omega_s} = 2\pi \cdot \frac{\Omega_0}{\Omega_s} = 2\pi \cdot \frac{F_0}{f_s} = 2\pi \cdot \frac{T}{T_0} = \frac{2\pi}{N} \tag{3.4.36}$$

这样,经过上面(1)(2)(3)三个步骤后,时域、频域都是离散周期的序列,推导如下。

第(1)(2)两步:时域抽样、截短

$$X(\mathrm{j}\Omega) \approx \sum_{n=0}^{N-1} x(nT)\mathrm{e}^{-\mathrm{j}\Omega nT}T$$

$$x(nT) \approx \frac{1}{2\pi}\int_0^{\Omega_s} X(\mathrm{j}\Omega)\mathrm{e}^{\mathrm{j}\Omega nT}\mathrm{d}\Omega \text{(在频域的一个周期内积分)}$$

第(3)步:频域抽样,则

$$X(\mathrm{j}k\Omega) \approx T\sum_{n=0}^{N-1} x(nT)\mathrm{e}^{-\mathrm{j}k\Omega_0 nT} = T\sum_{n=0}^{N-1} x(n)\mathrm{e}^{-\mathrm{j}\frac{2\pi}{N}nk} = T \cdot \mathrm{DFT}[x(n)]$$

$$\begin{aligned} x(nT) &\approx \frac{\Omega_0}{2\pi}\sum_{k=0}^{N-1} X(\mathrm{j}k\Omega_0)\mathrm{e}^{\mathrm{j}k\Omega_0 nT} = F_0\sum_{k=0}^{N-1} X(\mathrm{j}k\Omega_0)\mathrm{e}^{\mathrm{j}\frac{2\pi}{N}nk} \\ &= F_0 \cdot N \cdot \frac{1}{N}\sum_{k=0}^{N-1} X(\mathrm{j}k\Omega_0)\mathrm{e}^{\mathrm{j}\frac{2\pi}{N}nk} \\ &= f_s \cdot \frac{1}{N}\sum_{k=0}^{N-1} X(\mathrm{j}k\Omega_0)\mathrm{e}^{\mathrm{j}\frac{2\pi}{N}nk} \\ &= f_s \cdot \mathrm{IDFT}[X(\mathrm{j}k\Omega_0)] \end{aligned}$$

$$X(\mathrm{j}k\Omega_0) = X(\mathrm{j}\Omega)\big|_{\Omega = k\Omega_0} \approx T \cdot \mathrm{DFT}[x(n)] \tag{3.4.37}$$

$$x(n) = x(t)\big|_{t=nT} \approx \frac{1}{T} \cdot \mathrm{IDFT}[X(\mathrm{j}k\Omega_0)] \tag{3.4.38}$$

这就是用 DFT 近似连续时间非周期信号的傅里叶变换对的公式。

3.5 正弦信号的抽样

正弦信号是一种很重要的信号,例如我们常用正弦信号加白噪声作为输入信号研究某一实际系统或某一算法的性能。正弦信号抽样后,具有系列特点。

3.5.1 抽样定理对正弦信号的适用性

正弦信号 $x_a(t)=A\sin(\Omega_0 t+\varphi)=A\sin(2\pi f_0 t+\varphi)$ 的频谱在 $f=f_0$ 处为 δ 函数,故其抽样会遇到一些特殊问题。一般来说,正弦信号的抽样频率必须满足 $f_s>2f_0$。

因为若取 $f_s=f_0$,则有以下几种情况发生:

(1)当 $\varphi=0$ 时,一个周期抽取的两个点为 $x(0)=x(1)=0$,相当于 $x_a(0)$ 和 $x_a(\pi)$ 两个点,故不包含原信号的任何信息。即在 $f_0=f_s/2$,出现冲激线状谱的情况。

(2)当 $\varphi=\frac{\pi}{2}$ 时,则有 $x(0)=A,x(1)=-A$,此时从 $x(n)$ 可以恢复 $x_a(t)$。

(3)当 φ 为已知,且 $0<\varphi<\frac{\pi}{2}$ 时,恢复的不是原信号,但经过变换后,可得到原信号。

(4)当 φ 为未知数时,抽样后不能恢复出原信号 $x_a(t)$。

所以,至少要取 $f_s>2f_0$,避免产生不确定性。

3.5.2 正弦信号抽样中的不确定性

由于正弦序列 $x(n)=\cos(\omega n)$ 对 ω 是呈周期性的,即

$$\cos(\omega_1 n)=\cos[(\omega_1+2\pi k)n]=\cos(\omega_2 n),\quad k\text{ 为整数}$$

即当 $\omega_2=\omega_1+2\pi k$ 时,或一般可表示成

$$|\omega_2-\omega_1|=2\pi k, k\text{ 为整数} \tag{3.5.1}$$

满足式(3.5.1)条件下,两个正弦序列是相同的,由此关系式可导出以下两个结论:

(1)两个不同频率的模拟正弦信号,如果用同一抽样频率 f_s 对其抽样,得到的序列可能是相同的序列,我们法从序列中区分出它们分别来源于哪一个模拟正弦信号。以下由式(3.5.1)导出这种情况下,对应的模拟频率之间的关系,设

$$x_1(t)=\cos(2\pi f_1 t), x_2(t)=\cos(2\pi f_2 t)$$

则有

$$x_1(n)=\cos(2\pi f_1 nT)=\cos(2\pi n f_1/f_s)=\cos(w_1 n)$$

$$x_2(n)=\cos(2\pi f_2 nT)=\cos(2\pi n f_2/f_s)=\cos(w_2 n)$$

将 $\omega=2\pi f/f_s$ 代入式(3.5.1),可得 $|(f_1-f_2)/f_s|=k$,即

$$|f_1-f_2|=kf_s, k\text{ 为整数} \tag{3.5.2}$$

即只要两个模拟正弦信号频率之差为抽样频率 f_s 的整数倍时,则所得序列都是相同的。

【例3.5.1】 设两个模拟正弦信号为

$$x_{a_1}(t)=\cos(\Omega_1 t)=\cos(2\pi\times 20t)=\cos(40\pi t), f_1=20\text{ Hz}$$

$$x_{a_2}(t)=\cos(\Omega_2 t)=\cos(2\pi\times 70t)=\cos(140\pi t), f_1=70\text{ Hz}$$

若抽样频率为 $f_s=50$ Hz 对 $x_{a_1}(t)$ 满足抽样定理，其抽样序列经处理后可恢复出原信号 $x_{a_1}(t)$，但对 $x_{a_2}(t)$ 则不满足抽样定理，不能恢复出 $x_{a_2}(t)$。直接由式(3.5.2)($k=1$)，抽样后两个序列是相同的正弦序列 $x(n)=\cos(4\pi n/5)$。

(2)同一个模拟正弦信号，如果用两个不同的抽样频率抽样后，所得到的序列仍可能是相同的，我们没法确定其原抽样频率。以下由式(3.5.1)导出这种情况下，模拟频率间的关系，设

$$x(t)=\cos(2\pi f_0 t)$$

$$x_1(n)=\cos(2\pi f_0 nT_1)=\cos(2\pi n f_0/f_{s_1})=\cos(\omega_1 n)$$

$$x_2(n)=\cos(2\pi f_0 nT_2)=\cos(2\pi n f_0/f_{s_2})=\cos(\omega_2 n)$$

将 $\omega=2\pi f/f_s$ 代入式(3.5.1)，可得

$$\left|\frac{f_0}{f_{s_2}}-\frac{f_0}{f_{s_1}}\right|=k$$

若给定 f_{s_1}，则可求出使 $x_1(n)=x_2(n)$ 的 f_{s_2}

$$f_{s_2}=\frac{f_0 f_{s_1}}{k f_{s_1}+f_0}, k \text{ 为整数} \tag{3.5.3}$$

即只要一个模拟正弦信号的两个抽样频率满足式(3.5.3)关系，则可得到相同的抽样正弦序列。

【例 3.5.2】　设模拟正弦信号为

$$x_a(t)=\cos(\Omega_0 t)=\cos(2\pi f_0 t), f_0=20 \text{ Hz}$$

若对 $x_a(t)$ 的抽样频率分别为 $f_{s_1}=50$ Hz，$f_{s_2}=100/7$ Hz，则可得到相同的 $x(n)=x_1(n)=x_2(n)=\cos(4\pi n/5)$，因为这三个频率($f_0, f_{s_1}, f_{s_2}$)确实满足式(3.5.3)的关系(这时 $k=1$)。

显然，由于 $f_{s_2}=\frac{100}{7}<40=2f_0$，因而用 f_{s_2} 频率对 $x_a(t)$ 这一正弦信号抽样时，会产生频谱的混叠失真，也就是说，不能不失真地恢复出 $x_a(t)$，只有用 f_{s_1} 频率抽样 $x_a(t)$ 时，($f_{s_1}=50$ Hz $>2f_0=40$ Hz)才能不产生混叠失真地恢复出原信号 $x_a(t)$。

推而广之，只要满足式(3.5.1)，或由其导出的式(3.5.2)或式(3.5.3)，当 k 为任意整数时，例 3.5.1 中可以是多个信号，例 3.5.2 中可以是多个抽样频率，都可得到相同的序列。因而，当给定某一正弦型序列时，必须同时给出其抽样频率，此序列才能唯一地代表某一频率的正弦模拟信号。

3.5.3　对正弦信号截短的原则

处理周期性正弦序列时，应注意以下几点；

(1)对抽样后的离散周期性的正弦序列做截短时，其截短长度必须为序列周期的整数倍，才不会产生频域的泄漏。

(2)离散正弦序列不宜补零后做频谱分析，否则会产生频域的泄漏。

(3)考虑到做 DFT 时，当要求数据个数为 $N=2^P$ 时(P 为正整数)，正弦信号一个周期中最好抽取 4 个点。

3.6　短时傅里叶变换

通过傅里叶变换可以得到信号的频谱。信号的频谱的应用非常广泛，信号的压缩、降噪都可以基于频谱。

然而傅里叶变换有一个假设，那就是信号是平稳的，即信号的统计特性不随时间变化。声音信号不是平稳信号，在很长的一段时间内，有很多信号会出现，然后立即消失。如果将这些信号全部进行傅里叶变换，就不能反映声音随时间的变化。短时傅里叶变换就能解决这个问题。声音信号虽然不是平稳信号，但在较短的一段时间内，可以看作是平稳的。符合直觉的解决方案是取一小段进行傅里叶变换，这也正是短时傅里叶变换的核心思想。

短时傅里叶变换（short - time Fourier transform 或 short - term Fourier transform，STFT）是和傅里叶变换相关的一种数学变换，用以确定时变信号局部区域正弦波的频率与相位，短时傅里叶变换也叫短时谱（加窗的方式），主要用于语音分析合成系统，由其逆变换可以精确地恢复语音波形。

$$X_n(e^{j\omega}) = \sum_{m=-\infty}^{\infty} x(m)w(n-m)e^{-j\omega m} \tag{3.6.1}$$

短时傅里叶变换的特点：对于时变性，既是角频率 ω 的函数又是时间 n 的函数；对于周期性，是关于 ω 的周期函数，周期为 2π。

短时傅里叶变换是窗选语音信号的标准傅里叶变换。下标 n 区别于标准的傅里叶变换。$w(n-m)$ 是窗口函数序列，不同的窗口函数序列，将得到不同的傅里叶变换的结果。短时傅里叶变换有两个自变量：n 和 ω，所以它既是关于时间 n 的离散函数，又是关于角频率 ω 的连续函数。与离散傅里叶变换和连续傅里叶变换的关系一样，若令 $\omega = 2nk/N$，则得离散的短时傅里叶变换，它实际上是在频域的取样。

$$X_n(e^{j\frac{2k\pi}{N}}) = X_n(k) = \sum_{m=-\infty}^{\infty} x(m)w(n-m)e^{-j\frac{2k\pi m}{N}},\quad 0 \leqslant k \leqslant N-1 \tag{3.6.2}$$

当 n 固定不变时，它们是序列 $w(n-m)x(m)\ (-\infty < m < \infty)$ 的标准傅里叶变换或标准的离散傅里叶变换。此时与标准傅里叶变换具有相同的性质，而 $X_n(k)$ 与标准的离散傅里叶变换具有相同的特性。当 ω 或 k 固定时，和 $X_n(k)$ 看作是时间 n 的函数。它们是信号序列和窗口函数序列的卷积，此时窗口的作用相当于一个滤波器。

短时傅里叶变换可写为

$$X_n(e^{j\omega}) = \sum_{m=-\infty}^{\infty} [x(m)w(n-m)]e^{-j\omega m} \tag{3.6.3}$$

当 n 取不同值时窗 $w(n-m)$ 沿着 $x(m)$ 序列滑动，所以 $w(n-m)$ 是一个“滑动的”窗口。由于窗口是有限长度的，满足绝对可和条件，所以这个变换是存在的。与序列的傅里叶变换相同，短时傅里叶变换随着 ω 做周期变化，周期为 $2n$。

选择一个时频局部化的窗函数，假定分析窗函数在一个短时间间隔内是平稳（伪平稳）的，移动窗函数，使其在不同的有限时间宽度内是平稳信号，从而计算出各个不同时刻的功率谱。短时傅里叶变换使用一个固定的窗函数，窗函数一旦确定了以后，其形状就不再发生改变，短时傅里叶变换的分辨率也就确定了。如果要改变分辨率，则需要重新选择窗函数。从一段长的信号，截取一段信号，相当于将原始信号乘以一个方窗。方窗的傅里叶变换并不是理想的冲击函数,而是 sin c 函数。sin c 函数除了主瓣以外,还有较高的副瓣。较高的副瓣意味着在真实频点以外,副瓣的位置上,频谱也会不为零。如果在副瓣的位置上恰好有一个幅度很小的信号,就会被完全淹没。

短时傅里叶变换采用滑动窗口机制,设定窗口大小和步长,让窗口在时域信号上滑动,分别计算每个窗口的傅里叶变换,形成了不同时间窗口对应的频域信号,拼接起来就成了频率随时间变化的数据(时频信号)。

短时傅里叶变换用来分析分段平稳信号或者近似平稳信号犹可,但是对于非平稳信号,当信号变化剧烈时,要求窗函数有较高的时间分辨率;而波形变化比较平缓的时刻,主要是低频信号,则要求窗函数有较高的频率分辨率,短时傅里叶变换不能兼顾频率与时间分辨率的需求。

3.7　利用 MATLAB 实现信号 DFT 的计算

【例 3.7.1】　设 $x(n)=R_4(n)$,$X(e^{j\omega})=FT[x(n)]$。分别计算 $X(e^{j\omega})$ 在频率区间 $[0,2\pi]$ 上的 16 点和 32 点等间隔采样,并绘制 $X(e^{j\omega})$ 采样的幅频特性图和相频特性图。

解　由 DFT 与傅里叶变换的关系知道,$X(e^{j\omega})$ 在频率区间 $[0,2\pi]$ 上的 16 点和 32 点等间隔采样,分别是 $x(n)$ 的 16 点和 32 点 DFT。调用 fft 函数求解本例的程序如下:

```
% DFT 的 MATLAB 计算
xn =[1 1 1 1];                    % 输入时域序列向量 x(n) = R4(n)
Xk16 = fft(xn,16);                % 计算 xn 的 16 点 DFT
Xk32 = fft(xn,32);                % 计算 xn 的 32 点 DFT
% 以下为绘图部分
```

程序运行结果如图 3.7.1 所示。

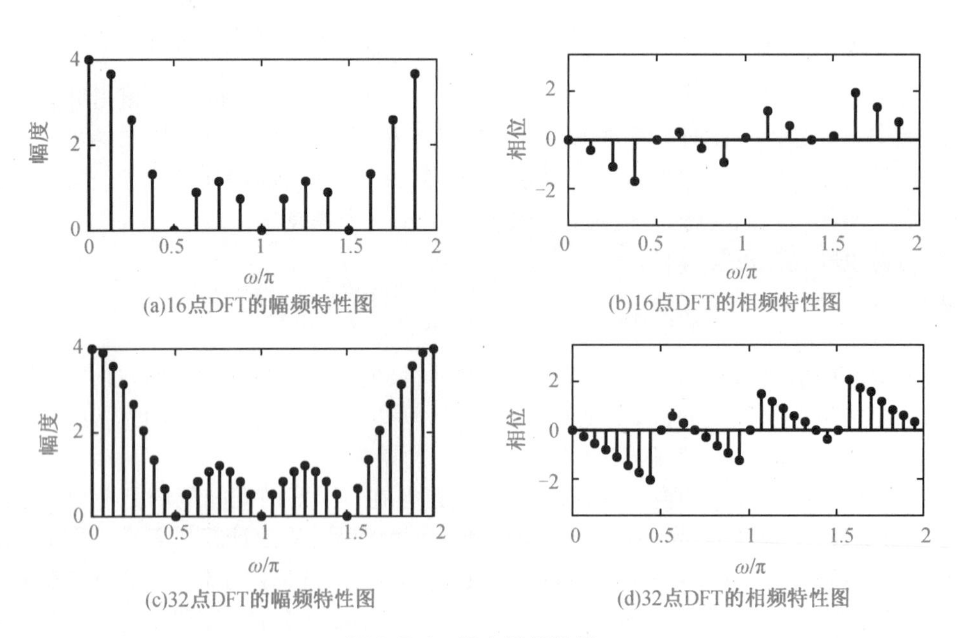

图 3.7.1　程序运行结果

【例 3.7.2】 已知序列

$$x_1(n)=\cos(0.48\pi n)+\cos(0.52\pi n),\quad 0\leqslant n\leqslant 9$$

$$x_2(n)=\begin{cases}\cos(0.48\pi n)+\cos(0.52\pi n), & 0\leqslant n\leqslant 9\\ 0, & 10\leqslant n\leqslant 99\end{cases}$$

$$x_3(n)=\cos(0.48\pi n)+\cos(0.52\pi n),\quad 0\leqslant n\leqslant 99$$

利用 MATLAB 画出它们的 DFT 的幅度和相位,同时画出连续谱的图形。

解 MATLAB 程序如下:

```
% 产生信号
N1 =10;n1 =0:N1 -1;x1 =cos(0.48 * pi * n1) +cos(0.52 * pi * n1);
N2 =100;n2 =0:N2 -1;x2 =[x1,zeros(1,N2 -N1)];
x3 =cos(0.48 * pi * n2) +cos(0.52 * pi * n2);
% 计算连续谱
w =linspace(0,2 * pi,512);
X1w =x1 * exp( -j * n1' * w);X2w =X2 * exp( -j * n2' * w);X3w =X3 * exp( -j * n2' * w);
% 计算 DFT
k1 =0:N1 -1;WN1 =exp( -j * 2 * pi/N1);nk1 =n1' * k1;WNnk1 =WN1.^nk1;
k2 =0:N2 -1;WN2 =exp( -j * 2 * pi/N2);nk2 =n2' * k2;WNnk2 =WN2.^nk2;
X1k =x1 * WNnk1;X2k =x2 * WNnk2;X3k =x3 * WNnk2;
% 绘图
subplot(3,1,1)
plot((N1/(2 * pi)) * w,abs(X1w))
hold on
stem(k1,abs(X1k),'fill','MarkerSize',2)
axis([0 N1/2 0 N1])
subplot(3,1,2)
plot((N2/(2 * pi)) * w,abs(X2w))
hold on
stem(k2,abs(X2k),'fill','MarkerSize',2)
axis([0 N2/2 0 N1])
subplot(3,1,3)
plot((N2/(2 * pi)) * w,abs(X3w))
hold on
stem(k2,abs(X3k),'fill','MarkerSize',2)
axis([0 N2/2 0 N2/2])
hold off
```

运行以上程序,得到图 3.7.2 所示的图形。可以清楚看出,用补零方法增加分析频率点的密度,与增加信号有效长度来改善频谱分辨率是有区别的。

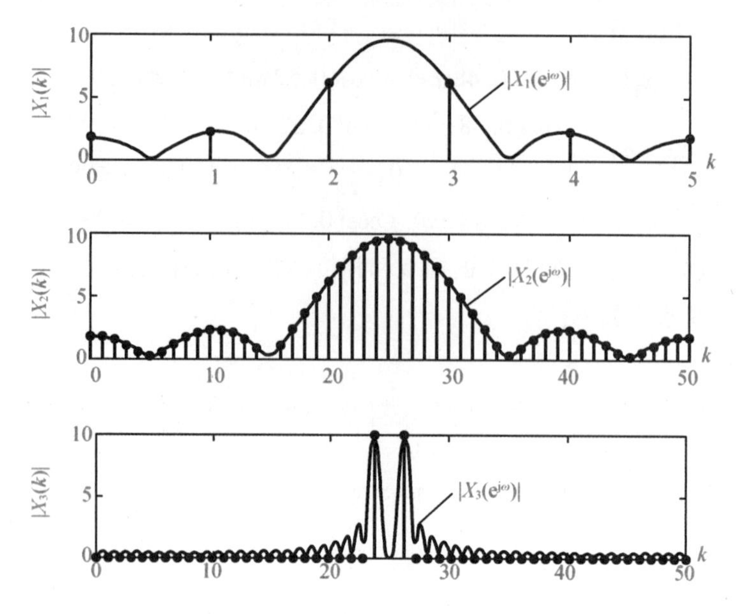

图 3.7.2　DTFT 和 DFT 的幅度响应(序列增加有效取样值)

【例 3.7.3】　长度为26 的三角形序列 $x(n)$ 如图 3.7.3(b)所示,编写 MATLAB 程序验证频域采样理论。

解　解题思路:先计算 $x(n)$ 的 32 点 DFT,得到其频谱函数 $X(e^{j\omega})$ 在频率区间 $[0,2\pi]$ 上等间隔 32 点采样 $X_{32}(k)$,再对 $X_{32}(k)$ 隔点抽取,得到 $X(e^{j\omega})$ 在频率区间 $[0,2\pi]$ 上等间隔 16 点采样 $X_{16}(k)$。最后分别对 $X_{16}(k)$ 和 $X_{32}(k)$ 求 IDFT,得到:

$$x_{16}(n) = \mathrm{IDFT}\left[X_{16}(k)\right]_{16}$$

$$x_{32}(n) = \mathrm{IDFT}\left[X_{32}(k)\right]_{32}$$

绘制 $x_{16}(n)$ 和 $x_{32}(n)$ 波形图验证频域采样理论。

MATLAB 求解程序如下:

```
% 频域采样理论验证
M = 26;N = 32;n = 0:M;
xa = 0:M/2;xb = ceil(M/2) -1: -1:0;xn = [xa,xb];     % 产生 M 长三角波序列 x(n)
Xk = fft(xn,512);                                  % 512 点 FFT[x(n)]
X32k = fft(xn,32);                                 % 32 点 FFT[x(n)]
x32n = ifft(X32k);                                 % 32 点 IFFT[X32(k)]得到 x32(n)
X16k = X32k(1:2:N);                                % 隔点抽取 X32k 得到 X16(k)
x16n = ifft(X16k,N/2);                             % 16 点 IFFT[X16(k)]得到 x16(n)
% 以下为绘图部分省略
```

程序运行结果如图 3.7.3 所示。图 3.7.3(a)和(b)分别为 $X(e^{j\omega})$ 和 $x(n)$ 的波形图;图 3.7.3(c)和(d)分别为 $X(e^{j\omega})$ 的 16 点采样 $|X_{16}(k)|$ 和 $x_{16}(n) = \mathrm{IDFT}\left[X_{16}(k)\right]_{16}$ 波形图;图 3.7.3(e)和(f)分别为 $X(e^{j\omega})$ 的 32 点采样 $|X_{32}(k)|$ 和 $x_{32}(n) = \mathrm{IDFT}\left[X_{32}(k)\right]_{32}$ 波形

图；由于实序列的 DFT 满足共轭对称性，因此频域图仅画出$[0,\pi]$上的幅频特性波形。本例中 $x(n)$ 的长度 $M=26$。从图中可以看出，当采样点数 $N=16<M$ 时，$x_{16}(n)$ 确实等于原三角序列 $x(n)$ 以 16 为周期的周期延拓序列的主值序列。由于存在时域混叠失真，因而 $x_{16}(n)\neq x(n)$；当采样点数 $N=32>M$ 时，无时域混叠失真，$x_{32}(n)=\mathrm{IDFT}[X_{32}(k)]_{32}=x(n)$。

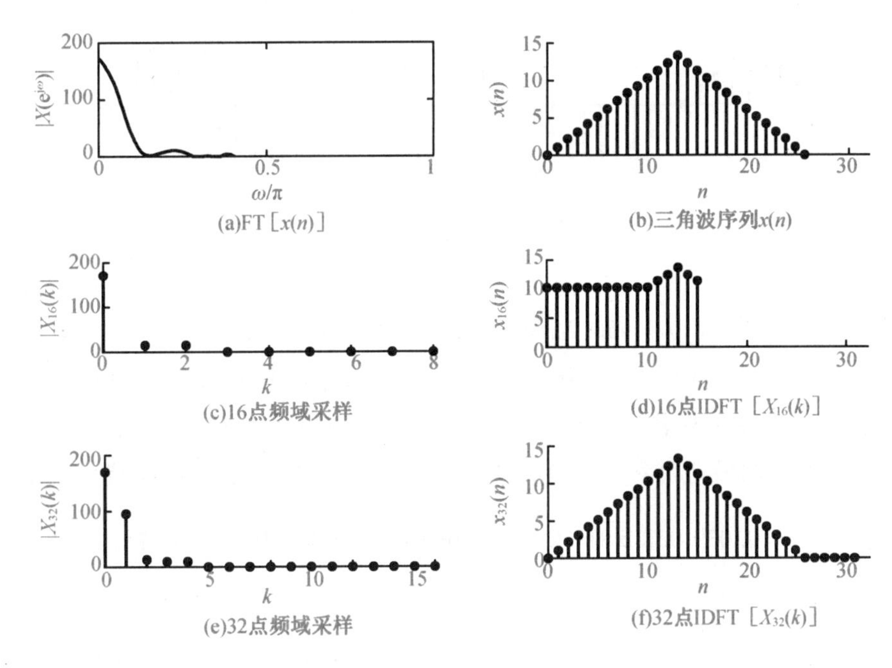

图 3.7.3　频域采样定理验证

【例 3.7.4】　假设 $h(n)=R_5(n)$，$x(n)=[\cos(\pi n/10)+\cos(2\pi n/5)]u(n)$，用重叠相加法计算 $y(n)=h(n)*x(n)$，并画出 $h(n)$、$x(n)$ 和 $y(n)$ 的波形。

解　$h(n)$ 的长度为 $N=5$，对 $x(n)$ 进行分段，每段长度为 $M=10$。计算 $h(n)$ 和 $x(n)$ 的线性卷积的 MATLAB 程序如下：

```
Lx=41;N=5;M=10;                              % Lx 为信号序列 x(n)长度
hn=ones(1,N);hn1=[hn zeros(1,Lx-N)];         % 产生 h(n),其后补零是为了绘图好看
n=0:L-1;
xn=cos(pi*n/10)+cos(2*pi*n/5);               % 产生 x(n)的 Lx 个样值
yn=fftfilt(hn,xn,M);                         % 调用 fftfilt 用重叠相加法计算卷积
% 以下为绘图部分(省略)
```

运行程序画出 $h(n)$、$x(n)$ 和 $y(n)$ 的波形如图 3.7.4 所示。

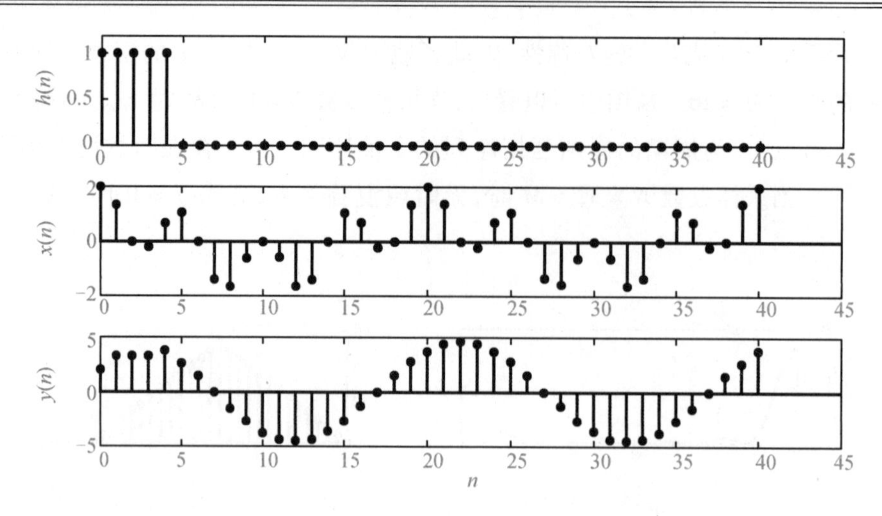

图 3.7.4　求解程序运行结果

【例 3.7.5】　设 $x(t)=\sin(2\pi f_1 t)+\sin(2\pi f_2 t)+\sin(2\pi f_3 t)$，其中 $f_1=2$ Hz，$f_2=2.02$ Hz，$f_3=2.07$ Hz，现用 $f_s=10$ Hz，即 $T_s=0.1$ s 对其进行采样。设 $T_p=25.6$ s，即采样得 $x(n)$ 的点数为 256，试分析若对 $x(n)$ 做 DFT 时，能否分辨出 3 个频率分量？

解　因为信号的最高频率 $f_c\leqslant 3$ Hz，由采样定理可知，不会发生混叠问题。

$F=\dfrac{f_s}{N}=\dfrac{10}{256}=0.039\ 062\ 5$ Hz，对 $x(n)$ 做 DFT 求其频谱时，幅频特性如图 3.7.5(a)所示。

由于 $f_2-f_1=0.02<F$，所以不能分辨出由 f_2 产生的正弦分量；又由于 $f_3-f_1=0.07>F$，所以能分辨出由 f_3 产生的正弦分量。

如果增加点数 N，即增加数据的长度 T_p，如令 $N=1\ 024$，此时 $T_p=1\ 024\times 0.1$ s $=102.4$ s，其幅频特性如图 3.7.5(b)所示。可见，此时可以分辨出 3 个频率分量。

MATLAB 实现程序如下：

```
% 观察数据长度 N 的变化对 DTFT 分辨率(物理分辨率)的影响
f1 =2;f2 =2.02;f3 =2.07;fs = 10;
w =2 * pi /fs;N =256;n =0:N -1;F = fs /N;
x =sin(w * f1 * n) +sin(w * f2 * n) +sin(w * f3 * n);
X =2 * dft(x,N) /N;                     % DFT 的幅度除以 N/2 得到实际幅度
Y =abs(X);k =0:N/2 -1;
f =k * F;                               % 将 DFT 的序号 k 转化为绝对频率 f
subplot(2,2,1);plot(f,Y(1:N/2));
xlabel('f /Hz');ylabel('幅度');
axis([1.5 2.5 0 1.2]); grid on;
N =1024;n =0:N -1;F =fs /N;
x =sin(w * f1 * n) +sin(w * f2 * n) +sin(w * f3 * n);
```

```
X=2*dft(x,N)/N;                    % DFT 的幅度除以 N/2 得到实际幅度
y=abs(X);k=0:N/2-1;
f=k*F;                             % 将 DET 的序号 k 转化为绝对频率 f
subplot(2,2,2); plot(f,Y(1:N/2));
xlabel('f/Hz');ylabel('幅度');
axis([1.5 2.5 0 1.2]); grid on;
```

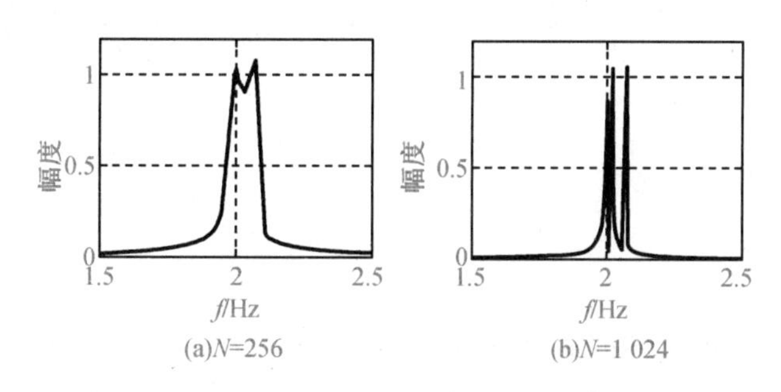

图 3.7.5　数据长度 N 的变化对 DTFT 分辨率的影响

习　　题

1. 设 $x(n)=R_4(n)$，$\tilde{x}(n)=x((n))_6$，试求 $\tilde{X}(k)$。

2. 试求以下有限长序列的 N 点 DFT(闭合形式表达式)：

(1) $x(n)=a[\cos(\omega_0 n)]R_N(n)$；

(2) $x(n)=a^n R_N(n)$；

(3) $x(n)=\delta(n-n_0)$，　$0<n_0<N$；

(4) $x(n)=nR_N(n)$；

(5) $x(n)=n^2 R_N(n)$。

3. 已知 $x(n)=\{\underline{2},1,4,2,3\}$：

(1) 计算 $X(e^{j\omega})=\mathrm{DTFT}[x(n)]$ 及 $X(k)=\mathrm{DFT}[x(n)]$，并说明二者的关系；

(2) 将 $x(n)$ 的尾部补零，得到 $x_0(n)=\{\underline{2},1,4,2,3,0,0,0\}$，计算 $X_0(e^{j\omega})=\mathrm{DTFT}[x_0(n)]$，$X_0(k)=\mathrm{DFT}[x_0(n)]$；

(3) 将(1)(2)的结果加以比较，得出相应的结论。

4. 设 $\tilde{x}(n)$ 是周期为 N 的周期序列，则它一定也是周期为 $2N$ 的周期序列。若 $\tilde{X}(k)=\sum\limits_{n=0}^{N-1}\tilde{x}(n)W_N^{nk}$，$\tilde{X}_1(k)=\sum\limits_{n=0}^{2N-1}\tilde{x}(n)W_{2N}^{nk}$，试用 $\tilde{X}(k)$ 来表示 $\tilde{X}_1(k)$。

5. 设有两个序列

$$x(n)=\begin{cases}x(n), & 0\leqslant n\leqslant 5\\ 0, & 其他\ n\end{cases}$$

$$y(n)=\begin{cases}y(n), & 0\leqslant n\leqslant 14\\ 0, & 其他\ n\end{cases}$$

各做 15 点的 DFT，然后将两个 DFT 相乘，再求乘积的 IDFT，设所得结果为 $f(n)$，问 $f(n)$ 的哪些点（用序号 n 表示）对应于 $x(n)*y(n)$ 应该得到的点。

6. 设 $x(n)$ 为 $N=6$ 的实有限长序列 $x(n)=\{\underline{1},2,4,3,0,5\}$，试确定以下表达式的数值：

(1) $X(0)$；

(2) $X(3)$；

(3) $\sum\limits_{k=0}^{5}X(k)$。

7. 已知 $X(k)$ 为 8 点实序列的 DFT，且已知 $X(0)=6, X(1)=4+\mathrm{j}3, X(2)=-3-\mathrm{j}2, X(3)=2-\mathrm{j}, X(4)=4$，试利用 DFT 的性质（不必求 IDFT）来确定以下各表达式的值：

(1) $x(0)$；

(2) $x(4)$；

(3) $\sum\limits_{n=0}^{7}x(n)$。

8. 已知 $x(n)$ 是 N 点的有限长序列，$X(k)=\mathrm{DFT}[x(n)]$。现将 $x(n)$ 的每两点之间补进 $r-1$ 个字值点，得到一个 rN 点的有限长序列

$$y(n)=\begin{cases}x(n/r), & n=ir, i=0,1,\cdots,N-1\\ 0, & 其他\ n\end{cases}$$

试求 rN 点 $\mathrm{DFT}[y(n)]$ 与 $X(k)$ 的关系。

9. 频谱分析的模拟信号以 8 kHz 被抽样，计算了 512 个抽样的 DFT，试确定频谱抽样之间的频率间隔。

10. 已知序列 $x(n)=3\delta(n)+5\delta(n-2)+4\delta(n-4)$，则可求出 8 点 DFT 为 $X(k)$。

(1) 若 $y(n)(0\leqslant n\leqslant 7)$ 的 8 点 DFT 为 $Y(k)=W_8^{3k}X(k), 0\leqslant k\leqslant 7$，求 $y(n)$；

(2) 若 $w(n)(0\leqslant n\leqslant 7)$ 的 8 点 DFT 为 $W(k)=\mathrm{Re}[X(k)], 0\leqslant k\leqslant 7$，求 $w(n)$；

(3) 若 $u(n)(0\leqslant n\leqslant 3)$ 的 4 点 DFT 为 $U(k)=X(2k), 0\leqslant n\leqslant 3$，求 $u(n)$。

11. 令 $X(k)$ 表示 N 点序列 $x(n)$ 的 N 点 DFT，证明：

(1) 如果 $x(n)$ 满足 $x(n)=-x(N-1-n)$，则 $X(0)=0$；

(2) 当 N 为偶数时，如果 $x(n)=x(N-1-n)$，则 $X(N/2)=0$。

12. $x(n)=\{2,\underline{1},3,0,4\}, y(n)=\{\underline{3},0,4,2,1\}$：

(1) $X(\mathrm{e}^{\mathrm{j}\omega})=\mathrm{DTFT}[x(n)]$；$X(k)=\mathrm{DFT}[x(n)]$，求 5 点 DFT；$Y(k)=\mathrm{DFT}[y(n)]$，求 5 点 DFT；

(2) 讨论 $Y(k)$ 与 $X(k)$ 及 $X(\mathrm{e}^{\mathrm{j}\omega})$ 的关系。

13. 求序列 $x[n]=\begin{cases}1, & n<-1\\ 2, & n=-1\\ 3, & n=0\\ 4, & n\geqslant 1\end{cases}$ 的傅里叶变换。[浙江大学2010研]

14. 求信号 $x(n)=(-2)^{n}u(-n-1)$ 的傅里叶变换。[四川大学2007研]

15. 设 $x(t)$ 是一周期为5的实奇序列,已知其傅里叶级数的系数 $a_{21}=2\mathrm{j}, a_{22}=\mathrm{j}$。若序列 $y(n)=x(n)\cos\left(\dfrac{2\pi}{5}n\right)$,试求周期序列 $y(n)$ 的傅里叶系数 c_k。[华中科技大学2008研]

答案

第 4 章　离散傅里叶变换的快速算法

DFT 在频谱分析、线性滤波等数字信号处理中有重要的应用。但 DFT 在进行 N 点傅里叶变换时，其运算量与 N 的平方成正比。对于较大的 N 值，其运算量过大，导致无法做到实时性处理信号。所以 DFT 的快速算法在 1965 年应运而生，大大简化了 DFT 的运算量，使其运算效率提高了 1 ~ 2 个数量级，推动了数字信号处理的发展。本章主要介绍基 2 时域抽取(decimation in time, DIT)的 FFT 算法(DIT - FFT)，同时对基 4 时域抽取 FFT 算法、混合基 FFT 算法等进行简要介绍。

4.1　基 2 时域抽取的 FFT 算法

本节主要介绍基 2 时域抽取的 FFT 算法的基本原理和特点，同时对 DFT 和基 2 时域抽取的 FFT 的运算量进行对比，借此说明 FFT 算法的优势。

4.1.1　DFT 的运算量

有限长序列 $x(n)$ 的 N 点 DFT 是根据公式(4.1.1)计算的，其中 $x(n)$ 可以为实数序列或者复数序列。

$$X(k) = \sum_{n=0}^{N-1} x(n) W_N^{kn}, k \in [0, N-1] \tag{4.1.1}$$

假设 $x(n)$ 为复数序列，进行 N 点 DFT 运算，则其表达式可以表示为

$$X(0) = x(0) W_N^0 + x(1) W_N^0 + x(2) W_N^0 + \cdots + x(N-1) W_N^0$$

$$\vdots$$

$$X(N-1) = x(0) W_N^0 + x(1) W_N^{N-1} + x(2) W_N^{2(N-1)} + \cdots + x(N-1) W_N^{(N-1)^2} \tag{4.1.2}$$

由上式可以看出，每计算 $X(k)$ 的一个值，需要进行 N 次复数乘法、$N-1$ 次复数加法，所以计算 $X(k)$ 的所有值需要进行 N^2 次复数乘法和 $N \times (N-1)$ 次复数加法。对于较大的 N 值，DFT 的运算量较大，对数字信号处理无法做到实时性。

4.1.2　减少运算量的途径

如上一节所述，N 点 DFT 的运算量主要来自 N^2 的复数运算。假设将 N 点 DFT 运算分解为多个 $M(M<N)$ 点 DFT，可使复数运算大大减少。同时 W_N^{kn} 具有明显的周期性和对称性，周期为 N，关于 $\frac{N}{2}$ 点对称。所以 FFT 算法就是不断地把长序列的 DFT 分解为几个短序

列的 DFT,并利用旋转因子 W_N^{kn} 的周期性和对称性减少复数乘法次数,进而减少了运算量。

4.1.3　基 2 时域抽取 FFT 算法的原理

基 2 时域抽取的 FFT 算法的原理是将 N 点数据序列的 $x(n)$ 在时域上分解为奇数序列和偶数序列,奇数序列和偶数序列的长度均为$\frac{N}{2}$。

序列 $x(n)$ 可以表示为

$$x(n)=f_o(n)+f_e(n) \tag{4.1.3}$$

式中,$f_o(n)=x(2n)$;$f_e(n)=x(2n+1)$,$n=0,1,\cdots,N/2-1$。

此时,N 点 DFT 算法按照奇偶抽取序列的 DFT 可以表示为

$$\begin{aligned} X(k) &= \sum_{n=0}^{N-1} x(n)W_N^{kn}, k=0,1,2,\cdots,N-1 \\ &= \sum_{n\text{为偶数}} x(n)W_N^{kn} + \sum_{n\text{为奇数}} x(n)W_N^{kn} \\ &= \sum_{n=0}^{N/2-1} x(2n)W_N^{2kn} + \sum_{n=0}^{N/2-1} x(2n+1)W_N^{k(2n+1)} \\ &= \sum_{r=0}^{N/2-1} f_e(n)W_N^{2kn} + W_N^k \sum_{r=0}^{N/2-1} f_o(n)W_N^{2kn} \end{aligned} \tag{4.1.4}$$

由于旋转因子具有可约性,所以 W_N^{2kn} 可以等效为

$$W_N^{2kn}=e^{-j\frac{2\pi}{N}2kn}=e^{-j\frac{2\pi}{N/2}kn}=W_{N/2}^{kn} \tag{4.1.5}$$

所以

$$\begin{aligned} X(k) &= \sum_{r=0}^{N/2-1} f_e(n)W_N^{2kn} + W_N^k \sum_{r=0}^{N/2-1} f_o(n)W_N^{2kn} \\ &= \sum_{r=0}^{N/2-1} f_e(n)W_{N/2}^{kn} + W_N^k \sum_{r=0}^{N/2-1} f_o(n)W_{N/2}^{kn} \\ &= F_e(k) + W_N^k F_o(k) \end{aligned} \tag{4.1.6}$$

式中,$F_e(k)$和 $F_o(k)$分别是序列$f_e(n)$和$f_o(n)$的 $N/2$ 的 DFT。

由于 $F_e(k)$和 $F_o(k)$均具有周期性,周期为 $N/2$,且 $W_N^{k+N/2}=e^{-j\frac{2\pi}{N}(k+N/2)}=e^{-j\frac{2\pi}{N}k}e^{-j\pi k}=-W_N^k$,因此 $X(k)$可以表示为

$$\begin{aligned} X(k) &= F_e(k)+W_N^kF_o(k),\quad k=0,1,\cdots,N/2-1 \\ X(k+N/2) &= F_e(k)-W_N^kF_o(k),\quad k=0,1,\cdots,N/2-1 \end{aligned} \tag{4.1.7}$$

此时,就将 N 点的 DFT 运算分解为两个 $N/2$ 点的 DFT。公式(4.1.7)可以用图 4.1.1 的流图符号表示,称为蝶形运算符号。

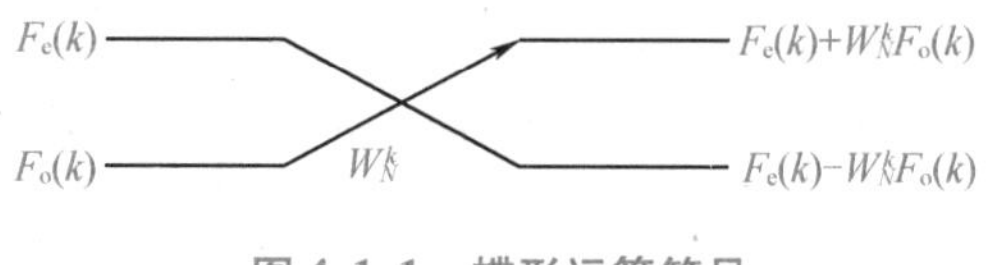

图 4.1.1　蝶形运算符号

此时可以看到，直接计算 $F_e(k)$ 需要 $(N/2)^2$ 次复数乘法。直接计算 $F_o(k)$ 同样需要 $(N/2)^2$ 次复数乘法。此外计算 $W_N^k F_o(k)$ 还需要 $(N/2)$ 次复数乘法，则总的复数乘法需要 $2(N/2)^2 + N/2 = N^2/2 + N/2$ 次复数乘法，相较于直接计算 N 点 DFT 运算量由 N^2 降为 $N^2/2 + N/2$。

显然，长序列分解为短序列后，运算量减小近一半。所以可以进一步对偶数序列 $f_e(n)$ 和奇数序列 $f_o(n)$ 进行奇偶分解，具体分解过程如下：

$$\begin{aligned} s_e(n) &= f_e(2n), n = 0,1,\cdots,N/4-1 \\ s_o(n) &= f_e(2n+1), n = 0,1,\cdots,N/4-1 \end{aligned} \tag{4.1.8}$$

$$\begin{aligned} v_e(n) &= f_o(2n), n = 1,2,\cdots,N/4-1 \\ v_o(n) &= f_o(2n+1), n = 1,2,\cdots,N/4-1 \end{aligned} \tag{4.1.9}$$

分别计算 $N/4$ 点 DFT，具体分解和第一次分解一致，可以通过以下关系得到 $F_e(k)$ 和 $F_o(k)$：

$$\begin{aligned} F_e(k) &= S_e(k) + W_{N/2}^k S_o(k), k = 0,1,\cdots,N/4-1 \\ F_e(k+N/4) &= S_e(k) - W_{N/2}^k S_o(k), k = 0,1,\cdots,N/4-1 \\ F_o(k) &= V_e(k) + W_{N/2}^k V_o(k), k = 0,1,\cdots,N/4-1 \\ F_o(k+N/4) &= V_e(k) - W_{N/2}^k V_o(k), k = 0,1,\cdots,N/4-1 \end{aligned} \tag{4.1.10}$$

式中，$S_e(k)$ 为 $s_e(n)$ 的 $N/4$ 的 DFT；$S_o(k)$ 为 $s_o(n)$ 的 $N/4$ 的 DFT；$V_e(k)$ 为 $v_e(n)$ 的 $N/4$ 的 DFT；$V_o(k)$ 为 $v_o(n)$ 的 $N/4$ 的 DFT。

此时，经过二次分解，又将 $N/2$ 的 DFT 分解为 2 个 $N/4$ 的 DFT。以此类推，经过 M 次分解后，最后将 N 点的 DFT 分解成只有 1 个点的 DFT，而 1 点的 DFT 就是时域序列本身。在画出完整的 8 点 DFT 运算符号图之前，先确定序列 $x(n)$ 的顺序，因为 $x(n)$ 按照 n 已经多次进行奇偶分解了。最终的 $x(n)$ 的输入顺序变化过程见表 4.4.1。

表 4.1.1　$x(n)$ 倒序过程

原序号	序列 $x(n)$	$N/2$ 点分解		$N/4$ 点分解		$N/8$ 点分解	
0	$x(0)$	偶序列 $f_e(n)$	$x(0)$	$s_e(n)$	$x(0)$	奇序列	$x(0)$
1	$x(1)$		$x(2)$		$x(4)$	偶序列	$x(4)$
2	$x(2)$		$x(4)$	$s_o(n)$	$x(2)$	奇序列	$x(2)$
3	$x(3)$		$x(6)$		$x(6)$	偶序列	$x(6)$
4	$x(4)$	奇序列 $f_o(n)$	$x(1)$	$v_e(n)$	$x(1)$	奇序列	$x(1)$
5	$x(5)$		$x(3)$		$x(5)$	偶序列	$x(5)$
6	$x(6)$		$x(5)$	$v_o(n)$	$x(3)$	奇序列	$x(3)$
7	$x(7)$		$x(7)$		$x(7)$	偶序列	$x(7)$

从表 4.1.1 中可以看出，经过三级分解后，原正常顺序的 $x(n)$ 已经完全倒序。

经过以上分解过程，可以画出 8 点 DIT－FFT 运算流图，如图 4.1.2 所示。

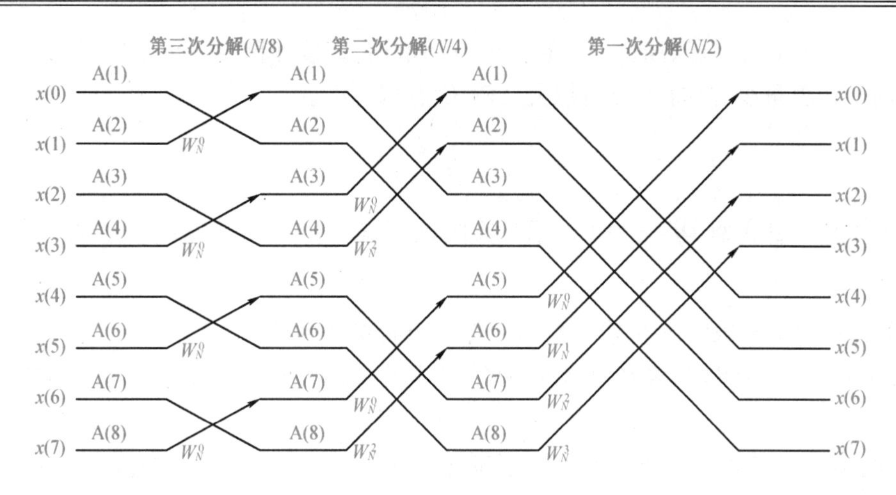

图 4.1.2　8 点 DIT－FFT 算法

4.1.4　基 2 时域抽取的运算量

由图 4.1.2 可以看出，8 点的 DIT－FFT 运算需要三级蝶形运算（$8=2^3$），每一级需要 4 个蝶形运算（$\frac{8}{2}=4$），每个蝶形运算需要 1 次复数乘法和 2 次复数加法，所以每级运算需要 4 次复数乘法和 8 次复数加法，3 级蝶形运算共需要 12 次复数乘法和 24 次复数加法。以此类推，若进行 $N(N=2^L)$ 点的 DIT－FFT 则需要 L 级蝶形运算，每一级需要$\frac{N}{2}$个蝶形运算，每一级运算需要$\frac{N}{2}$次复数乘法和 N 次复数加法。所以 L 级运算总的运算量为

复数乘法：

$$\text{product}=\frac{N}{2}L=\frac{N}{2}\log_2 N \tag{4.1.11}$$

复数加法：

$$\text{Add}=NL=N\log_2 N \tag{4.1.12}$$

图 4.1.3 对比了 DIT－FFT 和直接计算 DFT 的复数乘法次数的比较：

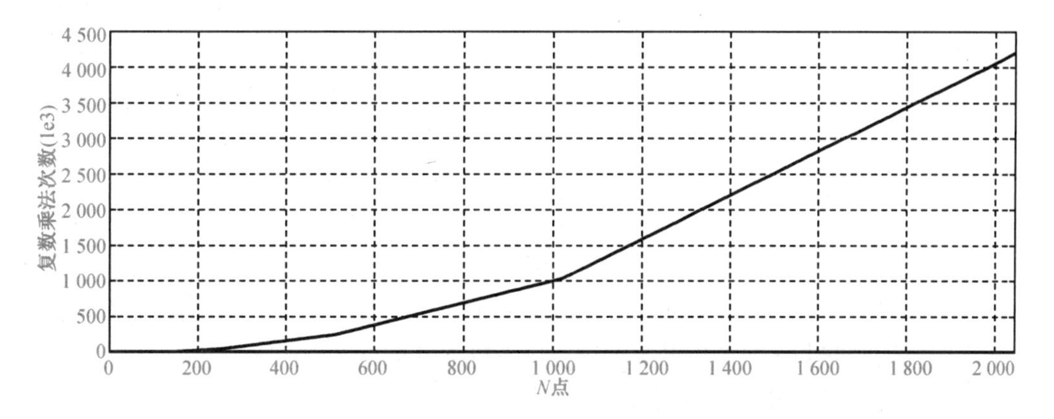

图 4.1.3　直接计算 DFT 和 FFT 复数乘法次数比较

从图 4.1.3 中可以直观地看出,随着 N 点的增加,直接计算 DFT 的运算量直线上升;而 FFT 较 DFT 运算量少,同时 N 点值越大,FFT 优点越突出。

4.1.5　基 2 时域抽取 FFT 算法的特点

为了得到任意 N 点 DIT – FFT 的信号流图,可以总结其在运算方式上的特点。

1. 原位运算

FFT 运算为流水操作,8 个输入数据存储在开辟的内存空间[A(1) A(2) A(3) A(4) A(5) A(6) A(7) A(8)],经蝶形运算,其结果为另一列数据。同时,每一级蝶形运算结果只与前一次运算结果有关,所以可以将每一级蝶形结果存储在同一组存储器中,直到最后输出,中间不需要其他存储器。采用原位运算,可以节省存储单元,降低设备成本,如图 4.1.2 所示。

2. 倒位序

同样从图 4.1.2 可以看出:输出数据 $x(k)$ 为自然序,而输入数据不是按照自然顺序排列的。虽然看起来顺序杂乱,但依然有规律可循,我们称此为倒位序。

造成倒位序现象的主要原因是输入数据 $x(n)$ 的下标 n 按照奇偶多次分解,最终形成倒位序。此时我们可以参考表 4.1.1 中输入数据顺序的变化过程。

我们可以通过变址运算来获得倒位序。此时,我们将输入数据 $x(n)$ 的下标 n 用二进制表示,则其倒位序逆向读取该二进制即可。我们以 $N=8$ 为例举例说明,具体过程见表 4.1.2。

表 4.1.2　倒位序过程

自然顺序(n)	二进制数据($n_2n_1n_0$)	倒位序二进制($n_0n_1n_2$)	倒位序顺序
0	000	000	0
1	001	100	4
2	010	010	5
3	011	110	6
4	100	001	1
5	101	101	5
6	110	011	3
7	111	111	7

4.2　基 2 频域抽取的 FFT 算法

基 2 频域抽取的 FFT 算法的基本原理可以做以下分析:

N 点 DFT 的另外一种表达形式为

$$\begin{aligned} X(k) &= \sum_{n=0}^{N-1} x(n) W_N^{nk} \\ &= \sum_{n=0}^{N/2-1} x(n) W_N^{nk} + \sum_{n=N/2}^{N-1} x(n) W_N^{nk} \\ &= \sum_{n=0}^{N/2-1} x(n) W_N^{nk} + \sum_{n=0}^{N/2-1} x(n+N/2) W_N^{(n+N/2)k} \\ &= \sum_{n=0}^{N/2-1} [x(n) + x(n+N/2) W_N^{(N/2)k}] W_N^{nk} \end{aligned} \tag{4.2.1}$$

由于 $W_N^{N/2} = e^{-j\pi} = -1$，所以 $W_N^{N/2} = e^{-j\pi} = -1$，所以 $X(k)$ 可以表示为

$$X(k) = \sum_{n=0}^{N/2-1} [x(n) + (-1)^k x(n+N/2)] W_N^{nk}, \quad k = 0,1,\cdots,N-1 \tag{4.2.2}$$

N 点 DFT 按 k 的奇偶分组可分为两个 $N/2$ 点 DFT：当 k 为偶数，即 $k=2m$ 时，$(-1)k=1$；当 k 为奇数，即 $k=2m+1$ 时，$(-1)^k=-1$。这时 $X(k)$ 可分为两部分：

k 为偶数时：

$$\begin{aligned} X(2m) &= \sum_{n=0}^{N/2-1} [x(n) + x(n+N/2)] W_N^{2nm} \\ &= \sum_{n=0}^{N/2-1} [x(n) + x(n+N/2)] W_{N/2}^{nm}, \quad m = 0,1,\cdots,N/2-1 \end{aligned} \tag{4.2.3}$$

k 为奇数时：

$$\begin{aligned} X(2m+1) &= \sum_{n=0}^{N/2-1} [x(n) - x(n+N/2)] W_N^{n(2m+1)} \\ &= \sum_{n=0}^{N/2-1} \{[x(n) - x(n+N/2)] W_N^{n}\} W_{N/2}^{nm}, \quad m = 0,1,\cdots,N/2-1 \end{aligned} \tag{4.2.4}$$

$$\begin{aligned} X_1(n) &= X(n) + X(n+N/2), \quad n=0,1,\cdots,N/2-1 \\ X_2(n) &= [X(n) - X(n+N/2)] W_N^n, \quad n=0,1,\cdots,N/2-1 \end{aligned} \tag{4.2.5}$$

所以 $X(k)$ 按照奇偶 k 值分为两组，其偶数组是 $x_1(n)$ 的 $N/2$ 点 DFT，奇数组则是 $x_2(n)$ 的 $N/2$ 点的 DFT。其蝶形运算符号如图 4.2.1 所示。

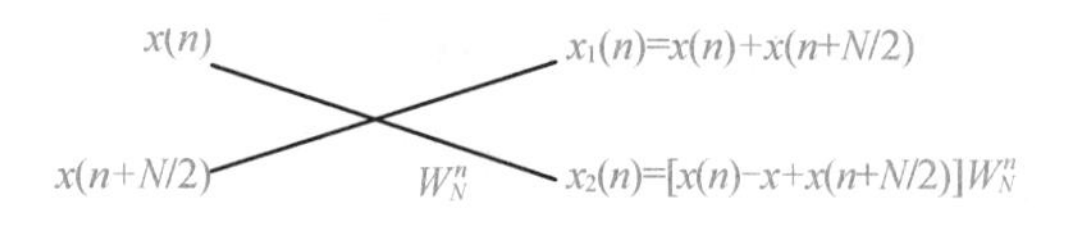

图 4.2.1　DIF－FFT 蝶形运算符号

将 8 点 $X(k)$ 按照奇偶分解为两个 $N/2$ 的 DFT，其运算流图如图 4.2.2 所示。

再将 $N/2$ 点 DFT 按 k 的奇偶分解为两个 $N/4$ 点的 DFT，如此进行下去，直至分解为 2 点 DFT。

$N=8$ 时 DIF－FFT 流图如图 4.2.3 所示。

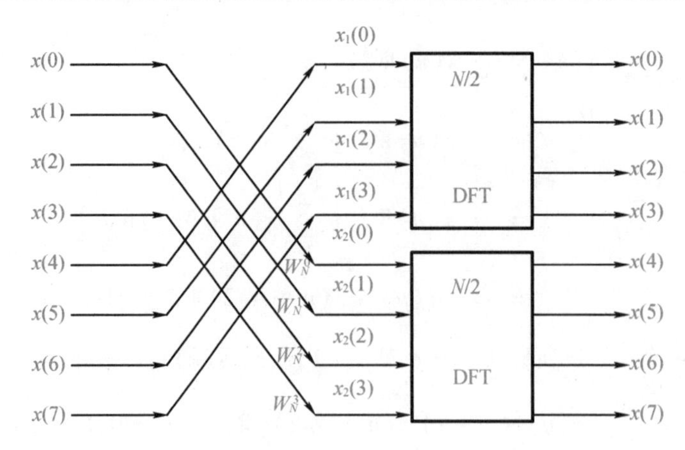

图 4.2.2　分解 2 个 4 点 DIF－FFT 运算流图

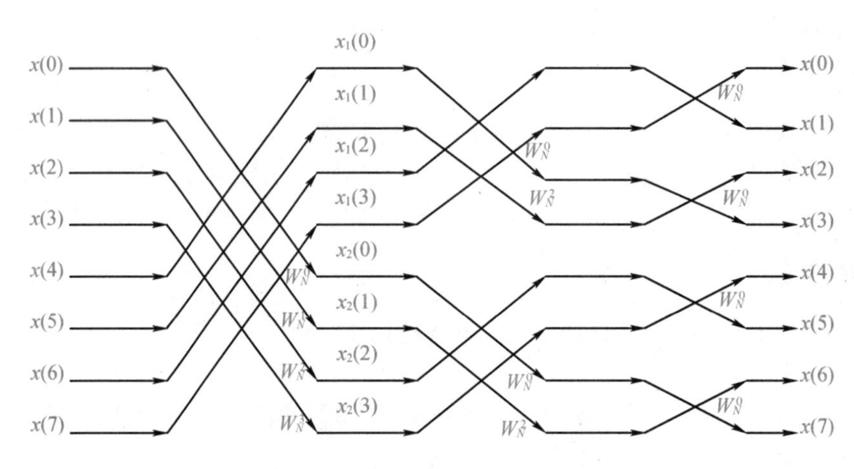

图 4.2.3　8 点 DIF－FFT 运算流图

4.3　基 4 时域抽取的 FFT 算法

基 4 时域抽取的 FFT 算法是将长度 N 的序列 $x(n)$ 分解为 4 组短序列，分别为

$$\begin{cases} x_1(n) = x(4n) \quad n = 0,1,\cdots,N/4-1 \\ x_2(n) = x(4n+1) \quad n = 0,1,\cdots,N/4-1 \\ x_3(n) = x(4n+2) \quad n = 0,1,\cdots,N/4-1 \\ x_4(n) = x(4n+3) \quad n = 0,1,\cdots,N/4-1 \end{cases} \tag{4.3.1}$$

由于基 4 时域抽取 FFT 算法和基 2 时域抽取 FFT 算法原理一致，我们可以简单推导如下：

$$X(k) = \sum_{n=0}^{N-1} x(n) W_N^{kn}$$

$$
\begin{aligned}
&= \sum_{n=0}^{N/4-1} x(4n) W_N^{4kn} + \sum_{n=0}^{N/4-1} x(4n+1) W_N^{k(4n+1)} + \sum_{n=0}^{N/4-1} x(4n+2) W_N^{k(4n+2)} + \sum_{n=0}^{N/4-1} x(4n+3) W_N^{k(4n+3)} \\
&= \sum_{n=0}^{N/4-1} x_1(n) W_N^{4kn} + \sum_{n=0}^{N/4-1} x_2(n) W_N^{k(4n+1)} + \sum_{n=0}^{N/4-1} x_3(n) W_N^{k(4n+2)} + \sum_{n=0}^{N/4-1} x_4(n) W_N^{k(4n+3)} \\
&= \sum_{n=0}^{N/4-1} x_1(n) W_{N/4}^{kn} + W_N^{k} \sum_{n=0}^{N/4-1} x_2(n) W_{N/4}^{kn} + W_N^{2k} \sum_{n=0}^{N/4-1} x_3(n) W_{N/4}^{kn} + W_N^{3k} \sum_{n=0}^{N/4-1} x_4(n) W_{N/4}^{kn} \\
&= X_1(k) + W_N^k X_2(k) + W_N^{2k} X_3(k) + W_N^{3k} X_4(k), \quad k = 0,1,\cdots,N/4-1
\end{aligned} \tag{4.3.2}
$$

上式利用了旋转因子的可约性：

$$W_N^{4kn} = \mathrm{e}^{-\mathrm{j}\frac{2\pi}{N}4kn} = \mathrm{e}^{-\mathrm{j}\frac{2\pi}{N/4}kn} = W_{N/4}^{kn}$$

所以，$\frac{N}{4}$点的短序列 DFT 合成 N 点长序列的 DFT，利用对称性可以推导如下：

$$
\begin{cases}
X(k) = X_1(k) + W_N^k X_2(k) + W_N^{2k} X_3(k) + W_N^{3k} X_4(k) \\
X(k+\frac{N}{4}) = X_1(k) + W_4^1 W_N^k X_2(k) + W_4^2 W_N^{2k} X_3(k) + W_4^3 W_N^{3k} X_4(k) \\
X(k+\frac{2N}{4}) = X_1(k) + W_4^2 W_N^k X_2(k) + W_4^4 W_N^{2k} X_3(k) + W_4^6 W_N^{3k} X_4(k) \\
X(k+\frac{3N}{4}) = X_1(k) + W_4^3 W_N^k X_2(k) + W_4^6 W_N^{2k} X_3(k) + W_4^9 W_N^{3k} X_4(k)
\end{cases} \tag{4.3.3}
$$

由短序列 DFT 合成长序列 DFT，可以引入矩阵形式，具体过程如下：

$$
\begin{bmatrix} X(k) \\ X(k+N/4) \\ X(k+2N/4) \\ X(k+3N/4) \end{bmatrix} =
\begin{bmatrix} 1 & 1 & 1 & 1 \\ 1 & -\mathrm{j} & -1 & \mathrm{j} \\ 1 & -1 & 1 & -1 \\ 1 & \mathrm{j} & -1 & -\mathrm{j} \end{bmatrix}
\begin{bmatrix} W_N^0 & 0 & 0 & 0 \\ 0 & W_N^k & 0 & 0 \\ 0 & 0 & W_N^{2k} & 0 \\ 0 & 0 & 0 & W_N^{3k} \end{bmatrix}
\begin{bmatrix} X_1(k) \\ X_2(k) \\ X_3(k) \\ X_4(k) \end{bmatrix} \tag{4.3.4}
$$

其中，$W_4^1 = -\mathrm{j}, W_4^2 = -1, W_4^3 = \mathrm{j}, W_4^4 = 1, W_4^6 = -1, W_4^9 = -\mathrm{j}$。

其中 4 点序列的基 4 时域抽取 FFT，时域到频域的过程如下：

$$
\begin{bmatrix} X(0) \\ X(1) \\ X(2) \\ X(3) \end{bmatrix} =
\begin{bmatrix} 1 & 1 & 1 & 1 \\ 1 & -\mathrm{j} & -1 & \mathrm{j} \\ 1 & -1 & 1 & -1 \\ 1 & \mathrm{j} & -1 & -\mathrm{j} \end{bmatrix}
\begin{bmatrix} x(0) \\ x(1) \\ x(2) \\ x(3) \end{bmatrix} \tag{4.3.5}
$$

所以，根据式(4.3.5)我们可以得到基 4 时域抽取 FFT 算法的蝶形运算符号，如图 4.3.1 所示。

所以 16 点基 4 时域抽取 FFT 运算流图如图 4.3.2 所示。

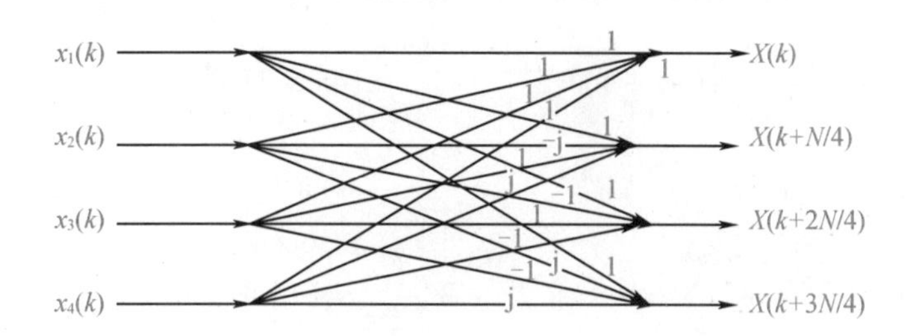

图 4.3.1　基 4 时域抽取 FFT 蝶形运算符号

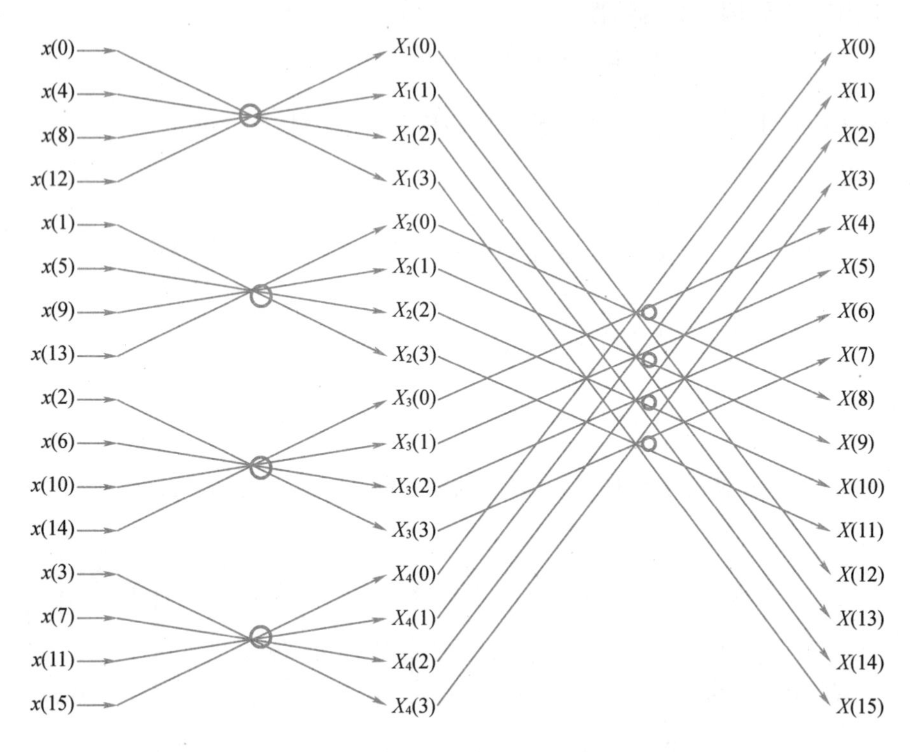

图 4.3.2　16 点基 4 时域抽取 FFT 蝶形运算流图

4.4　混合基 FFT 算法

基 2 时域抽取的 FFT 算法序列的长度 N 必须满足 $N=2^M$,基 4 时域抽取的 FFT 算法序列的长度 N 必须满足 $N=4^M$。如果 N 不满足此要求,则需对序列进行补零。FFT 算法的计算复杂度与序列的长度成正比,因此,大量补零将降低 FFT 算法的实际效果。

例如,某序列的长度 $N=96$,若利用 FFT 计算其 DFT,则利用基 2 时域抽取 FFT 计算,需要补零到 128 个点(增加 32 个零);利用基 4 时域抽取 FFT 计算,需要补零到 256 个点(增加 160 个零)。如何减少补零个数,提高 FFT 的计算效率呢?

若进行 128 点 FFT 运算,可以将 128 点的序列分解为 4 组 32 点的子序列,即 $128=4\times$

32,由基 2 时域抽取 FFT 计算此 4 组 32 点的子序列的 DFT($2^5=32$,即 5 级 DIT – FFT 蝶形运算),然后按照基 4 时域抽取 FFT 的规则将 4 组 32 点的 DFT 进行合成,最终构成 128 点序列的 DFT。

$$\begin{bmatrix} X(k) \\ X(k+N/4) \\ X(k+2N/4) \\ X(k+3N/4) \end{bmatrix} = \begin{bmatrix} 1 & 1 & 1 & 1 \\ 1 & -\mathrm{j} & -1 & \mathrm{j} \\ 1 & -1 & 1 & -1 \\ 1 & \mathrm{j} & -1 & -\mathrm{j} \end{bmatrix} \begin{bmatrix} W_N^0 & 0 & 0 & 0 \\ 0 & W_N^k & 0 & 0 \\ 0 & 0 & W_N^{2k} & 0 \\ 0 & 0 & 0 & W_N^{3k} \end{bmatrix} \begin{bmatrix} X_1(k) \\ X_2(k) \\ X_3(k) \\ X_4(k) \end{bmatrix} \tag{4.4.1}$$

由于此计算过程利用了不同基的 FFT,因此称为混合基 FFT。

根据以上推导,可以应用到一般表达式,具体过程如下:

序列 $x(n)$ 的长度可以表示为 $N=r\times c$,将序列 $x(n)$ 按时间抽取方式分为 r 组 c 点序列 $x_1(n),x_2(n),\cdots,x_c(n)$,则根据时域抽取 FFT 算法原理可以得到基 r 时域抽取 FFT 算法,其基本表达式为

$$\begin{cases} X(k)=X_1(k)+W_N^kX_2(k)+\cdots+W_N^{(r-1)k}X_r(k) \\ X(k+c)=X_1(k)+W_N^{k+c}X_2(k)+\cdots+W_N^{(r-1)(k+c)}X_r(k) \\ \vdots \\ X(k+(r-1)c)=X_1(k)+W_N^{k+rc-c}X_2(k)+\cdots+W_N^{(r-1)(k+rc-c)}X_r(k) \end{cases},\quad k=0,1,\cdots,c-1 \tag{4.4.2}$$

利用混合基 FFT 算法计算 $N=12$ 点序列的 DFT,并画出其蝶形图。

解　根据以上分析可以,$N=3\times4$,将序列 $x(n)$ 按照时域抽取分解为 3 组 4 点序列,即对序列 $x(n)$ 按照基 3 方式抽取,构成三组子序列 $x_1(n),x_2(n),x_3(n)$,分别为

$$\begin{cases} x_1(n)=x(3n)=[x(0),x(3),x(6),x(9)] \\ x_2(n)=x(3n+1)=[x(1),x(4),x(7),x(10)], \quad n=0,1,2,3 \\ x_3(n)=x(3n+2)=[x(2),x(5),x(8),x(11)] \end{cases} \tag{4.4.3}$$

所以,分别对 4 点序列 $x_1(n)$、$x_2(n)$ 和 $x_3(n)$ 进行 4 点的基 2 时域抽取 FFT 运算得到 3 个短序列 $X_1(k)$、$X_2(k)$ 和 $X_3(k)$。

利用以上公式,对短序列进行合成得到长序列 $X(k)$

$$\begin{cases} X(k)=X_1(k)+W_{12}^kX_2(k)+W_{12}^{2k}X_r(k) \\ X(k+4)=X_1(k)+W_{12}^{k+4}X_2(k)+W_{12}^{2(k+4)}X_3(k), \quad k=0,1,2,3 \\ X(k+8)=X_1(k)+W_{12}^{k+8}X_2(k)+W_{12}^{2(k+8)}X_3(k) \end{cases} \tag{4.4.4}$$

根据式(4.4.4),其 12 点混合基 FFT 运算流图如图 4.3.3 所示。

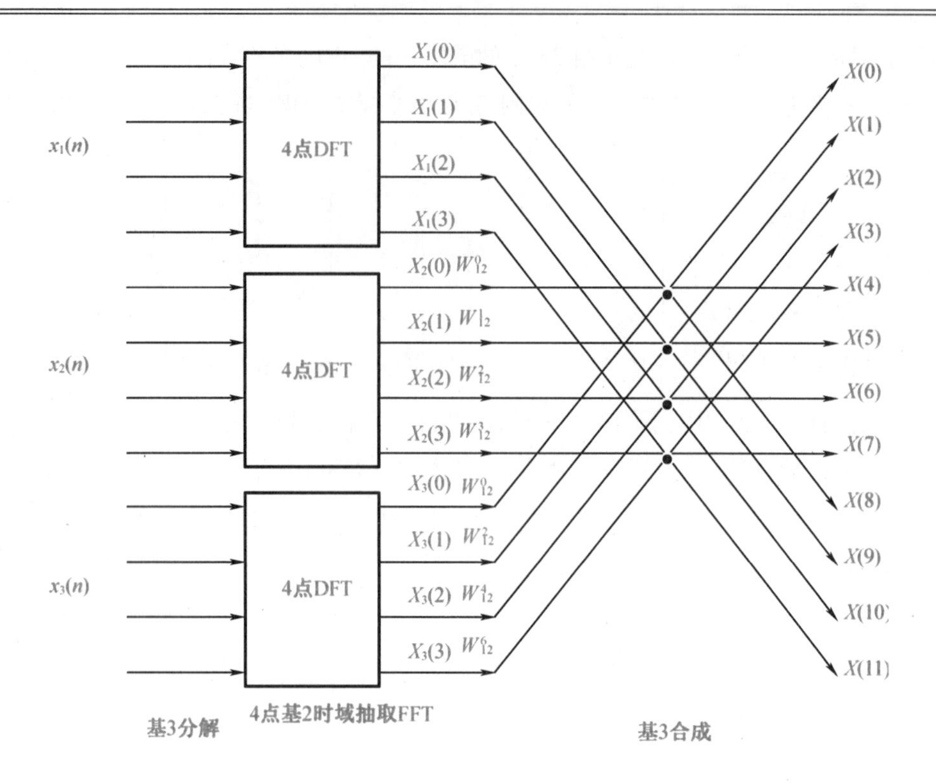

图 4.3.3　12 点混合基 FFT 运算流图

其中 4 点 DFT 用基 2 时域抽取的 FFT 运算流图可以得到。

4.5　实序列的 DFT 计算

4.5.1　用 N 点复序列 FFT 计算两个 N 点实序列的 DFT

为进一步提高 FFT 的运算效率，可以利用 N 点复数序列 FFT 对实数进行有效计算。这里我们介绍该方法，用一个 N 点 FFT 同时计算两个 N 点实序列的 DFT。

设 $x(n)$、$y(n)$ 是彼此独立的两个 N 点实序列，同时满足

$$\begin{cases} X(k) = \text{DFT}[x(n)] \\ Y(k) = \text{DFT}[y(n)] \end{cases} \tag{4.5.1}$$

则 $X(k)$、$Y(k)$ 可以通过一次 FFT 运算同时获得。

具体推导如下：

首先将 $x(n)$、$y(n)$ 分别当作复序列的实部及虚部，即

$$g(n) = x(n) + \mathrm{j}y(n) \tag{4.5.2}$$

通过 FFT 运算可获得 $g(n)$ 的 DFT 值 $G(k)$，记作：

$$G(k)=X(k)+\mathrm{j}Y(k) \tag{4.5.3}$$

序列 $x(n)$ 和 $y(n)$ 可以用 $g(n)$ 表示,具体如下:

$$\begin{cases} x(n)=\dfrac{g(n)+g^{*}(n)}{2} \\ y(n)=\dfrac{g(n)-g^{*}(n)}{2\mathrm{j}} \end{cases} \tag{4.5.4}$$

所以 $x(n)$ 和 $y(n)$ 的 DFT 可以表示为

$$\begin{cases} X(k)=\dfrac{1}{2}\{\mathrm{DFT}[g(n)]+\mathrm{DFT}[g^{*}(n)]\} \\ Y(k)=\dfrac{1}{2\mathrm{j}}\{\mathrm{DFT}[g(n)]-\mathrm{DFT}[g^{*}(n)]\} \end{cases} \tag{4.5.5}$$

根据共轭序列的 DFT 可以得到: $\mathrm{DFT}[g^{*}(n)]=G^{*}(N-k)$,所以

$$\begin{cases} X(k)=\dfrac{1}{2}\{G(k)+G^{*}(N-k)\} \\ Y(k)=\dfrac{1}{2\mathrm{j}}\{G(k)+G^{*}(N-k)\} \end{cases} \tag{4.5.6}$$

做一次 N 点复序列的 FFT,再通过加、减法运算就可以将 $X(k)$ 与 $Y(k)$ 分离出来。显然,这将使运算效率提高一倍。

4.5.2　用 N 点复序列 FFT 计算 $2N$ 点实序列的 DFT

假设 $g(n)$ 是一个 $2N$ 点的实序列。现在我们说明如何用一个 N 点复序列 FFT 来得到 $g(n)$ 的 $2N$ 点 DFT。

首先,将 $g(n)$ 中的 n 按照奇偶得到两个 N 点实序列 $x_1(n)$ 和 $x_2(n)$,并且分别作为新构造序列 $y(n)$ 的实部和虚部。具体过程如下:

$$x_1(n)=g(2n),x_2(n)=g(2n+1),\quad n=0,1,\cdots,N-1$$
$$y(n)=x_1(n)+\mathrm{j}x_2(n),\quad n=0,1,\cdots,N-1 \tag{4.5.7}$$

其次,对 $y(n)$ 进行 N 点 FFT 运算得到 $Y(k)$:

$$Y(k)=X_1(k)+\mathrm{j}X_2(k) \tag{4.5.8}$$

由 4.5.1 小节可知:

$$\begin{cases} X_1(k)=\dfrac{1}{2}[Y(k)+Y^{*}(N-k)] \\ X_2(k)=\dfrac{1}{2\mathrm{j}}[Y(k)-Y^{*}(N-k)] \end{cases} \tag{4.5.9}$$

最后,可以用两个 N 点的 FFT 来表示 $2N$ 点的 DFT,为完成该操作,我们按照 DIT - FFT 算法,有

$$G(k)=\sum_{n=0}^{N-1}g(2n)W_{2N}^{2nk}+\sum_{n=0}^{N-1}g(2n+1)W_{2N}^{(2n+1)k}$$

$$= \sum_{n=0}^{N-1} x_1(n) W_{2N}^{2nk} + W_{2N}^{k} \sum_{n=0}^{N-1} x_2(n) W_{2N}^{(2n)k} \tag{4.5.10}$$

所以

$$G(k) = X_1(k) + W_{2N}^{k} X_2(k), \quad k = 0,1,\cdots,N-1$$

$$G(k+N) = X_1(k) - W_{2N}^{k} X_2(k), \quad k = 0,1,\cdots,N-1 \tag{4.5.11}$$

4.6 IDFT 的快速算法

根据第 3 章 DFT 内容,比较 DFT 和 IDFT 公式:

$$\begin{cases} X(k) = \mathrm{DFT}[x(n)] = \sum_{n=0}^{N-1} x(n) W_N^{kn} \\ x(n) = \mathrm{IDFT}[X(k)] = \dfrac{1}{N} \sum_{k=0}^{N-1} X(k) W_N^{-kn} \end{cases} \tag{4.6.1}$$

通过上式可以看出:

$$x(n) = \frac{1}{N}\left(\sum_{k=0}^{N-1} X^*(k) W_N^{kn}\right)^* = \frac{1}{N}\left(\mathrm{DFT}[X^*(k)]\right)^* = \frac{1}{N}\sum_{k=0}^{N-1} X(k) W_N^{-kn} \tag{4.6.2}$$

所以,要计算 IDFT,可以采取以下步骤进行:

①将 $X(k)$ 取共轭;

②用 FFT 流图计算 DFT$[X^*(k)]$;

③将步骤②中的结果取共轭并且乘以 $1/N$。

习　　题

1. $N = 32$ 时用基 2 DIT－FFT 运算,需要多少级蝶形运算,每一级有多少个蝶形单元?

2. 如果一台通用计算机的计算速度为平均每次复数乘法需要 100 μs,每次复数加法为 20 μs,用它计算 1024 点 DFT 运算,直接计算 DFT 需要时间为多少? 用 FFT 运算需要时间为多少?

3. 简述频域抽取法和时域抽取法的异同。

4. 在基 2 DIT－FFT 运算时,若进行计算的序列点数 N = 16,倒序前信号点序号为 8,试计算倒序后该信号点的序号。

5. 简述 DTFT、DFT 和 FFT 的关系。

6. 已知 $X(k)$ 和 $Y(k)$ 是两个 N 点实序列 $x(n)$ 和 $y(n)$ 的 DFT,希望从 $X(k)$ 和 $Y(k)$ 求 $x(n)$ 和 $y(n)$,为提高运算效率,试设计一次 N 点 IDFT 来完成的算法。

7. 对于长度为 8 点的实序列 $x(n)$,试问如何利用长度为 4 点的 FFT 计算 $x(n)$ 的 8 点

DFT？写出其表达式，并画出简略流程图。

8. 对一个连续时间信号进行抽样，抽样时间长度为 1 s，其最高频率为 1 kHz，采用 FFT 对其进行频率谱分析，问抽样点间的最大抽样间隔是多少？应做多少点的 FFT？[北京交通大学 2007 研]

9. 已知离散序列 $x(n)=[1,\mathrm{j},-1,-\mathrm{j}]$，试求其 $X(k)=\mathrm{DFT}[x(n)]$；然后求 $X(k)$ 的反变换 IDFT，以验证 $X(k)$ 计算结果的正确性。[华南理工大学 2007 研]

10. 设 $x(n)=[1,2,1,2,1]$，$h(n)=[1,2,2,1]$。用 FFT 流图法计算 $Y(k)=X(k)\times H(k)$ 的结果。

11. 利用 IDFT 快速算法求出第 9 题中 $y(n)=\mathrm{IDFT}[Y(k)]$。

12. 利用 MATLAB 完成基 2 时域抽取 FFT 算法编程。

13. 假设有一些按时域抽取方式实现的 8 点 FFT 芯片，试问如何利用这些芯片来计算 24 点的 DFT？试写出推导过程，并做简要说明。[中南大学 2007 研]

14. 试推导基 2 时域抽取 FFT 算法，并画出 4 点的基 2 时域抽取法的 FFT 运算流程图。[北京交通大学 2005 研]

15. 画出 12 点混合基 FFT 运算流图。

答案

第5章　数字滤波器结构与有限字长效应

数字滤波器(digital filter,DF)是数字信号处理学科的重要组成部分,应用非常广泛。数字滤波器通常是指一种算法或一种数字处理设备,其功能是将一组输入的数字序列经过一定的运算后,变换为另外一组输出的数字序列。数字滤波器是在模拟滤波器(analog filter,AF)的基础上发展起来的,但它们之间具有明显的差别。与模拟滤波器相比,数字滤波器具有精度高、稳定性好、设计灵活、不存在阻抗匹配、便于大规模集成和可以实现多维滤波等优点。通常情况下,数字滤波器是一个非线性时变系统。虽然从频域上看,两种滤波器都有低通、高通、带通和带阻之分,但在时频的实现方式方法上,它们是完全不同的两类系统。

从结构上看,数字滤波器可以分为递归型(IIR,又称为无限长脉冲响应)和非递归型(FIR,又称为有限长脉冲响应)两大类。讨论这两大类数字滤波器的实现方法或算法结构时,既可以利用它们的差分方程、单位脉冲响应和系统函数来表示,也可以利用信号流图来表示。利用信号流图表示滤波器的结构,可以清晰地得到系统的运算步骤、乘法和加法的运算次数和所用存储单元的数量等。

5.1　离散时间系统的结构及表示方法

数字滤波器是离散时间系统,所处理的信号是离散时间信号。一般时域离散系统可以用差分方程、单位脉冲响应和系统函数进行描述。如果系统输入、输出服从 N 阶差分方程

$$y(n) = \sum_{i=0}^{M} b_i x(n-i) + \sum_{i=1}^{N} a_i y(n-i) \tag{5.1.1}$$

则其系统函数,即滤波器的传递函数为

$$H(z) = \frac{\sum_{i=0}^{M} b_i z^{-i}}{1 - \sum_{i=1}^{N} a_i z^{-i}} \tag{5.1.2}$$

LSI 系统的很多特性都是通过 $H(z)$ 反映出来的。为了用专用硬件或软件实现对输入信号的处理,需要把式(5.1.1)或式(5.1.2)变换成一种算法。对于同一个系统函数 $H(z)$,对输入信号的处理可实现的算法有很多种,每一种算法对应于一种不同的运算结构。例如:

$$H(z) = \frac{1}{1-3z^{-1}+2z^{-2}} = \frac{2}{1-2z^{-1}} - \frac{1}{1-z^{-1}} = \frac{1}{1-2z^{-1}} \cdot \frac{1}{1-z^{-1}} \tag{5.1.3}$$

观察式(5.1.3)可知，对应于每种不同的运算结构，都可以用三种基本的运算单元——乘法器、加法器和单位延时器来实现。这些基本单元有两种表示方法：方框图法和信号流图法。因此一个数字滤波器的网络结构也有这两种表示方法。这三种基本运算单元常用的方框图表示和信号流图表示如图5.1.1所示。

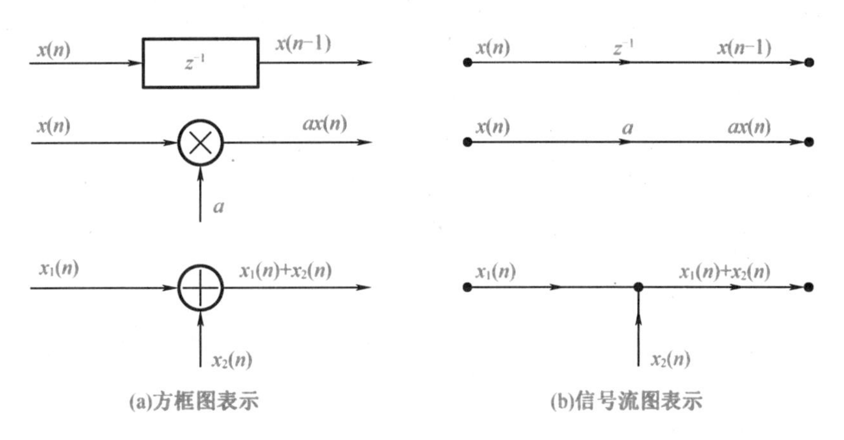

图5.1.1　基本运算单元的方框图表示法和信号流图表示

图5.1.1中(a)为方框图结构，(b)为(a)中对应的信号流图。图中符号说明：

单位延时器：用z^{-1}表示，信号经过此环节将延时一次；

支路增益：用箭头边标注a表示，a通常为常数，当$a=1$时可以省略，箭头标明信号的流动方向；

网络节点：用圆点表示，支路信号在网络节点处汇合并流出，流出信号等于流入信号相加；

输入节点(源节点)：输入信号$x(n)$的节点，又称为源节点，源节点没有输入支路；

输出节点：输出信号$y(n)$的节点，又称为吸收节点，吸收节点没有输出支路；

节点变量(吸收节点)：节点处所标注的信号变量。

线性信号流图本质上与方框图表示法等效，只是符号上有差异。用方框图表示比较明显、直观，而用信号流图表示更加简单、方便。例如，二阶数字滤波器

$$y(n)=a_1y(n-1)+a_2y(n-2)+b_0x(n)$$

的方框图表示如图5.1.2(a)所示，等效的信号流图表示如图5.1.2(b)所示。

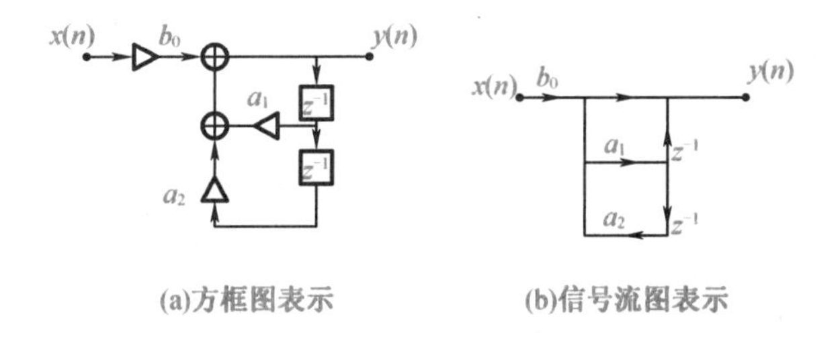

图5.1.2　二阶数字滤波器的方框图和信号流图表示

$x(n)$处为输入节点,表示外部输入或信号源,$y(n)$处为输出节点。节点之间用有向支路连接,任意一个节点的值等于它的所有输入支路的信号之和。输入支路的信号值等于这一支路起点处节点的信号值乘以支路增益(传输系数)。如果支路箭头旁未标增益符号,则认为支路增益为1;延迟支路用延迟算子z^{-1}表示,它表示单位延迟。

数字滤波器的结构分析是一个非常重要的问题。系统函数的数学表达式可以写成多种不同的形式,不同的形式对应有不同的信号流图结构。不同的信号流图结构需要的存储单元和乘法次数是不同的,因此相应的系统复杂性和运算速度是不同的。而且,在有限字长(有限精度)情况下,不同运算结构的误差和稳定性是不同的。

无限长脉冲响应(IIR)和有限长脉冲响应(FIR)滤波器在结构上具有不同的特点,下面分别加以讨论。

5.2　无限长脉冲响应(IIR)数字滤波器的基本结构

IIR 滤波器具有以下特点:

(1)信号流图中含有反馈支路,结构上是递归型的;

(2)系统的单位脉冲响应是无限长的;

(3)对同样的滤波器过渡带要求,其实现的阶数可以比较低,进而需要的延迟单元和乘法器较少;

(4)系统函数$H(z)$在有限z平面($0<|z|<\infty$)上有极点,系统存在稳定性问题,设计不当时,会使一个稳定的系统由于系数量化的影响导致不稳定而无法工作。

对于同一种IIR滤波器的系统函数$H(z)$,它的基本网络结构有三种:直接型、级联型和并联型,其中直接型又分为直接Ⅰ型和直接Ⅱ型。

5.2.1　直接Ⅰ型结构

一个N阶的IIR滤波器的系统函数为

$$H(z)=\frac{\sum_{i=0}^{M}b_iz^{-i}}{1-\sum_{i=1}^{N}a_iz^{-i}} \tag{5.2.1}$$

相应的输入输出关系可以用式(5.2.2)所示的N阶的差分方程来描述。

$$y(n)=\sum_{i=0}^{M}b_ix(n-1)+\sum_{i=1}^{N}a_iy(n-i) \tag{5.2.2}$$

从这个差分方程表达式可以看出,系统的输出$y(n)$由两部分构成:第一部分$\sum_{i=0}^{M}b_ix(n-i)$是一个对输入$x(n)$的M阶延时链结构,每阶延时抽头后加权相加,构成一个横向结构网络;第二部分$\sum_{i=0}^{N}a_iy(n-i)$是一个对输出$y(n)$的N阶延时链的横向结构网络,是由输出到输入的反馈网络。由这两部分相加构成输出，取 $M=N$ 可得其结构图如图5.2.1所示。为了便于讨论，图中假设 $M=N$，当 $M<N$ 时，只要令式(5.2.2)中的系数 $b_{M+i}(i=1,2,\cdots,N-M)$ 等于零即可。图5.2.1所示的系统可视为两个子系统的级联：第一级实现的是系统对应的各个零点，第二级实现的是系统对应的各个极点。从图5.2.1中可以看出，直接Ⅰ型结构需要 $2N$ 个延时器和 $2N+1$ 个乘法器。

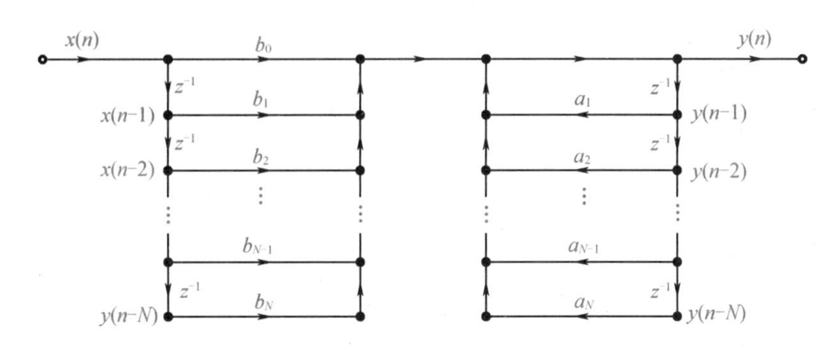

图5.2.1　直接Ⅰ型结构

该结构特点如下：

优点：由差分方程或系统函数直接实现，方便简单。

缺点：直接Ⅰ型结构需要 $2N$ 个延时器和 $2N+1$ 个乘法器。由于该结构的系数 a_i、b_i 不能单独控制零极点，因此不能很好控制滤波器性能。

5.2.2　直接Ⅱ型结构

直接Ⅱ型结构又称为规范型结构。前面讨论的直接Ⅰ型结构的系统函数可视为两个独立的系统函数相乘。对于一个线性时不变系统，交换其级联子系统的前后顺序，系统函数是不变的，即系统的输入/输出关系不变。对于图5.2.1，若把两个子系统顺序对换一下，即先实现极点再实现零点，且把多个延迟单元合并成一个公用的延迟单元，则得到直接Ⅱ型结构，如图5.2.2所示。

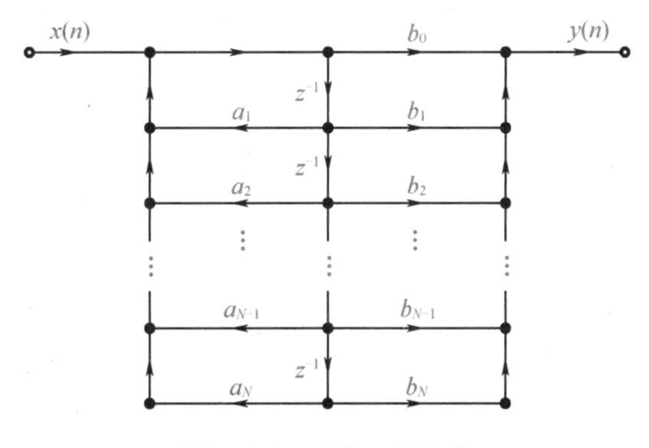

图5.2.2　直接Ⅱ型结构

该结构特点如下：

优点：实现 N 阶滤波器(一般 $N \geq M$)只需 N 级延时单元，所需延迟单元最少。

缺点：该结构系数 a_i、b_i 不能单独控制零极点，因此不能很好控制滤波器性能。直接型结构中极点对系数的变化过于灵敏，导致系统频率响应对系数的变化过于灵敏，即对有限字长效应过于灵敏，容易出现不稳定或产生较大误差的情况。

【例 5.2.1】 用直接 I 型和直接 II 型结构实现系统函数 $H(z)=\dfrac{3+4.2z^{-1}+0.8z^{-2}}{2+0.6z^{-1}-0.4z^{-2}}$。

解 分母首系数归一化后，可得

$$H(z)=\frac{1.5+2.1z^{-1}+0.4z^{-2}}{1+0.3z^{-1}-0.2z^{-2}}=\frac{1.5+2.1z^{-1}+0.4z^{-2}}{1-(-0.3z^{-1}+0.2z^{-2})}$$

直接 I 型结构如图 5.2.3 所示。

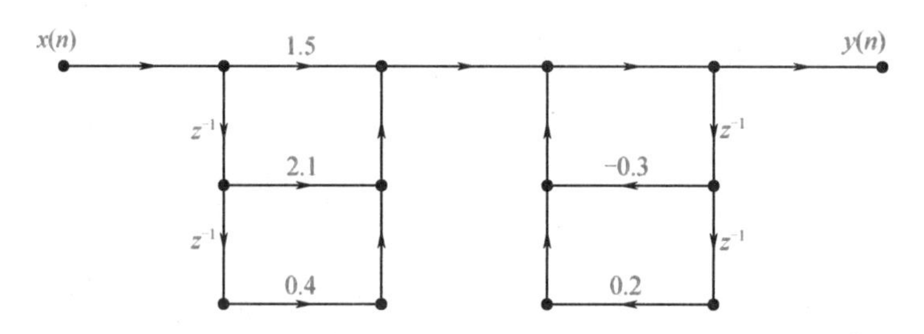

图 5.2.3　例 5.2.1 IIR 系统的直接 I 型结构

直接 II 型结构如图 5.2.4 所示。

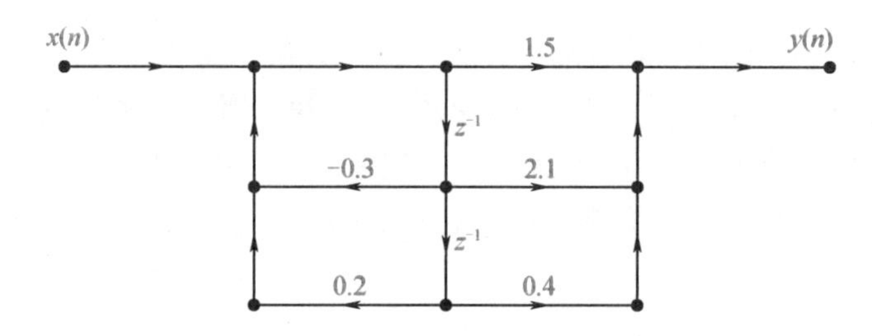

图 5.2.4　例 5.2.1 IIR 系统的直接 II 型结构

5.2.3　级联型结构

对系统函数 $H(z)$ 进行因式分解，由于 a_i、b_i 均为实数，因此零点和极点或者为实数，或者为共轭复根。将每一对共轭因子合并起来，构成一个实系数的二阶因子，滤波器就可以用若干个二阶因子网络结构级联而成。

$$H(z)=A\prod_{i=1}^{M}\frac{1+\beta_{1i}z^{-1}+\beta_{2i}z^{-2}}{1+\alpha_{1i}z^{-1}+\alpha_{2i}z^{-2}}$$

其结构如图 5.2.5 所示。

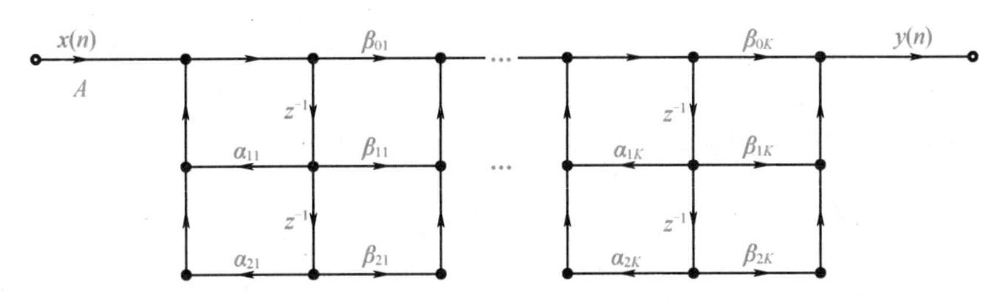

图5.2.5　二阶节级联网络结构

结构特点如下：

优点：每个二阶节系数单独控制一对零点或一对极点，有利于控制频率响应，调整方便；存储单元少，用硬件实现时一个二阶基本节可以分时使用，这种分时复用能使硬件结构简化；此外，因为在级联结构中，后面的网络的输出不会流到前面，所以其运算误差也比直接型小。

缺点：需要进行因式分解，计算烦琐，需借助相应工具。

级联结构中需要考虑有限字长的影响。理论上，各个子系统的前后顺序可以任意组合，但对有限精度运算来说，不同的组合有不同的量化效应，其运算误差的差别较大；另外，各级之间电平大小的搭配会影响输出信号的精度，太大的电平会产生溢出，过小的电平则会影响输出的信噪比，因此实际中要针对不同情况具体问题具体分析。

【例5.2.2】　用级联型结构实现系统函数 $H(z)=\dfrac{2+2z^{-1}-2.5z^{-2}+0.5z^{-3}}{1+z^{-1}-2z^{-3}}$。

解

$$H(z)=\frac{2+2z^{-1}-2.5z^{-2}+0.5z^{-3}}{1+z^{-1}-2z^{-3}}=\frac{(1-0.5z^{-1})(2+3z^{-1}-z^{-2})}{(1-z^{-1})(1+2z^{-1}+2z^{-2})}$$

$$=\frac{2+3z^{-1}-z^{-2}}{1+2z^{-1}+2z^{-2}}\cdot\frac{1-0.5z^{-1}}{1-z^{-1}}$$

$$=H_1(z)H_2(z)$$

级联型结构如图5.2.6所示。

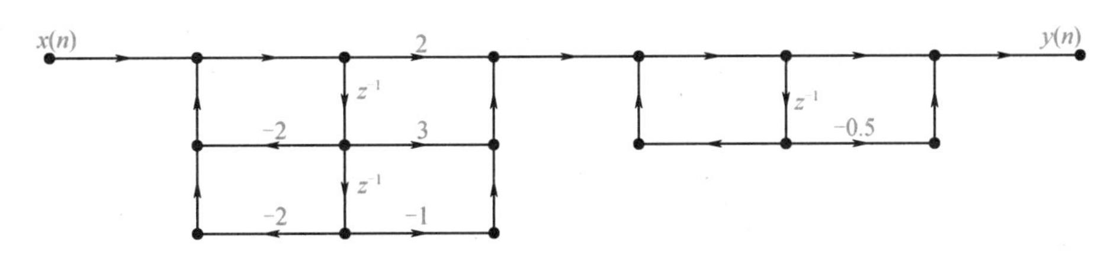

图5.2.6　例5.2.2 IIR系统的级联型结构

若将上式中的因式进行不同的组合，可以得到不同的网络结构。通常把阶数相同的零、极点放到同一个子滤波器中，这样可以减少单位延迟的数目。

5.2.4　并联型结构

对系统函数 $H(z)$ 展开成部分分式的形式,就得到并联型的 IIR 滤波器结构:

$$H(z) = A_0 + \sum_{i=1}^{E} \frac{A_i}{1 - p_i z^{-1}} + \sum_{i=1}^{F} \frac{\gamma_{0i} + \gamma_{1i} z^{-1}}{1 - \alpha_{1i} z^{-1} - \alpha_{2i} z^{-2}}$$

滤波器可由 E 个一阶网络、F 个二阶网络和一个常数支路并联构成, 其结构如图 5.2.7 所示。

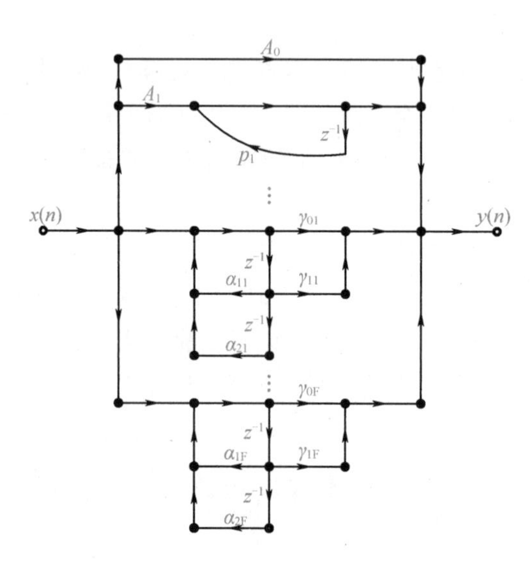

图 5.2.7　并联型结构图

并联型结构特点如下:

优点:可以单独调整极点位置,误差最小,因并联型结构各基本节的误差互不影响,所以比级联型误差还小;由于可同时对输入信号进行处理,因此并联型结构运算速度快。

缺点:不能像级联型那样可直接控制零点,因为零点只是各二阶节网络的零点,不是整个系统函数的零点,因此当系统要求有准确的零点时就不能采用并联型结构;需要进行部分分式展开,计算烦琐,需要借助工具。

【例 5.2.3】　用并联型结构实现系统函数 $H(z) = \dfrac{2 + 2z^{-1} - 2.5z^{-2} + 0.5z^{-3}}{1 + z^{-2} - 2z^{-3}}$。

解

$$\begin{aligned} H(z) &= \frac{2 + 2z^{-1} - 2.5z^{-2} + 0.5z^{-3}}{1 + z^{-2} - 2z^{-3}} \\ &= \frac{(1 - 0.5z^{-1})(2 + 3z^{-1} - z^{-2})}{(1 - z^{-1})(1 + z^{-1} + 2z^{-2})} \\ &= -0.25 + \frac{0.5}{1 - z^{-1}} + \frac{1.75 + 3.25z^{-1}}{1 + z^{-1} + 2z^{-2}} \end{aligned}$$

并联型结构如图 5.2.8 所示。

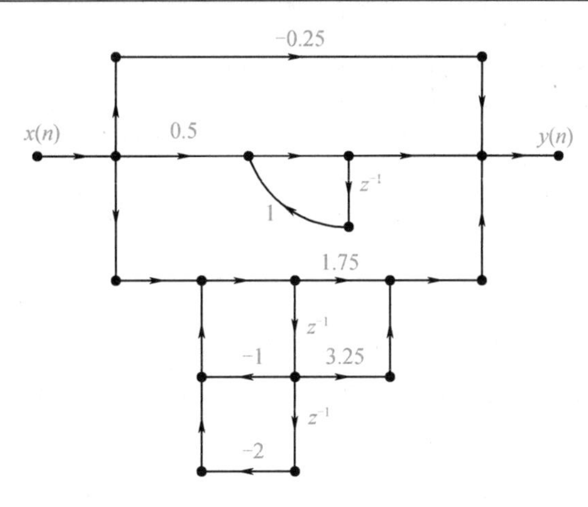

图 5.2.8　例 5.2.3 IIR 系统的并联型结构

5.3　有限长脉冲响应(FIR)数字滤波器的基本结构

FIR 数字滤波器是一种非递归系统,其冲激响应 $h(n)$ 是有限长序列,其系统函数的一般形式为

$$H(z) = \sum_{n=0}^{N-1} h(n) z^{-n} \tag{5.3.1}$$

有限长脉冲响应滤波器具有以下特点:

(1)系统的单位脉冲响应是有限长的;

(2)系统函数 $H(z)$ 在 $|z|>0$ 平面上,只有零点,没有极点,极点全部位于 $z=0$ 处,因此滤波器永远是稳定的;

(3)能够实现严格的线性相位,在图像处理等应用领域中非常重要。

5.3.1　直接型结构

式(5.3.1)对应的 FIR 系统的差分方程为

$$y(n) = \sum_{m=0}^{N-1} h(m) x(n-m) \tag{5.3.2}$$

根据式(5.3.1)或式(5.3.2)可直接画出如图 5.3.1 所示的 FIR 滤波器的直接型结构。由于该结构利用输入信号 $x(n)$ 和滤波器单位脉冲响应 $h(n)$ 的线性卷积来描述输出信号 $y(n)$,所以 FIR 滤波器的直接型结构又称为卷积型结构,有时也称为横截型结构。

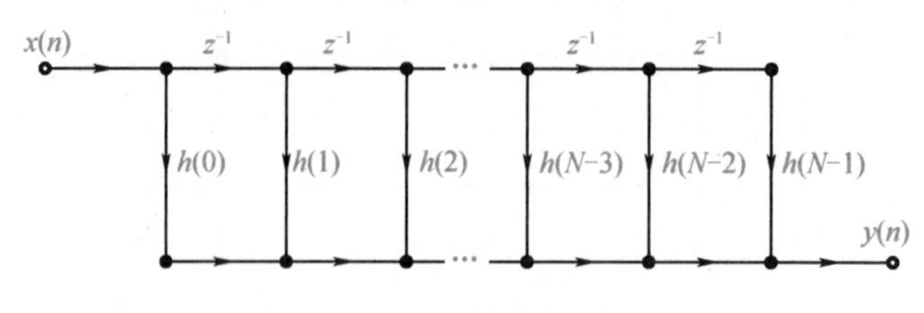

图 5.3.1　FIR 的直接型结构

【例 5.3.1】　已知 FIR 滤波器的单位脉冲响应为

$$h(n)=\delta(n)+0.3\delta(n-1)+0.72\delta(n-2)+0.11\delta(n-3)+0.21\delta(n-4)$$

试画出其直接型结构。

解　$H(z)=1+0.3z^{-1}+0.72z^{-2}+0.11z^{-3}+0.21z^{-4}$

直接型结构如图 5.3.2 所示。

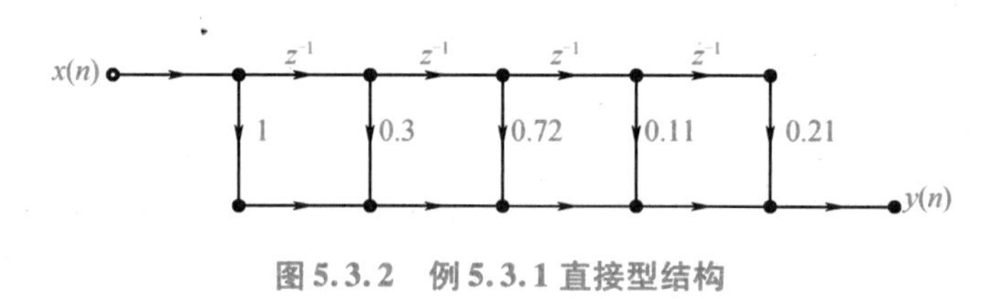

图 5.3.2　例 5.3.1 直接型结构

5.3.2　级联型结构

当需要控制系统传输零点时,将传递函数 $H(z)$ 分解成二阶实系数因子的形式:

$$H(z)=\sum_{n=0}^{N-1}h(n)z^{-n}=\prod_{i=1}^{M}(a_{0i}+a_{1i}z^{-1}+a_{2i}z^{-2})$$

即可以由多个二阶节级联实现,每个二阶节用横截型结构实现,如图 5.3.3 所示。这种结构所用的系数乘法次数比直接型多,运算时间要比直接型的长。

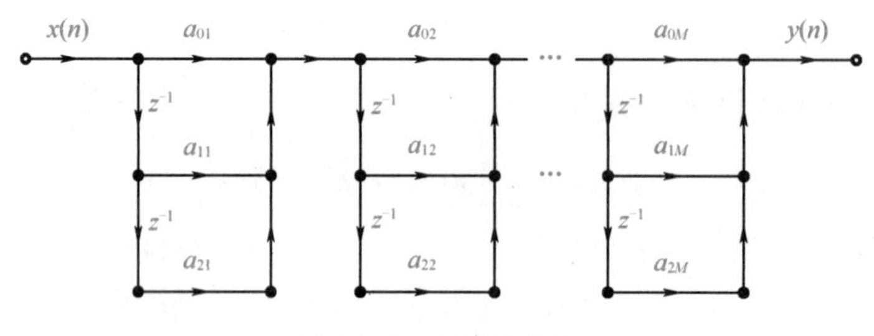

图 5.3.3　级联型结构

【例 5.3.2】　设一个 FIR 滤波器的系统函数 $H(z)=2+1.5z^{-1}+6.25z^{-2}+3z^{-3}$,试画出 $H(z)$ 的级联型结构。

解　将 $H(z)$ 进行因式分解得

$$H(z)=2(1+0.5z^{-1})(1+0.25z^{-1}+3z^{-2})$$

级联型结构如图 5.3.4 所示。

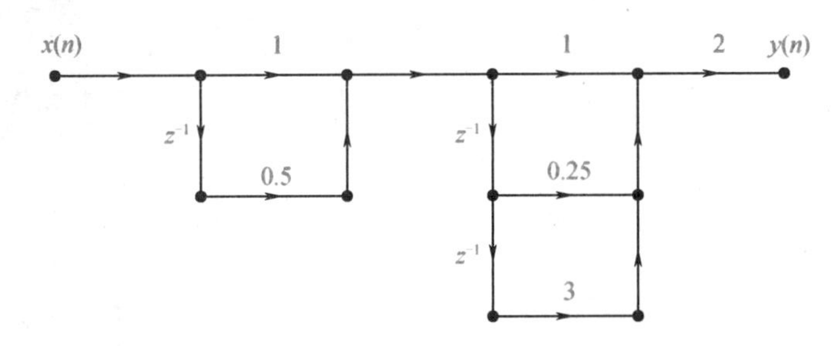

图 5.3.4　例 5.3.2 级联型结构

5.3.3　频率抽样型结构

频率抽样型结构是 FIR 滤波器所特有的，它使用单位圆上的频率采样值来描述系统函数并构造对应的结构。

由频域采样定理可知，对有限长序列 $h(n)$ 的 Z 变换 $H(z)$ 在单位圆上做 N 等分采样，N 个频率采样值的离散傅里叶反变换所对应的时域信号 $h_N(n)$ 是原序列 $h(n)$ 以采样点数 N 为周期进行周期延拓的结果。当 N 大于等于原序列 $h(n)$ 长度 M 时，$h_N(n)=h(n)$，不会发生信号失真，此时 $H(z)$ 可以用频域采样序列 $H(k)$ 内插得到。内插公式如下：

$$\begin{aligned} H(z) &= \sum_{n=0}^{N-1} h(n) z^{-n} \\ &= \sum_{n=0}^{N-1}\left[\frac{1}{N}\sum_{k=0}^{N-1} H(k) W_N^{-nk}\right] z^{-n} \\ &= \frac{1}{N}\sum_{k=0}^{N-1} H(k)\sum_{n=0}^{N-1}\left(W_N^{-k} z^{-1}\right)^n = \left(1-z^{-N}\right)\frac{1}{N}\sum_{k=0}^{N-1}\frac{H(k)}{1-W_N^{-k} z^{-1}} \end{aligned} \tag{5.3.3}$$

式中，$H(k)=H(z)\big|_{z=e^{j\frac{2\pi}{N}k}}$，$k=0,\ 1,\ 2,\ \cdots,\ N-1$。

式(5.3.3)为实现 FIR 滤波器提供了另一种结构，这种结构由两个子系统级联而成。具体来说，将式(5.3.3)表示成

$$H(z) = \frac{1}{N} H_1(z) \sum_{k=0}^{N-1} H_k(z) \tag{5.3.4}$$

式中，$H_1(z)=1-z^{-N}$，$H_k(z)=\dfrac{H(k)}{1-W_N^{-k} z^{-1}}$。

显然，$H(z)$ 的第一部分 $H_1(z)$ 是一个由 N 个延时单元组成的梳状滤波器，如图 5.3.5 所示。它在单位圆上有 N 个等间隔的零点

$$z_{0i} = e^{j\frac{2\pi}{N}i} = W_N^{-i}, \quad i=0,\ 1,\ 2,\ \cdots,\ N-1$$

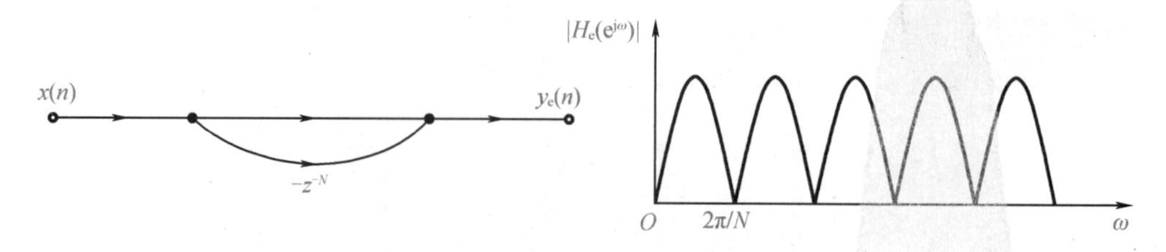

图 5.3.5　梳状滤波器的流图结构和幅频特性

第二部分是由 N 个一阶网络 $H_k(z)$ 组成的并联结构，每个一阶网络都是一个谐振器，在单位圆上有一个极点，即

$$z_{pk}=W_N^{-k}=e^{j\frac{2\pi}{N}k},\quad k=0,1,\cdots,N-1$$

因此，$H(z)$ 的第二部分是一个有 N 个极点的谐振网络。这些极点正好与第一部分梳状滤波器 $H_1(z)$ 的 N 个零点相抵消，从而使 $H(z)$ 在这些频率上的响应等于 $H(k)$。把这两部分级联起来就可以构成 FIR 滤波器的频率采样型结构，如图 5.3.6 所示。

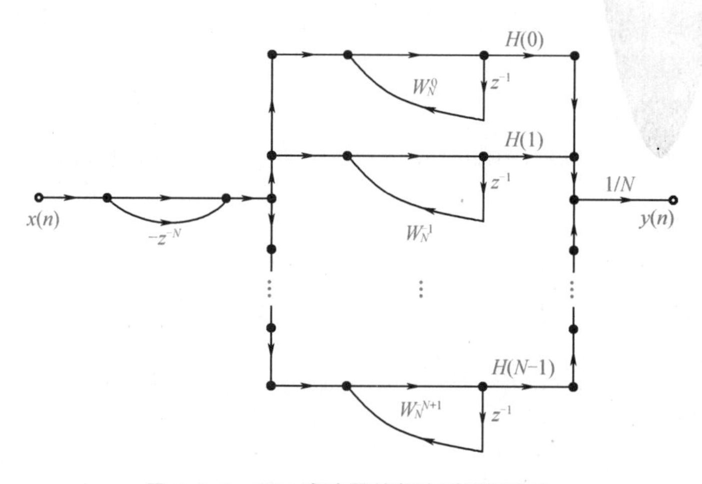

图 5.3.6　FIR 滤波器的频率采样型结构

结构特点如下：

优点：在窄带低通或带通滤波器的情况下，大部分频率采样值 $H(k)$ 均为零，从而减少运算量；频率采样结构的零点和极点数目取决于单位脉冲响应的长度，适当改变加权值，就可得到各种不同的滤波器，便于集成。

缺点：该滤波器所有的系数 $H(k)$ 和 W_N^{-k} 一般为复数，复数相乘运算实现起来较麻烦；系统稳定是靠位于单位圆上的 N 个零极点对消来保证的，如果滤波器的系数稍有误差（如量化时造成的误差），极点就可能移到单位圆外，造成零、极点不能完全对消，影响系统的稳定性。

当然，可以对频率采样结构加以修正来克服上述缺点。

首先，单位圆上的所有零、极点向内收缩到半径 r 稍小于 1 的圆上。此时 $H(z)$ 为

$$H(z)=(1-r^Nz^{-N})\frac{1}{N}\sum_{k=0}^{N-1}\frac{H_r(k)}{1-rW_N^{-k}z^{-1}}\qquad(5.3.5)$$

式中，$H_r(k)$是在 r 圆上对 $H(z)$的 N 点等间隔采样之值。由于 $r\approx1$，因此 $H_r(z)\approx H(k)$。

因此

$$H(z)\approx(1-r^Nz^{-N})\frac{1}{N}\sum_{k=0}^{N-1}\frac{H(k)}{1-rW_N^{-k}z^{-1}} \tag{5.3.6}$$

由 DFT 的共轭对称性可知，如果 $h(n)$为实序列，则其离散傅里叶变换 $H(k)$关于 $N/2$ 点共轭对称，即 $H(k)=H^*(N-k)$，且有$(W_N^{-k})^*=W_N^{-(N-k)}$。为了得到实系数，将 $H_k(z)$和 $H_{N-k}(z)$合并为一个二阶网络，记为 $H_k(z)$，则

$$\begin{aligned}H_k(z)&\approx\frac{H(k)}{1-rW_N^{-k}z^{-1}}+\frac{H(N-k)}{1-rW_N^{-(N-k)}z^{-1}}\\&=\frac{H(k)}{1-rW_N^{-k}z^{-1}}+\frac{H^*(k)}{1-r(W_N^{-k})^*z^{-1}}\\&=\frac{a_{0k}+a_{1k}z^{-1}}{1-2r\cos\left(\frac{2\pi}{N}k\right)z^{-1}+r^2z^{-2}},\quad\begin{cases}k=1,2,\cdots,\frac{N-1}{2},N\text{为奇数}\\k=1,2,\cdots,\frac{N-1}{2},N\text{为偶数}\end{cases}\end{aligned}$$

式中$\begin{cases}a_{0k}=2\mathrm{Re}[H(k)]\\a_{1k}=-2\mathrm{Re}[rH(k)W_N^k]\end{cases}$。

除了共轭复根外，$H(z)$还有实根。当 N 为偶数时，有一对实根 $z=\pm r$，因而对应的一阶网络为

$$H_0(z)=\frac{H(0)}{1-rz^{-1}}$$

$$H_{N/2}(z)=\frac{H(N/2)}{1+rz^{-1}}$$

将谐振器的实根、复根以及梳状滤波器合起来，得到修正后的频率采样结构，即

$$H(z)=(1-r^Nz^{-N})\frac{1}{N}\left[\frac{H(0)}{1-rz^{-1}}+\frac{H(N/2)}{1+rz^{-1}}+\sum_{k=1}^{N/2-1}H_k(z)\right] \tag{5.3.7}$$

具体结构如图 5.3.7 所示。

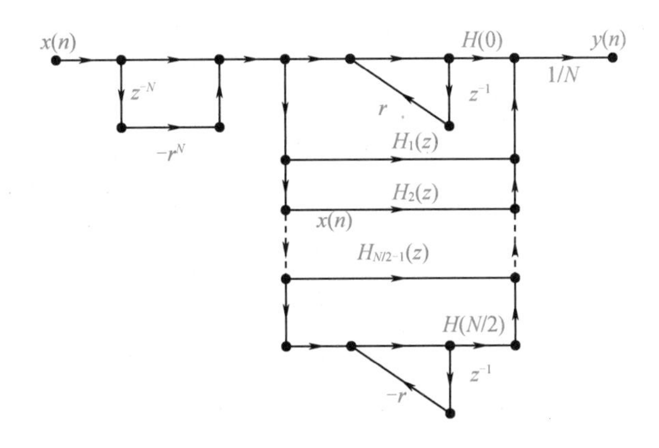

图 5.3.7　频率采样结构的修正结构（N 为偶数）

当 N 为奇数时，只有一个实根 $z=r$，对应于一个一阶网络 $H_0(z)$。将谐振器的实根、复根以及梳状滤波器合起来，得到修正后的频率采样结构，即

$$H(z) = (1 - r^N z^{-N}) \frac{1}{N}[H_0(z) + \sum_{k=1}^{(N-1)/2} H_k(z)] \tag{5.3.8}$$

具体结构图如图 5.3.8 所示。

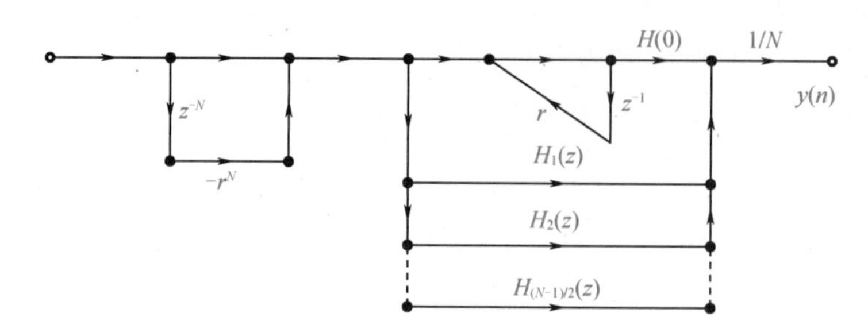

图 5.3.8　频率采样结构的修正结构(N 为奇数)

【例 5.3.3】　用频率采样型结构实现以下系统结构

$$H(z) = 5 + 5z^{-1} + 5z^{-2} + 3z^{-3} + 3z^{-4} + 3z^{-5}$$

采样点数 $N=6$，修正半径 $r=0.9$。

解　因为 $N=6$ 为偶数，所以根据公式(5.3.7)可得

$$H(z) = \frac{1}{6}(1 - r^6 z^{-6})[H_0(z) + H_3(z) + \sum_{k=1}^{2} H_k(z)]$$

$$\begin{aligned} H(z) &= 5 + 5z^{-1} + 5z^{-2} + 3z^{-3} + 3z^{-4} + 3z^{-5} \\ &= (5 + 3z^{-3})(1 + z^{-1} + z^{-2}) \end{aligned}$$

故　$H(k) = H(z)\big|_{z=e^{j\frac{2\pi k}{N}}} = (5 + 3e^{-j\pi k})(1 + e^{-j\frac{\pi}{3}k} + e^{-j\frac{2\pi}{3}k})$

因而

$$H(0) = 24, H(1) = 2 - 2\sqrt{3}j, H(2) = 0$$

$$H(3) = 2, H(4) = 0, H(5) = 2 + 2\sqrt{3}j$$

则

$$H_0(z) = \frac{H(0)}{1 - rz^{-1}} = \frac{24}{1 - 0.9z^{-1}}$$

$$H_0(z) = \frac{H(3)}{1 + rz^{-1}} = \frac{2}{1 + 0.9z^{-1}}$$

求 $H_k(z)$，当 $k=1$ 时

$$H_1(z) = \frac{\alpha_{01} + \alpha_{11} z^{-1}}{1 - 2z^{-1} r\cos\frac{2\pi}{N} + r^2 z^{-2}}$$

$$\alpha_{01} = 2\mathrm{Re}H(1) = 2\mathrm{Re}(2 - 2\sqrt{3}j) = 4$$

$$\alpha_{11} = -2 \times 0.9 \times \mathrm{Re}[H(1)W_6^1] = 3.6$$

$$H_1(z) = \frac{4 + 3.6z^{-1}}{1 - 0.9z^{-1} + 0.81z^{-2}}$$

当 $k=2$ 时

$$\alpha_{02}=\alpha_{12}=0$$
$$H_2(z)=0$$

频率采样型结构如图 5.3.9 所示。

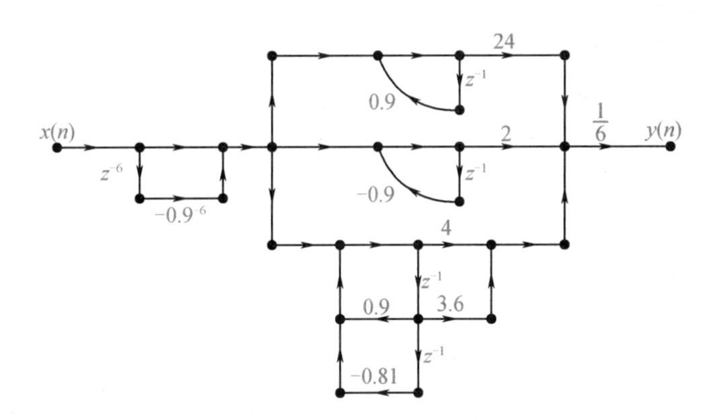

图 5.3.9　例 5.3.3 的频率采样型结构

5.3.4　快速卷积型结构

因 FIR 滤波器的 $h(n)$是有限时宽序列,所以可以用 DFT 来实现快速卷积。可以通过增添零取样值的方法将序列 $x(n)$和 $h(n)$延长,然后计算它们的循环(圆周)卷积,得到系统的输出 $y(n)$。而循环卷积的计算可以应用快速傅里叶变换(FFT)来实现,因此可得图 5.3.10 所示的快速卷积型结构。图中 $L\geqslant N+M-1$, M 为 $x(n)$的长度,N 为 $h(n)$的长度。

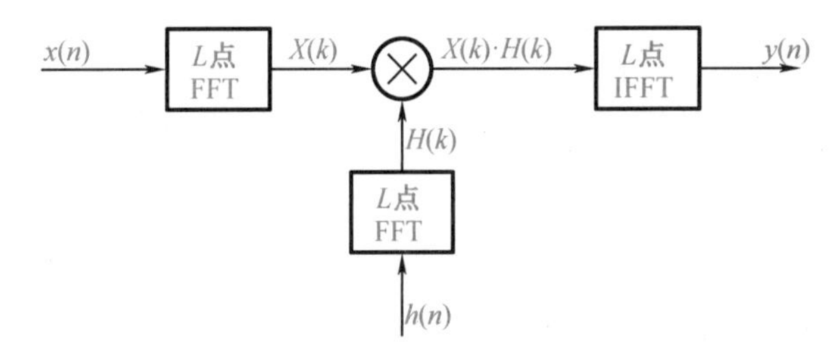

图 5.3.10　FIR 的快速卷积型结构

这种结构利用了 FFT 技术,因而适合于要求实时高速信号处理的场合。对 $x(n)$为无限长的一般情况,可用重叠相加法或重叠保留法实现 FIR 滤波器的快速卷积结构。

5.3.5　线性相位结构

所谓线性相位,是指滤波器对不同频率的正弦波产生的相移与正弦波的频率呈线性关系。在滤波器通带内的信号通过滤波器后,除由相频特性的斜率决定的延迟外,可以不失真地保留通带内的全部信号。

若 FIR 滤波器的单位脉冲响应 $h(n)$是实序列,且关于$\frac{N-1}{2}$偶对称,即 $h(n)=h(N-n-1)$

时,FIR 滤波器具有第一类线性相位;当 $h(n)$ 是实序列,且关于 $\frac{N-1}{2}$ 奇对称,即 $h(n) = -h(N-n-1)$ 时,FIR 滤波器具有第二类线性相位。下面分 N 为偶数和奇数两种情况讨论滤波器的结构。

(1)N 为偶数

$$H(z) = \sum_{n=0}^{N-1} h(n)z^{-n} = \sum_{n=0}^{\frac{N}{2}-1} h(n)z^{-n} + \sum_{n=\frac{N}{2}}^{N-1} h(n)z^{-n} \tag{5.3.9}$$

令 $m = N-n-1$,则有

$$H(z) = \sum_{n=0}^{\frac{N}{2}-1} h(n)z^{-n} + \sum_{m=0}^{\frac{N}{2}-1} h(N-m-1)z^{-(N-m-1)} \tag{5.3.10}$$

因为

$$h(n) = \pm h(N-n-1) \tag{5.3.11}$$

式中,"+"代表第一类线性相位,"-"代表第二类线性相位。

$$H(z) = \sum_{n=0}^{\frac{N}{2}-1} h(n)(z^{-n} \pm z^{-(N-n-1)}) \tag{5.3.12}$$

(2)N 为奇数

如果 N 为奇数,则将中间项 $h\left(\frac{N-1}{2}\right)$ 单独列出,有

$$H(z) = \sum_{n=0}^{\left(\frac{N-1}{2}\right)-1} h(n)(z^{-n} \pm z^{-(N-n-1)}) + h\left(\frac{N-1}{2}\right)z^{-\frac{N-1}{2}} \tag{5.3.13}$$

对于 FIR 滤波器的直接型网络结构如图 5.3.1 所示,共需要 N 个乘法器,但对于线性相位 FIR 滤波器,N 为偶数时,按照式(5.3.12)仅需要 $N/2$ 次乘法,节约一半的乘法器。如果 N 为奇数,按照式(5.3.13),则需要 $(N+1)/2$ 个乘法器,也节约了近一半。

下面举例说明。对于第一类线性相位,设 $N=4$,则 $h(0)=h(3)$,$h(1)=h(2)$,代入式(5.3.12),可得

$$\begin{aligned} H(z) &= \sum_{n=0}^{1} h(n)(z^{-n} + z^{-(3-n)}) \\ &= h(0)(1+z^{-3}) + h(1)(z^{-1}+z^{-2}) \end{aligned} \tag{5.3.14}$$

其第一类线性相位网络结构如图 5.3.11 所示。

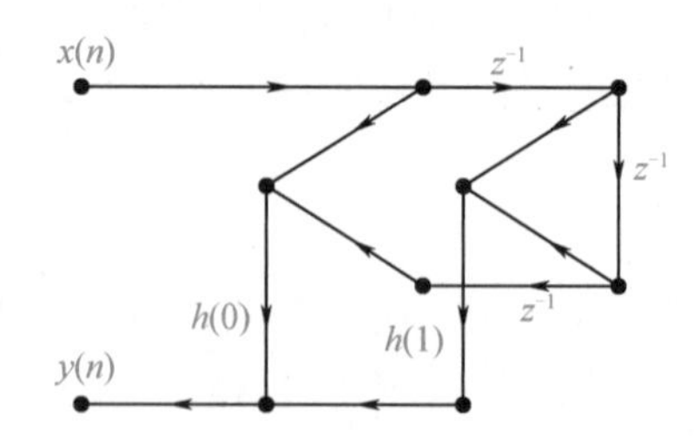

图 5.3.11　第一类线性相位网络结构($N=4$)

设 $N=5$,则 $h(0)=h(4)$,$h(1)=h(2)$,代入式(5.3.13),可得

$$
\begin{aligned}
H(z) &= \sum_{n=0}^{1} h(n)(z^{-n} + z^{-(4-n)}) + h(2)z^{-2} \\
&= h(0)(1 + z^{-4}) + h(1)(z^{-1} + z^{-3}) + h(2)z^{-2}
\end{aligned}
\tag{5.3.15}
$$

其第一类线性相位网络结构如图 5.3.12 所示。

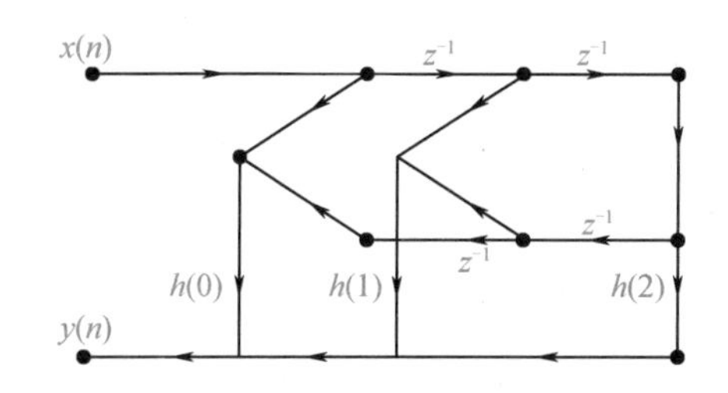

图 5.3.12　第一类线性相位网络结构（$N=5$）

同理，可画出第二类线性相位，$N=4$ 的线性网络结构如图 5.3.13 所示，$N=5$ 的线性网络结构如图 5.3.14 所示。

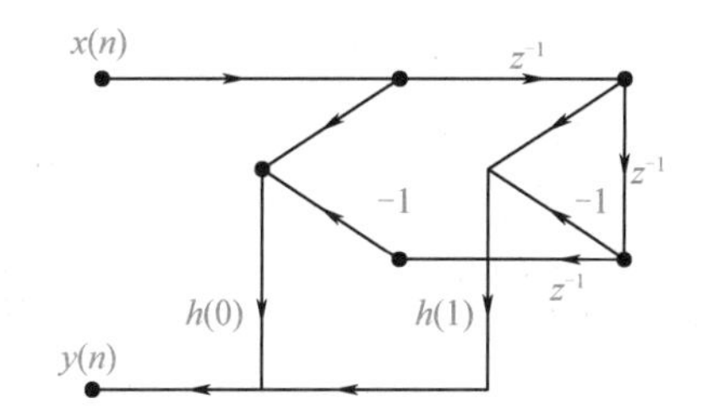

图 5.3.13　第二类线性相位网络结构（$N=4$）

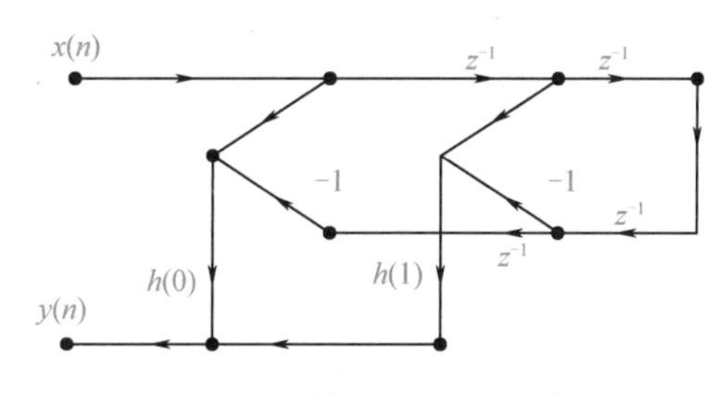

图 5.3.14　第二类线性相位网络结构（$N=5$）

5.4　数字滤波器的格型结构

1973 年，Gay 和 Markel 提出了一种新的系统结构形式，即格型结构（Lattice 结构）。在数字信号处理中，格型结构起着非常重要的作用。具有三个主要优点：其一，具有模块化结构，便于实现高速并行处理；其二，一个 m 阶格型滤波器可以产生从 1 阶到 m 阶的 m 个横向滤波器的输出性能；其三，格型滤波器对有限字长的摄入误差不敏感。这些优点，使得这种结构在功率谱估计、语音信号处理、自适应滤波和线性预测等方面得到了广泛应用。

5.4.1 全零点(FIR)系统的格型结构

1. 全零点格型网络的系统函数

全零点格型网络结构的流图如图 5.4.1 所示。该流图只有直通通路,没有反馈回路。观察该图,它可以看成是由图 5.4.2 所示的基本单元级联而成的。

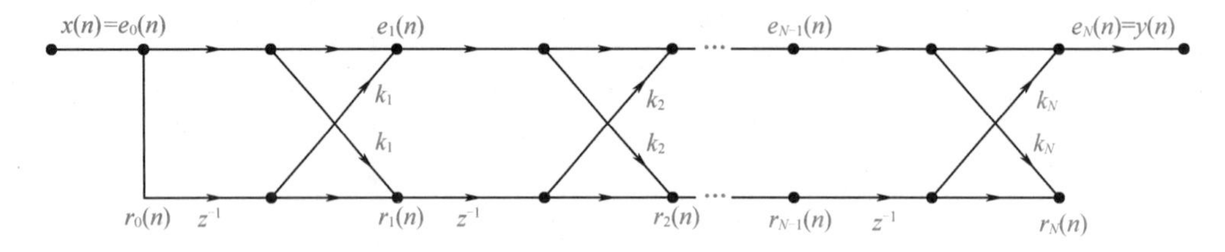

图 5.4.1 全零点格型网络结构

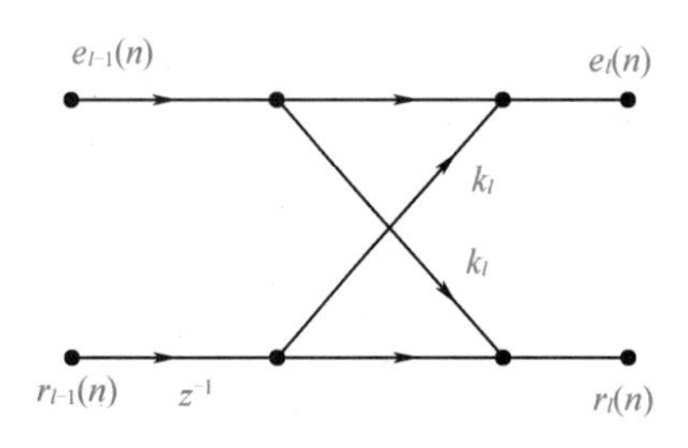

图 5.4.2 基本单元

按照图 5.4.2 写出差分方程如下:

$$e_l(n)=e_{l-1}(n)+r_{l-1}(n-1)k_l \tag{5.4.1}$$

$$r_l(n)=e_{l-1}(n)k_1+r_{l-1}(n-1) \tag{5.4.2}$$

将上式进行 Z 变换,得到

$$E_l(z)=E_{l-1}(z)+z^{-1}R_{l-1}(z)k_l \tag{5.4.3}$$

$$R_l(z)=E_{l-1}(z)k_l+z^{-1}R_{l-1}(z) \tag{5.4.4}$$

再将上式写成矩阵形式

$$\begin{bmatrix} E_l(z) \\ R_l(z) \end{bmatrix}=\begin{bmatrix} 1 & z^{-1}k_l \\ k_l & z^{-1} \end{bmatrix}\begin{bmatrix} E_{l-1}(z) \\ R_{l-1}(z) \end{bmatrix} \tag{5.4.5}$$

将 N 个基本单元级联后,得到:

$$\begin{bmatrix} E_N(z) \\ R_N(z) \end{bmatrix}=\begin{bmatrix} 1 & z^{-1}k_N \\ k_N & z^{-1} \end{bmatrix}\begin{bmatrix} 1 & z^{-1}k_{N-1} \\ k_{N-1} & z^{-1} \end{bmatrix}\cdots\begin{bmatrix} 1 & z^{-1}k_1 \\ k_1 & z^{-1} \end{bmatrix}\begin{bmatrix} E_0(z) \\ R_0(z) \end{bmatrix} \tag{5.4.6}$$

令 $Y(z)=E_N(z),X(z)=E_0(z)=R_0(z)$,其输出为

$$Y(z)=[1\quad 0]\begin{bmatrix} E_N(z) \\ R_N(z) \end{bmatrix}=[1\quad 0]\left(\prod_{l=N}^{1}\begin{bmatrix} 1 & z^{-1}k_l \\ k_l & z^{-1} \end{bmatrix}\right)\begin{bmatrix} 1 \\ 1 \end{bmatrix}X(z) \tag{5.4.7}$$

由上式得到全零点格型网络的系统函数为

$$H(z)=\frac{Y(z)}{X(z)}=[1\quad 0]\left(\prod_{l=N}^{1}\begin{bmatrix}1 & z^{-1}k_l\\ k_l & z^{-1}\end{bmatrix}\right)\begin{bmatrix}1\\1\end{bmatrix} \tag{5.4.8}$$

只要知道格型网络的系数 $k_l, l=1,2,3,\cdots,N$，由式(5.4.8)可以直接求出 FIR 格型网络的系统函数。

2. 由 FIR 直接型网络结构转换成全零点格型网络结构

假设 N 阶 FIR 型网络结构的系统函数为

$$H(z)=\sum_{n=0}^{N}h(n)z^{-n} \tag{5.4.9}$$

式中，$h(0)=1$，$h(n)$是 FIR 网络的单位脉冲响应。令 $a_k=h(k)$，得到：

$$H(z)=\sum_{k=0}^{N}a_k z^{-k} \tag{5.4.10}$$

式中，$a_0=h(0)=1$，k_i 为全零点格型网络的系数，$i=1, 2, \cdots, N$。

下面给出 k_l 及滤波器系数的递推关系。

$$a_k=a_k^{(N)} \tag{5.4.11}$$

$$a_l^{(l)}=k_l \tag{5.4.12}$$

$$a_k^{(l-1)}=\frac{a_k^{(l)}-k_l a_{l-k}^{(l)}}{1-k_l^2}, k=1,2,3,\cdots,l-1 \tag{5.4.13}$$

式中，$l=N, N-1, \cdots, 1$。

公式中的下标 k(或 l)表示第 k(或 l)个系数，这里 FIR 结构和格型结构均各有 N 个系数；式(5.4.13)是一个递推公式，上标表示递推序号，从(N)开始，然后是 $N-1, N-2, \cdots, 2$；注意式(5.4.12)$a_l^{(l)}=k_l$，当递推到上标圆括弧中的数字与下标相同时，格型结构的系数 k_l刚好与 FIR 的系数 $a_l^{(l)}=a_l$ 相等。

【例 5.4.1】　一个 FIR 滤波器的零点分别在 $0.9\mathrm{e}^{\pm \mathrm{j}\pi/3}$ 及 0.8，求其格型网络结构。

解

$$\begin{aligned}H(z)=B(z)&=(1-0.9z^{-1}\mathrm{e}^{\mathrm{j}\pi/3})(1-0.9z^{-1}\mathrm{e}^{-\mathrm{j}\pi/3})(1-0.8z^{-1})\\&=1-1.7z^{-1}+1.53z^{-2}-0.648z^{-3}\end{aligned}$$

$$a_1^{(3)}=-1.7,\quad a_2^{(3)}=1.53,\quad a_3^{(3)}=0.648$$

因此 $k_3=a_3^{(3)}=0.648$

$$a_1^{(2)}=\frac{a_1^{(3)}-k_3a_2^{(3)}}{1-k_3^2}=\frac{-1.7-0.648\times 1.53^2}{1-0.648^2}=-1.221\ 453$$

$$a_2^{(2)}=\frac{a_2^{(3)}-k_3a_1^{(3)}}{1-k_3^2}=\frac{1.53-0.648\times(-1.7)^2}{1-0.648^2}=0.738\ 498$$

$$k_2=a_2^{(2)}=0.738\ 498$$

因而

$$B_2(z)=1-1.221\ 453z^{-1}+0.738\ 498z^{-2}$$

同样可得

$$a_1^{(1)}=\frac{a_1^{(2)}-k_2a_1^{(2)}}{1-k_2^2}=\frac{-1.221\ 453(1-0.738\ 498)}{1-0.738\ 498^2}=-0.702\ 59$$

$$k_1=a_1^{(1)}=-0.702\ 59$$

画出三阶格型网络结构如图 5.4.3 所示。

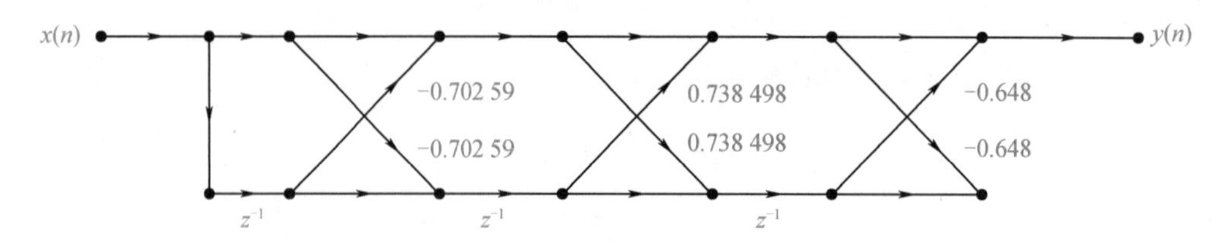

图 5.4.3 例 5.4.1 的全零点 FIR 滤波器的格型网络结构

5.4.2 全极点 IIR 系统的格型结构

全极点 IIR 系统的系统函数用下式表示:

$$H(z)=\frac{1}{1+\sum_{k=1}^{N}a_kz^{-k}}=\frac{1}{A_N(z)} \tag{5.4.14}$$

$$A(z)=1+\sum_{k=1}^{N}a_kz^{-k} \tag{5.4.15}$$

式中, $A(z)$是 FIR 系统,因此全极点 IIR 系统 $H(z)$是 FIR 系统 $A(z)$的逆系统。因此可以按照系统求逆准则得到 $H(z)=\frac{1}{A_N(z)}$的格型结构,如图 5.4.4 所示,系统求逆步骤如下:

(1)将输入至输出的无延时通路全部反向,并将该通路的常数值支路增益变成原常数值的倒数(此处为 1);

(2)将指向这条新通路各节点的其他支路增益乘以 -1;

(3)将输入与输出交换位置。

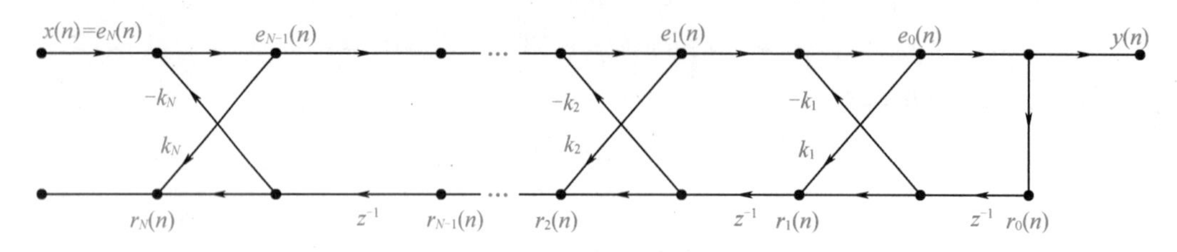

图 5.4.4 全极点 IIR 滤波器的格型结构

【例 5.4.2】 将下面 IIR 滤波器的系统函数 $H(z)$转换成格型网络结构,要求画出该滤波器的格型网络结构流图。

$$H(z)=\frac{1}{1-1.7z^{-1}+1.53z^{-2}-0.648z^{-3}}$$

解　由给出的系统函数可得

$$a_1^{(3)}=-1.7,\quad a_2^{(3)}=1.53,\quad a_3^{(3)}=-0.648$$

由式(5.4.11)和(5.4.13)得

$$k_3=a_3^{(3)}=-0.648$$

$$a_1^{(2)}=-1.221\ 453,\quad a_2^{(2)}=0.738\ 498,\quad a_1^{(1)}=-0.702\ 59$$

则

$$k_2=a_2^{(2)}=0.738\ 498,\quad k_1=a_1^{(1)}=-0.702\ 59$$

其全极点格型网络结构如图 5.4.5 所示。

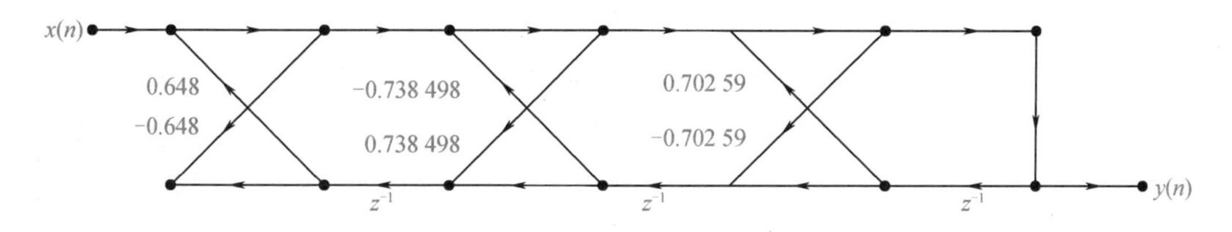

图 5.4.5　例 5.4.2IIR 系统的格型网络结构

5.4.3　极零点系统的格型结构

一般的滤波器系统函数既包含零点，又包含极点，可用全极点格型作为其基本构造模块。具有零－极点的 IIR 系统的系统函数为

$$H(z)=\frac{B(z)}{A(z)}=\frac{\sum_{i=1}^{M}b_i^{(M)}z^{-i}}{1+\sum_{i=1}^{N}a_i^{(N)}z^{-i}}\tag{5.4.16}$$

通常 $M\leqslant N$。当 $M=N$ 时，IIR 系统的格型网络结构如图 5.4.6 所示。

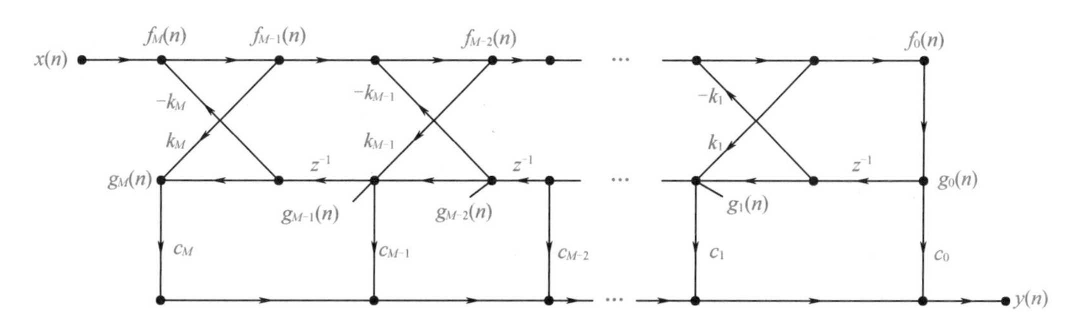

图 5.4.6　零－极点 IIR 系统的格型网络结构

图中 $c_0,c_1,\cdots,c_M$ 为确定系统函数零点的梯形系数。分析可以看出：

(1)若 $k_1=k_2=\cdots=k_M=0$,即所有乘 k(或 $-k$)处的连线全断开,则图 5.4.6 就变成一个全零点 FIR 系统的直接型网络结构。

(2)若 $c_0=1, c_1=c_2=\cdots=c_M=0$,即含 $c_0, c_1, \cdots, c_M$的连线都断开,那么图 5.4.6 就变成全极点 IIR 系统的格型网络结构。

(3)由上述两点可知,图 5.4.6 的上半部分格型对应于全极点系统 $1/A(z)$;下半部分格型对应于全零点系统 $B(z)$。因下半部分全零点系统 $B(z)$无反馈,对上半部分无影响,所以反射系数 $k_1, k_2, \cdots, k_M$仍可按全极点系统的方法求出。但由于上半部分对下半部分有影响,所以这里的 c_i和全零点系统的 b_i求法不同。极零系统格型结构的主要问题是参数 c_i的求解,这里仅给出求解参数 c_i的一般递推公式。

$$c_i = b_i^{(M)} - \sum_{m=i+1}^{M} c_m a_{m-i}^{(m)}, \quad i=0,1,\cdots,M \tag{5.4.17}$$

$$c_m = b_m^{(m)}, \quad m=0,1,\cdots,M \tag{5.4.18}$$

在该递推式中,先求出 c_N,然后顺次求出 $c_{N-1}, c_{N-2}, \cdots, c_0$。下面举例说明。

【例 5.4.3】 求下面 IIR 滤波器的格型网络结构,要求画出该滤波器的格型网络结构流图。

$$H(z)=\frac{1+0.8z^{-1}-z^{-2}-0.8z^{-3}}{1-1.7z^{-1}+1.53z^{-2}-0.648z^{-3}}$$

解 根据给出的系统函数可得

$$a_1^{(3)}=-1.7, \quad a_2^{(3)}=1.53, \quad a_3^{(3)}=-0.648$$

$$b_0^{(3)}=1, \quad b_1^{(3)}=0.8, \quad b_2^{(3)}=-1, \quad b_3^{(3)}=-0.8$$

根据例 5.4.2 的结果可得

$$k_1=-0.702\,59, k_2=0.738\,498, k_3=-0.648$$

$$a_1^{(2)}=-1.221\,453, \quad a_2^{(2)}=0.738\,498, \quad a_1^{(1)}=-0.702\,59$$

由式(5.4.17)得到

$$c_3=b_3^{(3)}=-0.8$$

$$c_2=b_2^{(3)}-c_3a_1^{(3)}=-2.36$$

$$c_1=b_1^{(3)}-c_2a_1^{(2)}-c_3a_2^{(3)}=-0.858\,629\,08$$

其零-极点格型网络结构如图 5.4.7 所示。

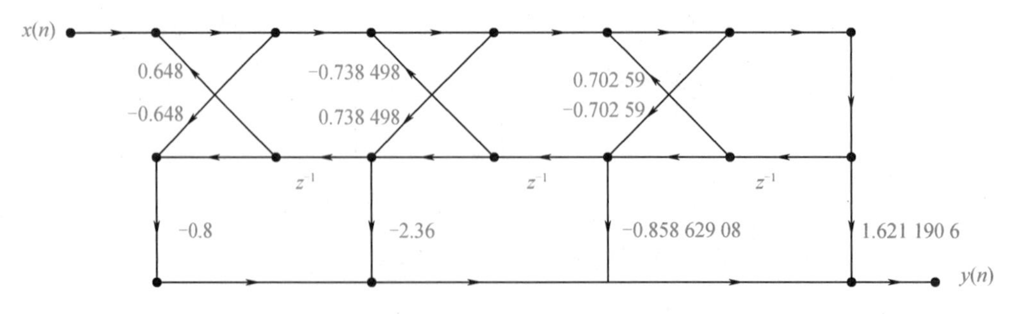

图 5.4.7 例 5.4.3 零-极点 IIR 滤波器的格型网络结构

5.5　有限字长效应

前面讨论的数字信号与系统都没有涉及精度的问题,而认为数字是无限精度的。数字信号处理的实现,本质上就是运算。而实际数字信号处理技术实现时,信号序列值及参加运算的各个参数都必须用二进制的形式存储在有限长的寄存器中;运算中二进制的乘法会使位数增多,因此运算的中间结果和最终结果还必须再按一定长度进行尾数处理。例如序列值 0.801 2 用二进制表示为:$(0.110011010\cdots)_2$,如果用 7 位二进制表示,则序列值为 $(0.110011)_2$,其对应的十进制数为 0.796 875,与原序列值的差值为 0.810 2 − 0.796 875 = 0.004 325,此差值是由于使用有限位二进制数表示序列值形成的误差,称为量化误差。而这种量化误差产生的根本原因是用有限长的寄存器存储数字引起的,因此也称为有限寄存器长度效应。这种量化效应在数字信号处理实现中主要包括以下几类:(1)对输入模拟信号的量化误差(受 A/D 的精度或位数的影响);(2)对系统中各系数的量化误差(受计算机中存储器的字长影响);(3)运算过程误差,如溢出、舍入及误差累积等(受计算机精度的影响)。随着数字计算机的发展,计算机字长不断变大,目前已提高到 64 位;数字信号处理专用芯片发展也尤为迅速,位数也多达 32 位;同时,高精度 A/D 转换器也已商品化。随着位数的不断增加,量化误差不断减少,对于一般数字信号处理技术的实现,可以不考虑这些量化效应。但对于要求成本低的硬件实现时,或者要求高精度的硬件实现时,这些量化效应依然是需要重视的问题。本节对有限字长效应的基本概念和基本处理方法进行介绍。

在数字信号处理实现中,数据可依据处理器处理类型采用定点制表示或者浮点制表示。如果采用浮点制表示,由于其动态范围大,量化误差小,对滤波器性能的影响也小,因此一般不用考虑量化效应。下面仅讨论定点制的量化误差。

假设信号量化是 $b+1$ 位二进制数表示的定点小数,其中第一位为符号位,后面 b 位为小数部分,则能表示的最小数据单位为 2^{-b},称为量化阶,用 q 表示,即 $q=2^{-b}$。

对超过 b 位部分进行尾数处理的方法有两种:一种是舍入法,即如果第 $b+1$ 位为 1,则对第 $b+1$ 位进行加 1(进位),对第 $b+2$ 位以及以后的数舍去,如果第 $b+1$ 位为 0,则舍去第 $b+1$ 位以及以后的所有位数。另一种是截尾法,即将第 $b+1$ 位以及以后的数全部舍去。假设信号 $x(n)$ 量化后用 $Q[x(n)]$ 表示,量化误差用 $e(n)$ 表示,则定义:

$$e(n)=Q[x(n)]-x(n) \tag{5.5.1}$$

在一般情况下,$x(n)$ 为随机信号,那么 $e(n)$ 也是随机信号,因此也经常被称为量化噪声。要精确知道量化噪声的大小是很困难的,也是没有必要的。因此,通过分析量化噪声的统计特性来描述量化误差,并对其统计特性做如下假定:

(1)$e(n)$ 是平稳随机序列;

(2)$e(n)$ 与信号 $x(n)$ 不相关;

(3)$e(n)$ 任意两个值之间不相关,即为白噪声(功率谱密度在整个频段内均匀分布的噪声);

(4)$e(n)$具有均匀等概率分布。

由上述假定可知,量化误差是一个与信号序列完全不相关的加性白噪声序列。根据分析可得截尾量化误差为 $-q<e(n)\leqslant 0$,舍入量化误差为 $-(q/2)<e(n)\leqslant q/2$,则其概率密度曲线如图 5.5.1 所示。

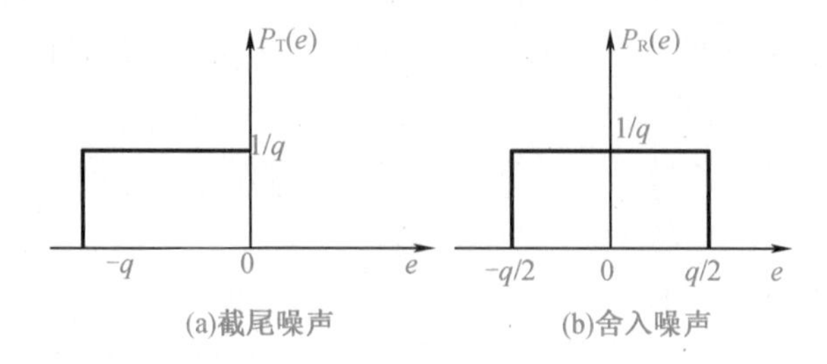

图 5.5.1　$e(n)$的概率密度曲线

下面计算量化误差 $e(n)$的均值和方差。

(1)截尾量化噪声。

均值:

$$m_e=\int_{-\infty}^{\infty}ep(e)\mathrm{d}e=\int_{-q}^{0}\frac{1}{q}e\mathrm{d}e=-\frac{q}{2} \tag{5.5.2}$$

方差:

$$\begin{aligned}\sigma_e^2&=\int_{-\infty}^{\infty}(e-m_e)^2p(e)\mathrm{d}e=\int_{-q}^{0}(e^2+eq+q^2/4)\frac{1}{q}\mathrm{d}e\\&=\left(\frac{e^3}{3}+\frac{e^2q}{2}+\frac{q^2}{4}e\right)\frac{1}{q}=\frac{q^2}{12}\end{aligned} \tag{5.5.3}$$

(2)舍入量化噪声。

均值:

$$m_e=0 \tag{5.5.4}$$

方差:

$$\sigma_e^2=\frac{q^2}{12} \tag{5.5.5}$$

由式(5.5.2)至式(5.5.5)可见,截尾量化噪声有直流分量,会影响信号的频谱结构,而舍入量化处理均值为0,不会影响;截尾量化噪声和舍入量化噪声的方差(功率)相同,都为$\frac{q^2}{12}$。

数字信号处理实现中,量化误差主要产生于:对输入模拟信号的 A/D 转换,数字网络中的运算处理过程,对系统中各个系数的量化。量化误差将使滤波器的性能产生变化,下面分别讨论各种量化效应。

5.5.1　输入信号的量化效应

A/D 变换器的原理框图如图 5.5.2(a)所示。采样完成对输入的模拟信号进行时间离散化,但幅度还是连续的;量化完成对采样序列做舍入或截尾处理,得到有限字长数字信号。

利用量化噪声的统计特性来描述量化误差，则可以用一统计模型来表示 A/D 变换的量化过程，如图 5.5.2(b)所示。

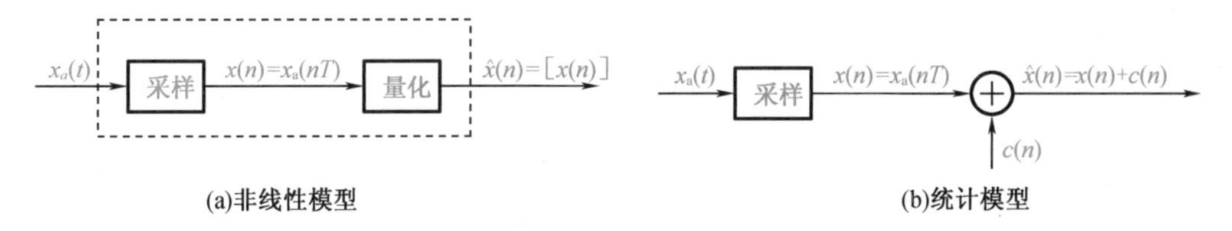

图 5.5.2　A/D 变换器模型

根据分析结果可知：不论是截尾处理还是舍入处理，量化噪声的方差都为 $\sigma_e^2=\dfrac{q^2}{12}$，可见，量化噪声的方差与 A/D 变换的字长直接有关，字长越长，量化噪声越小。假设 A/D 变换器输入信号不含噪声，输出信号中仅考虑量化噪声，输入信号的平均功率用 σ_x^2 表示，输出信噪比用 SNR 表示，则

$$\mathrm{SNR}=\frac{\sigma_x^2}{\sigma_e^2}=\frac{\sigma_x^2}{\frac{q^2}{12}}=(12\times 2^{2b})\sigma_x^2 \tag{5.5.6}$$

用 dB 数表示为

$$\mathrm{SNR}=10\lg\left(\frac{\sigma_x^2}{\sigma_e^2}\right)=10\lg[(12\times 2^{2b})\sigma_x^2]=6.02+10.79+10\lg(\sigma_x^2) \tag{5.5.7}$$

可以看出：

(1)信号功率 σ_x^2 越大，信噪比越大，但受 A/D 转换器动态范围的限制；

(2)随着字长 b 的增加，信噪比增大，字长每增加 1 位，信噪比增加约 6 dB。

当已量化的信号通过一线性系统时，输入的误差或量化噪声也会以误差或噪声的形式在最后的输出中表现出来。在一个线性系统 $H(z)$ 的输入端，加上一个量化序列 $\hat{x}(n)=x(n)+e(n)$，如图 5.5.3 所示，则系统的输出为

$$\hat{y}(n)=\hat{x}(n)*h(n)=[x(n)+e(n)]*h(n)=x(n)*h(n)+e(n)*h(n) \tag{5.5.8}$$

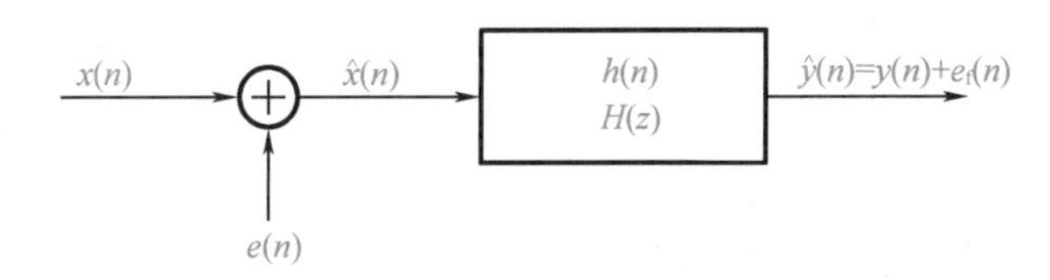

图 5.5.3　量化噪声通过线性系统

输出噪声的方差为

$$\sigma_f^2=\sigma_e^2\cdot\frac{1}{2\pi \mathrm{j}}\oint_C H(z)H(z^{-1})\frac{\mathrm{d}z}{z} \tag{5.5.9}$$

或

$$\sigma_f^2 = \frac{\sigma_e^2}{2\pi} \cdot \int_{-\pi}^{\pi} |H(e^{j\omega})|^2 dw \tag{5.5.10}$$

式中，$H(z)$的全部极点在单位圆内，$\oint_C$ 是沿单位圆逆时针方向的积分。

【例 5.5.1】 假设信号 $x(n)$在 $-1 \sim 1$ 之间均匀分布，求 8，12 位时 A/D 的量化信噪比 SNR。

解 因信号 $x(n)$在 $-1 \sim 1$ 之间均匀分布，所以有

均值：$E[x(n)] = 0$；

方差：$\sigma_x^z = \int_{-1}^{1} \frac{1}{2} x^2 dx = \frac{1}{3}$。

当 $b = 8$ 位时，SNR = 54 dB；当 $b = 12$ 位时，SNR = 78 dB。

【例 5.5.2】 一个 8 位 A/D 变换器($b = 7$)，其输出 $x(n)$作为 IIR 滤波器的输入，求滤波器输出端的量化噪声功率。已知 IIR 滤波器的系统函数为

$$H(z) = \frac{z}{z - 0.999}$$

解 由于 A/D 的量化效应，滤波器输入端的噪声功率为

$$\sigma_e^2 = \frac{q^2}{12} = \frac{2^{-14}}{12} = \frac{2^{-16}}{3}$$

滤波器的输出噪声功率为

$$\sigma_f^2 = \frac{\sigma_e{}^2}{2\pi j} \oint_C \frac{1}{(z - 0.999)(z^{-1} - 0.999)} \frac{dz}{z}$$

式中，围绕积分的积分值等于单位圆内所有极点留数的和。被积函数在单位圆内有一个极点 $z = 0.999$，所以

$$\sigma_f^2 = \sigma_e^2 \frac{1}{\frac{1}{0.999} - 0.999} \times \frac{1}{0.999} = \frac{2^{-16}}{3} \times \frac{1}{1 - 0.999^2} = 2.544\ 4 \times 10^{-8}$$

5.5.2 数字滤波器的系数量化效应

在实际实现时，由于字长有限，滤波器系数 a_n、b_m 量化后一般会出现量化误差，致使系统的实际频率响应与所要求的频率响应出现偏差，系统函数 $H(z)$零、极点的实际位置也与设计的位置不同。严重时，由于 IIR 系统 $H(z)$的极点有可能移到 z 平面单位圆以外，造成系统不稳定。

若 N 阶直接型结构的 IIR 滤波器的系统函数为

$$H(z) = \frac{\sum_{i=0}^{M} b_i z^{-i}}{1 - \sum_{i=1}^{N} a_i z^{-i}} = \frac{B(z)}{A(z)} \tag{5.5.11}$$

当系统的结构形式不同时，系统在系数“量化宽度”值相同的情况下受系数量化影响的大小是不同的，这就是系数对系数量化的灵敏度。对分子和分母多项式的系数进行量化。

假设系数 b_i 和 a_i 的量化值分别为 b_i 和 a_i，对应的量化误差为 Δb_i 和 Δa_i，则

$$\hat{b}_i = b_i + \Delta b_i, \hat{a}_i = a_i + \Delta a_i$$

量化后的系统函数为

$$\hat{H}(z) = \frac{\sum_{i=1}^{N} \hat{b}_i z^{-i}}{1 - \sum_{i=1}^{N} \hat{a}_i z^{-i}} = \frac{\hat{B}(z)}{\hat{A}(z)} \tag{5.5.12}$$

系统性能在很大程度上取决于系统的极点。而量化误差的存在会造成系统极点位置的改变，从而影响系统的稳定性。为了衡量系数量化对极点位置的影响，定义系统中每个极点位置对各系数偏差的敏感程度为极点位置灵敏度，用极点位置灵敏度来反映系数量化对滤波器稳定性的影响。设 $\hat{H}(z)$ 的极点为 $z_i + \Delta z_i, i = 1,2,\cdots,N$。$\Delta z_i$ 为极点位置偏差量，它是由系数偏差 Δa_k 引起的，经过推导可以得到 a_k 系数的误差引起的第 i 个极点位置的变化量：

$$\Delta z_i = \sum_{k=1}^{N} \frac{z_i^{N-k}}{\prod\limits_{N} (z_i - z_1)} \Delta a_k, \quad i = 1,2,\cdots,N \tag{5.5.13}$$

式(5.5.13)分母中每个因子 $z_i - z_1$ 是一个由极点 z_1 指向当前极点 z_i 的矢量，整个分母是所有极点指向当前极点 z_i 的矢量积。可见，这些矢量越长，极点彼此间的距离越远，极点位置灵敏度越低；反之，矢量越短，极点位置灵敏度越高。即：极点位置灵敏度与极点间距离成反比。例如，一个共轭极点在虚轴附近的滤波器如图 5.5.4(a)所示，另一个共轭极点在实轴附近的滤波器如图 5.5.4(b)所示。两者比较，前者极点位置灵敏度比后者小，即系数量化程度相同时，前者造成的误差比后者小。

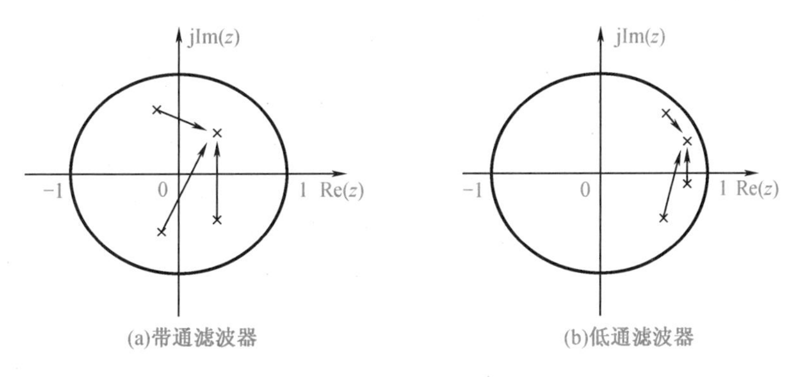

图 5.5.4　极点位置灵敏度与极点间距离成反比

另外，高阶直接型结构滤波器的极点数目多且密集，低阶直接型滤波器极点数目少且稀疏，因此，高阶直接型滤波器极点位置将比低阶的对系数误差要敏感得多。级联型和并联型则不同于直接型，在级联型和并联型结构中，每一对共轭复极点是单独用一个二阶子系统实现的，其他二阶子系统的系数变化对本节子系统的极点位置不产生任何影响，由于每对极点仅受系数量化的影响，每个子系统的极点密度比直接型高阶网络稀疏得多。因

而，极点位置受系数量化的影响比直接型结构要小得多。

5.5.3　数字滤波器的运算量化效应

运算过程中的有限字长效应与所用的数制（定点制、浮点制）、码制（反码、补码）及量化方式（舍入、截尾）都有复杂的关系。使用定点制时，每次乘法之后，会引入误差；使用浮点制时，每次加法和乘法之后都会引入误差。分析数字滤波器运算误差，就是为了选择滤波器的运算位数，以便满足信噪比的要求。下面仅给出定点运算中的有限字长效应。

若乘积量化误差用噪声源 $e_i(n)$ 表示，对其做如下假设：

（1）各噪声源均为白噪声序列；

（2）各噪声源统计独立，互不相关；

（3）在量化噪声范围内，各噪声源都视为等概率密度分布。

因此，乘积量化噪声源平均值为 $E[e(n)]=0$，方差为 $\sigma^2=\dfrac{q^2}{12}=\dfrac{2^{-2b}}{12}$。

1. FIR 系统乘积量化误差的统计分析

M 阶 FIR 系统的差分方程为 $y[n]=\sum\limits_{m=0}^{M}b_m x[n-m]$，对 FIR 系统中 $M+1$ 个乘积项进行量化处理，$\hat{y}[n]=\sum\limits_{m=0}^{M}\{b_m x[n-m]+e_m[n]\}=y[n]+\sum\limits_{m=0}^{M}e_m[n]$。FIR 直接型结构乘积量化误差噪声源模型如图 5.5.5 所示。

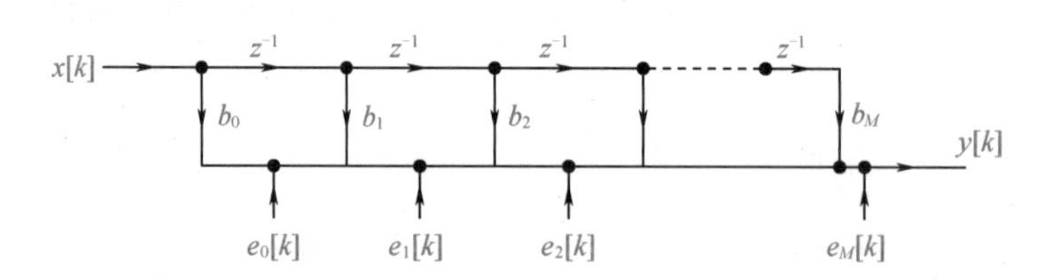

图 5.5.5　FIR 直接型结构乘积量化误差噪声源模型

在直接型 FIR 结构中，所有的噪声直接加在输出端，因此由乘积量化噪声产生的输出噪声方差为 $\sigma_o^2=(M+1)\sigma^2=\dfrac{(M+1)}{12}q^2\sigma_o^2$。

2. IIR 系统乘积量化误差的统计分析

采用统计方法分析 IIR 滤波器有限字长效应时，将每次乘法运算后舍入处理带来的舍入误差看作是叠加在信号上的独立噪声。由于研究的系统是线性的，只要计算出每个噪声源通过系统后的输出噪声，利用叠加原理就可以得到总的输出噪声。

设 IIR 数字滤波器的差分方程为

$$y[n]=\sum_{m=0}^{M}b_m x[n-m]-\sum_{k=1}^{N}a_k y[n-k]$$

对上式 $M+1+N$ 个乘积项做量化处理，

$$\hat{y}[n] = \sum_{m=0}^{M}\{b_m x[n-m] + e_m[n]\} - \sum_{k=1}^{N}\{a_k y[n-k] + e_n[n]\}$$

【例 5.5.3】　已知某 IIR 数字滤波器的系统函数为 $H(z)=\frac{0.75}{(1-0.5z^{-1})(1-0.4z^{-1})}$，试分别计算直接型、级联型和并联型结构下，由乘法量化产生的输出噪声方差。

解：(1)直接型结构(图 5.5.6)：

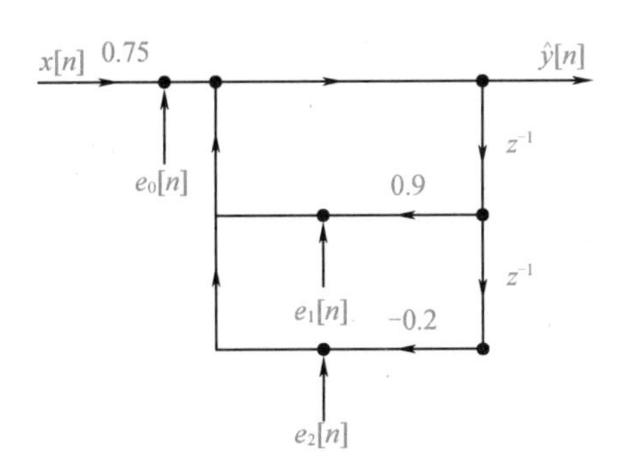

图 5.5.6　例 5.5.3 直接型结构示意图

$$H(z)=\frac{0.75}{(1-0.5z^{-1})(1-0.4z^{-1})}=\frac{0.75}{1-0.9z^{-1}+0.2z^{-2}}$$

直接型结构乘积量化误差 $e[n]$ 包含 $e_0[n]$、$e_1[n]$ 和 $e_2[n]$ 三项。根据量化误差通过离散 LTI 系统的分析方法，需要求解这三项误差通过的系统以得到相应的输出误差方差。$e_0[n]$、$e_1[n]$ 和 $e_2[n]$ 三项均等效于加在 0.75 乘积项之后，因此误差通过的系统均为

$$H_e(z)=\frac{1}{1-0.9z^{-1}+0.2z^{-2}}=\frac{5}{1-0.5z^{-1}}-\frac{4}{1-0.4z^{-1}}$$

$$h_e[n]=Z^{-1}\{H_e(z)\}=[5\,(0.5)^n-4\,(0.4)^n]u[n]$$

因为 $e[n]$ 包含 $e_0[n]$、$e_1[n]$ 和 $e_2[n]$ 三项，所以 $\sigma_e^2=3\times\frac{q^2}{12}=\frac{q^2}{4}$。

因而乘法量化产生的输出噪声方差为

$$\sigma_o^2=\sigma_e^2\sum_{k=0}^{\infty}h_e^2[k]=\frac{q^2}{4}\sum_{k=0}^{\infty}[5\,(0.5)^k-4\,(0.4)^k]^2=0.595\,2q^2$$

(2)级联型结构(图 5.5.7)：$H(z)=0.75\times\left(\frac{1}{1-0.4z^{-1}}\right)\left(\frac{1}{1-0.5z^{-1}}\right)$

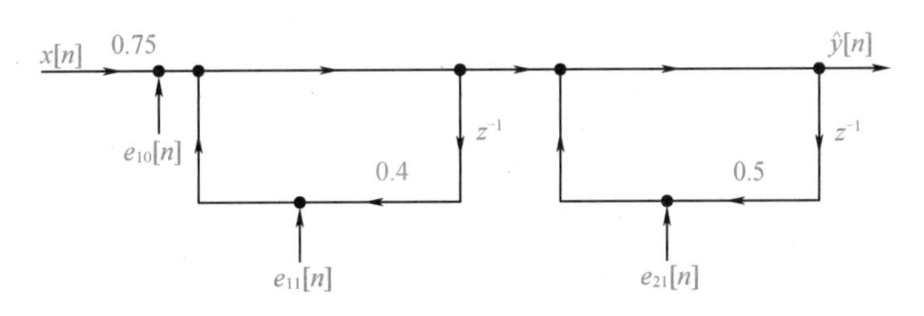

图 5.5.7　例 5.5.3 级联型结构示意图

量化误差 $e[n]$ 包含 $e_{10}[n]$、$e_{11}[n]$、$e_{21}[n]$ 三项，其中 $e_1[n]$（$e_{10}[n]$ 和 $e_{11}[n]$）通过的系统为 $H_{e_1}(z)=\left(\frac{1}{1-0.4z^{-1}}\right)\left(\frac{1}{1-0.5z^{-1}}\right)$，$h_{e_1}[n]=[5\,(0.5)^n-4\,(0.4)^n]u[n]$；$e_2[n]$（$e_{21}[n]$）通过的系统为 $H_{e_2}(z)=\frac{1}{1-0.5z^{-1}}$，$h_{e_2}[n]=(0.5)^n u[n]$。

因为 $\sigma_{e_1}^2=2\frac{q^2}{12}$，$\sigma_{e_2}^2=\frac{q^2}{12}$，所以，乘法量化产生的输出噪声方差为

$$\begin{aligned}\sigma_o^2&=\sigma_{e_1}^2\sum_{k=0}^{\infty}h_{e_1}^2[k]+\sigma_{e_2}^2\sum_{k=0}^{\infty}h_{e_2}^2[k]\\&=2\frac{q^2}{12}\sum_{k=0}^{\infty}h_{e_1}^2[k]+\frac{q^2}{12}\sum_{k=0}^{\infty}h_{e_2}^2[k]\\&=0.396\,8q^2+0.111\,1q^2=0.507\,9q^2\end{aligned}$$

（3）并联型结构（图 5.5.8）：$H(z)=\frac{3.75}{1-0.5z^{-1}}+\frac{-3}{1-0.4z^{-1}}$

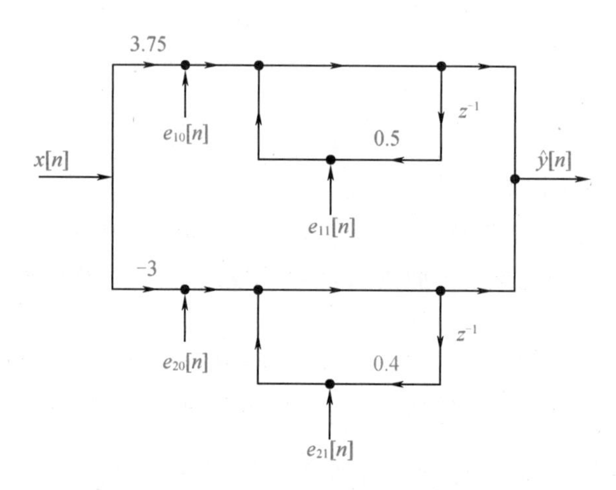

图 5.5.8　例 5.5.3 并联型结构示意图

量化误差 $e[n]$ 包含 $e_{10}[n]$、$e_{11}[n]$、$e_{20}[n]$ 和 $e_{21}[n]$ 四项，其中 $e_1[n]$（$e_{10}[n]$ 和 $e_{11}[n]$）通过的系统为 $H_{e_1}(z)=\frac{1}{1-0.5z^{-1}}$，$h_{e_1}[n]=(0.5)^n u[n]$，$e_2[n]$（$e_{20}[n]$ 和 $e_{21}[n]$）通过的系统为 $H_{e_2}(z)=\frac{1}{1-0.4z^{-1}}$，$h_{e_2}[n]=(0.4)^n u[n]$，又因为

$$\sigma_{e_1}^2=2\frac{q^2}{12},\sigma_{e_2}^2=2\frac{q^2}{12}$$

所以，乘法量化产生的输出噪声方差为

$$\sigma_o^2=\sigma_{e_1}^2\sum_{k=0}^{\infty}h_{e_1}^2[k]+\sigma_{e_2}^2\sum_{k=0}^{\infty}h_{e_2}^2[k]=2\frac{q^2}{12}\left\{\sum_{k=0}^{\infty}h_{e_1}^2[k]+\sigma_{e_2}^2\sum_{k=0}^{\infty}h_{e_2}^2[k]\right\}=0.420\,6q^2$$

综上可得，乘法量化产生的输出噪声方差分别为

直接型结构：$\sigma_o^2 = 0.595\ 2q^2$

级联型结构：$\sigma_o^2 = 0.507\ 9q^2$

并联型结构：$\sigma_o^2 = 0.420\ 6q^2$

比较直接型、级联型、并联型三种结构的输出误差大小，可知直接型最大，并联型最小。这是因为直接型结构所有乘积量化误差都要经过整个反馈环节，这些误差在反馈过程中积累起来，导致总误差很大。在级联型结构中，每个误差仅通过其后面的反馈环节，而不通过其前面的反馈环节，因而误差比直接型小（其误差与级联的顺序相关）。在并联型结构中，每个并联网络的误差仅与本通路的反馈环节相关，与其他并联网络无关，因此积累作用最小，误差最小。

5.6　数字滤波器网络结构的 MATLAB 实现

5.6.1　直接型网络结构的 MATLAB 实现

在 MATLAB 中，直接型结构由 2 个行向量 $\boldsymbol{B}$ 和 $\boldsymbol{A}$ 表示，$\boldsymbol{B}$ 和 $\boldsymbol{A}$ 与数字滤波器系统函数的关系如下：

$$\boldsymbol{A} = [a_0,\ a_1,\ a_2,\ \cdots,\ a_N],\quad \boldsymbol{B} = [b_0,\ b_1,\ b_2,\ \cdots,\ b_M]$$

如果滤波器输入信号向量为 $\boldsymbol{x}_n$，输出信号向量为 $\boldsymbol{y}_n$，则 $\boldsymbol{y}_n = \mathrm{filter}(B,\ A, \boldsymbol{x}_n)$ 按照直接型结构实现对 $\boldsymbol{x}_n$ 的滤波，计算系统对输入信号向量 $\boldsymbol{x}_n$ 的零状态响应输出信号向量 $\boldsymbol{y}_n$，$\boldsymbol{y}_n$ 与 $\boldsymbol{x}_n$ 长度相等。

【例 5.6.1】　求巴特沃斯滤波器的单位脉冲响应。

MATLAB 程序如下：

```
x=[1,zeros(1,120)];
[b,a]=butter(12, 500)/1000;
y=filter(b,a,x);
stem(y);
grid;
```

程序运行结果如图 5.6.1 所示。

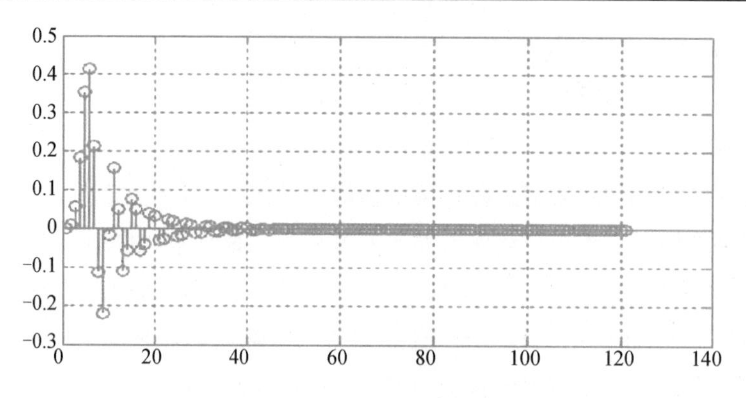

图 5.6.1　巴特沃斯滤波器的单位脉冲响应

5.6.2　级联型网络结构的 MATLAB 实现

在 MATLAB 中,信号处理工具箱定义了 SOS 模型来表示级联型结构,若已知系统函数 $H(z)$,则可以借助内部函数 tf2sos 将滤波器的直接型结构转换为级联型结构。

【例 5.6.2】　滤波器的系统函数为

$$H(z)=\frac{1-5z^{-1}+10z^{-2}-32z^{-3}+19z^{-4}}{15+13z^{-1}+5z^{-2}-6z^{-3}-2z^{-5}}$$

求该系统的级联结构形式和系统的单位脉冲响应。

MATLAB 程序如下:

```
num =[1, -5,10, -32,19];                 % 系统函数的分子系数
den =[15,13,5, -6, -2];                  % 系统函数的分母系数
[z,p,k] =tf2zp(num,den);                 % 求系统函数的零、极点和增益
sos =zp2sos(z,p,k);                      % 直接型结构转换为级联型结构
disp('sos ='); disp(sos);                % 显示级联型结构
num1 =conv(sos(1,1:3), sos(2,1:3));
den1 =conv(sos(1,4:6), sos(2,4:6));
x =[1,zeros(1,40)];
n =[0: length(x) -1];
y =filter(num,den,x);                    % 直接型结构系统的单位脉冲响应
y1 =filter(num1,den1,x);                 % 级联型结构系统的单位脉冲响应
subplot(2,2,1);
plot(n,y);
title('脉冲响应');
legend('直接型结构');
subplot(2,2,2);
plot(n,y1);
title('脉冲响应');
legend('级联型结构');
```

程序执行结果为

```
sos =
    0.0667     -0.3253    0.1953    1.0000     -0.2644   -0.1668
    1.0000     -0.1199    6.4852   1.0000      1.1311     0.7992
```

系统的 SOS 级联型结构为

$$H(z)=\frac{0.0667-0.3253z^{-1}+0.1953z^{-2}}{1-0.2644z^{-1}-0.1668z^{-2}}\cdot\frac{1-0.1199z^{-1}+6.4852z^{-2}}{1+1.1311z^{-1}+0.7992z^{-2}}$$

滤波器的单位脉冲响应如图 5.6.2 所示。从图中可以看出,直接型结构和级联型结构的单位脉冲响应相同,这说明结构形式的改变不会改变滤波器的时域特性。

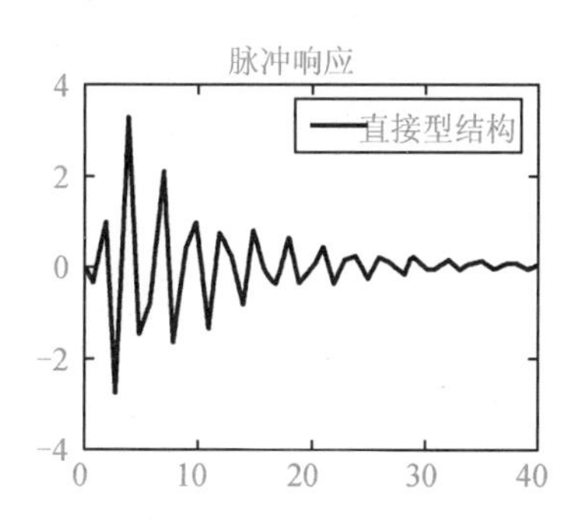

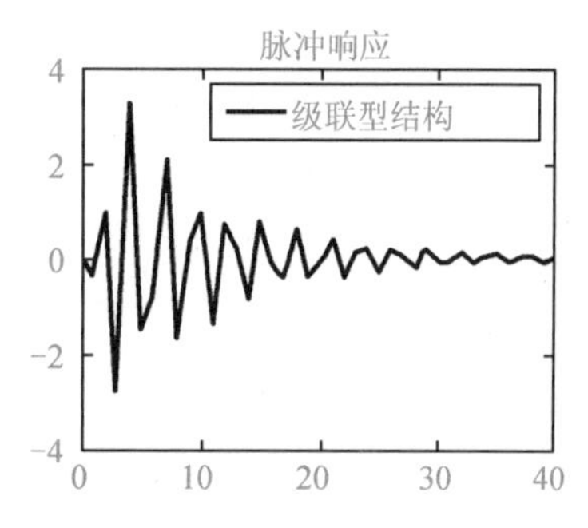

图 5.6.2　滤波器不同结构的单位脉冲响应

5.6.3　并联型网络结构的 MATLAB 实现

在 MATLAB 中,信号处理工具箱没有直接提供该结构的生成信号,但借助函数 residuez 可以获得 IIR 滤波器并联型结构的参数:先用 residuez 求出 $H(z)$ 的部分分式展开式,然后把分式两两合并成式(5.6.1)的形式。若分式项为偶数,则并联型结构全为二阶环节;若分式项为奇数,则并联型结构除二阶环节外,还包括一阶环节。

$$H(z)=\gamma_0+\sum_{k=1}^{L}\frac{\gamma_{0,k}+\gamma_{1,k}z^{-1}}{1-\beta_{1,k}z^{-1}-\beta_{2,k}z^{-2}}=\gamma_0+\sum_{k=1}^{L}H_k(z) \tag{5.6.1}$$

【例 5.6.3】　某 4 阶 BW 型 IIR 数字带阻滤波器如下:

$$H(z)=\frac{0.9522+3.7326z^{-1}+5.5624z^{-2}+3.7326z^{-3}+0.9522z^{-4}}{1+3.8241z^{-1}+5.5601z^{-2}+3.6412z^{-3}+0.9067z^{-4}}$$

试求出该滤波器的并联型结构系数。

```
num = [0.9522   3.7326     5.5624     3.7326     0.9522];
den =  [1    3.8241     5.5601     3.6412      0.9067];
[A P K] = residue(num, den);
```

程序运行结果为

```
系数 A:
0.0189  -j0.0198
0.0189  +j0.0198
0.0267  +j0.0013
0.0267  -j0.0013
```

```
极点 p:
- 0.9646 +j0.1680
- 0.9646 -j0.1680
- 0.9474 +j0.2193
- 0.9474 -j0.2193
常数项 K:0.9522
```

滤波器的并联结构如图 5.6.3 所示。

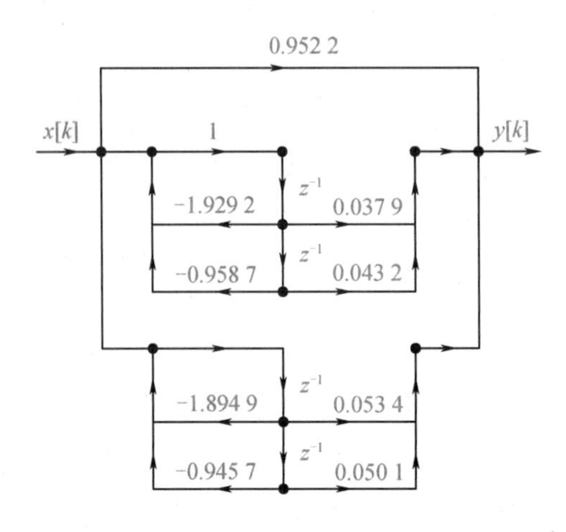

图 5.6.3　例 5.6.3 滤波器的并联结构

5.6.4　频率采样型结构的 MATLAB 实现

【例 5.6.4】 设 $h(n)=\{1/9,2/9,3/9,2/9,1/9\}$,求并画出频率采样结构。

解　只要直接调用 dir2fs 函数程序即可,程序如下:

```
[h]=[1,2,3,2,1]/9;
[C,B,A]=dir2fs(h)
```

运行结果如下:

```
C=[0.5818   0.08491.0000]
B=[ -0.8090  0.8090 ;  0.3090    -0.3090]
A=[1.0000      -0.6180     1.0000;1.0000   1.6180   1.0000;1.0000    -1.0000   0]
```

因为 $M=5$ 是奇数,所以只有一个一阶环节。

$$H(z)=\frac{1-z^{-5}}{5}\left[0.5818\frac{-0.809+0.809z^{-1}}{1-0.618z^{-1}+z^{-2}}+0.0849\frac{0.309-0.309z^{-1}}{1+1.618z^{-1}+z^{-2}}+\frac{1}{1-z^{-1}}\right]$$

频率采样结构如图 5.6.4 所示。

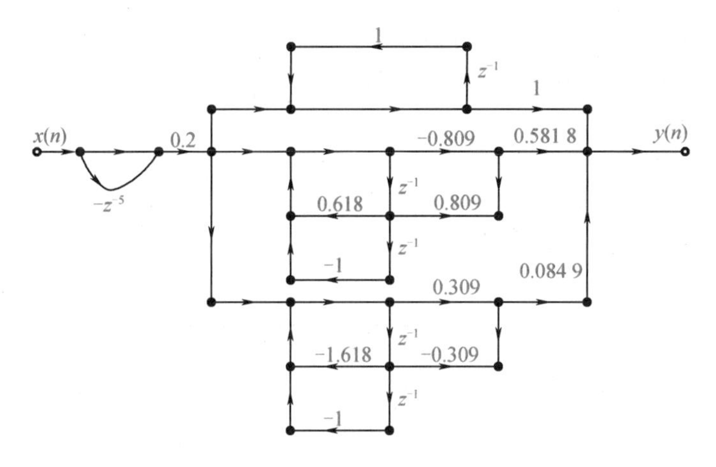

图 5.6.4　例 5.6.4 频率采样结构

5.6.5　格型结构的 MATLAB 实现

MATLAB 语言的信号处理函数(工具箱)很容易解决该问题,只要以 $B_N(z)$ 的系数 $\{b_i\}$ 为参数调用函数 dir2latc 即可得到格型结构网络参数 $\{k_i\}$,latc2dir 实现相反的转换。

【例 5.6.5】　已知 FIR 滤波器的差分方程为

$$y(n)=x(n)+\frac{13}{24}x(n-1)+\frac{5}{8}x(n-2)+\frac{1}{3}x(n-3)$$

求其格型结构系数,并画出格型结构图。

解　直接调用 MATLAB 中的 dir2latc 函数即可,语句如下:

```
b=[1,13/24,5/8,1/3]
[K]=dir2latc(b)
```

运行结果如下:

```
K=1.0000   0.2500    0.5000  0.3333
```

格型结构流图如图 5.6.5 所示。

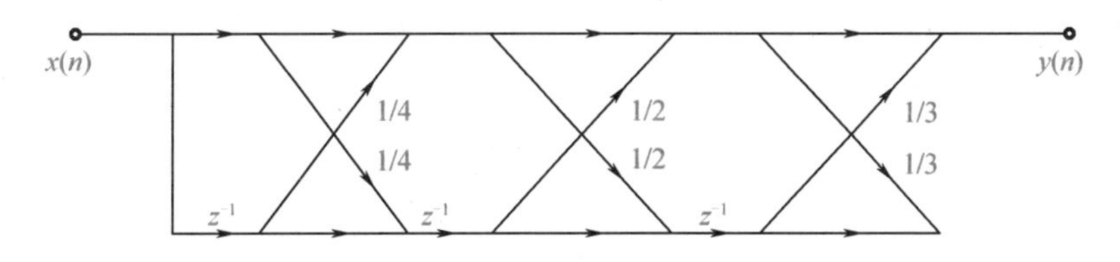

图 5.6.5　例 5.6.5 格型结构流图

【例 5.6.6】　已知 $H(z)=\dfrac{1-0.5z^{-1}+0.2z^{-2}+0.7z^{-3}}{1-1.831\,370\,8z^{-1}+1.431\,959\,5z^{-2}-0.448z^{-3}}$

求该系统的格型结构。

解　采用 MATLAB 程序实现:

```
b=[1,-0.5,0.2,0.7];
```

```
a=[1,-1.8313708,1.4319595,-0.448];
[K,C]=tf2latc(b,a)
```

运行结果如下：

```
K=-0.8434   0.7651    -0.4480
C=0.7733   0.7037   1.4820   0.7000
```

格型结构流图如图 5.6.6 所示。

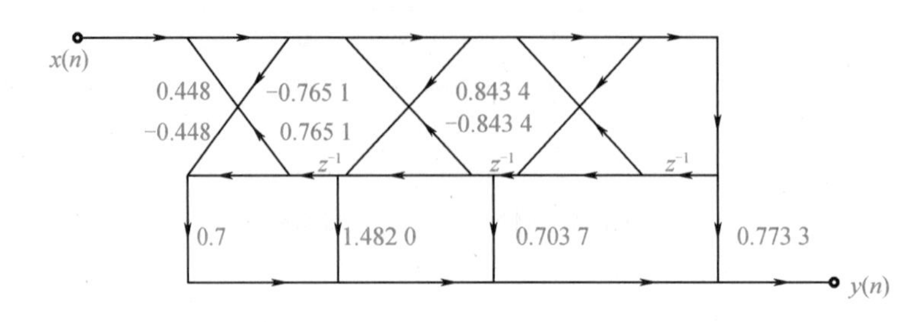

图 5.6.6　例 5.6.6 格型结构流图

习　　题

1. 研究系统的网络结构有什么意义？

2. 从网络结构来看，滤波器分为哪两种？它们各有什么特点？

3. IIR 滤波器有哪三种网络结构？各有什么优缺点？

4. 已知系统用下面差分方程描述：

$$y(n)=\frac{3}{4}y(n-1)-\frac{1}{8}y(n-2)+x(n)+\frac{1}{3}x(n-1)$$

试分别画出系统的直接型、级联型和并联型结构。式中 $x(n)$ 和 $y(n)$ 分别表示系统的输入和输出信号。

5. 设系统的差分方程为 $y(n)+3y(n-1)+2y(n-2)=x(n)+5x(n-1)$，请画出该系统的直接型、级联型和并联型结构。

6. 设系统的系统函数为 $H(z)=\dfrac{(1+z^{-1})(1+3.17z^{-1}-4z^{-2})}{(1-0.2z^{-1})(1+1.4z^{-1}+5z^{-2})}$，试画出该系统的级联型结构。

7. 设系统的系统函数为 $H(z)=(1-3z^{-1})(1-6z^{-1}+2z^{-2})$，试分别画出它的直接型结构和级联型结构。

8. 设滤波器差分方程为

$$y(n)=x(n)+3x(n-1)+2x(n-2)+3x(n-3)+x(n-4)$$

(1) 试求系统的单位脉冲响应及系统函数；

(2) 试画出其直接型及级联型、线性相位型及频率抽样型结构实现此差分方程。

9. 按照下面所给出的系统函数，求出该系统的两种形式的实现方案：直接Ⅰ型和直接Ⅱ型。

$$H(z)=\frac{2+0.6z^{-1}+3z^{-2}}{1+5z^{-1}+0.8z^{-2}}$$

10. 已知 FIR 滤波器的单位脉冲响应为

$$h(n)=\delta(n)+0.3\delta(n-1)+0.7\delta(n-2)+0.11\delta(n-3)+0.12\delta(n-4)$$

(1) 试求出该滤波器的系统函数；

(2) 试分别画出其直接型、级联型结构。

11. 设某 FIR 数字滤波器的系统函数为 $H(z)=\frac{1}{6}(1+5z^{-1}+7z^{-2}+5z^{-3}+z^{-4})$，试画出该滤波器的线性相位结构。

12. 用直接型和级联型结构实现以下系统函数

$$H(z)=(1-1.4142z^{-1}+z^{-2})(1+z^{-1})$$

13. 用频率采样结构实现传递函数 $H(z)=\frac{5-2z^{-3}-3z^{-6}}{1-z^{-1}}$，$N=6$，修正半径 $r=0.9$。

14. 判断下列说法正确与否。

(1) IIR 数字滤波器的直接型结构都是由横向网络和反馈网络构成的；

(2) IIR 数字滤波器的直接型结构便于控制系统的零、极点；

(3) IIR 数字滤波器的级联型结构可通过系统函数 Z 反变换来实现；

(4) 线性相位 FIR 滤波器结构比直接型结构节省一半数量的乘法次数；

(5) FIR 数字滤波器的级联型结构便于控制调节零点；

(6) FIR 数字滤波器的频率采样型结构由谐振器和谐振柜级联构成；

(7) FIR 数字滤波器的谐振器在频率 $w=\frac{2\pi}{N}k$ 处响应为无穷大；

(8) FIR 数字滤波器的线性相位结构本质上属于级联型；

(9) IIR 数字滤波器的级联型结构运算误差的累积比直接型大；

(10) 数字滤波器的系数量化效应不仅与字长有关，还与系统的网络结构有关。

15. 设滤波器的系统函数为 $H(z)=(1-1.4142z^{-1}+z^{-2})(1+z^{-1})$，分别画出其横截型、级联型、线性相位型实现结构。[南京邮电大学 2015 年研]

16. 一个线性移不变系统的系统函数为

$$H(z)=\frac{1+1.2z^{-1}}{1+0.1z^{-1}-0.06z^{-2}}$$

(1) 写出该系统的差分方程；

(2) 该系统是 IIR 还是 FIR 系统？

(3) 画出该系统级联和并联型结构(以一阶基本节表示)。[北京交通大学 2007 年研]

17. 某 FIR 滤波器系统函数为

$$H(z)=(2+z^{-1})(b_1+2z^{-1}+b_2z^{-2})$$

(1)试求 b_1、b_2,使该 FIR 滤波器具有第一类线性相位(b_1、b_2 为实数);

(2)画出该滤波器的直接型结构。

18. 已知某 IIR 数字滤波器的系统函数为 $H(z)=\dfrac{0.5}{(1-0.6z^{-1})(1-0.5z^{-1})}$,采用定点运算,运算结果采用舍入量化,试分别计算直接型、级联型和并联型结构下,由乘积量化造成的输出误差方差。

答案

第6章　IIR数字滤波器的设计

6.1　模拟低通滤波器的设计

6.1.1　模拟滤波器的技术指标要求

模拟滤波器的理论和设计方法已发展得相当成熟,且有若干典型的模拟滤波器供我们选择,如巴特沃斯(Butterworth)滤波器、切比雪夫(Chebyshev)滤波器、椭圆(Elliptic)滤波器、贝塞尔(Bessel)滤波器等,这些滤波器都有严格的设计公式、现成的曲线和图表供设计人员使用,而且所设计的系统函数都满足电路实现条件。选频型模拟滤波器按幅频特性可分为低通、高通、带通和带阻滤波器,它们的理想幅频特性如图6.1.1所示。

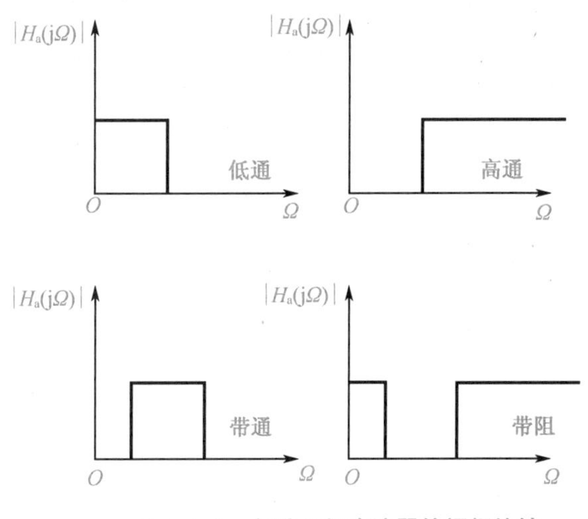

图6.1.1　各种理想滤波器的幅频特性

模拟低通滤波器的设计指标如图6.1.2所示,有α_p、Ω_p、α_s和Ω_s。其中Ω_p和Ω_s分别称为通带截止频率和阻带截止频率,α_p是通带允许的最大衰减,α_s是阻带允许的最小衰减,α_p和α_s一般用dB(分贝)数表示。

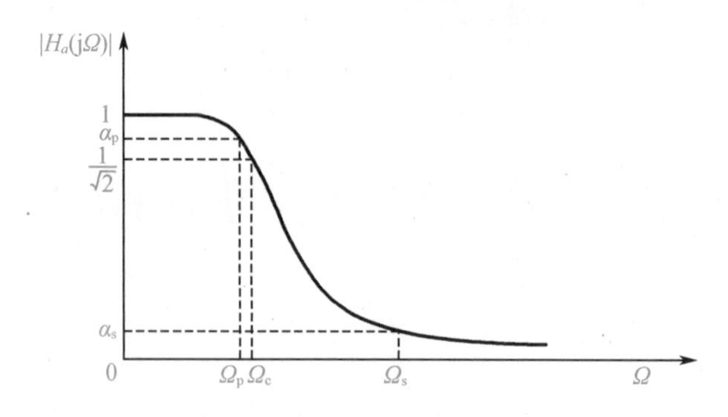

图 6.1.2　低通滤波器的幅频特性

对于单调下降的幅度特性,可用 dB 分贝的形式表示成:

$$\alpha_p = 10\lg \frac{|H_a(j\Omega)|^2}{|H_a(j\Omega_p)|^2} \tag{6.1.1}$$

$$\alpha_s = 10\lg \frac{|H_a(j\Omega)|^2}{|H_a(j\Omega_s)|^2} \tag{6.1.2}$$

如果 $\Omega=0$ 处幅度已归一化到 1,即 $|H_a(j0)|=1$,α_p 和 α_s 表示为

$$\alpha_p = -10\lg |H_a(j\Omega_p)|^2 \tag{6.1.3}$$

$$\alpha_s = -10\lg |H_a(j\Omega_s)|^2 \tag{6.1.4}$$

图中 Ω_c 称为 3 dB 截止频率,因为当幅度降至原来的 $1/\sqrt{2}$ 时刚好衰减 3 dB。

滤波器的技术指标给定后,需要设计一个系统函数 $H_a(s)$,希望其幅度平方函数满足给定的指标 α_p 和 α_s。一般滤波器的单位冲激响应为实数,因此

$$|H_a(j\Omega)|^2 = H_a(s)H_a(-s)|_{s=j\Omega} = H_a(j\Omega)H_a^*(j\Omega) \tag{6.1.5}$$

任何物理可实现的滤波器都是因果稳定的,因此其系统函数 $H_a(s)$ 的极点一定落在 s 平面的左半平面,相应的 $H_a(-s)$ 的极点必然落在 s 平面的右半平面。而零点的分布则不限于此,它只和滤波器的相位特性有关,如果没有特殊要求可将对称零点的任意一半(应为共轭对)取为 $H_a(s)$ 的零点。

如果能由 α_p、Ω_p、α_s 和 Ω_s 求出 $|H_a(j\Omega)|^2$,那么通过幅度平方函数确定 $H_a(s)$ 的方法如下:

(1)由幅度平方函数得象限对称的 s 平面函数;

(2) 将 $H_a(s)H_a(-s)$ 因式分解,得到各零、极点。将 s 平面的左半平面的极点归于 $H_a(s)$,如无特殊要求可将以虚轴为对称轴的对称零点的任意一半(应为共轭对)作为 $H_a(s)$ 的零点,虚轴上的零点或极点都是偶次的,其中一半属于(应为共轭对) $H_a(s)$;

(3)对比 $H_a(j\Omega)$ 和 $H_a(s)$ 的低频特性或高频特性,确定增益常数;

(4)由零、极点及增益常数确定 $H_a(s)$。

这就是模拟低通滤波器的逼近方法,因此幅度平方函数在模拟滤波器的设计中起着很重要的作用。上面介绍的几种典型滤波器的幅度平方函数都有确知表达式,可以直接引用。

6.1.2　Butterworth 模拟低通滤波器的设计

Butterworth 低通滤波器的幅度平方函数定义为

$$|H_a(\mathrm{j}\Omega)|^2 = \frac{1}{1+\left(\dfrac{\Omega}{\Omega_c}\right)^{2N}} \tag{6.1.6}$$

式中,N 为正整数,代表滤波器的阶数;Ω_c 为 3 dB 截止频率。Butterworth 低通滤波器的幅度特性如下:

(1)当 $\Omega=0$ 时,$|H_a(\mathrm{j}0)|^2=1$,即在零频处无衰减;

(2)当 $\Omega=\Omega_c$ 时,$|H_a(\mathrm{j}\Omega)|^2=\frac{1}{2}$,幅度刚好衰减 3 dB,不管阶数 N 为多少,幅度特性均具有 3 dB 不变性;

(3)当 $\Omega<\Omega_c$ 时,通带内有最大平坦的幅度特性,随着 Ω 由 0 变到 Ω_c 幅度特性单调递减,阶数 N 越大衰减得越慢;

(4)当 $\Omega>\Omega_c$ 时,过渡带及阻带内幅度特性随着 Ω 的增加而单调递减,阶数 N 越大衰减得越快。

不同阶数的 Butterworth 低通滤波器的幅度特性如图 6.1.3 所示。

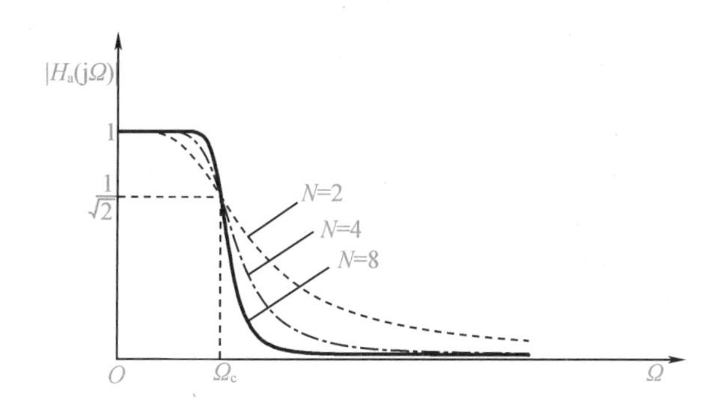

图 6.1.3　Butterworth 幅度特性和 N 的关系

将 $\Omega=s/\mathrm{j}$ 代入式(6.1.6),可得

$$|H_a(\mathrm{j}\Omega)|^2 = H_a(s)H_a(-s) = \frac{1}{1+(s/\mathrm{j}\Omega_c)^{2N}} \tag{6.1.7}$$

则幅度平方函数的极点为

$$s_k = (-1)^{\frac{1}{2N}}(\mathrm{j}\Omega_c) = \Omega_c \mathrm{e}^{\mathrm{j}\pi\left(\frac{1}{2}+\frac{2k+1}{2N}\right)},\quad k=0,1,2,\cdots,2N-1 \tag{6.1.8}$$

这 $2N$ 个极点等间隔分布在半径为 Ω_c 的圆上(该圆称为 Butterworth 圆),间隔是 π/N(单位为 rad),如图 6.1.4 所示(N 取 3)。

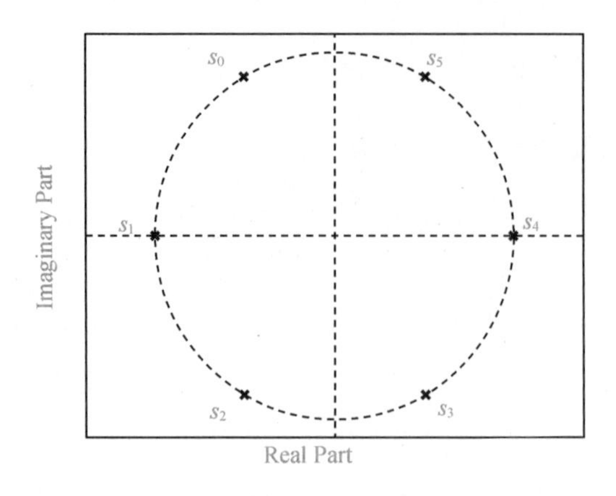

图 6.1.4　三阶 Butterworth 滤波器极点分布图

为了保证所设计的滤波器是稳定的,将 s 平面左半平面的 N 个极点分配给 $H_a(s)$,得到最终设计结果

$$H_a(s) = \frac{\Omega_c^N}{\prod_{k=0}^{N-1}(s - s_k)} \tag{6.1.9}$$

考虑到不同的技术指标对应的边界频率和滤波器幅频特性不同,为了得到统一的设计公式和图表,采取将频率归一化的处理方式。Butterworth 滤波器将所有的频率对 Ω_c 归一化,归一化后的系统函数记为

$$G_a\left(\frac{s}{\Omega_c}\right) = \frac{1}{\prod_{k=0}^{N-1}\left(\frac{s}{\Omega_c} - \frac{s_k}{\Omega_c}\right)} \tag{6.1.10}$$

令 $p = \eta + j\lambda = s/\Omega_c$, $\lambda = \Omega/\Omega_c$, λ 称为归一化频率,p 称为归一化的复变量,这样得 Butterworth 归一化低通原型系统函数:

$$G_a(p) = \frac{1}{\prod_{k=0}^{N-1}(p - p_k)} \tag{6.1.11}$$

式中,p_k 为归一化极点,表示如下:

$$p_k = e^{j\pi\left(\frac{1}{2} + \frac{2k+1}{2N}\right)}, \quad k = 0, 1, \cdots, N-1 \tag{6.1.12}$$

显然,$s_k = p_k\Omega_c$。这样,只要根据技术指标求出滤波器的阶数 N,再按式(6.1.12)求出 N 个极点,即可由式(6.1.11)得到归一化低通原型系统函数 $G_a(p)$,最后利用 Ω_c 去归一化便得到期望设计的系统函数 $H_a(s)$。

由此,可以看出 Butterworth 滤波器的设计实质上就是根据技术指标要求确定阶数 N 和 Ω_c 的过程。下面介绍这两个参数的确定方法。

将幅度平方函数代入式(6.1.3),得到:

$$1 + \left(\frac{\Omega_p}{\Omega_c}\right)^{2N} = 10^{\alpha_p/10} \tag{6.1.13}$$

将幅度平方函数代入式(6.1.4),得到:

$$1+\left(\frac{\Omega_s}{\Omega_c}\right)^{2N}=10^{\alpha_s/10} \tag{6.1.14}$$

由式(6.1.13)和式(6.1.14)得

$$\left(\frac{\Omega_p}{\Omega_s}\right)^{N}=\sqrt{\frac{10^{\alpha_p/10}-1}{10^{\alpha_s/10}-1}} \tag{6.1.15}$$

所以 N 可表示为

$$N=\lg\sqrt{\frac{10^{\alpha_p/10}-1}{10^{\alpha_s/10}-1}}\Big/\lg\left(\frac{\Omega_p}{\Omega_s}\right) \tag{6.1.16}$$

实际应用中 N 取大于等于上式的最小整数。关于 Ω_c，如果技术指标没给出，可以把求出的 N 代入式(6.1.13)或者式(6.1.14)中求出。由式(6.1.13)得到的是

$$\Omega_c=\Omega_p\left(10^{\alpha_p/10}-1\right)^{-\frac{1}{2N}} \tag{6.1.17}$$

由式(6.1.14)得到的是

$$\Omega_c=\Omega_s\left(10^{\alpha_s/10}-1\right)^{-\frac{1}{2N}} \tag{6.1.18}$$

需说明，如果采用式(6.1.17)确定，则通带指标刚好满足要求，阻带指标有富余；如果采用式(6.1.18)确定，则阻带指标刚好满足要求，通带指标有富余。

【例6.1.1】　导出三阶Butterworth低通滤波器的系统函数，设 $\Omega_c=2$ rad/s。

解　当已知条件代入Butterworth低通滤波器的幅度平方函数

$$|H_a(j\Omega)|^2=\frac{1}{1+\left(\frac{\Omega}{2}\right)^6}$$

将 $\Omega=s/j$ 代入，则有

$$H_a(s)H_a(-s)=\frac{1}{1-\frac{s^6}{2^6}}$$

由式(6.1.8)可求得各极点依次为

$$s_0=2e^{j\frac{2}{3}\pi}=-1+j\sqrt{3}$$

$$s_1=2e^{j\pi}=-2$$

$$s_2=2e^{j\frac{4}{3}\pi}=-1-j\sqrt{3}$$

$$s_3=2e^{j\frac{5}{3}\pi}=1-j\sqrt{3}$$

$$s_4=2e^{j0}=2$$

$$s_5=2e^{j\frac{1}{3}\pi}=1+j\sqrt{3}$$

由位于左半平面的 s_0、s_1、s_2 三个极点构成的系统函数为

$$H_a(s)=\frac{\Omega_c^3}{(s-s_0)(s-s_1)(s-s_2)}=\frac{8}{s^3+4s^2+8s+8}$$

6.1.3　Chebyshev模拟低通滤波器的设计

Butterworth滤波器的幅频特性曲线是单调递减的，而Chebyshev滤波器的幅频特性具有

等波纹特性。它包括两种形式：在通带内是等波纹的，在阻带内是单调的，称为 Chebyshev Ⅰ型滤波器；在通带内是单调的，在阻带内是等波纹的，称为 Chebyshev Ⅱ型滤波器。具体采用哪种形式由实际需求而定。不同阶数的 Chebyshev 滤波器的幅频特性曲线如图 6.1.5 所示。

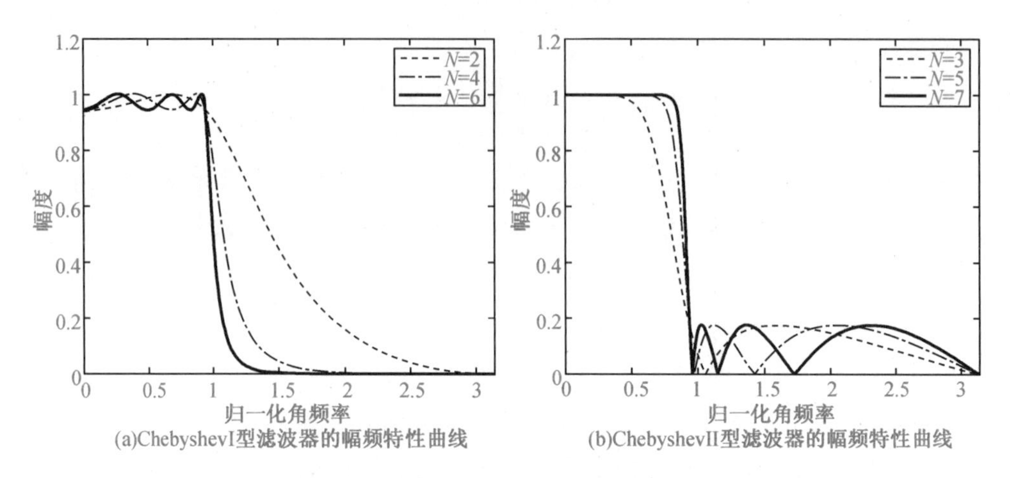

图 6.1.5　不同阶数的 Chebyshev 滤波器的幅频特性曲线

本书以 Chebyshev Ⅰ型滤波器为例，介绍其设计方法。幅度平方函数表示为

$$|H_a(j\Omega)|^2 = \frac{1}{1+\varepsilon^2 C_N^2\left(\dfrac{\Omega}{\Omega_p}\right)} \tag{6.1.19}$$

ε 是小于 1 的正数，表示通带内幅度的波动程度，ε 愈大，波动幅度也愈大。Ω_p 为通带截止频率，令 $\lambda=\Omega/\Omega_p$，为对 Ω_p 归一化频率。$C_N(x)$ 称为 N 阶 Chebyshev 多项式，表示为

$$C_N(x)=\begin{cases}\cos(N\cos^{-1}x), & |x|\leqslant 1\\ \mathrm{ch}(N\mathrm{ch}^{-1}x), & |x|>1\end{cases} \tag{6.1.20}$$

N 为 Chebyshev 多项式的阶数，当 N 取不同值时可由式(6.1.20)得出 Chebyshev 多项式的递推公式：

$$C_{N+1}(x)=2xC_N(x)-C_{N-1}(x) \tag{6.1.21}$$

Chebyshev 多项式的特性有：

(1)过零点在 $|x|\leqslant 1$ 的范围内；

(2)当 $|x|\leqslant 1$ 时，$|C_N(x)|\leqslant 1$，在 $|x|\leqslant 1$ 范围内具有等波纹性；

(3)当 $|x|>1$ 时，$C_N(x)$ 是双曲余弦函数，随 x 单调递增。

幅度平方函数中 ε 与通带内允许的波动幅度有关，设允许的通带纹波为 α_p，那么

$$\alpha_p = 10\lg\frac{|H_a(j\Omega)|^2_{\max}}{|H_a(j\Omega)|^2_{\min}},\ |\Omega|\leqslant\Omega_p \tag{6.1.22}$$

式中

$$|H_a(j\Omega)|^2_{\max}=1 \tag{6.1.23}$$

$$|H_a(j\Omega)|_{\min}^2 = \frac{1}{1+\varepsilon^2} \tag{6.1.24}$$

因此

$$\alpha_p = 10\lg(1+\varepsilon^2) \tag{6.1.25}$$

则有

$$\varepsilon^2 = 10^{0.1\alpha_p} - 1 \tag{6.1.26}$$

这样根据通带内最大衰减 α_p 就可以求出参数 ε。

阶数 N 会影响过渡带的宽度及通带内波动的疏密,在阻带截止频率处幅度平方函数为

$$|H_a(j\Omega_s)|^2 = \frac{1}{1+\varepsilon^2 C_N^2(\frac{\Omega_s}{\Omega_p})} \tag{6.1.27}$$

令 $\lambda_s = \Omega_s/\Omega_p$,由 $\lambda_s > 1$,有

$$C_N(\lambda_s) = \mathrm{ch}[N\mathrm{arch}(\lambda_s)] = \frac{1}{\varepsilon}\sqrt{\frac{1}{|H_a(j\Omega_s)|^2} - 1} \tag{6.1.28}$$

则

$$N = \frac{\mathrm{arch}\left[\frac{1}{\varepsilon}\sqrt{\frac{1}{|H_a(j\Omega_s)|^2} - 1}\right]}{\mathrm{arch}(\lambda_s)} \tag{6.1.29}$$

这样根据截止频率的指标及求得的参数 ε,就可以求出 N。

因为 3 dB 截止频率处,幅度平方函数为

$$|H_a(j\Omega_c)|^2 = \frac{1}{2} \tag{6.1.30}$$

令 $\lambda_c = \Omega_c/\Omega_p$,则有

$$\varepsilon^2 C_N^2(\lambda_c) = 1 \tag{6.1.31}$$

通常取 $\lambda_c > 1$,因此

$$C_N(\lambda_c) = \pm\frac{1}{\varepsilon} = \mathrm{ch}[N\mathrm{arch}(\lambda_c)] \tag{6.1.32}$$

上式仅取正号,得到 3 dB 截止频率的计算公式:

$$\Omega_c = \Omega_p \mathrm{ch}\left[\frac{1}{N}\mathrm{arch}\left(\frac{1}{\varepsilon}\right)\right] \tag{6.1.33}$$

这样根据通带截止频率的指标及求得的参数 ε 和 N,可以求出滤波器的极点,并确定归一化系统函数 $G_a(p)$,$p = s/\Omega_p$。

设 $H_a(s)$ 的极点为 $s_i = \sigma_i + j\Omega_i$,其中

$$\left.\begin{aligned} \sigma_i &= -\Omega_p \mathrm{sh}\,\xi \sin\frac{\pi(2i-1)}{2N} \\ \Omega_i &= \Omega_p \mathrm{ch}\,\xi \cos\frac{\pi(2i-1)}{2N} \end{aligned}\right\} \quad i = 1,2,3,\cdots,N \tag{6.1.34}$$

式中

$$\xi=\frac{1}{N}\operatorname{arsh}\left(\frac{1}{\varepsilon}\right) \tag{6.1.35}$$

$$\frac{\sigma_i^2}{\Omega_p^2\operatorname{sh}^2\xi}+\frac{\Omega_i^2}{\Omega_p^2\operatorname{ch}^2\xi}=1 \tag{6.1.36}$$

求出滤波器的归一化极点 p_k 为

$$p_k=-\operatorname{sh}\xi\sin\frac{(2i-1)\pi}{2N}+\mathrm{j}\operatorname{ch}\xi\cos\frac{(2i-1)\pi}{2N} \tag{6.1.37}$$

求出滤波器的归一化系统函数为

$$G_a(p)=\frac{1}{\varepsilon\cdot 2^{N-1}\prod_{i=1}^{N}(p-p_i)} \tag{6.1.38}$$

去归一化后得到实际的系统函数 $H_a(s)$。

$$H_a(s)=G_a(p)\mid_{p=s/\Omega_p}=\frac{\Omega_p^N}{\varepsilon\cdot 2^{N-1}\prod_{i=1}^{N}(s-p_i\Omega_p)} \tag{6.1.39}$$

【例 6.1.2】 设计一 Chebyshev Ⅰ型低通滤波器,要求通带截止频率 $f_p=5$ kHz,通带最大衰减 $\alpha_p=1$ dB,阻带截止频率 $f_s=12$ kHz,阻带最小衰减 $\alpha_s=30$ dB。

解 首先计算需要的参数

$$\varepsilon=\sqrt{10^{0.1\alpha_p}-1}=\sqrt{10^{0.1}-1}=0.5088$$

$$N=\frac{\operatorname{arch}\left[\sqrt{\frac{10^{0.1\alpha_s}-1}{10^{0.1\alpha_p}-1}}\right]}{\operatorname{arch}(f_s/f_p)}=\frac{\operatorname{arch}\left[\sqrt{\frac{10^{0.1\alpha_s}-1}{10^{0.1\alpha_p}-1}}\right]}{\operatorname{arch}(2.4)}=3.1681,\text{取 } N=4$$

由式(6.1.38)可得归一化系统函数为

$$G_a(p)=\frac{1}{0.5088\cdot 2^{(4-1)}\prod_{i=1}^{4}(p-p_i)}$$

由式(6.1.37)求出 $N=4$ 时的极点 p_i,代入上式得到:

$$\begin{aligned}G_a(p)&=\frac{1}{0.5088\cdot 2^{(4-1)}\prod_{i=1}^{4}(p-p_i)}\\&=\frac{1}{4.0704\times(p^2-8768p+973658692)(p^2-21168p+275784265)}\end{aligned}$$

将 $G_a(p)$ 去归一化,得到:

$$H_a(s)=\frac{1}{4.0704\times(1.0132\times10^{-9}s^2-0.2791s+973658692)(1.0132\times10^{-9}s^2-0.6738s+275784265)}$$

6.1.4 椭圆模拟低通滤波器的设计

椭圆(Elliptic)滤波器在通带和阻带内都具有等波纹幅频响应特性。由于其极点位置与经典场论中的椭圆函数有关,所以取名为椭圆滤波器。椭圆滤波器的典型幅频响应特性曲线如图 6.1.6 所示。

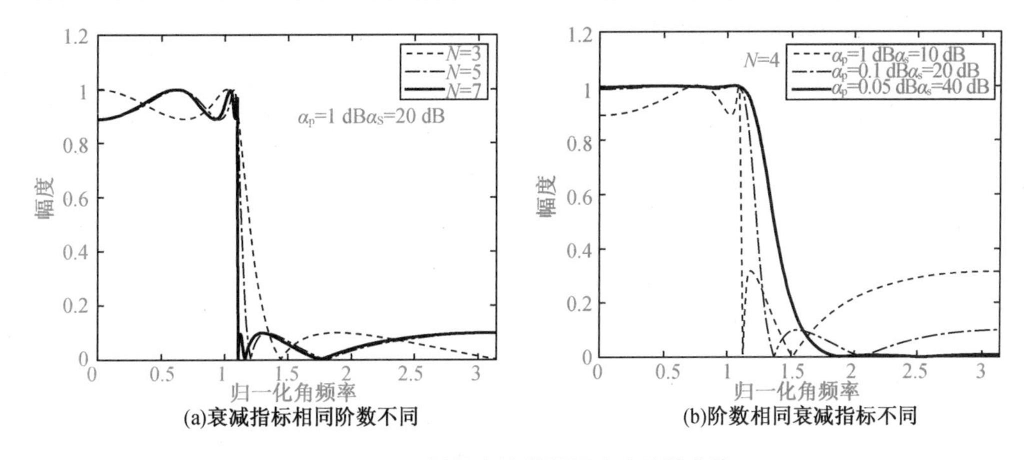

图6.1.6　椭圆滤波器幅频响应特性曲线

由图6.1.6(a)可见,椭圆滤波器通带和阻带波纹固定时,阶数越高过渡带就越窄;由图6.1.6(b)可见,当椭圆滤波器阶数固定时,通带和阻带波纹越小则过渡带就越宽。所以椭圆滤波器的阶数N由通带边界频率Ω_p、阻带边界频率Ω_s、通带最大衰减α_p和阻带最小衰减α_s共同决定。椭圆滤波器可以最好地逼近理想滤波器的幅频响应,是一种性价比最高的滤波器,应用非常广泛。椭圆滤波器涉及的原理非常复杂,设计时通常由给定的指标通过MATLAB辅助完成。

工程实际中选择哪种滤波器取决于对滤波器阶数(阶数影响处理速度和实现的复杂性)和相位特性的具体要求。例如,在满足幅频响应指标的条件下希望滤波器阶数最低时,就应当选择椭圆滤波器。

6.2　模拟非低通滤波器的设计

从原理上讲,通过频率变换公式,可以将模拟低通滤波器的系统函数$Q(p)$变换成希望设计的低通、高通、带通和带阻滤波器的系统函数$H_d(s)$。在模拟滤波器的设计手册中,各种经典滤波器的设计公式都是针对低通滤波器的,并提供从低通到其他各种滤波器的频率变换公式。所以,设计高通、带通和带阻滤波器的一般过程是:

(1)通过频率变换公式,先将希望设计的滤波器指标转换为相应的低通滤波器指标;

(2)设计相应的低通系统函数$Q(p)$;

(3)对$Q(p)$进行频率变换,得到希望设计的滤波器系统函数$H_d(s)$。

设计过程中涉及的频率变换公式和指标转换公式较复杂,其推导更为复杂。通常借助MATLAB软件辅助完成。本节简要介绍模拟滤波器的频率变换公式,并不对其推导过程展开讨论,有兴趣的读者请参阅相关书籍。

低通滤波器系统函数$Q(p)$是关于某边界频率的归一化,这种处理可使设计计算大大简化。归一化频率根据设计需要而定,对Butterworth滤波器取3 dB截止频率归一化的系统函数称为Butterworth归一化低通原型,记为$G(p)$。Chebyshev和Elliptic滤波器的归一化低通原型一般是关于通带截止频率 Ω_p 归一化的低通系统函数(即通带的截止频率为1)。

为了讨论方便,令 $p=\eta+j\lambda$ 为 $Q(p)$ 的归一化复变量,λ_p 为通带截止频率,λ 称为归一化频率。希望设计的模拟滤波器的系统函数记为 $H_d(s)$,其中复变量 $s=\sigma+j\Omega$。下面介绍各种频率变换公式,低通系统函数 $Q(p)$ 与 $H_d(s)$ 之间的转换关系为

$$H_d(s)=Q(p)\big|_{p=F(s)} \tag{6.2.1}$$

$$Q(p)=H_d(s)\big|_{s=F^{-1}(p)} \tag{6.2.2}$$

高通、带通、带阻滤波器的幅频特性曲线及边界频率如图6.2.1(a)(b)(c)所示。

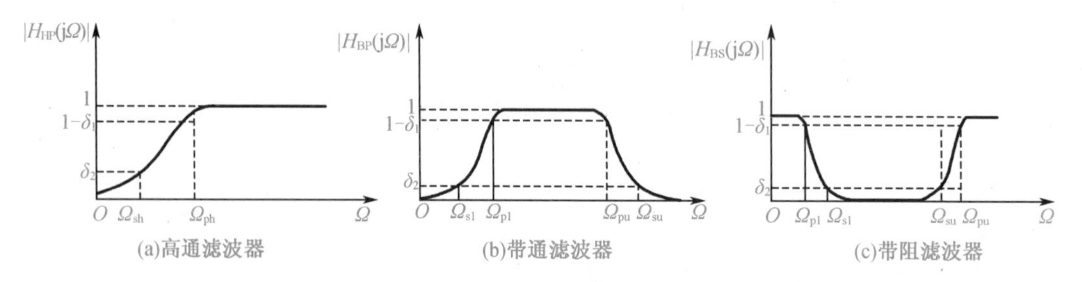

图6.2.1 各种滤波器的幅频特性及边界频率示意图

6.2.1 模拟高通滤波器的设计

低通到高通滤波器的映射关系为

$$p=\lambda_p\Omega_{ph}/s \tag{6.2.3}$$

在虚轴上该映射关系简化为如下频率变换公式

$$\lambda=-\lambda_p\Omega_{ph}/\Omega \tag{6.2.4}$$

式中,Ω_{ph} 为希望设计的高通滤波器 $H_{HP}(s)$ 的通带截止频率。频率变换公式(6.2.3)意味着将低通滤波器的通带 $[0,\lambda_p]$ 映射为高通滤波器的通带 $[-\infty,-\Omega_{ph}]$,而将低通滤波器的通带 $[-\lambda_p,0]$ 映射为高通滤波器的通带 $[\Omega_{ph},\infty]$。同样,将低通滤波器的阻带 $[\lambda_s,\infty]$ 映射为高通滤波器的阻带 $[-\Omega_{sh},0]$,而将低通滤波器的阻带 $[-\infty,-\lambda_s]$ 映射为高通滤波器的阻带 $[0,\Omega_{sh}]$。映射关系式(6.2.3)确保低通滤波器 $Q(p)$ 通带 $[-\lambda_p,\lambda_p]$ 上的幅度值出现在高通滤波器的通带上。同样,低通滤波器 $Q(p)$ 阻带 $\lambda_s\leqslant|\lambda|$ 上的幅度值出现在高通滤波器的阻带上。

所以只要将式(6.2.3)代入式(6.2.1),就可将通带截止频率为 λ_p 的低通滤波器的系统函数 $Q(p)$ 转换成通带截止频率为 Ω_{ph} 的高通滤波器系统函数:

$$H_{HP}(s)=Q(p)\big|_{p=\lambda_p\Omega_{ph}/s} \tag{6.2.5}$$

6.2.2 模拟带通滤波器的设计

低通到带通的频率变换公式如下

$$p=\lambda_p\frac{s^2+\Omega_0^2}{Bs} \tag{6.2.6}$$

在虚轴上该映射关系简化为如下频率变换公式:

$$\lambda = -\lambda_p \frac{\Omega_0^2 - \Omega^2}{\Omega B} \tag{6.2.7}$$

式中，$B = \Omega_{pu} - \Omega_{pl}$ 表示带通滤波器的通带宽度，Ω_{pl} 和 Ω_{pu} 分别为带通滤波器的通带下限截止频率和通带上限截止频率，Ω_0 称为带通滤波器的中心频率。根据式(6.2.7)的映射关系，频率 $\lambda = 0$ 映射为频率 $\Omega = \pm\Omega_0$，频率 $\lambda = \lambda_p$ 映射为频率 Ω_{pu} 和 $-\Omega_{pl}$，频率 $\lambda = -\lambda_p$ 映射为频率 $-\Omega_{pu}$ 和 Ω_{pl}。也就是说，将低通滤波器 $G(p)$ 的通带 $[-\lambda_p, \lambda_p]$ 映射为带通滤波器的通带 $[-\Omega_{pu}, -\Omega_{pl}]$ 和 $[\Omega_{pl}, \Omega_{pu}]$。同样道理，频率 $\lambda = \lambda_s$ 映射为频率 Ω_{su} 和 $-\Omega_{sl}$，频率 $\lambda = -\lambda_s$ 映射为频率 $-\Omega_{su}$ 和 Ω_{sl}。所以将式(6.2.6)代入式(6.2.1)，就将 $Q(p)$ 转换为带通滤波器的系统函数，即

$$H_{BP}(s) = Q(p)\Big|_{p = \lambda_p \frac{s^2 + \Omega_0^2}{Bs}} \tag{6.2.8}$$

可以证明

$$\Omega_{pl}\Omega_{pu} = \Omega_{sl}\Omega_{su} = \Omega_0^2 \tag{6.2.9}$$

即带通滤波器的通带上、下限截止频率和阻带上、下限截止频率均关于中心频率 Ω_0 几何对称。如果给定的指标不满足式(6.2.9)，就要调整其中一个截止频率以便满足式(6.2.9)，但要保证调整后的指标高于原指标。具体做法是，当 $\Omega_{pl}\Omega_{pu} > \Omega_{sl}\Omega_{su}$ 时，可减小 Ω_{pl} 或者增大 Ω_{sl}，调整后通带指标有富余，或使左边过渡带变窄。当 $\Omega_{pl}\Omega_{pu} < \Omega_{sl}\Omega_{su}$，则可增大 Ω_{pu} 或者减小 Ω_{su}，调整后通带指标有富余，或使右边过渡带变窄。

低通原型到带通的边界频率及幅频响应特性的映射关系如图 6.2.2 所示，低通原型的每个边界频率都映射为带通滤波器两个相应的边界频率。

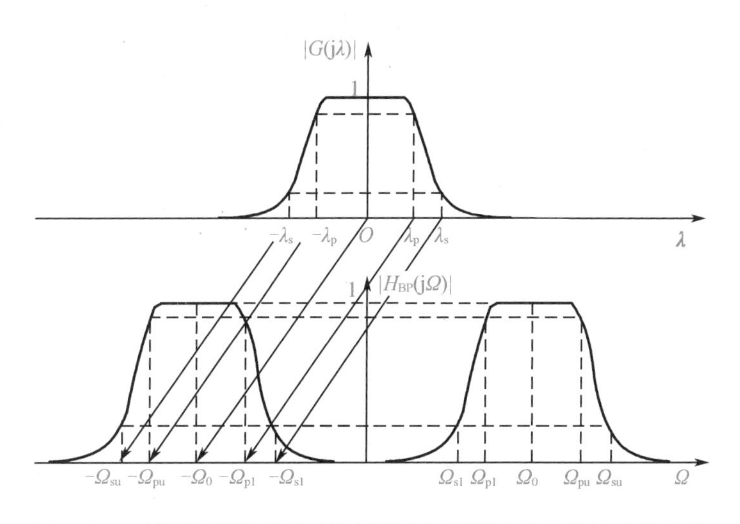

图 6.2.2　低通原型到带通的边界频率及幅频响应特性的映射关系

6.2.3　模拟带阻滤波器的设计

低通到带阻滤波器的映射关系为

$$p = \lambda_s \frac{Bs}{s^2 + \Omega_0^2} \tag{6.2.10}$$

在虚轴上该映射关系简化为如下频率变换公式:

$$\lambda = -\lambda_s \frac{\Omega B}{\Omega_0^2 - \Omega^2} \tag{6.2.11}$$

式中,$B = \Omega_{su} - \Omega_{sl}$表示带阻滤波器的阻带宽度,$\Omega_{su}$为阻带上限截止频率,$\Omega_{sl}$为阻带下限截止频率,$\Omega_0$为带阻滤波器的阻带中心频率。当$\lambda$从$-\infty \to -\lambda_s \to -\lambda_p \to 0_-$时,$\Omega$从$-\Omega_0 \to -\Omega_{su} \to -\Omega_{pu} \to -\infty$形成阻带滤波器$H_{BS}(j\Omega)$在$(-\infty, -\Omega_0]$上的频响;$\Omega$从$+\Omega_0 \to +\Omega_{sl} \to +\Omega_{pl} \to 0_+$形成阻带滤波器$H_{BS}(j\Omega)$在$[0_+, \Omega_0]$上的频响。当$\lambda$从$0_+ \to \lambda_p \to \lambda_s \to +\infty$时,$\Omega$从$0_{-0} \to -\Omega_{pl} \to -\Omega_{sl} \to -\Omega_0$形成阻带滤波器$H_{BS}(j\Omega)$在$[-\Omega_0, 0_-]$上的频响;$\Omega$从$+\infty \to +\Omega_{pu} \to +\Omega_{su} \to +\Omega_0$形成阻带滤波器$H_{BS}(j\Omega)$在$[+\Omega_0, +\infty)$上的频响。

将式(6.2.10)代入式(6.2.11)就可将通带边界频率为λ_s的低通滤波器的系统函数$Q(p)$转换成希望的带阻滤波器系统函数:

$$H_{BP}(s) = Q(p)\Big|_{p=\lambda_s \frac{Bs}{s^2+\Omega_0^2}} \tag{6.2.12}$$

同样有

$$\Omega_{pl}\Omega_{pu} = \Omega_{sl}\Omega_{su} = \Omega_0^2 \tag{6.2.13}$$

带阻滤波器的设计过程与带通滤波器的设计过程相同。

6.3 脉冲响应不变法

由于模拟滤波器设计技术已非常成熟,不仅有完整的设计公式,还有完善的图表和曲线供查阅,利用这种便利性,可得到一个间接设计 IIR 数字滤波器的方法,即间接设计方法。这种方法通常要按照指标要求先设计一个中间模拟滤波器$H_a(s)$,然后将它映射成$H(z)$,最终完成 IIR 数字滤波器的设计。这种由s平面到z平面的映射关系,必须满足以下两条基本要求:

(1)数字滤波器的频率响应要能模仿模拟滤波器的频响,s平面的虚轴映射到z平面的单位圆上,也就是频率轴要对应,相应的频率之间呈线性关系。

(2)因果稳定的模拟滤波器转换成数字滤波器,仍是因果稳定的。也就是s平面的左半平面必须映射到z平面单位圆的内部。

IIR 数字滤波器的间接设计法有多种,但工程上常用的主要有脉冲响应不变法和双线性变换法。下面先介绍脉冲响应不变法。

6.3.1 基本原理

脉冲响应不变法的基本原理是使数字滤波器的单位脉冲响应$h(n)$模仿模拟滤波器的单位冲激响应$h_a(t)$。对$h_a(t)$以T为间隔进行采样,令$h(n)$在采样点上等于$h_a(t)$,即满足

$$h(n) = h_a(t)\big|_{t=nT} = h_a(nT) \tag{6.3.1}$$

因此,本质上脉冲响应不变法是一种时域逼近方法。下面基于这种思想推导出$H_a(s)$

$\to H(z)$的一般转换公式。设模拟滤波器的传输函数为 $H_a(s)$，相应的单位冲激响应可通过拉氏逆变换求得 $h_a(t)=\mathrm{LT}^{-1}[H_a(s)]$。设模拟滤波器 $H_a(s)$只有单阶极点，且分母多项式的阶次高于分子多项式的阶次，将 $H_a(s)$展开成部分分式表达式：

$$H_a(s)=\sum_{i=1}^{N}\frac{A_i}{s-s_i} \tag{6.3.2}$$

式中，s_i 为 $H_a(s)$的单阶极点。则 $h_a(t)$可通过对 $H_a(s)$进行拉氏逆变换得到：

$$h_a(t)=\sum_{i=1}^{N}A_i e^{s_i t}u(t) \tag{6.3.3}$$

式中，$u(t)$是单位阶跃函数。对 $h_a(t)$进行等间隔采样，采样间隔为 T，得到：

$$h(n)=h_a(nT)=\sum_{i=1}^{N}A_i e^{s_i nT}u(nT) \tag{6.3.4}$$

对上式进行 Z 变换，得到数字滤波器的系统函数 $H(z)$：

$$H(z)=\sum_{i=1}^{N}\frac{A_i}{1-e^{s_i T}z^{-1}} \tag{6.3.5}$$

对比式(6.3.4)和式(6.3.5)，为 $H_a(s)$的极点 s_i 映射到 z 平面的极点 $e^{s_i T}$，系数 A_i 保持不变。根据前续内容讨论过的采样定理的内容，可知采样信号(抽样序列)的 Z 变换与模拟信号的拉氏变换之间的关系

$$H(z)\big|_{z=e^{sT}}=\frac{1}{T}\sum_{k=-\infty}^{\infty}H_a\left(s-j\frac{2\pi}{T}k\right) \tag{6.3.6}$$

该式表明脉冲响应不变法将模拟域的 s 平面变换成数字域的 z 平面需满足的映射关系为 $z=e^{sT}$。设 $s=\sigma+j\Omega$，$z=re^{j\omega}$，则有

$$re^{j\omega}=e^{\sigma T}e^{j\Omega T} \tag{6.3.7}$$

因此得到：

$$\begin{cases}r=e^{\sigma T}\\ \omega=\Omega T\end{cases} \tag{6.3.8}$$

那么

$$\begin{cases}\sigma=0, r=1\\ \sigma<0, r<1\\ \sigma>0, r>1\end{cases} \tag{6.3.9}$$

该式表明，s 平面的虚轴映射为 z 平面的单位圆；s 平面的左半平面映射为 z 平面的单位圆内；s 平面的右半平面映射为 z 平面的单位圆外。这说明如果 $H_a(s)$是因果稳定的，转换得到的 $H(z)$仍是因果稳定的。另外，$\omega=\Omega T$ 频率之间满足线性关系，因此脉冲响应不变法不改变原来的相位特性。

同时，也可以看出 $H(z)$是 $H_a(s)$沿频率轴以$\frac{2\pi}{T}$为周期进行周期开拓的结果，也就是说 s 平面上每一条宽度为$\frac{2\pi}{T}$的横条都将重叠地映射到整个 z 平面上，如图 6.3.1 所示。

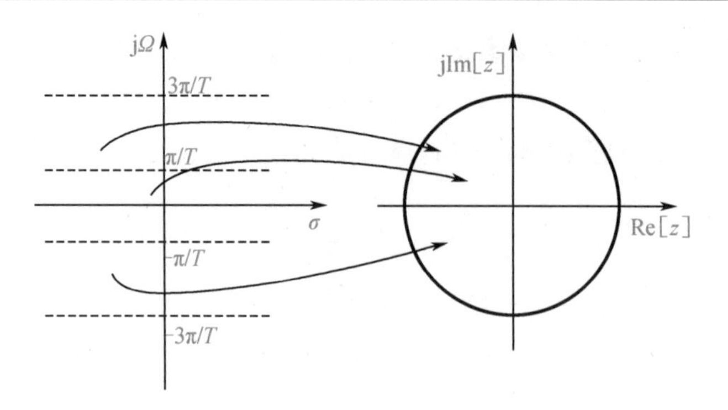

图 6.3.1　s 平面与 z 平面之间的映射关系

根据采样定理数字滤波器的频率响应与模拟滤波器的频率响应之间的关系

$$H(e^{j\omega}) = \frac{1}{T}\sum_{k=-\infty}^{\infty} H_a(j\frac{\omega - 2k\pi}{T}) \tag{6.3.10}$$

因此,只有模拟滤波器的频率响应是带宽有限的,才能使数字滤波器的频率响应在折叠频率以内重现模拟滤波器的频率响应,而不产生混叠失真,即

$$H(e^{j\omega}) = \frac{1}{T}H_a(j\frac{\omega}{T}), \quad |\omega| < \pi \tag{6.3.11}$$

但是,一个实际的模拟滤波器频率响应都不是严格带限的,如此一来变换后就会在折叠频率处产生混叠失真。

所以,脉冲响应不变法只适用于带限的模拟滤波器(例如,衰减特性很好的低通或带通滤波器),而且高频衰减越快,混叠失真越小。如果不是带限的模拟滤波器(例如,高通或带阻滤波器),需要在高通或带阻滤波器之前加保护滤波器,滤除高于折叠频率的频带成分,以免产生频谱混叠现象。但这样会增加系统的复杂程度以及成本,因此,高通与带阻滤波器不适合用这种方法设计。

为了减少混叠失真,设计时应减少 T 值,提高折叠频率,使在折叠频率处的衰减加大,但这会导致数字滤波器的指标发生变化。顺便指出当 T 值取得过小时,根据式(6.3.11),数字滤波器会有较高的增益。因此一般不用式(6.3.5)建立数字滤波器的系统函数,而是采用如下表达式

$$H(z) = \sum_{i=1}^{N} \frac{TA_i}{1 - e^{s_i T}z^{-1}} \tag{6.3.12}$$

$$h(n) = Th_a(nT) \tag{6.3.13}$$

但是,如果滤波器的指标用数字域频率 ω 给定时,若 ω_c 不变,用减小 T 的方法就不能解决混叠问题。例如设计某一截止频率为 ω_c 的低通滤波器,则要求与之对应的模拟滤波器的截止频率为

$$\Omega_c = \frac{\omega_c}{T} \tag{6.3.14}$$

因而,模拟折叠角频率 Ω 的范围是 $\left[-\frac{\pi}{T},\frac{\pi}{T}\right]$,随着 T 的减小,它会增加。而为了 ω_c 不

变,T 减小,Ω_c 应增加。所以如果原来 $H_a(s)$ 的截止频率 $\Omega_c > \frac{\pi}{T}$,则不论如何减小 T,由于要求 Ω_c 与 T 有同样倍数的变化(以保证 ω_c 不变),故总有 $\Omega_c > \frac{\pi}{T}$。因此,不能解决混叠问题。

6.3.2　设计方法

脉冲响应不变法是一种时域逼近方法,它以变换前后的模拟和数字滤波器单位脉冲响应等价为基础,得到这个意义下与模拟滤波器相应的数字滤波器。具体设计方法如下:

(1)首先根据项目需要,确定所要设计的数字滤波器的指标;

(2)确定采样周期并按下式将数字滤波器的性能指标转换为中间模拟滤波器的性能指标;

$$\Omega = \frac{\omega}{T} \tag{6.3.15}$$

(3)根据中间模拟滤波器的性能指标,设计出模拟滤波器的系统函数 $H_a(s)$;

(4)对模拟滤波器的系统函数 $H_a(s)$ 求拉氏逆变换求出它的冲激响应 $h_a(t)$;

(5)对此冲激响应 $h_a(t)$ 采样,再乘以 T,得到等价的脉冲响应序列 $h(n) = Th_a(nT)$;

(6)对 $h(n)$ 求 Z 变换,得到其数字系统的系统函数 $H(z)$。

【例 6.3.1】　利用脉冲响应不变法将 $H_a(s) = \frac{s+1}{s^2+5s+6}$ 转换成等价的数字滤波器 $H(z)$,其中 $T=0.1s$。

解　首先,将 $H_a(s)$ 部分分式展开:

$$H_a(s) = \frac{s+1}{s^2+5s+6} = \frac{2}{s+3} - \frac{1}{s+2}$$

极点为 $p_1 = -3$ 和 $p_2 = -2$,则

$$H(z) = \frac{2T}{1-e^{-3T}z^{-1}} - \frac{T}{1-e^{-2T}z^{-1}} = \frac{0.1-0.089\,96z^{-1}}{1-1.559\,5z^{-1}+0.606\,5z^{-2}}$$

幅频响应如图 6.3.2 所示。

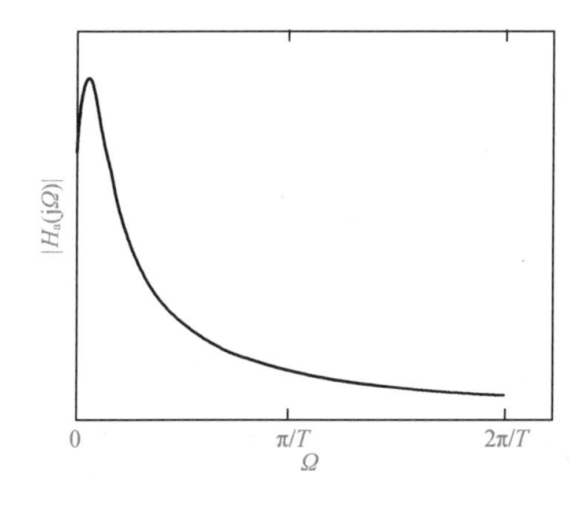

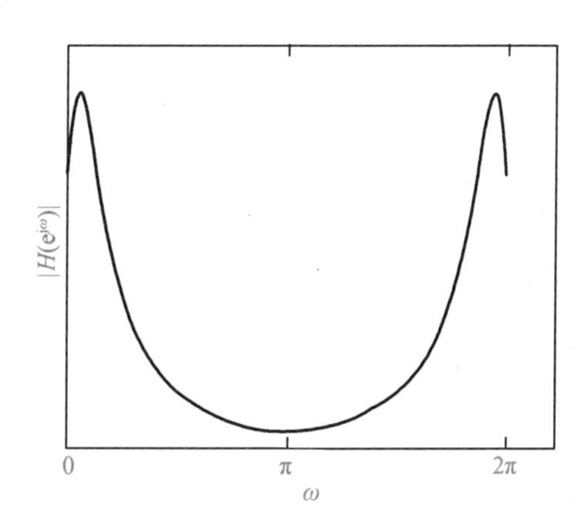

图 6.3.2　脉冲响应不变法的幅频响应特性

由图 6.3.2 可以看出，由于 $H_a(\mathrm{j}\Omega)$ 不是充分带限的，所以 $H(\mathrm{e}^{\mathrm{j}\omega})$ 产生了频谱混叠失真。

6.4　双线性变换法

6.4.1　基本原理

1. 原理说明

双线性变换法是从频域出发，使数字滤波器的频率响应逼近于模拟滤波器的频率响应的一种变换法，但是该方法克服了脉冲响应不变法的频率混叠失真，其变换过程如图 6.4.1 所示。

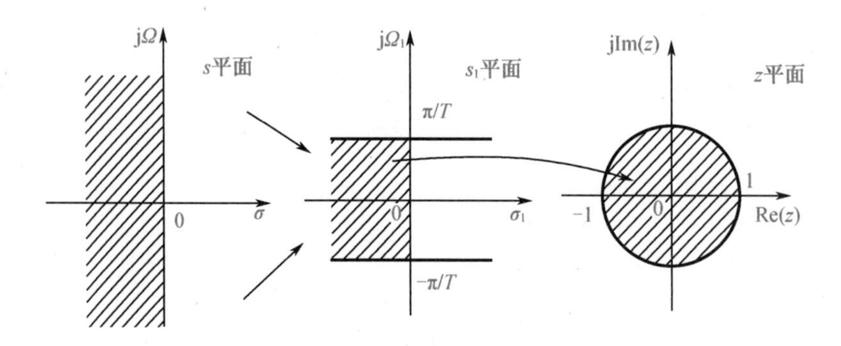

图 6.4.1　双线性变换法的映射关系

首先完成 s 平面到过渡平面 s_1 的压缩，然后将 s_1 平面映射到 z 平面。为了将 s 平面的整个 $\mathrm{j}\Omega$ 压缩变换到 s_1 平面 $\mathrm{j}\Omega_1$ 轴的 $-\dfrac{\pi}{T}$ 到 $\dfrac{\pi}{T}$，频率应满足如下的变换关系：

$$\Omega = \tan\frac{\Omega_1 T}{2} \tag{6.4.1}$$

这样当 Ω 从 $-\infty$ 到 0 再到 ∞ 的变化过程中，对应的 Ω_1 从 $-\dfrac{\pi}{T}$ 到 0 再到 $\dfrac{\pi}{T}$ 变化，实现了整个 s 平面压缩变换到 s_1 平面的一条横带里。然后通过标准的变换关系 $z=\mathrm{e}^{sT}$ 将此横带变换到整个 z 平面上去，这样通过中间过渡变换的作用就使得 s 平面与 z 平面是一一对应的单值映射关系，消除了原本的多值变换性，也就消除了频谱混叠失真现象。

下面推导从 s 平面到 z 平面的直接变换关系：

$$\Omega = \tan\frac{\Omega_1 T}{2} = \frac{\sin\dfrac{\Omega_1 T}{2}}{\cos\dfrac{\Omega_1 T}{2}} = \frac{\dfrac{\mathrm{e}^{\mathrm{j}\frac{\Omega_1 T}{2}} - \mathrm{e}^{-\mathrm{j}\frac{\Omega_1 T}{2}}}{2\mathrm{j}}}{\dfrac{\mathrm{e}^{\mathrm{j}\frac{\Omega_1 T}{2}} + \mathrm{e}^{-\mathrm{j}\frac{\Omega_1 T}{2}}}{2}}$$

令 $s=\mathrm{j}\Omega$，于是

$$s = \mathrm{j}\Omega = \frac{\dfrac{\mathrm{e}^{\mathrm{j}\frac{\Omega_1 T}{2}} - \mathrm{e}^{-\mathrm{j}\frac{\Omega_1 T}{2}}}{2}}{\dfrac{\mathrm{e}^{\mathrm{j}\frac{\Omega_1 T}{2}} + \mathrm{e}^{-\mathrm{j}\frac{\Omega_1 T}{2}}}{2}} = \frac{\mathrm{e}^{\mathrm{j}\frac{\Omega_1 T}{2}} - \mathrm{e}^{-\mathrm{j}\frac{\Omega_1 T}{2}}}{\mathrm{e}^{\mathrm{j}\frac{\Omega_1 T}{2}} + \mathrm{e}^{-\mathrm{j}\frac{\Omega_1 T}{2}}}$$

令 $s_1 = \mathrm{j}\Omega_1$，于是

$$s = \frac{\mathrm{e}^{\frac{s_1 T}{2}} - \mathrm{e}^{-\frac{s_1 T}{2}}}{\mathrm{e}^{\frac{s_1 T}{2}} + \mathrm{e}^{-\frac{s_1 T}{2}}} = \frac{\mathrm{e}^{\frac{s_1 T}{2}}(1 - \mathrm{e}^{-s_1 T})}{\mathrm{e}^{\frac{s_1 T}{2}}(1 + \mathrm{e}^{-s_1 T})} = \frac{1 - \mathrm{e}^{-s_1 T}}{1 + \mathrm{e}^{-s_1 T}}$$

再将 s_1 平面通过如下标准变换关系映射到 z 平面

$$z = \mathrm{e}^{s_1 T} \tag{6.4.2}$$

从而得到 s 平面到 z 平面的单值映射关系为

$$s = \frac{1 - z^{-1}}{1 + z^{-1}} \tag{6.4.3}$$

或者写为

$$z = \frac{1 + s}{1 - s} \tag{6.4.4}$$

以后变换只需将上面公式代入即可。实际中，为使模拟滤波器的某一频率与数字滤波器的任一频率有对应的关系，可以引入常数 C 将式(6.4.1)改写成

$$\Omega = C\tan\left(\frac{1}{2}\Omega_1 T\right) \tag{6.4.5}$$

则

$$s = C\frac{1 - \mathrm{e}^{-s_1 T}}{1 + \mathrm{e}^{-s_1 T}} \tag{6.4.6}$$

仍将 $z = \mathrm{e}^{s_1 T}$代入，可得

$$s = C\frac{1 - z^{-1}}{1 + z^{-1}} \tag{6.4.7}$$

或者写为

$$z = \frac{C + s}{C - s} \tag{6.4.8}$$

式(6.4.7)与式(6.4.8)是 s 平面与 z 平面之间的单值映射关系，这种变换称为双线性变换。

2. 变换常数 C 的选择

调节 C，可使模拟滤波器的频率特性与数字滤波器的频率特性在不同频率点处有对应的关系。常数 C 一般有如下两种选择方法：

(1)使模拟滤波器与数字滤波器在低频处有较确切的对应关系。即低频处有 $\Omega \approx \Omega_1$，当 Ω_1 较小时有

$$\Omega = C\tan\left(\frac{1}{2}\Omega_1 T\right) \approx C\,\frac{1}{2}\Omega_1 T \tag{6.4.9}$$

从而有

$$C=\frac{2}{T} \tag{6.4.10}$$

(2)利用数字滤波器的某一特定频率(例如截止频率 $\omega_c=\Omega_{1c}T$)与模拟滤波器的某一特定频率 Ω_c 严格相对应,即

$$\Omega_c=C\tan\left(\frac{\Omega_{1c}T}{2}\right)=C\tan\left(\frac{\omega_c}{2}\right) \tag{6.4.11}$$

则有

$$C=\Omega_c\cot\left(\frac{\omega_c}{2}\right) \tag{6.4.12}$$

此方法的优点是在特定的模拟频率和特定的数字频率处,频率响应是严格相等的,因此它可以较准确地控制截止频率的位置。

3. 性能分析

首先,将 $z=e^{j\omega}$ 代入式(6.4.7)中,得

$$s=C\frac{1-e^{-j\omega}}{1+e^{-j\omega}}=jC\tan\frac{\omega}{2}=j\Omega \tag{6.4.13}$$

即 s 平面的虚轴与 z 平面的单位圆相对应。也就是说,经双线性变换后一个数字滤波器频率响应能够模仿模拟滤波器的频率响应。

其次,将 $s=\sigma+j\Omega$ 代入式(6.4.8)中,得

$$z=\frac{C+s}{C-s}=\frac{(C+\sigma)+j\Omega}{(C-\sigma)-j\Omega} \tag{6.4.14}$$

则

$$|z|=\frac{\sqrt{(C+\sigma)^2+\Omega^2}}{\sqrt{(C-\sigma)^2+\Omega^2}} \tag{6.4.15}$$

由此:

(1) 当 $\sigma<0$ 时,$|z|<1$,s 平面的左半平面映射到 z 平面的单位圆内;

(2) 当 $\sigma>0$ 时,$|z|>1$,s 平面的右半平面映射到 z 平面的单位圆外;

(3) 当 $\sigma=0$ 时,$|z|=1$,s 平面的虚轴映射到 z 平面的单位圆上。

也就是说,一个稳定的模拟滤波器经双线性变换后所得的数字滤波器也一定是稳定的。

由于频率之间满足如下的变换关系:

$$\Omega=C\tan\frac{1}{2}\omega \tag{6.4.16}$$

这个关系如图 6.4.2 所示。

从图中可以看出零频附近接近线性关系,频率升高时,Ω 随 ω 的增加而迅速增加,当 $\Omega\to\infty$ 时,$\omega=\pi$ 为折叠频率,故不会有高于折叠频率的分量,这就避免了频率响应混叠失真现象。

也正是由于模拟角频率与数字角频率之间的这种非线性关系,才产生了新的问题。首先,一个线性相位的模拟滤波器经双线性变换后得到非线性相位的数字滤波器,而不再保

持原有的线性相位。其次,它要求模拟滤波器的幅频响应必须是分段常数型的,即某一频率段的幅频响应近似等于某一常数(一般典型的低通、高通、带通、带阻型滤波器的频率响应特性都是分段常数型的),否则变换所产生的数字滤波器幅频响应相对于原模拟滤波器的幅频响应会有畸变,如图 6.4.3 所示,一个模拟微分器不能变换成数字微分器。

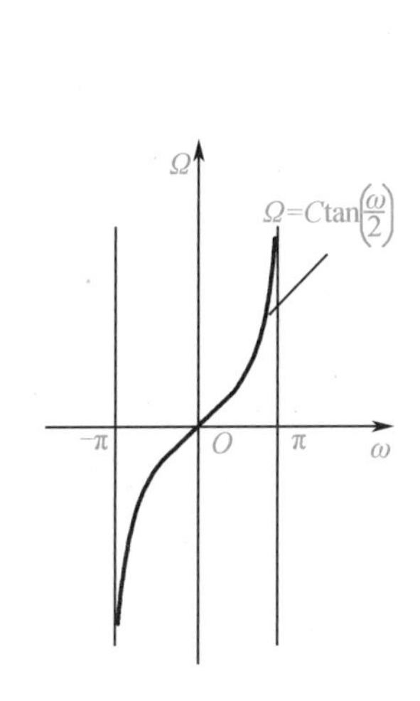

图 6.4.2　双线性变换的频率间非线性关系

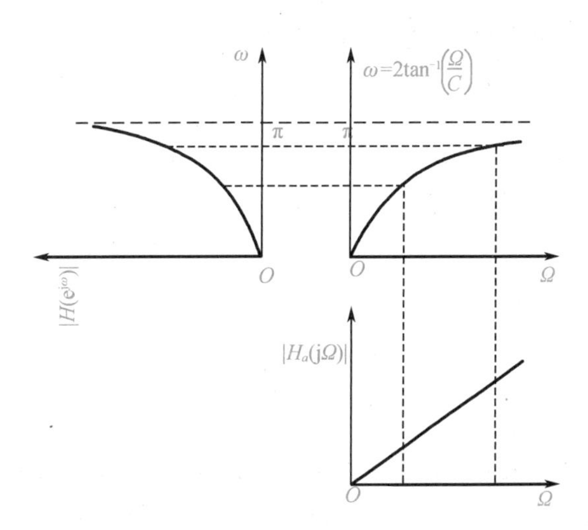

图 6.4.3　理想微分器经双线性变换后幅频响应产生畸变

对于分段常数的滤波器,双线性变换后,仍得到幅频特性为分段常数的滤波器,但是各个分段边缘临界频率点产生了畸变。这种频率的畸变,可以通过频率的预畸变加以校正,也就是临界频率事先加以畸变,然后经变换后正好映射到所需要的频率。

6.4.2　设计方法

下面讨论通过双线性设计数字滤波器的方法。

(1)首先根据项目需要,确定所要设计的数字滤波器的指标。

(2)将数字域频率各分段的临界点按式(6.4.17)预畸变,将数字滤波器的性能指标转换为中间模拟滤波器的性能指标。

$$\Omega = C\tan\left(\frac{\omega}{2}\right) \tag{6.4.17}$$

(3)根据中间模拟滤波器的性能指标,设计出模拟滤波器的系统函数 $H_a(s)$。

(4)选定双线性变换常数 C,低频处有 $C=\dfrac{2}{T}$。

(5)将双线性变换的频率映射关系代入式 $H_a(s)$ 中得到数字滤波器的 $H(z)$,设计结束。

$$H(z) = H_a(s)\big|_{s=C\frac{1-z^{-1}}{1+z^{-1}}} = H_a\left(C\frac{1-z^{-1}}{1+z^{-1}}\right) \tag{6.4.18}$$

【例 6.4.1】　将双线性变换应用于如下模拟低通 Butterworth 滤波器,设计一个一阶数字低通滤波器,3 dB 截止频率为 $\omega_c = 0.25\pi$,系统函数为

$$H_a(s)=\frac{1}{1+s/\Omega_c}$$

解　数字滤波器的截止频率 $\omega_c=0.25\pi$，则模拟 Butterworth 滤波器的截止频率为

$$\Omega_c=\frac{2}{T}\tan\left(\frac{0.25\pi}{2}\right)=\frac{0.828}{T}$$

则模拟滤波器的系统函数为

$$H_a(s)=\frac{1}{1+sT/0.828}$$

则

$$H(z)=H_a(s)\Big|_{s=C\frac{1-z^{-1}}{1+z^{-1}}}=\frac{1}{1+(2/0.828)[(1-z^{-1})/(1+z^{-1})]}$$

6.5 利用 MATLAB 实现 IIR 数字滤波器的设计

本节通过实例介绍 MATLAB 设计 IIR 数字滤波器的常用函数、调用格式及使用方法。

6.5.1 Butterworth 滤波器的 MATLAB 设计

1. [b,a] = butter(n,Wn)

返回归一化截止频率为 Wn 的 n 阶 Butterworth 低通滤波器的系统函数的系数。

【例 6.5.1】 设计一 6 阶 Butterworth 低通滤波器，截止频率为 300 Hz，采样频率为 1 000 Hz。绘出幅频特性曲线。

```
fc = 300;
fs = 1000;
[b,a] = butter(6,fc/(fs/2));% 以折叠频率归一化
freqz(b,a)
```

幅频特性曲线如图 6.5.1 所示。

2. [b,a] = butter(n,Wn,ftype)

由 ftype 指定的类型及 Wn 元素的个数设计一个 n 阶 Butterworth 低通、高通、带通、带阻滤波器。ftype 可选的类型有'low'、'high'、'bandpass'、'stop'。Wn 为一个元素时为低通或高通，Wn 为两个元素时为带通或带阻滤波器。但对于带通和带阻滤波器而言设计结果是 2n 阶的。

【例 6.5.2】 设计一 6 阶 Butterworth 带阻滤波器，边界频率为 0.2π 和 0.6π。绘出幅频特性曲线。

```
[b,a] = butter(3,[0.2 0.6],'stop');  % n 取 3,归一化的边界频率为 0.2 和 0.6。
freqz(b,a)
```

幅频特性曲线如图 6.5.2 所示。

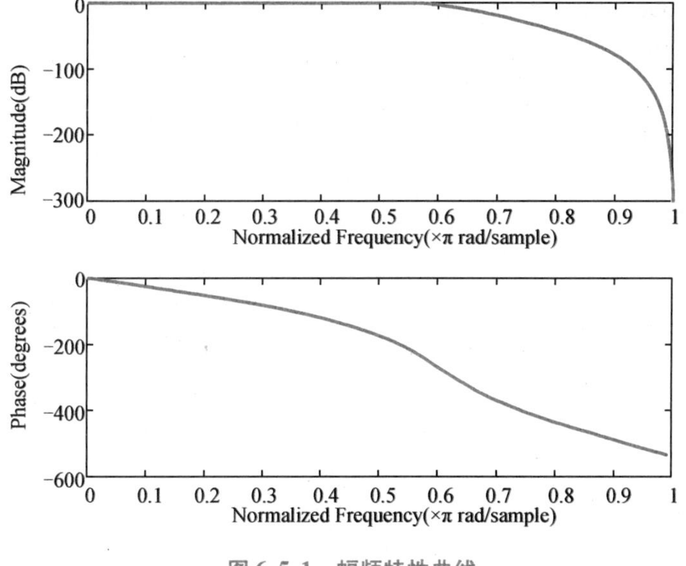

图 6.5.1 幅频特性曲线

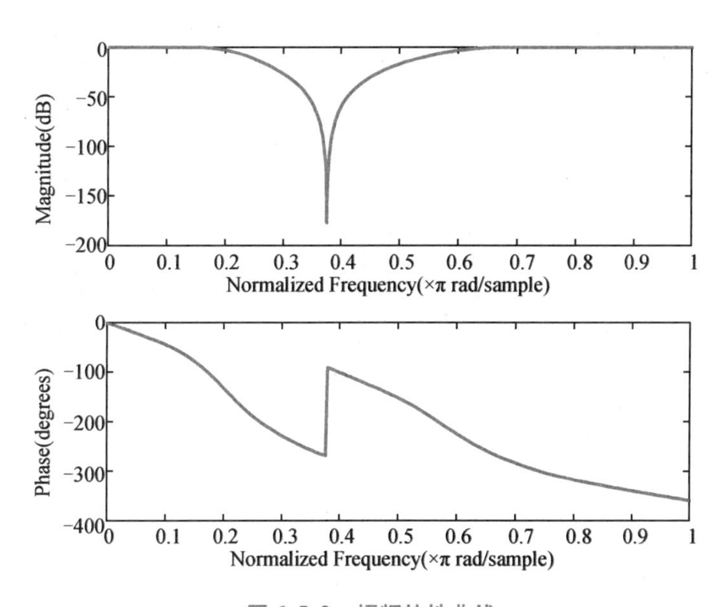

图 6.5.2 幅频特性曲线

3. [z,p,k] = butter(___,'s')

设计一个 Butterworth 滤波器,返回零、极点及增益。's'表示可以直接用模拟角频率设计。

【例 6.5.3】 设计一 5 阶模拟 Butterworth 低通滤波器,截止频率为 2 GHz。绘出幅频特性曲线。

```
n = 5;
f = 2e9;
[zb,pb,kb] = butter(n,2*pi*f,'s');
[bb,ab] = zp2tf(zb,pb,kb);
```

```
[hb,wb] = freqs(bb,ab,4096);
```

幅频特性曲线如图 6.5.3 所示。

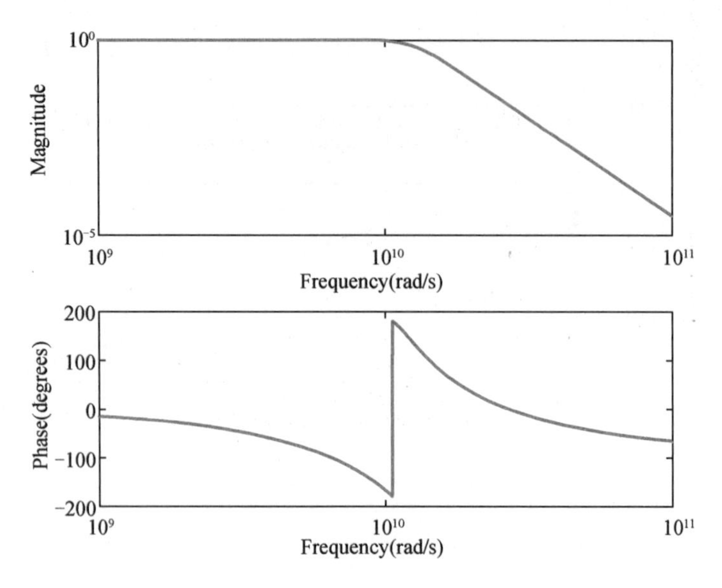

图 6.5.3　幅频特性曲线

实际设计过程当中往往配合 buttord 函数使用,其调用格式介绍如下:

4. [n,Wn] = buttord(Wp,Ws,Rp,Rs,'s')

返回 Butterworth 滤波器的阶数 n 和归一化 3 dB 截止频率 Wn。输入参数为通带衰减 Rp、阻带衰减 Rs、归一化通带截止频率 Wp 和归一化阻带截止频率 Ws。's'表示可以直接用模拟角频率设计。

6.5.2　Chebyshev 滤波器的 MATLAB 设计

1. [b,a] = cheby1(n,Rp,Wp,ftype,'s')

由 ftype 的类型及 Wp 元素的个数设计一个 n 阶 Chebyshev Ⅰ型低通、高通、带通、带阻滤波器,对于带通和带阻滤波器而言设计结果是 2n 阶的。's'表示可以直接用模拟角频率设计。

【例 6.5.4】　设计一个 6 阶低通 Chebyshev Ⅰ型滤波器,通带衰减为 10 dB,通带截止频率为 300 Hz,采样频率为 1 000 Hz,绘制其幅值和相位响应。

```
[b,a] = cheby1(6,10,0.6);% 归一化频率为 0.6
freqz(b,a)
```

幅频特性曲线如图 6.5.4 所示。

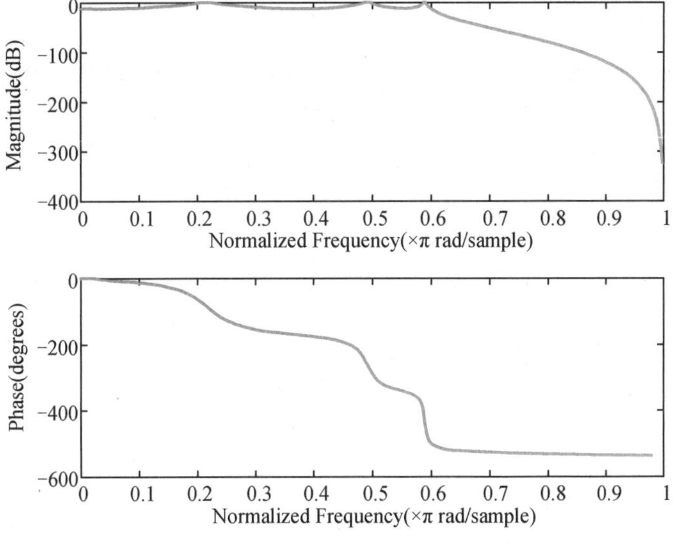

图6.5.4　幅频特性曲线

【例6.5.5】　设计一个6阶Chebyshev Ⅰ型带阻滤波器,通带衰减为5 dB,边界频率为0.2π和0.6π,绘制其幅值和相位响应。

```
[b,a] = cheby1(3,5,[0.2 0.6],'stop');% 归一化的边界频率为0.2和0.6
freqz(b,a)
```

幅频特性曲线如图6.5.5所示。

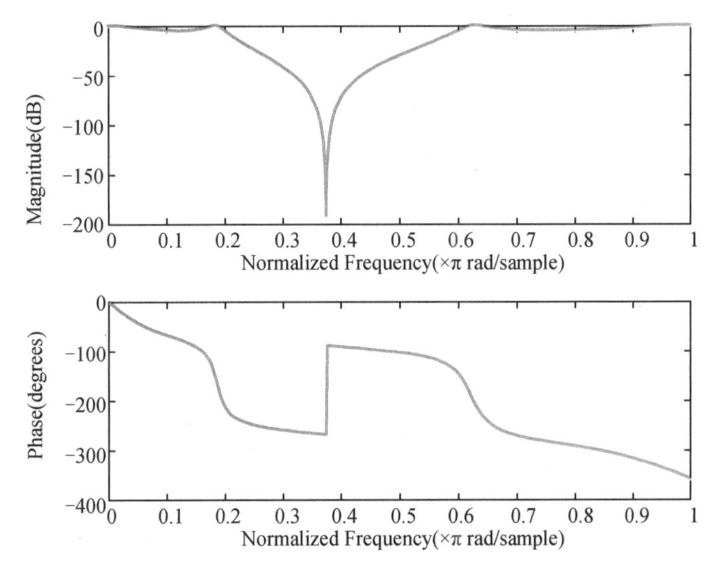

图6.5.5　幅频特性曲线

2. [z,p,k] = cheby1(___)

返回Chebyshev Ⅰ型滤波器的零、极点及增益,调用格式与前述相同。

实际设计过程当中往往配合cheb1ord函数使用,其调用格式介绍如下。

3. [n,Wp] = cheb1ord(Wp,Ws,Rp,Rs,'s')

返回 Chebyshev Ⅰ型滤波器的阶数 n 和归一化通带截止频率 Wp。输入参数为通带衰减 Rp、阻带衰减 Rs、归一化通带截止频率 Wp 和归一化阻带截止频率 Ws。's'表示可以直接用模拟角频率设计。

4. [b,a] = cheby2(n,Rs,Ws,ftype,'s')

Chebyshev Ⅱ型滤波器的设计函数,调用格式与前述相同。

【例 6.5.6】 设计一个 9 阶 Chebyshev Ⅱ型高通滤波器,阻带衰减为 20 dB,阻带边界频率为 300 Hz,绘制其幅值和相位响应。

```
[z,p,k] = cheby2(9,20,300/500,'high');
[b,a] = zp2tf(z,p,k);
freqz(b,a)
```

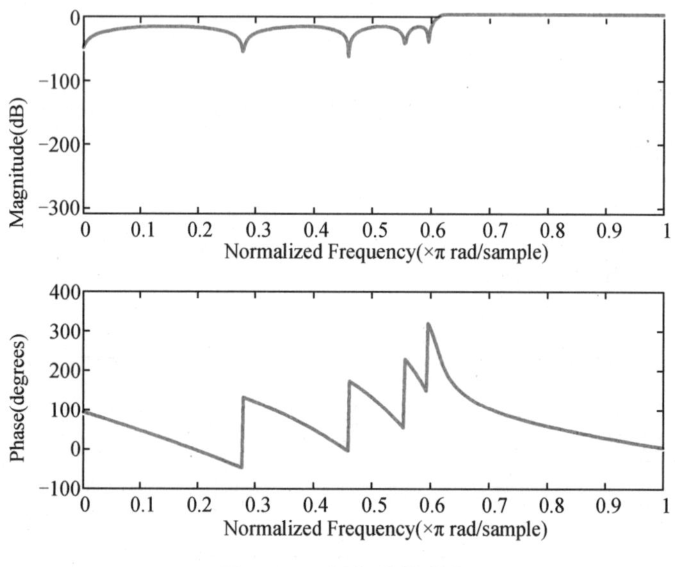

图 6.5.6　幅频特性曲线

【例 6.5.7】 设计一个 20 阶 Chebyshev Ⅱ型带通滤波器,阻带衰减为 40 dB,阻带下边界频率为 500 Hz,阻带上边界频率为 560 Hz,采样频率为 1 500 Hz,绘制其幅值和相位响应。

```
[b,a] = cheby2(10,40,[500 560]/750);
freqz(b,a)
```

幅频特性曲线如图 6.5.7 所示。

实际设计过程当中往往配合 cheb2ord 函数使用,其调用格式介绍如下。

5. [n,Ws] = cheb2ord(Wp,Ws,Rp,Rs,'s')

返回 Chebyshev Ⅱ型滤波器的阶数 n 和归一化阻带截止频率 Ws。输入参数为通带衰减 Rp、阻带衰减 Rs、归一化通带截止频率 Wp 和归一化阻带截止频率 Ws。's'表示可以直接用模拟角频率设计。

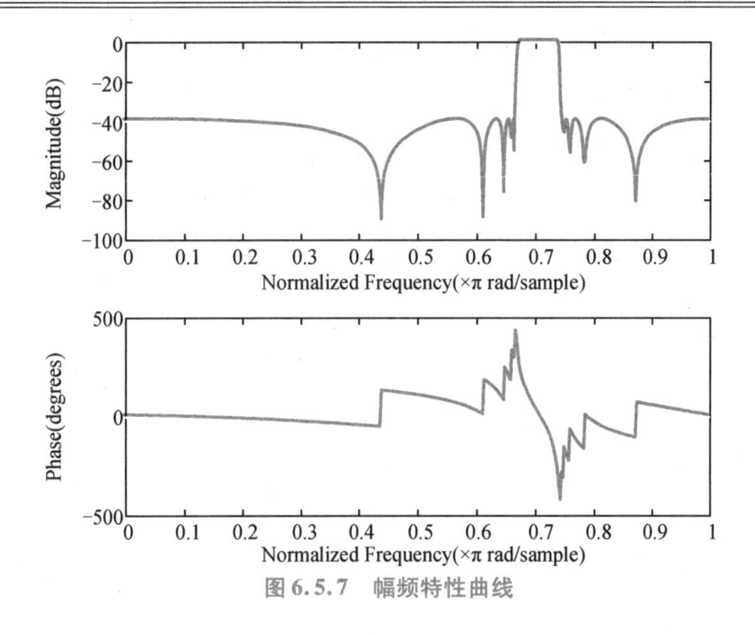

图 6.5.7　幅频特性曲线

6.5.3　椭圆滤波器的 MATLAB 设计

1. [b,a] =ellip(n,Rp,Rs,Wp,ftype,'s')

由 ftype 的类型及 Wp 元素的个数设计一个 n 阶椭圆低通、高通、带通、带阻滤波器，但对于带通和带阻滤波器而言设计结果是 2n 阶的。's'表示可以直接用模拟角频率设计。

【例 6.5.8】　设计一个 6 阶椭圆带阻滤波器，通带衰减为 5 dB，阻带衰减为 50 dB，边界频率为 0.2π 和 0.6π，绘制其幅值和相位响应。

```
[b,a] = ellip(3,5,50,[0.2 0.6],'stop');
freqz(b,a)
```

幅频特性曲线如图 6.5.8 所示。

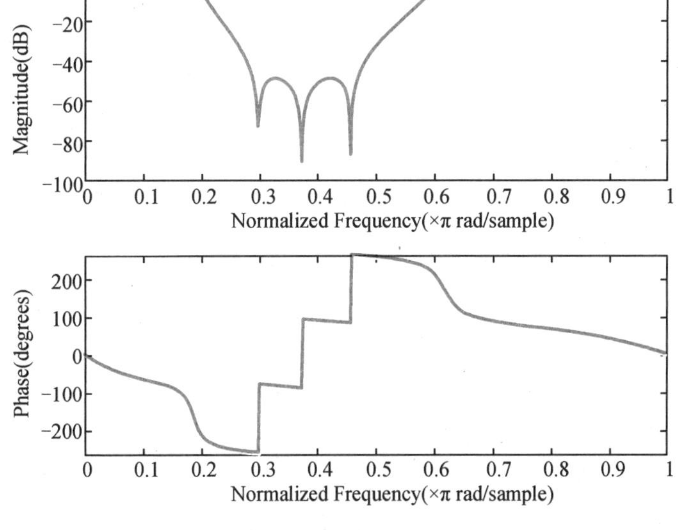

图 6.5.8　幅频特性曲线

实际设计过程当中往往配合 ellipord 函数使用,其调用格式介绍如下。

2. [n,Wp] = ellipord(Wp,Ws,Rp,Rs,'s')

返回数字椭圆滤波器的阶数 n 和归一化通带截止频率 Wp。输入参数为通带衰减 Rp、阻带衰减 Rs、归一化通带截止频率 Wp 和归一化阻带截止频率 Ws。's'表示可以直接用模拟角频率设计。

习　题

1. 试导出二阶巴特沃斯低通滤波器的系统函数(设 $\Omega_c = 1$ rad/s)。

2. 设计一个巴特沃斯高通滤波器,要求其通带截止频率 $f_p = 20$ kHz,阻带截止频率 $f_s = 10$ kHz,f_p 处最大衰减为 3 dB,阻带最小衰减 $\alpha_s = 15$ dB。求出该高通滤波器的系统函数 $H_a(s)$。

3. 已知模拟滤波器有低通、高通、带通、带阻等类型,而实际应用中的数字滤波器有低通、高通、带通、带阻等类型。设计各类型数字滤波器可以用哪些方法?试画出这些方法的结构表示图并注明其变换方法。

4. 设模拟滤波器的系统函数为 $H_a(s) = \dfrac{1}{s^2 + 5s + 6}$,令 $T = 1$,利用脉冲响应不变法设计 IIR 滤波器。并说明此方法的优缺点。

5. 用脉冲响应不变法将以下 $H_a(s) = \dfrac{s + a}{(s + a)^2 + b^2}$ 变换为 $H(z)$,抽样周期为 T。

6. 设有一模拟滤波器 $H_a(s) = \dfrac{1}{s^2 + s + 1}$ 抽样周期 $T = 2$,试用双线性变换法将它转变为数字系统函数 $H(z)$。

7. 某一低通滤波器的各种指标和参量要求如下:巴特沃斯频率响应,采用双线性变换法设计;当 $0 \leqslant f \leqslant 2.5$ Hz 时,衰减小于 3 dB;当 $f \geqslant 50$ Hz 时,衰减大于或等于 40 dB;抽样频率 $f_s = 200$ Hz。试确定系统函数 $H(z)$,并求每级阶数不超过二阶的级联系统函数。

8. 已知模拟滤波器的传输函数为 $H_a(s) = \dfrac{1}{2s^2 + 3s + 1}$,试分别采用脉冲响应不变法和双线形变换法将其转换为数字滤波器 $H(z)$。设 $T = 2$ s。

9. 设计低通数字滤波器,要求通带内频率低于 0.2π rad 时,容许幅度误差在 1 dB 之内;频率在 $0.3\pi \sim \pi$ 之间的阻带衰减大于 10 dB。试采用巴特沃斯模拟滤波器进行设计,采用双线性变换法设计数字低通滤波器。采样间隔 $T = 1$ s。

10. 设计一个数字高通滤波器,要求通带截止频率 $\omega_p = 0.8\pi$ rad,通带衰减不大于3 dB,阻带截止频率 $\omega_s = 0.5\pi$ rad,阻带衰减不小于 18 dB。采用巴特沃斯滤波器($T = 2$ s)。

11. 用双线性变换法设计一个 6 阶巴特沃斯数字带通滤波器,抽样频率为 $f_s = 500$ Hz,上、下边带截止频率分别为 $f_2 = 150$ Hz,$f_1 = 30$ Hz。

12. 要设计一个二阶巴特沃斯带阻数字滤波器,其阻带 3 dB 的边带频率分别为 40 kHz,

20 kHz,抽样频率 $f_s=200$ kHz。

13. 试导出从低通数字滤波器变为高通数字滤波器的设计公式。

14. 试导出从低通数字滤波器变为带通数字滤波器的设计公式。

15. 设计一个数字带通滤波器,通带范围为 $0.25\pi \sim 0.45\pi$ rad,通带内最大衰减为 3 dB,0.15π rad 以下和 0.55π rad 以上为阻带,阻带内最小衰减为 15 dB。采用巴特沃斯模拟低通滤波器。

答案

第 7 章　FIR 数字滤波器的设计

7.1　线性相位 FIR 滤波器的条件、特点及结构

IIR 数字滤波器设计过程中只考虑了幅频特性,没有考虑相位特性,所设计的滤波器相位特性一般是非线性的。为了得到线性相位特性,则要采用全通网络进行相位校正,从而使得设计复杂,成本变高,也难以得到严格的线性相位。FIR 数字滤波器在保证幅度特性满足指标的同时,很容易得到严格的线性相位特性。假设 N 为 FIR 数字滤波器的单位脉冲响应 $h(n)$ 的长度,那么其系统函数 $H(z)$ 为

$$H(z) = \sum_{n=0}^{N-1} h(n) z^{-n} \tag{7.1.1}$$

FIR 滤波器为全零点系统,或者认为极点均在原点处,因此它总是稳定的。

7.1.1　线性相位条件

1. 线性相位 FIR 数字滤波器

若 FIR 数字滤波器的单位脉冲响应 $h(n)$ 的长度为 N,其频率响应函数为

$$H(\mathrm{e}^{\mathrm{j}\omega}) = \sum_{n=0}^{N-1} h(n) \mathrm{e}^{-\mathrm{j}\omega n} \tag{7.1.2}$$

将其记为

$$H(\mathrm{e}^{\mathrm{j}\omega}) = H_{\mathrm{g}}(\omega) \mathrm{e}^{\mathrm{j}\theta(\omega)} \tag{7.1.3}$$

式中,$H_{\mathrm{g}}(\omega)$为幅度特性,$\theta(\omega)$为相位特性。这里 $H_{\mathrm{g}}(\omega)$不同于$|H(\mathrm{e}^{\mathrm{j}\omega})|$,$H_{\mathrm{g}}(\omega)$可能取负值,而$|H(\mathrm{e}^{\mathrm{j}\omega})|$总是取正值。线性相位 FIR 滤波器是指 $\theta(\omega)$是 ω 的线性函数。其中,第一类线性相位满足

$$\theta(\omega) = -\omega\tau \tag{7.1.4}$$

式中,τ 为常数。

第二类线性相位满足

$$\theta(\omega) = \theta_0 - \omega\tau \tag{7.1.5}$$

θ_0 为起始相位,常取 $\theta_0 = -\dfrac{\pi}{2}$。两类线性相位特性均满足群延时是一个常数,即

$$-\frac{\mathrm{d}\theta(\omega)}{\mathrm{d}\omega} = \tau \tag{7.1.6}$$

2. 线性相位 FIR 滤波器的时域约束条件

下面讨论当 FIR 滤波器具有线性相位时，$h(n)$应满足的条件。

(1)第一类线性相位对 $h(n)$的约束条件

第一类线性相位 FIR 数字滤波器的相位函数 $\theta(\omega) = -\omega\tau$，由式(7.1.2)和式(7.1.3)得

$$H(e^{j\omega}) = \sum_{n=0}^{N-1} h(n) e^{-j\omega n} = H_g(\omega) e^{-j\omega\tau}$$

$$\sum_{n=0}^{N-1} h(n)[\cos(\omega n) - j\sin(\omega n)] = H_g(\omega)[\cos(\omega\tau) - j\sin(\omega\tau)] \tag{7.1.7}$$

由式(7.1.7)得到

$$\begin{cases} H_g(\omega)\cos(\omega\tau) = \sum_{n=0}^{N-1} h(n)\cos(\omega n) \\ H_g(\omega)\sin(\omega\tau) = \sum_{n=0}^{N-1} h(n)\sin(\omega n) \end{cases} \tag{7.1.8}$$

将式(7.1.8)中两式相除得：

$$\frac{\cos(\omega\tau)}{\sin(\omega\tau)} = \frac{\sum_{n=0}^{N-1} h(n)\cos(\omega n)}{\sum_{n=0}^{N-1} h(n)\sin(\omega n)} \tag{7.1.9}$$

即

$$\sin(\omega\tau)\sum_{n=0}^{N-1} h(n)\cos(\omega n) = \cos(\omega\tau)\sum_{n=0}^{N-1} h(n)\sin(\omega n) \tag{7.1.10}$$

移项并用三角公式化简得到

$$\sum_{n=0}^{N-1} h(n)\sin[\omega(n-\tau)] = 0 \tag{7.1.11}$$

要使式(7.1.11)成立，τ 和 $h(n)$必须满足如下条件：

$$\begin{cases} \tau = \dfrac{N-1}{2} \\ h(n) = h(N-1-n) \end{cases}, 0 \leqslant n \leqslant N-1 \tag{7.1.12}$$

式(7.1.12)是 FIR 数字滤波器具有第一类线性相位特性的必要且充分条件，它要求单位脉冲响应 $h(n)$以 $n = (N-1)/2$ 为中心偶对称。

(2)第二类线性相位对 $h(n)$的约束条件

第二类线性相位 FIR 数字滤波器的相位函数

$$\theta(\omega) = -\frac{\pi}{2} - \omega\tau \tag{7.1.13}$$

由式(7.1.2)和式(7.1.3)得

$$H(e^{j\omega}) = \sum_{n=0}^{N-1} h(n) e^{-j\omega n} = H_g(\omega) e^{-j(\pi/2+\omega\tau)} \tag{7.1.14}$$

经过同样的推导过程可得到：

$$\sum_{n=0}^{N-1} h(n)\cos[\omega(n-\tau)] = 0 \tag{7.1.15}$$

要使式(7.1.15)成立,τ 和 $h(n)$ 必须满足如下条件:

$$\begin{cases} \tau = \dfrac{N-1}{2} \\ h(n) = -h(N-1-n) \end{cases},0 \leqslant n \leqslant N-1 \tag{7.1.16}$$

式(7.1.16)是 FIR 数字滤波器具有第二类线性相位特性的必要且充分条件,它要求单位脉冲响应 $h(n)$ 以 $n=(N-1)/2$ 为中心奇对称。

7.1.2 四种线性相位 FIR 滤波器的频域特性

线性相位 FIR 滤波器幅度特性 $H_g(\omega)$ 的特点实质上即为频域约束条件,将时域约束条件代入频率响应函数即可推导出。N 取奇数和偶数时对 $H_g(\omega)$ 的约束不同,因此,下面分四种情况讨论,为推导方便,令

$$M = \left\lceil \frac{N-1}{2} \right\rceil \tag{7.1.17}$$

为不大于 $(N-1)/2$ 的最大整数。显然,仅当 N 为奇数时,$M=(N-1)/2$。

情况 1:$h(n)=h(N-1-n)$,N 为奇数。

将时域约束条件和相位特性 $\theta(\omega)=-\omega\tau$ 代入式(7.1.2)和式(7.1.3)得

$$\begin{aligned} H(e^{j\omega}) &= H_g(\omega)e^{-j\omega\tau} = \sum_{n=0}^{N-1} h(n)e^{-j\omega n} \\ &= h\left(\frac{N-1}{2}\right)e^{-j\omega\frac{N-1}{2}} + \sum_{n=0}^{M-1}[h(n)e^{-j\omega n} + h(N-1-n)e^{-j\omega(N-1-n)}] \\ &= h\left(\frac{N-1}{2}\right)e^{-j\omega\frac{N-1}{2}} + \sum_{n=0}^{M-1}[h(n)e^{-j\omega n} + h(n)e^{-j\omega(N-1-n)}] \\ &= e^{-j\omega\frac{N-1}{2}}\left\{h\left(\frac{N-1}{2}\right) + \sum_{n=0}^{M-1}h(n)[e^{-j\omega(n-\frac{N-1}{2})} + e^{j\omega(n-\frac{N-1}{2})}]\right\} \\ &= e^{-j\omega\tau}\left\{h(\tau) + \sum_{n=0}^{M-1}2h(n)\cos[\omega(n-\tau)]\right\} \end{aligned}$$

所以

$$H_g(\omega) = h(\tau) + \sum_{n=0}^{M-1}2h(n)\cos[\omega(n-\tau)] \tag{7.1.18}$$

因为 $\cos[\omega(n-\tau)]$ 关于 $\omega=0,\pi,2\pi$ 三点偶对称,所以由式(7.1.18)可以看出,$H_g(\omega)$ 关于 $\omega=0,\pi,2\pi$ 三点偶对称。因此这种情况可以实现各种(低通、高通、带通、带阻)滤波器。

情况 2:$h(n)=h(N-1-n)$,N 为偶数。

仿照情况 1 的推导方法得到:

$$H(e^{j\omega}) = H_g(\omega)e^{-j\omega\tau} = \sum_{n=0}^{N-1} h(n)e^{-j\omega n}$$

$$= e^{-j\omega\tau}\sum_{n=0}^{M}2h(n)\cos[\omega(n-\tau)]$$

$$H_g(\omega) = \sum_{n=0}^{M}2h(n)\cos[\omega(n-\tau)] \quad (7.1.19)$$

式中,$\tau=(N-1)/2=N/2-1/2$。因为 N 是偶数,所以当时 $\omega=\pi$ 时,

$$\cos[\omega(n-\tau)]=\cos[\pi(n-\frac{N}{2})+\frac{\pi}{2}]=-\sin[\pi(n-\frac{N}{2})]=0$$

而且 $\cos[\omega(n-\tau)]$关于过零点奇对称,关于 $\omega=0$ 和 2π 偶对称。所以 $H_g(\pi)=0$, $H_g(\omega)$关于 $\omega=0$ 和 2π 偶对称,而关于 $\omega=\pi$ 奇对称,因此这种情况不能实现高通和带阻滤波器。

情况 3:$h(n)=-h(N-1-n)$,N 为奇数。

此时 $h(\frac{N-1}{2})=0$。将时域约束条件和相位特性 $\theta(\omega)=-\frac{\pi}{2}-\omega\tau$ 代入式(7.1.2)和式(7.1.3)得

$$\begin{aligned}
H(e^{j\omega}) = H_g(\omega)e^{j\theta(\omega)} &= \sum_{n=0}^{N-1}h(n)e^{-j\omega n}\\
&= \sum_{n=0}^{M-1}[h(n)e^{-j\omega n}+h(N-1-n)e^{-j\omega(N-1-n)}]\\
&= \sum_{n=0}^{M-1}[h(n)e^{-j\omega n}-h(n)e^{-j\omega(N-1-n)}]\\
&= e^{-j\omega\frac{N-1}{2}}\sum_{n=0}^{M-1}h(n)[e^{-j\omega(n-\frac{N-1}{2})}-e^{j\omega(n-\frac{N-1}{2})}]\\
&= -je^{-j\omega\tau}\sum_{n=0}^{M-1}2h(n)\sin[\omega(n-\tau)]\\
&= e^{-j(\pi/2+\omega\tau)}\sum_{n=0}^{M-1}2h(n)\sin[\omega(n-\tau)]
\end{aligned}$$

$$H_g(\omega) = \sum_{n=0}^{M-1}2h(n)\sin[\omega(n-\tau)] \quad (7.1.20)$$

式中,$\tau=(N-1)/2$ 整数,所以,当 $\omega=0,\pi,2\pi$ 时 $\sin[\omega(n-\tau)]=0$ 而且 $\sin[\omega(n-\tau)]$关于过零点奇对称,因此这种情况只能实现带通滤波器。

情况 4:$h(n)=-h(N-1-n)$,N 为偶数。

推导过程同情况 3,可以得到:

$$H_g(\omega) = \sum_{n=0}^{M}2h(n)\sin[\omega(n-\tau)] \quad (7.1.21)$$

式中,$\tau=(N-1)/2=N/2-1/2$。所以,当 $\omega=0,2\pi$ 时,$\sin[\omega(n-\tau)]=0$;当 $\omega=\pi$ 时,$\sin[\omega(n-\tau)]=(-1)^{n-\frac{N}{2}}$,为峰值点。而且 $\sin[\omega(n-\tau)]$关于过零点奇对称,关于峰值点偶对称。因此 $H_g(\omega)$关于 $\omega=0$ 和 2π 两点奇对称,关于 $\omega=0$ 偶对称。因此情况 4 不能实现低通和带阻滤波器。

四种情况下线性相位 FIR 数字滤波器的时域和频域特性的示意图如表 7.1.1 所列。

表 7.1.1　线性相位 FIR 数字滤波器的时域和频域特性一览表

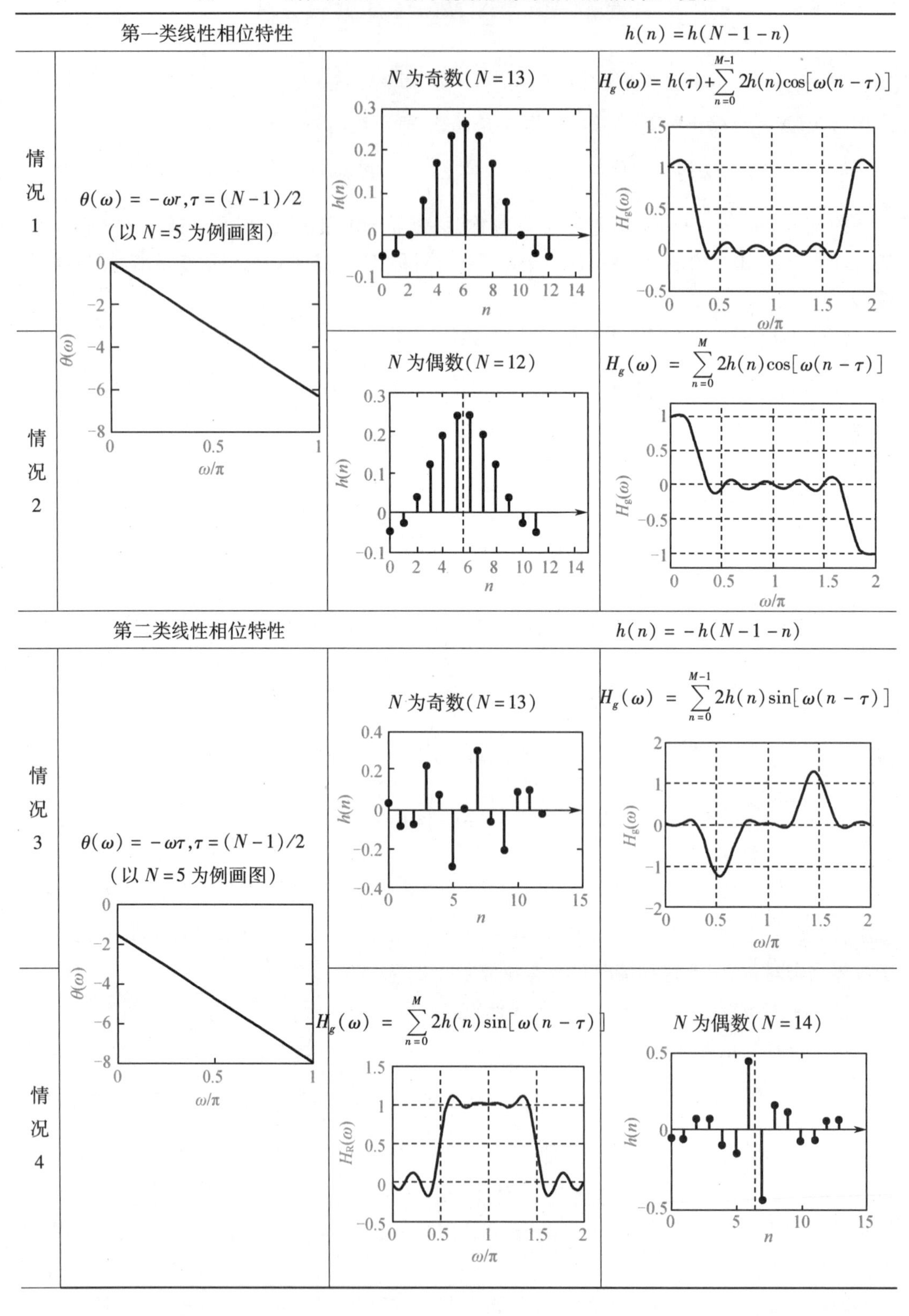

	第一类线性相位特性		$h(n)=h(N-1-n)$
情况 1	$\theta(\omega)=-\omega\tau,\tau=(N-1)/2$（以 $N=5$ 为例画图）	N 为奇数（$N=13$）	$H_g(\omega)=h(\tau)+\sum\limits_{n=0}^{M-1}2h(n)\cos[\omega(n-\tau)]$
情况 2		N 为偶数（$N=12$）	$H_g(\omega)=\sum\limits_{n=0}^{M}2h(n)\cos[\omega(n-\tau)]$
	第二类线性相位特性		$h(n)=-h(N-1-n)$
情况 3	$\theta(\omega)=-\omega\tau,\tau=(N-1)/2$（以 $N=5$ 为例画图）	N 为奇数（$N=13$）	$H_g(\omega)=\sum\limits_{n=0}^{M-1}2h(n)\sin[\omega(n-\tau)]$
情况 4		$H_g(\omega)=\sum\limits_{n=0}^{M}2h(n)\sin[\omega(n-\tau)]$	N 为偶数（$N=14$）

7.1.3　线性相位 FIR 滤波器零点位置分布

FIR 数字滤波器的系统函数为

$$H(z) = \sum_{n=0}^{N-1} h(n) z^{-n} \tag{7.1.22}$$

将线性相位条件 $h(n) = \pm h(N-1-n)$ 代入上式，得到：

$$\begin{aligned} H(z) &= \sum_{n=0}^{N-1} h(n) z^{-n} = \pm \sum_{n=0}^{N-1} h(N-1-n) z^{-n} \\ &= \pm \sum_{m=0}^{N-1} h(m) z^{-(N-1-m)} = \pm z^{-(N-1)} H(z^{-1}) \end{aligned} \tag{7.1.23}$$

由式(7.1.23)可以看出：如果 $z = z_i$ 是 $H(z)$ 的零点，其倒数 z_i^{-1} 也必然是其零点；又因为 $h(n)$ 是实序列，$H(z)$ 的零点必定共轭成对，因此 z_i^* 和 $(z_i^{-1})^*$ 也是其零点。这样线性相位 FIR 滤波器的零点确定其中一个，另外三个也确定了，当然也有特殊情况(共轭为本身或者倒数为本身的情况，如图 7.1.1 所示)。

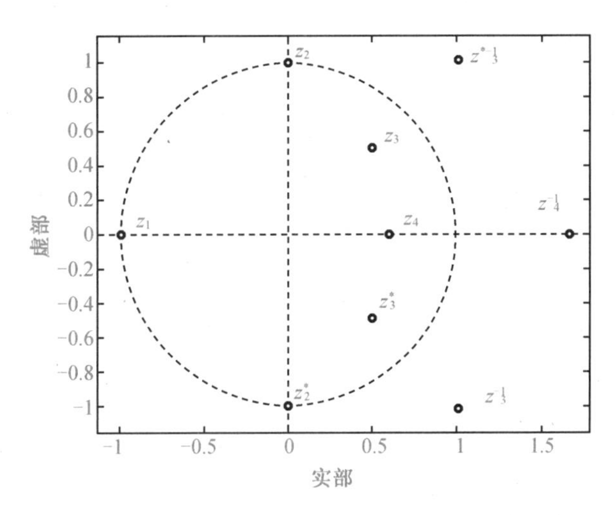

图 7.1.1　线性相位 FIR 数字滤波器的零点分布示意图

7.2　窗函数法设计线性相位 FIR 数字滤波器

7.2.1　设计原理

FIR 数字滤波器的设计思想是寻找一个 FIR 数字滤波器，使其频率响应 $H(e^{j\omega})$ 逼近于理想 FIR 数字滤波器的频率响应 $H_d(e^{j\omega})$。但是设计是在时域进行的，因而先由 $H_d(e^{j\omega})$ 的傅里叶逆变换求出理想 FIR 滤波器的单位脉冲响应 $h_d(n)$。一般情况下，$H_d(e^{j\omega})$ 是矩形频率特性，在边界频率处有不连续点，因此 $h_d(n)$ 是无限长且是非因果的序列。

理想低通滤波器的频率响应为

$$H_d(e^{j\omega}) = \begin{cases} e^{-j\omega\alpha}, & |\omega| \leqslant \omega_c \\ 0, & \omega_c < |\omega| < \pi \end{cases} \tag{7.2.1}$$

其对应的单位脉冲响应为

$$h_d(n) = \frac{1}{2\pi}\int_{-\omega_c}^{\omega_c} e^{-j\omega\alpha} \cdot e^{j\omega n} d\omega = \frac{\sin[\omega_c(n-\alpha)]}{\pi(n-\alpha)} \tag{7.2.2}$$

而要设计的 FIR 滤波器其单位脉冲响应必然是有限长的，因此最有效的方法是将 $h_d(n)$ 截取长度为 N 的一段，构成 $h(n)$。按照第一类线性相位滤波器的约束条件，$h(n)$ 必须偶对称，对称中心为区间长度的一半 $(N-1)/2$。该处理过程在数学上可以看作 $h_d(n)$ 与一个有限长度的窗口函数序列 $w(n)$ 相乘

$$h(n) = h_d(n)w(n) \tag{7.2.3}$$

因此，这种方法就称为窗函数法。显然这种设计方法的关键之处是如何选择窗函数 $w(n)$ 以及如何确定窗长 N。

7.2.2 Gibbs 效应

若取窗函数为矩形序列

$$w(n) = R_N(n) = \begin{cases} 1, & 0 \leqslant n \leqslant N-1 \\ 0, & \text{其他} \end{cases} \tag{7.2.4}$$

此时

$$h(n) = \begin{cases} h_d(n), & 0 \leqslant n \leqslant N-1 \\ 0, & \text{其他} \end{cases} \tag{7.2.5}$$

这种直接截取如果能得到较好的设计结果，则设计就简单了，只需确定 N 即可。然而，直接截取在频域上的表现是通带及阻带内产生振荡的波纹，从而满足不了技术上的要求。该现象称为 Gibbs 效应，又称为截断效应。

下面讨论采用矩形窗序列截断后频域上的变化特点，以便明确如何正确地选择窗口序列 $w(n)$。由频域卷积定理有

$$H(e^{j\omega}) = \frac{1}{2\pi}H_d(e^{j\omega}) * W_R(e^{j\omega}) = \frac{1}{2\pi}\int_{-\pi}^{\pi} H_d(e^{j\theta})W_R(e^{j(\omega-\theta)})d\theta \tag{7.2.6}$$

式中，$H_d(e^{j\omega})$ 和 $W_R(e^{j\omega})$ 分别为 $h_d(n)$ 和 $R_N(n)$ 的傅里叶变换，即

$$\begin{aligned} W_R(e^{j\omega}) &= \sum_{n=0}^{N-1} e^{-j\omega n} \\ &= \frac{\sin(\omega N/2)}{\sin(\omega/2)} e^{-j\omega\left(\frac{N-1}{2}\right)} \\ &= W_{Rg}(\omega)e^{-j\omega\alpha} \end{aligned} \tag{7.2.7}$$

式中

$$W_{Rg}(\omega) = \frac{\sin(\omega N/2)}{\sin(\omega/2)}; \alpha = \frac{N-1}{2}$$

$W_{Rg}(\omega)$ 为矩形窗的幅度函数，$-2\pi/N \leqslant \omega \leqslant 2\pi/N$ 范围内形成主瓣，主瓣宽度为 $4\pi/N$，

两侧形成许多衰减振荡的旁瓣,如图 7.2.1 所示。通常主瓣定义为原点两边第一个过零点之间的区域。

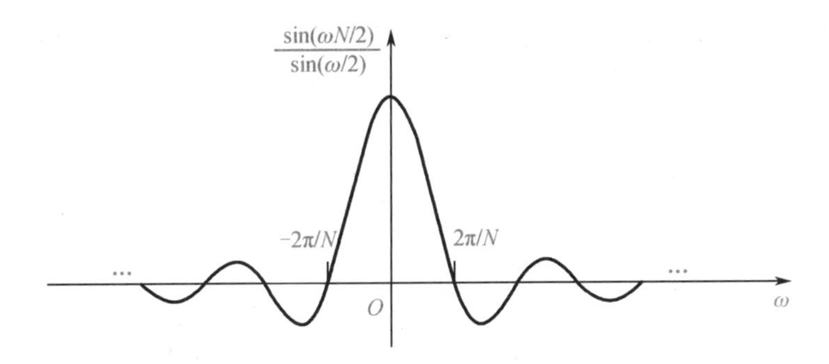

图 7.2.1　矩形窗的频谱

若线性相位理想低通滤波器的频率响应特性为

$$H_{\mathrm{d}}(\mathrm{e}^{\mathrm{j}\omega})=\begin{cases}\mathrm{e}^{-\mathrm{j}\omega\alpha}, & |\omega|\leqslant\omega_{\mathrm{c}}\\ 0, & \omega_{\mathrm{c}}<|\omega|\leqslant\pi\end{cases}\tag{7.2.8}$$

将 $H_{\mathrm{d}}(\mathrm{e}^{\mathrm{j}\omega})$ 和 $W_{\mathrm{R}}(\mathrm{e}^{\mathrm{j}\omega})$ 代入式(7.2.6),得到

$$\begin{aligned}H(\mathrm{e}^{\mathrm{j}\omega})&=\frac{1}{2\pi}H_{\mathrm{d}}(\mathrm{e}^{\mathrm{j}\omega})*W_{\mathrm{R}}(\mathrm{e}^{\mathrm{j}\omega})\\&=\frac{1}{2\pi}\int_{-\pi}^{\pi}H_{\mathrm{dg}}(\theta)\mathrm{e}^{-\mathrm{j}\theta\alpha}W_{\mathrm{Rg}}(\omega-\theta)\mathrm{e}^{-\mathrm{j}(\omega-\theta)\alpha}\mathrm{d}\theta\\&=\mathrm{e}^{-\mathrm{j}\omega\alpha}\left[\frac{1}{2\pi}\int_{-\pi}^{\pi}H_{\mathrm{dg}}(\theta)W_{\mathrm{Rg}}(\omega-\theta)\mathrm{d}\theta\right]\end{aligned}$$

可以取

$$H_{\mathrm{g}}(\omega)=\frac{1}{2\pi}\int_{-\pi}^{\pi}H_{\mathrm{dg}}(\theta)W_{\mathrm{Rg}}(\omega-\theta)\mathrm{d}\theta\tag{7.2.9}$$

式中,$H_{\mathrm{g}}(\omega)$ 是 $H(\mathrm{e}^{\mathrm{j}\omega})$ 的幅度特性。可见相位特性为线性函数,幅度特性为 $H_{\mathrm{dg}}(\omega)$ 和 $W_{\mathrm{Rg}}(\omega)$ 的卷积。当

$$H_{\mathrm{dg}}(\omega)=\begin{cases}1, & |\omega|\leqslant\omega_{\mathrm{c}}\\ 0, & \text{其他}\end{cases}\tag{7.2.10}$$

时,对实际 FIR 滤波器的幅频特性有影响的只是窗函数的幅频特性。式(7.2.9)的卷积过程如图 7.2.2 所示。

图 7.2.2(f)表示 $H_{\mathrm{dg}}(\omega)$ 和 $W_{\mathrm{Rg}}(\omega)$ 的卷积形成的 $H_{\mathrm{g}}(\omega)$ 波形。当 $\omega=0$ 时,$H_{\mathrm{g}}(0)$ 等于图 7.2.2(a)与(b)两波形乘积的积分,相当于对 $W_{\mathrm{Rg}}(\omega)$ 在 $\pm\omega_{\mathrm{c}}$ 之间一段波形的积分,当 $\omega_{\mathrm{c}}\gg2\pi/N$ 时,近似为 $\pm\pi$ 之间波形的积分,图中为对 $H_{\mathrm{g}}(0)$ 进行归一化后的值。当 $\omega=\omega_{\mathrm{c}}$ 时,情况如图 7.2.2(c)所示,$\omega_{\mathrm{c}}\gg2\pi/N$ 时,积分近似为 $W_{\mathrm{Rg}}(\omega)$ 一半波形的积分,对 $H_{\mathrm{g}}(0)$ 值归一化后的值为 1/2。$\omega=\omega_{\mathrm{c}}-2\pi/N$ 时,情况如图 7.2.2(d)所示,$W_{\mathrm{Rg}}(\omega)$ 主瓣完全在区间$[-\omega_{\mathrm{c}},\omega_{\mathrm{c}}]$之内,而最大的一负旁瓣移到区间$[-\omega_{\mathrm{c}},\omega_{\mathrm{c}}]$之外,因此 $H_{\mathrm{g}}(\omega_{\mathrm{c}}-2\pi/N)$ 有一

个最大的正峰。当 $\omega=\omega_c+2\pi/N$ 时，情况如图 7.2.2(e)所示，$W_{Rg}(\omega)$ 主瓣完全在区间 $[-\omega_c,\omega_c]$ 之外，而最大的一负旁瓣移到区间 $[-\omega_c,\omega_c]$ 之内，因此 $H_g(\omega_c+2\pi/N)$ 有一个最大的负峰。图 7.2.2 表明最大正峰与最大负峰之间相距 $4\pi/N$。通过以上分析可知，对 $h_d(n)$ 加窗处理后，$H_g(\omega)$ 与原理想低通滤波器的 $H_{dg}(\omega)$ 的差别有以下两点：

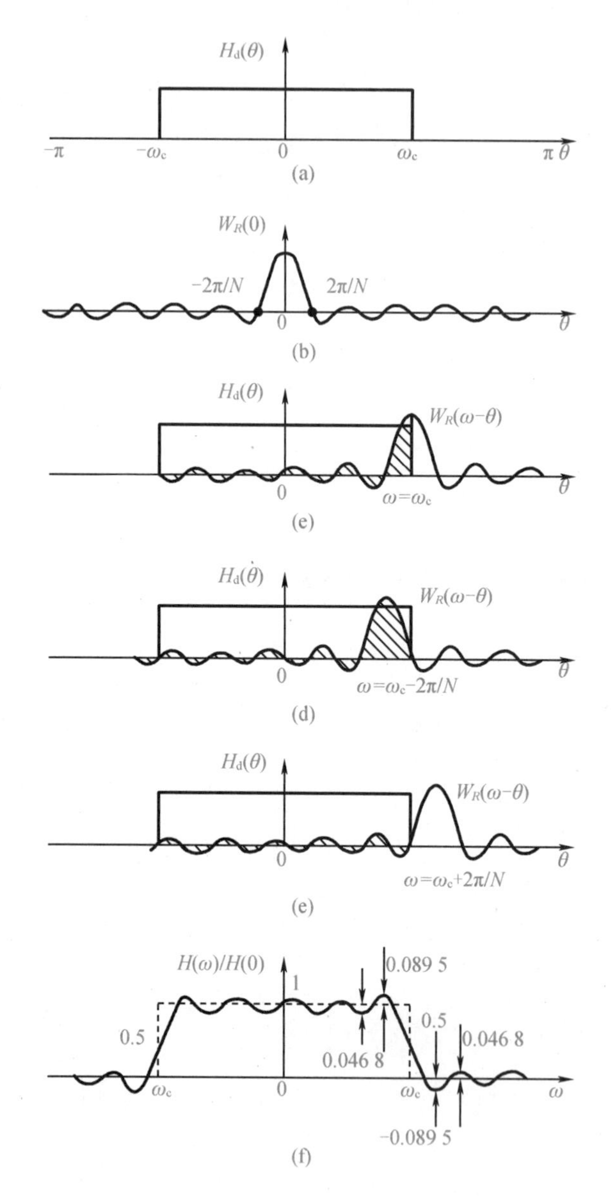

图 7.2.2　矩形窗对理想低通幅频特性的影响

(1)在频率特性不连续点 ω_c 附近形成过渡带。过滤带的宽度近似等于 $W_{Rg}(\omega)$ 主瓣宽度 $4\pi/N$。

(2)通带内增加了波动，最大的峰值在 $\omega_c-2\pi/N$ 处。阻带内产生了余振，最大的负峰在 $\omega_c+2\pi/N$ 处。通带与阻带中波动的情况与窗函数的幅度谱有关。$W_{Rg}(\omega)$ 波动愈快(加大时)，通带与阻带内波动愈快。另外，$W_{Rg}(\omega)$旁瓣的大小直接影响波动的大小。

7.2.3 减小 Gibbs 效应的措施

由上节的讨论可见，在矩形窗的情况下对截断处理起决定作用的是窗口的长度 N。由于 N 增大，窗函数频谱主瓣宽度减小。那么单纯地增大 N 是否可以有效地减小 Gibbs 效应呢？答案是否定的。改变 N 可以改变窗口频谱的主瓣宽度，改变 ω 的坐标比例以及改变 $W_{Rg}(\omega)$的绝对值，但不能改变其主瓣与旁瓣电平的相对比值。因为，在主瓣附近有

$$W_{Rg}(\omega)=\frac{\sin(\omega N/2)}{\sin(\omega/2)}\approx\frac{\sin(\omega N/2)}{\omega/2}\approx N\frac{\sin(x)}{x} \tag{7.2.11}$$

式中，$x=\omega/2$。由式(7.2.11)可见，当窗口长度 N 增加时，只会减小过渡带宽度，但不能改变主瓣和旁瓣幅度相对值；同样，也不会改变肩峰的相对值。这个相对比例是由窗函数形状决定的，与 N 无关。

寻找合适的窗函数形状，使其谱函数的主瓣包含更多的能量，相应旁瓣幅度就变小了；旁瓣的减小可使通带与阻带波动减小，从而加大阻带的衰减。但这样是以加宽过渡带为代价的。

7.2.4 常用的窗函数

本节介绍几种常用窗函数的时域表达式、时域波形及幅度特性曲线。

1. 矩形窗

矩形窗的时域表达式为

$$w(n)=R_N(n) \tag{7.2.12}$$

前面分析过，其频谱函数为

$$W_R(e^{j\omega})=W_{Rg}(\omega)e^{-j\frac{(N-1)}{2}\omega} \tag{7.2.13}$$

其幅度函数为

$$W_{Rg}(\omega)=\frac{\sin(\omega N/2)}{\sin(\omega/2)} \tag{7.2.14}$$

矩形窗的时域序列及幅度特性如图 7.2.3 所示。

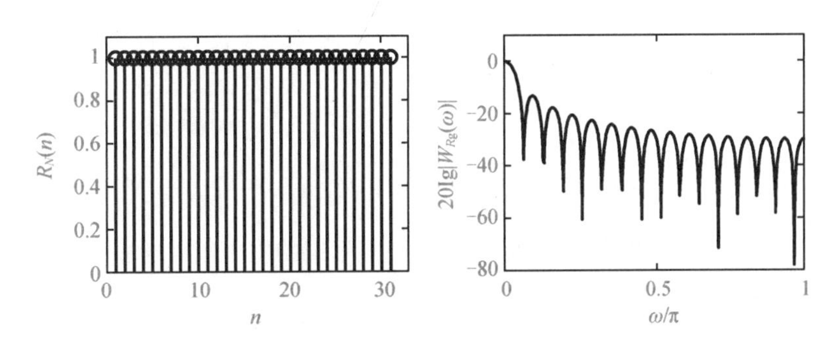

图 7.2.3 矩形窗的时域序列及幅度特性

2. 三角(Bartlett)窗

$$w(n)=\begin{cases}\dfrac{2n}{N-1}, & 0\leqslant n\leqslant\dfrac{N-1}{2}\\ 2-\dfrac{2n}{N-1}, & \dfrac{N-1}{2}<n\leqslant N-1\end{cases}\tag{7.2.15}$$

其频谱函数为

$$W_{B}(e^{j\omega})=\frac{2}{N}\left[\frac{\sin(\omega N/4)}{\sin(\omega/2)}\right]^{2}e^{-j\frac{N-1}{2}\omega}\tag{7.2.16}$$

其幅度函数为

$$W_{Bg}(\omega)=\frac{2}{N}\left[\frac{\sin(\omega N/4)}{\sin(\omega/2)}\right]^{2}\tag{7.2.17}$$

三角窗的时域序列及幅度特性如图 7.2.4 所示。

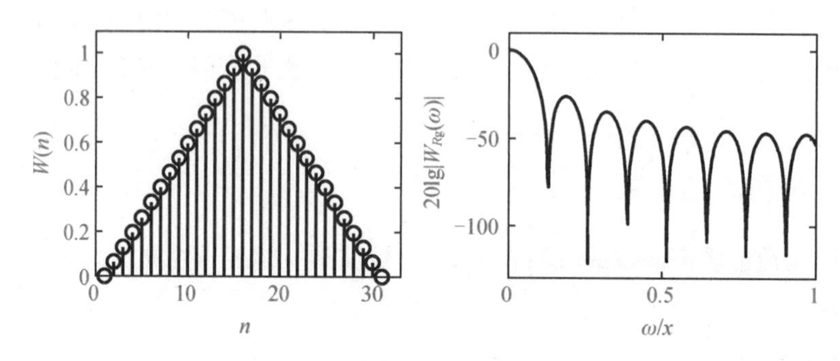

图 7.2.4　三角窗的时域序列及幅度特性

3. 汉宁(Hanning)窗(升余弦窗)

$$w_{hn}(n)=0.5\left[1-\cos\left(\frac{2\pi n}{N-1}\right)\right]R_{N}(n)\tag{7.2.18}$$

其频谱函数为

$$W_{Hn}(e^{j\omega})=\left\{0.5W_{Rg}(\omega)+0.25\left[W_{Rg}\left(\omega-\frac{2\pi}{N-1}\right)+W_{Rg}\left(\omega+\frac{2\pi}{N-1}\right)\right]\right\}e^{-j\frac{N-1}{2}\omega}\tag{7.2.19}$$

其幅度函数为

$$\begin{aligned}W_{Hng}(\omega)&=0.5W_{Rg}(\omega)+0.25\left[W_{Rg}\left(\omega-\frac{2\pi}{N-1}\right)+W_{Rg}\left(\omega+\frac{2\pi}{N-1}\right)\right]\\&\approx0.5W_{Rg}(\omega)+0.25\left[W_{Rg}\left(\omega-\frac{2\pi}{N}\right)+W_{Rg}\left(\omega+\frac{2\pi}{N}\right)\right]\text{(当 }N\gg1\text{ 时)}\end{aligned}\tag{7.2.20}$$

汉宁窗的能量更集中在主瓣,但主瓣的宽度比矩形窗的主瓣宽度增加一倍,即为 $8\pi/N$。汉宁窗的时域序列及幅度特性如图 7.2.5 所示。

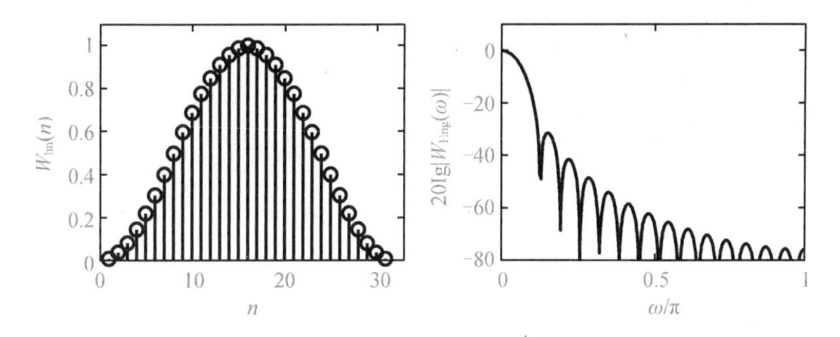

图 7.2.5　汉宁窗的时域序列及幅度特性

4. 海明(Hamming)窗(改进升余弦窗)

$$w_{\rm Hm}(n)=\left[0.54-0.46\cos\left(\frac{2\pi n}{N-1}\right)\right]R_N(n) \tag{7.2.21}$$

其频谱函数为

$$W_{\rm Hm}(e^{j\omega})=\left\{0.54W_{\rm Rg}(\omega)+0.23\left[W_{\rm Rg}\left(\omega-\frac{2\pi}{N-1}\right)+W_{\rm Rg}\left(\omega+\frac{2\pi}{N-1}\right)\right]\right\}e^{-j\frac{N-1}{2}\omega} \tag{7.2.22}$$

其幅度函数为

$$W_{\rm Hmg}(\omega)=0.54W_{\rm Rg}(\omega)+0.23\left[W_{\rm Rg}\left(\omega-\frac{2\pi}{N-1}\right)+W_{\rm Rg}\left(\omega+\frac{2\pi}{N-1}\right)\right]$$

$$\approx 0.54W_{\rm Rg}(\omega)+0.23\left[W_{\rm Rg}\left(\omega-\frac{2\pi}{N}\right)+W_{\rm Rg}\left(\omega+\frac{2\pi}{N}\right)\right]（当 N\gg 1 时） \tag{7.2.23}$$

结果可将 99.963% 的能量集中在窗谱的主瓣内，与汉宁窗相比，主瓣宽度同为 $8\pi/N$，但旁瓣幅度更小，旁瓣峰值小于主瓣峰值的 1%。海明窗的时域序列及幅度特性如图 7.2.6 所示。

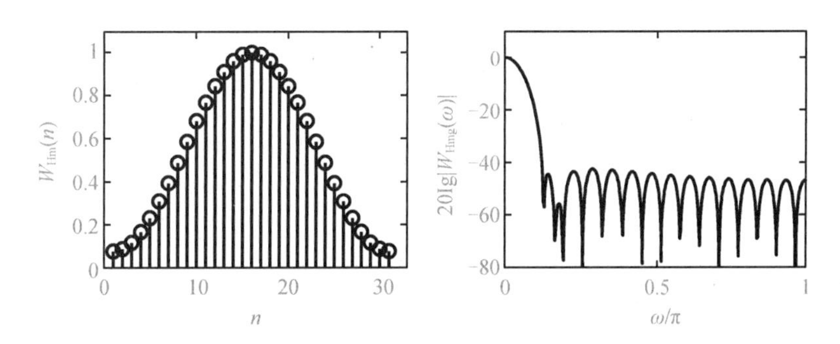

图 7.2.6　海明窗的时域序列及幅度特性

5. 布莱克曼(Blackman)窗

$$w_{\rm Bl}(n)=\left[0.42-0.5\cos\left(\frac{2\pi n}{N-1}\right)+0.08\cos\left(\frac{4\pi n}{N-1}\right)\right]R_N(n) \tag{7.2.24}$$

其频谱函数为

$$W_{\rm Bl}(e^{j\omega})=0.42W_{\rm R}(e^{j\omega})+0.25[W_{\rm R}(e^{j(\omega-\frac{2\pi}{N-1})})+W_{\rm R}(e^{j(\omega+\frac{2\pi}{N-1})})]+$$

$$0.04\left[W_{\mathrm{R}}\left(\mathrm{e}^{\mathrm{j}\left(\omega-\frac{4\pi}{N-1}\right)}\right)+W_{\mathrm{R}}\left(\mathrm{e}^{\mathrm{j}\left(\omega+\frac{4\pi}{N-1}\right)}\right)\right] \tag{7.2.25}$$

其幅度函数为

$$W_{\mathrm{Blg}}(\omega)=0.42W_{\mathrm{Rg}}(\omega)+0.25\left[W_{\mathrm{Rg}}\left(\omega-\frac{2\pi}{N-1}\right)+W_{\mathrm{Rg}}\left(\omega+\frac{2\pi}{N-1}\right)\right]+$$
$$0.04\left[W_{\mathrm{Rg}}\left(\omega-\frac{4\pi}{N-1}\right)+W_{\mathrm{Rg}}\left(\omega+\frac{4\pi}{N-1}\right)\right] \tag{7.2.26}$$

这样其幅度函数由五部分组成，它们都是移位不同，且幅度也不同的 $W_{\mathrm{Rg}}(\omega)$ 函数，使旁瓣再进一步抵消。此时其主瓣宽度是矩形窗主瓣宽度的三倍，即为 $12\pi/N$。布莱克曼窗的时域序列及幅度特性如图 7.2.7 所示。

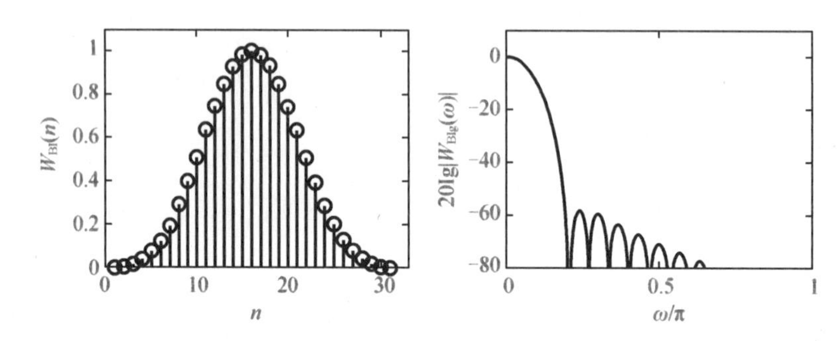

图 7.2.7　布莱克曼窗的时域序列及幅度特性

6. 凯塞(Kaiser)窗

前面讨论的几种窗函数的参数都是固定的，旁瓣幅度也是固定的。而凯塞窗是一种参数可调的窗函数，是一种适应性较强的窗，其窗函数的表达式为

$$w_k(n)=\frac{I_0[\beta]}{I_0(\alpha)},\quad 0\leqslant n\leqslant N-1 \tag{7.2.27}$$

式中

$$\beta=\alpha\sqrt{1-\left(\frac{2n}{N-1}-1\right)^2} \tag{7.2.28}$$

$I_0(\beta)$是零阶第一类修正贝塞尔函数，可用下面级数计算：

$$I_0(\beta)=1+\sum_{k=1}^{\infty}\left[\frac{(\beta/2)^k}{k!}\right]^2 \tag{7.2.29}$$

一般 $I_0(\beta)$ 取 15～25 项，便可以满足精度要求。α 是一个可自由选择的参数，它可以同时调整主瓣宽度与旁瓣电平，α 越大，则窗越窄，而频谱的旁瓣越小，但主瓣宽度也相应增加。因而改变 α 值就可以对主瓣宽度与旁瓣衰减进行选择，其典型值为 4～9。凯塞窗设计中有经验公式可供使用。

$$\alpha=\begin{cases}0.1102(\alpha_s-8.7), & \alpha_s>50\ \mathrm{dB}\\ 0.5842(\alpha_s-21)0.4+0.07886(\alpha_s-21), & 21\ \mathrm{dB}\leqslant\alpha_s\leqslant 50\ \mathrm{dB}\\ 0, & \alpha_s<21\ \mathrm{dB}\end{cases} \tag{7.2.30}$$

$$M=\frac{\alpha_s-8}{2.285B_t} \tag{7.2.31}$$

式中，$B_t=|\omega_s-\omega_p|$为数字滤波器的过渡带宽度；M 为数字滤波器的阶数。需注意式(7.2.31)为估算值，所以必须对设计结果进行检验。

6 种窗函数的基本参数归纳在表 7.2.1 中，可供设计时参考。

表 7.2.1　6 种窗函数的基本参数

窗函数类型	旁瓣峰值 α_n/dB	过渡带宽度 ΔB		阻带最小衰减 α_s/dB
		近似值	精确值	
矩形窗	-13	$4\pi/N$	$1.8\pi/N$	-21
三角窗	-25	$8\pi/N$	$6.1\pi/N$	-25
汉宁窗	-31	$8\pi/N$	$6.2\pi/N$	-44
海明窗	-41	$8\pi/N$	$6.6\pi/N$	-53
布莱克曼窗	-57	$12\pi/N$	$11\pi/N$	-74
凯塞窗($\beta=7.865$)	-57		$10\pi/N$	-80

表中过渡带宽和阻带最小衰减是用对应的窗函数设计的 FIR 数字滤波器的频率响应指标。除了以上 6 种窗函数外，比较有名的还有 Chebyshev 窗、Gaussian 窗。

7.2.5　设计步骤

(1)给定所要求的频率响应函数 $H_d(e^{j\omega})$；

(2)利用式(7.2.2)求 $h_d(n)$；

(3)由过渡带宽度及阻带最小衰减的要求，利用表 7.2.1 选定窗的形状及 N 的大小，一般 N 要通过几次试探之后确定；

(4)加窗处理，求得所设计的 FIR 数字滤波器的冲激响应 $h(n)=h_d(n)w(n)$；

(5)计算频率响应 $H(e^{j\omega})$，并验证是否达到所要求的指标。

当 $H_d(e^{j\omega})$很复杂或不能按式(7.2.2)直接计算积分时，则必须用求和代替积分，以便在计算机上计算，也就是要计算离散傅里叶逆变换，一般都采用 FFT 来计算。将积分限分成 M 段，也就是令抽样频率为

$$\omega_k=\frac{2\pi}{M}k,\quad k=0,1,2,\cdots,M-1 \tag{7.2.32}$$

则有

$$h_M(n)=\frac{1}{M}\sum_{k=0}^{M-1}H_d(e^{j\frac{2\pi}{M}k})e^{j\frac{2\pi}{M}kn} \tag{7.2.33}$$

频域的抽样造成时域序列的周期延拓，延拓周期是 M，即

$$h_M(n)=\sum_{r=-\infty}^{\infty}h_d(n+rM)R_M(n) \tag{7.2.34}$$

由于 $h_d(n)$ 有可能是无限长的序列，因而严格说，必须 $M\to\infty$ 时，$h_M(n)$ 才能等于 $h_d(n)$ 而不产生混叠现象。实际上，由于 $h_d(n)$ 随 n 增加衰减很快，一般只要 $M\gg N$ 就足够了。其次，窗函数设计法的另一个困难就是要预先确定窗函数的形状和窗口长度 N，以满足给定的频率响应指标。

7.2.6 窗函数法特点

(1)窗函数法设计的主要优点是简单，使用方便。窗口函数大多有封闭的公式可循，性能、参数都已有表格、资料可供参考，计算程序简便，实用性强。

(2)缺点是通带和阻带的截止频率不易控制。

【例 7.2.1】 用窗函数法设计线性相位高通数字滤波器，要求通带截止频率 $\omega_p=\pi/2$ rad，阻带截止频率 $\omega_s=\pi/4$ rad，通带最大衰减 $\alpha_p=1$ dB，阻带最小衰减 $\alpha_s=40$ dB。

解 (1)选择窗函数 $w(n)$，计算窗函数长度 N。已知阻带最小衰减 $\alpha_s=40$ dB，由表 7.2.1 可知汉宁窗和海明窗均满足要求，这里选择汉宁窗。本例中过渡带宽度 $B_t\leqslant\omega_p-\omega_s=\pi/4$，汉宁窗的精确过渡带宽度 $B_t=6.2\pi/N$，解不等式得到 $N\geqslant 24.8$，而对高通滤波器 N 要取奇数，所以此处 N 取 25。所以有

$$w(n)=0.5\left[1-\cos\left(\frac{\pi n}{12}\right)\right]R_{25}(n)$$

(2)构造 $H_d(e^{j\omega})$

$$H_d(e^{j\omega})=\begin{cases}e^{-j\omega\tau}, & \omega_c\leqslant|\omega|\leqslant\pi\\ 0, & 0\leqslant|\omega|<\omega_c\end{cases}$$

式中，$\tau=(N-1)/2=12$，$\omega_c=(\omega_s+\omega_p)/2=3\pi/8$。

(3)求出 $h_d(n)$

$$\begin{aligned}h_d(n)&=\frac{1}{2\pi}\int_{-\pi}^{\pi}H_d(e^{j\omega})e^{j\omega n}d\omega\\&=\frac{1}{2\pi}\left(\int_{-\pi}^{-\omega_c}e^{-j\omega\tau}e^{j\omega n}d\omega+\int_{\omega_c}^{\pi}e^{-j\omega\tau}e^{j\omega n}d\omega\right)\\&=\frac{\sin\pi(n-\tau)}{\pi(n-\tau)}-\frac{\sin\omega_c(n-\tau)}{\pi(n-\tau)}\end{aligned}$$

将 $\tau=12$ 代入，得

$$h_d(n)=\delta(n-12)-\frac{\sin[3\pi(n-12)/8]}{\pi(n-12)}$$

公式中第一项对应全通滤波器，第二项是低通，两者之差即为高通。

(4)加窗

$$\begin{aligned}h(n)&=h_d(n)w(n)\\&=\left\{\delta(n-12)-\frac{\sin[3\pi(n-12)/8]}{\pi(n-12)}\right\}\left[0.5-0.5\cos\left(\frac{\pi n}{12}\right)\right]R_{25}(n)\end{aligned}$$

7.3　频率取样法设计线性相位 FIR 数字滤波器

7.3.1　设计原理

频域取样法是在频率域对理想滤波器 $H_d(e^{j\omega})$ 采样，在采样点上设计的滤波器 $H(e^{j\omega})$ 和理想滤波器 $H_d(e^{j\omega})$ 幅度值相等，然后根据频率域的采样值求得实际设计的滤波器的频率特性 $H(e^{j\omega})$。

对理想滤波器的频率特性 $H_d(e^{j\omega})$ 在[0,2π]范围内等间隔地取样 N 个点，

$$H_d(k)=H_d(e^{j\omega})\big|_{\omega=\frac{2\pi}{N}k} \tag{7.3.1}$$

然后以 $H_d(k)$ 的 N 个值作为实际 FIR 数字滤波器频率响应的采样 $H(k)$。对 $H(k)$ 作 IDFT 可唯一确定有限长序列 $h(n)$，即

$$h(n)=\frac{1}{N}\sum_{k=0}^{N-1}H(k)e^{j\frac{2\pi}{N}kn},\quad 0\leqslant n\leqslant N-1 \tag{7.3.2}$$

这就是频率取样法设计 FIR 数字滤波器的基本原理。此外，根据插值公式

$$H(z)=\frac{1-z^{-N}}{N}\sum_{k=0}^{N-1}\frac{H_d(k)}{1-W_N^{-k}z^{-1}} \tag{7.3.3}$$

可直接利用频率采样值 $H_d(k)$ 形成滤波器的系统函数。其频率响应为

$$H(e^{j\omega})=\sum_{k=0}^{N-1}H(k)\varphi(\omega-\frac{2\pi}{N}k) \tag{7.3.4}$$

式中，$\varphi(\omega)$ 是内插函数

$$\varphi(\omega)=\frac{1}{N}\frac{\sin(\omega N/2)}{\sin(\omega/2)}e^{-j\omega(N-1)/2} \tag{7.3.5}$$

7.3.2　逼近误差

由式(7.3.4)可见，在频率采样点处实际滤波器的频率响应与希望滤波器的频率响应严格相等，逼近误差为 0。而在各采样频率点之间，频率响应则是各采样点内插函数的加权和，因而存在一定的逼近误差。误差大小取决于希望频率响应的曲线形状和采样点的多少。

希望频率响应变化越平缓，内插值越接近希望值，逼近误差越小；反之，如果采样点之间的希望频率特性变化越迅速，则内插值与希望值的误差就越大。因此，在希望频率特性的不连续点附近会形成振荡特性。采样点数越多，即采样频率越高，误差越小。所以，直接对理想滤波器的频率响应采用频率采样法设计不能满足一般工程对阻带衰减的要求。

7.3.3　改进措施

在窗函数设计法中，通过加大过渡带宽度换取阻带衰减的增加。频率取样法也同样满足这一规律。提高阻带衰减的具体方法是在频率响应间断点附近区间内插一个或几个过

渡采样点,使不连续点变成缓慢过渡带。这样,虽然加大了过渡带,但阻带中相邻内插函数的旁瓣正负对消,明显增大了阻带衰减。

过渡带采样点的个数 m 与阻带最小衰减 α_s 的关系以及使阻带最小衰减 α_s 最大化的每个过渡带采样值求解都要用优化算法解决。其基本思想是将过渡带采样值设为自由量,用一种优化算法改变它们,最终使阻带最小衰减 α_s 最大。将过渡带采样点的个数 m 与滤波器阻带最小衰减 α_s 的经验数据列于表 7.3.1 中,我们可以根据给定的阻带最小衰减 α_s 选择过渡带采样点的个数 m。

表 7.3.1 过渡带采样点的个数 m 与滤波器阻带最小衰减 α_s 的经验数据

m	1	2	3
α_s/dB	44 ~ 54	65 ~ 75	85 ~ 95

7.3.4 设计步骤

(1)根据阻带最小衰减 α_s 选择过渡带采样点的个数 m。

(2)确定过渡带宽度 B_t,估算频域采样点数(即滤波器长度)N。如果增加 m 个过渡带采样点,则过渡带宽度近似变成 $(m+1)2\pi/N$。当 N 确定时,m 越大,过渡带越宽。如果给定过渡带宽度 B_t,则要求 $(m+1)2\pi/N \leqslant B_t$,即滤波器长度 N 必须满足以下等式:

$$N \geqslant (m+1)\frac{2\pi}{B_t} \tag{7.3.6}$$

(3)构造一个希望逼近的频率响应函数:

$$H_d(e^{j\omega}) = H_{dg}(\omega)e^{-j\omega(N-1)/2} \tag{7.3.7}$$

设计标准型片段常数特性的 FIR 数字滤波器时,一般构造幅度特性函数 $H_{dg}(e^{j\omega})$ 为相应的理想频响特性,且满足表 7.1.1 要求的对称性。

(4)按照式(7.3.1)进行频域采样:

$$H(k) = H_d(e^{j\omega})\big|_{\omega=\frac{2\pi}{N}k} = A(k)e^{-j\frac{(N-1)}{N}\pi k}, \quad k = 0,1,2,\cdots,N-1 \tag{7.3.8}$$

$$A(k) = H_{dg}\left(\frac{2\pi}{N}k\right), \quad k = 0,1,2,\cdots,N-1 \tag{7.3.9}$$

并加入过渡采样。过渡带采样值可以设置为经验值,或用累试法确定,也可以采用优化方法估算。

(5)对 $H(k)$ 进行 N 点 IDFT,得到第一类线性相位 FIR 数字滤波器的单位脉冲响应:

$$h(n) = \text{IDFT}[H(k)] = \frac{1}{N}\sum_{k=0}^{N-1}H(k)W_N^{-kn}, \quad n = 0,1,2,\cdots,N-1 \tag{7.3.10}$$

(6)检验设计结果。如果阻带最小衰减未达到指标要求,则要改变过渡带采样值,直到满足指标要求为止。如果滤波器边界频率未达到指标要求,则要微调 $H_{dg}(\omega)$ 的边界频率。

7.3.5　频率取样法的特点

(1)优点:可以在频域直接设计,并且适合最优化设计。

(2)缺点:采样频率只能等于 $2\pi/N$ 的整数倍,或加上 π/N,因而不能确保截止频率 ω_c 的自由取值,要想实现自由地选择截止频率,必须增加采样点数 N,但这又使计算量加大。

7.4　线性相位 FIR 数字滤波器的最优化设计

FIR 数字滤波器的优化设计,是为了在满足给定条件下求出 FIR 数字滤波器的单位脉冲响应 $h(n)$,使 $h(n)$ 的宽度最小(过渡带宽最窄)。

在频率取样法中,用过渡带抽样最优化设计的方法,所得结果虽然已很满意,接近于最优化的结果,但却不是最优化设计,因为它的变量只限于过渡带上的抽样值。而最优化设计则是将所有抽样值都作为变量,以获得最优结果。

采用最优化设计方法,能够得到既有严格线性相位又有很好衰减特性的滤波器,它接近于理想滤波器。因此,最优化设计在 FIR 滤波器设计中占有重要地位。但还应指出,频率取样结构的最优过渡带法虽比最优化等起伏设计法稍差,却也已经达到了令人满意的效果。

7.4.1　均方误差最小准则

常用的均方误差最小准则是以能量最小为判据的,若以 $E(\mathrm{e}^{\mathrm{j}\omega})$ 表示逼近误差谱,即

$$E(\mathrm{e}^{\mathrm{j}\omega}) = H_{\mathrm{d}}(\mathrm{e}^{\mathrm{j}\omega}) - H(\mathrm{e}^{\mathrm{j}\omega}) \tag{7.4.1}$$

则均方误差为

$$\varepsilon^2 = \frac{1}{2\pi}\int_0^{2\pi} |E(\mathrm{e}^{\mathrm{j}\omega})|^2 \mathrm{d}\omega = \frac{1}{2\pi}\int_0^{2\pi} |H_{\mathrm{d}}(\mathrm{e}^{\mathrm{j}\omega}) - H(\mathrm{e}^{\mathrm{j}\omega})|^2 \mathrm{d}\omega \tag{7.4.2}$$

均方误差最小准则就是 ε^2 最小。

可以证明,采用矩形窗函数法进行设计所产生的误差比任何其他设计方法所产生的均方误差都小。但矩形窗口的旁瓣电平太高,致使阻带衰减太小,常常不能满足实际要求。因此,均方误差最小准则不适于用作 FIR 数字滤波器的设计。

采用窗函数法设计 FIR 滤波器方法简单,通常会得到一个性能相对很好的滤波器。但是考虑以下两个方面的问题,这些滤波器的设计方法还不是最优的。

(1)通带和阻带的波动基本上相等。然而,一般需要阻带起伏小于通带起伏,但是在窗函数法中不能分别控制这些参数。所以,窗函数法需要在通带内对滤波器“过设计”(即通带内的技术指标相比于要求的技术指标要有富余),这样才能使得设计的滤波器满足阻带的严格要求。

(2)对于大部分窗函数来说,通带内或阻带内的波动不是均匀的,通常离开过渡带时会减小。若允许波动在整个通带内均匀分布,那么就会产生较小的峰值波动。

7.4.2　最大最小误差准则

最大最小误差准则也称为 Chebyshev 准则，其表达式为

$$\min_{h(k)}\{\max_{\omega\in A}|E(e^{j\omega})|\} \tag{7.4.3}$$

其意义为：改变 N 个抽样值（或 N 个 $h(n)$ 值），使 ω 在 A 域内最大的绝对误差最小，这个 A 一般包括通带和阻带的频率。

在滤波器设计中，对通带和阻带的容差要求往往是不同的。通带内最大误差要求不超过 $\pm\delta_1$，而阻带内最大误差要求不超过 $\pm\delta_2$。为了统一使用最大误差最小准则，通常采用加权函数的形式来表示逼近误差谱，即

$$E(\omega)=W(\omega)[H_d(\omega)-H(\omega)] \tag{7.4.4}$$

式中，$H(\omega)$ 为要求的滤波器频率响应的幅度函数；$H_d(\omega)$ 为理想滤波器频率响应的幅度函数；$W(\omega)$ 为加权函数。

在容差要求高的频段上，可以取得较大的加权值；在容差要求低的频段上，取较小的加权值。以图 7.4.1 所示的容差要求为例。

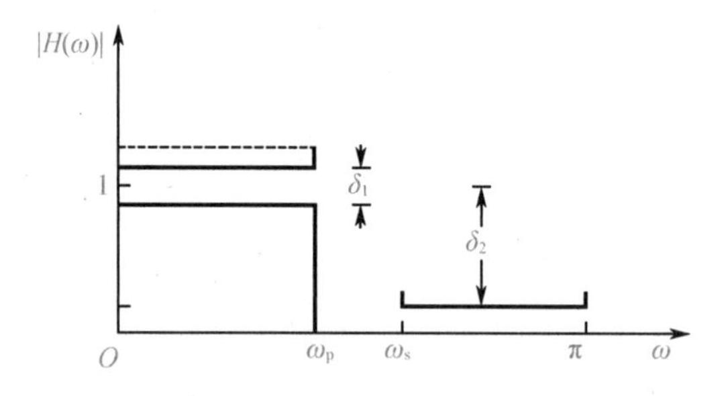

图 7.4.1　最大最小误差准则

图中

$$H(\omega)=\begin{cases}1, & 0\leqslant\omega\leqslant\omega_p\\ 0, & \omega_s\leqslant\omega\leqslant\pi\end{cases} \tag{7.4.5}$$

$$W(\omega)=\begin{cases}1, & 0\leqslant\omega\leqslant\omega_p\\ k, & \omega_s\leqslant\omega\leqslant\pi\end{cases} \tag{7.4.6}$$

式中，常数 $k=\dfrac{\delta_1}{\delta_2}$。$A$ 域即为 $[0,\omega_p]$ 和 $(\omega_s,\pi]$。这样采用 Chebyshev 准则所得的最优化结果即可使 δ_1 获得最小值，且同时有 $k=\dfrac{\delta_1}{\delta_2}$ 保持不变。

可以证明，采用 Chebyshev 准则得到的最优滤波器，在通带和阻带内必然都呈现等波纹特性。

7.4.3　Remez 算法

1973年,出现了用Remez算法求解加权误差 $\min\{\max|E(e^{j\omega})|\}$ 的方法,使滤波器的阶数、通带、阻带的边缘以及误差的加权函数都可以自由选择。这种方法能较好地满足设计需求,成为当前设计线性相位FIR滤波器的一种最好的计算机辅助设计方法。该算法的具体原理如下:

一个FIR线性相位滤波器的频率响应可以写成 $H(e^{j\omega})=H(\omega)e^{-j\omega\alpha}$,式中 $H(\omega)$ 是 ω 的实值函数。对于第一类线性相位滤波器 $h(n)=h(N-1-n)$,N 为奇数。利用 $h(n)$ 的对称性可以将频率响应表示为

$$H(\omega)=\sum_{k=0}^{L}a(k)\cos(k\omega) \tag{7.4.7}$$

式中,$L=(N-1)/2$,且有

$$a(0)=h(\frac{N-1}{2}) \tag{7.4.8}$$

$$a(k)=h(k+\frac{N-1}{2}),\quad k=1,2,\cdots,\frac{N-1}{2} \tag{7.4.9}$$

交错定理:设 A 是 $[0,\pi]$ 区间内封闭子集的并集,对于一个正的加权函数 $W(\omega)$,有式(7.4.7)成立。在 A 上,$H(\omega)$ 能成为唯一使加权误差 $E(\omega)$ 最大值最小的函数的充要条件是:在 A 上加权误差 $E(\omega)$ 至少有 $L+2$ 个交错值。也就是说,在 A 上必须至少有 $L+2$ 个极值频率

$$\omega_0<\omega_1<\cdots<\omega_{L+1} \tag{7.4.10}$$

这样

$$E(\omega_k)=-E(\omega_{k+1}),\quad k=0,2,\cdots,L \tag{7.4.11}$$

且

$$|E(\omega_k)|=\max_{\omega\in F}|E(\omega)|,\quad k=0,2,\cdots,L+1 \tag{7.4.12}$$

交错定理说明最优滤波器是等波纹的。虽然交错定理确定了最优滤波器必须有的极值频率(或波动)的最少数目,但是可以有更多的数目。例如,一个低通滤波器可以有 $L+2$ 个或 $L+3$ 个极值频率,有 $L+3$ 个极值频率的低通滤波器称为超波纹滤波器。

由交错定理可以得到

$$W(\omega_k)[H_d(\omega_k)-H(\omega_k)]=(-1)^k\varepsilon,\quad k=0,2,\cdots,L+1 \tag{7.4.13}$$

式中 $\varepsilon=\pm\max\limits_{\omega\in F}|E(\omega)|$ 是最大的加权误差绝对值。这些关于未知数 $a(0),\cdots,a(L)$ 以及 ε 的方程可以写成下面矩阵的形式:

$$\begin{bmatrix}1 & \cos(\omega_0) & \cdots & \cos(L\,\omega_0) & 1/W(\omega_0)\\ 1 & \cos(\omega_1) & \cdots & \cos(L\,\omega_1) & -1/W(\omega_1)\\ \vdots & \vdots & & \vdots & \vdots\\ 1 & \cos(\omega_L) & \cdots & \cos(\omega_L) & -L/W(\omega_L)\\ 1 & \cos(\omega_{L+1}) & \cdots & \cos(L\,\omega_{L+1}) & -L-1/W(\omega_{L+1})\end{bmatrix}\begin{bmatrix}a(0)\\ a(1)\\ \vdots\\ a(L)\\ \varepsilon\end{bmatrix}=\begin{bmatrix}H_{d(\omega_0)}\\ H_{d(\omega_1)}\\ \vdots\\ H_{d(\omega_L)}\\ H_{d(\omega_L+1)}\end{bmatrix} \tag{7.4.14}$$

给定了极值频率,就可以解关于 $a(0),\cdots,a(L)$ 以及 ε 的方程。为了求极值频率,可以采用一种高效的迭代过程,称为 Parks - McClellan 算法。具体步骤如下:

(1)估计一组初始极值频率(可任选)。

(2)解方程式(7.4.14)求 ε,可以证明 ε 的值为

$$\varepsilon=\frac{\sum_{k=0}^{L+1}b(k)H_{\mathrm{d}}(\omega_k)}{\sum_{k=0}^{L+1}(-1)^k b(k)/W(\omega_k)} \tag{7.4.15}$$

式中

$$b(k)=\prod_{i=0,i\neq k}^{L+1}\frac{1}{\cos\omega_k-\cos\omega_{\mathrm{i}}} \tag{7.4.16}$$

(3)利用拉格朗日插值公式在极值频率之间插值,计算 A 上的加权误差函数。

(4)先选择使插值函数最大的 $L+2$ 个频率,然后再选择一组新的极值频率。

(5)如果极值频率改变了,从步骤(2)开始重复迭代过程。

一个设计公式可以用来计算一个低通滤波器的等波纹滤波器阶数,过渡带宽度为 Δf,通带波动为 δ_1,阻带波动为 δ_2,该公式为

$$N=\frac{-10\lg(\delta_1\delta_2)-13}{14.6\Delta f} \tag{7.4.17}$$

7.4.4　FIR 微分器(差分器)的优化设计

在许多模拟和数字系统中,差分用于对信号取导数。理想的差分器具有与频率呈线性关系的频率响应。类似的,理想数字差分器定义为具有如下频率特性的系统:

$$H_{\mathrm{d}}(\mathrm{e}^{\mathrm{j}\omega})=\mathrm{j}\omega,\quad -\pi\leqslant\omega\leqslant\pi \tag{7.4.18}$$

单位脉冲响应则为

$$\begin{aligned}h_{\mathrm{d}}(n)&=\frac{1}{2\pi}\int_{-\pi}^{\pi}H_{\mathrm{d}}(\mathrm{e}^{\mathrm{j}\omega})\mathrm{e}^{\mathrm{j}\omega}\mathrm{d}\omega\\&=\frac{1}{2\pi}\int_{-\pi}^{\pi}\mathrm{j}\omega\mathrm{e}^{\mathrm{j}\omega}\mathrm{d}\omega\\&=\frac{\cos(\pi n)}{n}\quad(-\infty<n<\infty,n\neq0)\end{aligned} \tag{7.4.19}$$

可见,理想差分器的单位脉冲响应是奇对称的,因此 $h_{\mathrm{d}}(0)=0$。

本节,我们考虑基于 Chebyshev 近似准则的线性相位 FIR 差分器的设计。由于理想差分器的单位脉冲响应是奇对称的,为保证相位的线性性质,可设 $h_{\mathrm{d}}(n)=-h_{\mathrm{d}}(M-1-n)$,这里 M 是滤波器的长度。这就是 7.1.2 节讨论的情况 3、情况 4。回顾一下情况 3,此时 M 取奇数,FIR 滤波器的实值频率响应满足 $H(0)=0$。在零频处的零响应就是差分器应满足的条件,情况 3 和情况 4 都满足这个条件。但是,若希望设计一个全带宽差分器,采用奇数个系数的 FIR 滤波器是不可能做到的。因为 M 取奇数时,$H(0)=0$。但实际上,很少要求设计全带宽差分器。

在大多数实际情况下,希望的频率响应仅仅需要在有限的频率范围上是线性的:$0\leqslant\omega\leqslant2\pi f_{\mathrm{p}}$,这里 f_{p} 为差分器的带宽。而在频率范围 $2\pi f_{\mathrm{p}}<\omega\leqslant\pi$ 上,希望的频率响应要么不

加限制，要么限制为 0。

基于 Chebyshev 准则的线性相位 FIR 差分器的设计中，加权函数取为

$$W(\omega) = \frac{1}{\omega}, \quad 0 \leqslant \omega \leqslant 2\pi f_p \tag{7.4.20}$$

以使得通带内的相对起伏是等波纹的。因此，在期望的响应和近似的响应之间的绝对误差在 0 到 $2\pi f_p$ 之间是随 ω 而增加的。但是，式(7.4.20)中的加权函数能保证相对误差在通带内是固定的。

7.4.5　希尔伯特变换器的优化设计

理想希尔伯特变换器也是一个全通系统，但是其在输入信号上要附加一个 90°的相移。因此，理想希尔伯特变换器的频率响应是

$$H_d(e^{j\omega}) = \begin{cases} -j, & \omega > 0 \\ j, & \omega < 0 \end{cases} \tag{7.4.21}$$

希尔伯特变换常常用于通信系统和信号处理中，如单边带调制信号的产生、雷达信号处理、语音信号处理等。理想希尔伯特变换器的单位脉冲响应为

$$\begin{aligned} h_d(n) &= \frac{1}{2\pi}\int_{-\pi}^{\pi} H_d(e^{j\omega})e^{j\omega}d\omega \\ &= \frac{1}{2\pi}\int_{-\pi}^{0} je^{j\omega}d\omega - \frac{1}{2\pi}\int_{0}^{\pi} je^{j\omega}d\omega \\ &= \begin{cases} \dfrac{2}{\pi}\dfrac{\sin^2(n\pi/2)}{n}, & n \neq 0 \\ 0, & n = 0 \end{cases} \end{aligned} \tag{7.4.22}$$

可见 $h_d(n)$ 是无限长、非因果的。另外，单位脉冲响应是奇对称的。基于这个特性，我们主要设计具有奇对称单位脉冲响应的线性相位 FIR 希尔伯特变换器（即 $h_d(n) = -h_d(M-1-n)$）。其实，选择奇对称单位脉冲响应与具有纯虚频率响应特性的 $H_d(e^{j\omega})$ 是一致的。

再一次回顾当 $h(n)$ 是奇对称时，无论 M 是取奇数还是偶数，滤波器的实值频率响应 $H(\omega)$ 在 $\omega=0$ 处均为零；而当 M 是取奇数时，滤波器的实值频率响应 $H(\omega)$ 在 $\omega=\pi$ 处均为零。因此，要设计一个线性相位的全通希尔伯特变换器也是不可能的。但是在实际中，设计一个全通希尔伯特变换器也是不必要的。其带宽只要覆盖需要相移的信号的带宽即可。因此，我们可以设希望的希尔伯特变换器的实值频率响应为

$$H_{dr}(\omega) = 1 \quad (2\pi f_l \leqslant \omega \leqslant 2\pi f_u) \tag{7.4.23}$$

式中 f_l 和 f_u 分别为滤波器的下限截止频率和上限截止频率。

需要注意的是，由式(7.4.22)给定的理想希尔伯特变换器的单位脉冲响应 $h_d(n)$ 在 n 取偶数时为 0。在某些对称性条件下 FIR 希尔伯特变换器可以满足这个特性。

当采用 Remez 算法使用 Chebyshev 近似准则的线性相位 FIR 希尔伯特变换器时，通常采用峰值误差最小准则来选择滤波器的系数。

$$\delta = \max_{2\pi f_l \leqslant \omega \leqslant 2\pi f_u}\{H_{dr}(\omega) - H_r(\omega)\} = \max_{2\pi f_l \leqslant \omega \leqslant 2\pi f_u}\{1 - H_r(\omega)\} \tag{7.4.24}$$

即加权函数取 1，最优化是在通带上进行的。

7.5 线性相位 FIR 数字滤波器设计方法的比较

从历史上看,基于窗函数的设计方法是最早提出的设计线性相位 FIR 滤波器的方法。频率抽样法和最优化方法——“最大最小准则”(Chebyshev 近似准则)是在 20 世纪 70 年代发展起来的方法,自那以后,这两种方法就成了实际线性相位 FIR 滤波器设计的通行方法。

窗函数设计法的最大缺陷是其缺少对边界频率(如低通 FIR 滤波器的通带截止频率 ω_p 和阻带截止频率 ω_s)的精确控制。一般来说,ω_p 和 ω_s 的取值取决于窗函数类型和滤波器的长度。

频率取样法对窗函数法做了改进,$H(\omega)$ 在频率采样点是确定的,$H(\omega_k)$ 要么是 1 要么是 0(除了过渡带)。当 FIR 滤波器是在频域借助 DFT 实现或以任何频域抽样结构实现时,这种设计方法非常有效。

最大最小准则(Chebyshev 近似)方法对滤波器的指标提供总的控制。通常来说都优于前两种方法。对低通滤波器,指标由参数 ω_p、ω_s、δ_1、δ_2 和 M 给出。我们可以确定参数 ω_p、ω_s、δ_1,并使滤波器相对于 δ_2 最优化。通过将近似误差在滤波器的通带和阻带上的扩散,该方法可以得到一个最佳的滤波器设计。在上述的给定指标集上,最大的旁瓣可以最小化。

基于 Remez 交换算法的 Chebyshev 设计过程要求预先确定滤波器长度 M,边界频率 ω_p、ω_s 和比值 δ_2/δ_1。在滤波器设计中,有大量的近似方法通过 ω_p、ω_s、δ_1、δ_2 来估计 M。

7.6 FIR 与 IIR 数字滤波器的比较

首先,从性能上来说,IIR 滤波器系统函数的极点可以位于单位圆内的任何地方,因此可用较低的阶数获得好的选择性,但是这个高效率是以相位的非线性为代价的。选择性越好,则相位非线性越严重。

相反,FIR 滤波器却可以得到严格的线性相位特性。然而由于 FIR 滤波器系统函数的极点固定在原点,所以只能用较高的阶数达到较好的选择性;对于同样的滤波器幅频响应指标,FIR 滤波器所要求的阶数可以比 IIR 滤波器高 5 ~ 10 倍,成本较高,运算量大,信号延时也较大。

对相同的选择性和相同的线性相位要求来说,IIR 滤波器必须加全通网络进行相位校正,这样大大增加了系统的复杂性。

从结构上来看,IIR 滤波器必须采用递归结构,极点位置必须在单位圆内,否则系统将不稳定。相反,FIR 滤波器主要采用非递归结构,不论在理论上还是在实际的有限精度运算中都不存在稳定性问题。

此外,FIR 滤波器可以采用快速傅里叶变换算法实现,在相同阶数的条件下,运算速度可以大大提高。

从设计工具看,IIR 滤波器可以借助模拟滤波器的成果,因此一般都提供有效的封闭形式的设计公式进行准确计算,计算工作量比较小,对计算工具的要求不高。FIR 滤波器设计则一般没有封闭形式的设计公式。

另外,也应看到,IIR 滤波器虽然设计简单,但主要用于设计具有片段常数特性的滤波器,如低通、高通、带通及带阻滤波器等,往往脱离不了模拟滤波器的局限性,而 FIR 滤波器则要灵活得多。

7.7　利用 MATLAB 实现 FIR 数字滤波器的设计

7.7.1　窗函数法的 MATLAB 设计

fir1 是用窗函数法设计线性相位 FIR 数字滤波器的工具箱函数,可以实现线性相位 FIR 数字滤波器的标准窗函数法设计。其调用格式及功能描述如下:

1. b = fir1(n,Wn)

默认使用海明窗设计一个 n 阶低通、带通、或多通带线性相位 FIR 数字滤波器。滤波器的具体类型取决于 Wn 元素的个数。Wn 元素个数为 1 时,设计的是低通滤波器;个数为 2 时,设计的是带通滤波器。b 为返回的滤波器单位脉冲响应序列,其长度为 n+1。

【例 7.7.1】 设计一个 30 阶,截止频率为 0.6π 的低通线性相位 FIR 数字滤波器,绘制频域特性曲线。

```
b = fir1(30,0.6);
freqz(b)
```

低通滤波器的频域特性曲线如图 7.7.1 所示。

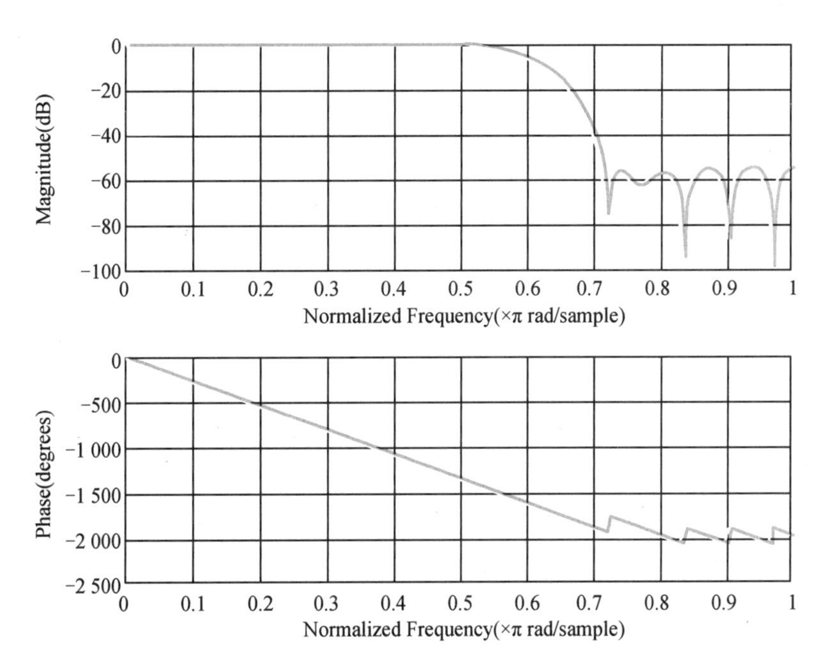

图 7.7.1　低通滤波器频域特性曲线

【例 7.7.2】 设计一个 48 阶,通带为[0.35π,0.65π]的带通线性相位 FIR 数字滤波器,绘制频域特性曲线。

```
b = fir1(48,[0.35 0.65]);
freqz(b,1,512)
```

带通滤波器的频域特性曲线如图 7.7.2 所示。

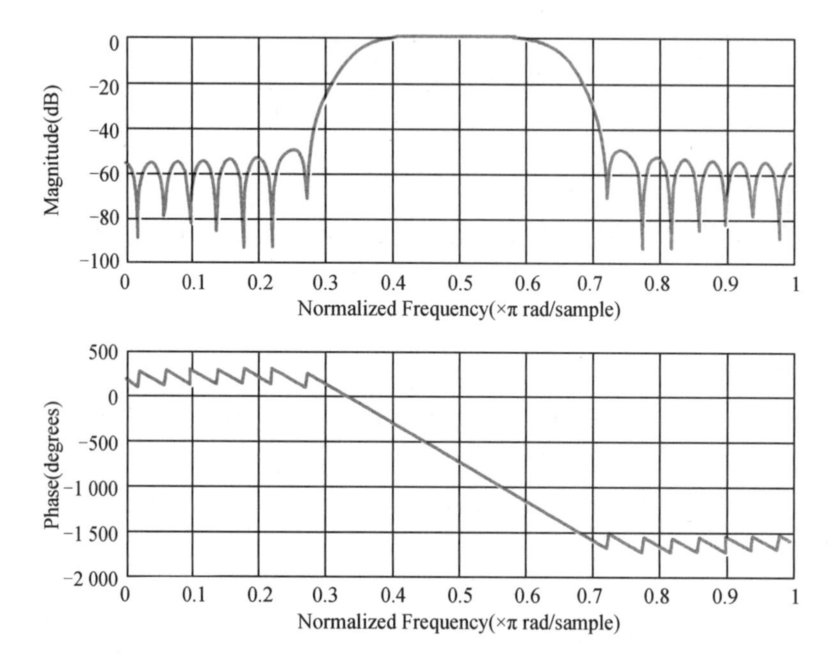

图 7.7.2　带通滤波器频域特性曲线

2. b = fir**1**(n,Wn,ftype)

设计一个 n 阶低通、高通、带通、带阻或多通带线性相位 FIR 数字滤波器。滤波器的具体类型取决于 ftype 的值和 Wn 元素的个数。b 为返回的滤波器单位脉冲响应序列,其长度为 n+1。ftype 各种类型滤波器对应的 MATLAB 命令为

低通——'low'

带通——'bandpass'

高通——'high'

带阻——'stop'

【例 7.7.3】 设计一个 34 阶,截止频率为 0.6π 的高通线性相位 FIR 数字滤波器,绘制频域特性曲线。

```
bhi = fir1(34,0.48,'high');
freqz(bhi)
```

高通滤波器的频域特性曲线如图 7.7.3 所示。

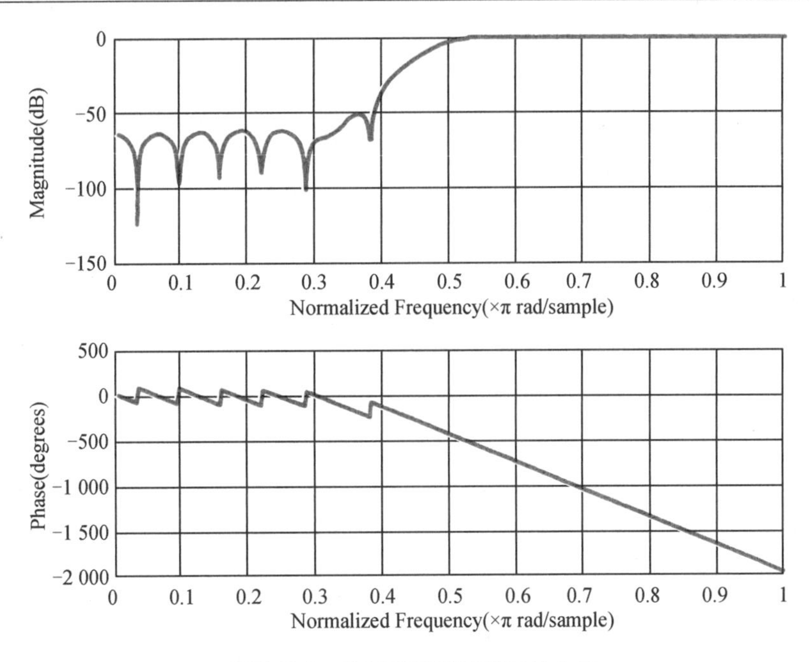

图 7.7.3　高通滤波器频域特性曲线

3. b = fir1(___, window)

基于前述的语法规则,用 window 指定的窗函数设计一个线性相位 FIR 数字滤波器。可选的常用窗函数如表 7.7.1 所示。b 为返回的滤波器单位脉冲响应序列,其长度为 n + 1。

表 7.7.1　可选的常用窗函数

窗函数类型	MATLAB 函数
Bartlett 窗	bartlett
Blackman 窗	blackman
Chebyshev 窗	chebwin
Gaussian 窗	gausswin
Hamming 窗	hamming
Kaiser 窗	kaiser

另外,用 fir2 函数可以设计指定任意形状幅度特性的数字滤波器,读者可借 help 命令查阅其用法。

【例 7.7.4】 用 MATLAB 设计例 7.1.1 的数字滤波器:

% 用窗函数法设计线性相位高通 FIR 数字滤波器。

```
wp = pi/2;
ws = pi/4;
Bt = wp - ws;                              % 计算过渡带宽度
N0 = ceil(6.2 * pi/Bt);                    % 根据表 7.2.1 选择汉宁窗,计算 h(n)所需
长度
```

```
N = N0 + mod(N0 + 1,2);                      % 确保 h(n)的长度是奇数
wc = (wp + ws) / 2 / pi;                     % 计算截止频率
hn = fir1(N - 1,wc,'high',hanning(N));       % 调用 fir1 函数完成设计
stem(hn)
xlabel('n')
ylabel('h(n)')
freqz(hn)                                    % 绘制频域特性曲线
```

$h(n)$序列如图 7.7.4 所示。滤波器的频域特性曲线如图 7.7.5 所示。

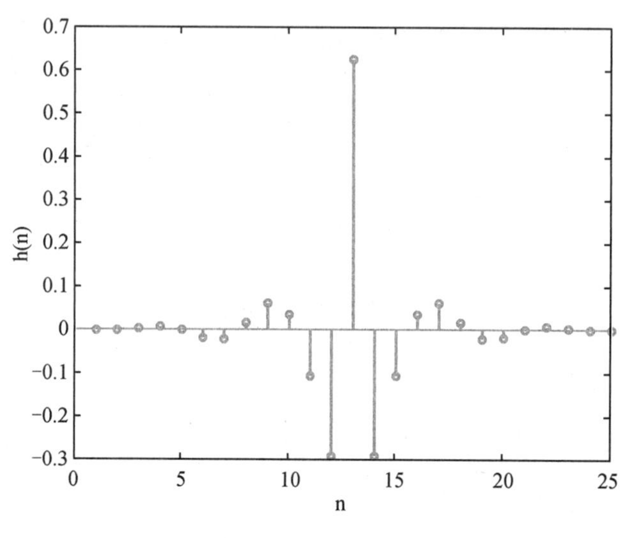

图 7.7.4　$h(n)$序列

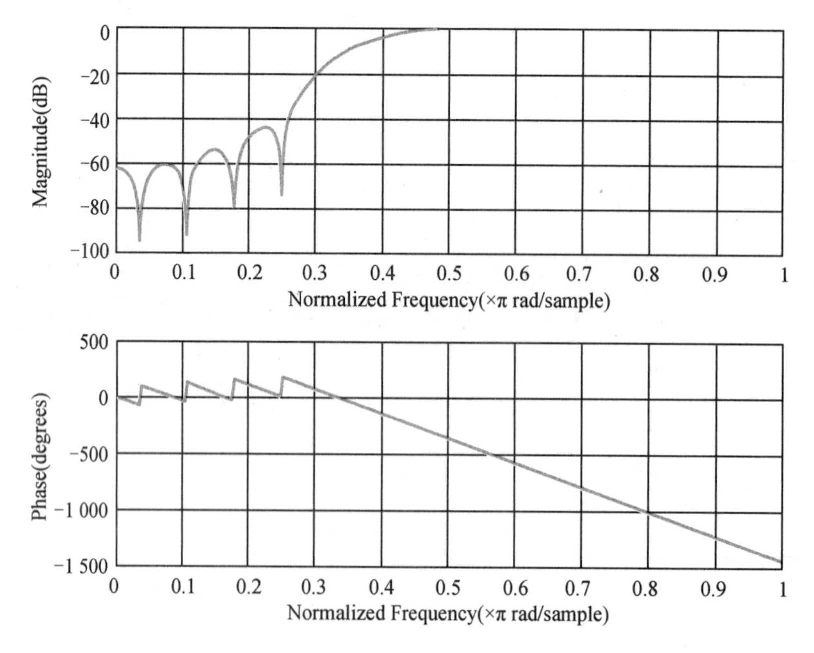

图 7.7.5　滤波器的频域特性曲线

7.7.2　频率取样法的 MATLAB 设计

【例 7.7.5】　用频率取样法设计一个低通滤波器，设计指标为：通带截止频率 0.35π，阻带最小衰减 40 dB，过渡带为 π/15。查表 7.3.1，当 $\alpha_s=40$ dB 时过渡采样点数 $m=1$。将 $m=1$ 和 $B_t\leq\pi/15$ 代入式(7.3.6)估算滤波器长度。MATLAB 设计参考程序如下，设计结果如图 7.7.6 所示。

```
% 用频率取样法设计线性相位低通 FIR 数字滤波器
T=0.38
Bt=pi/15;
wp=0.35*pi;
m=1;
N=ceil((m+1)*2*pi/Bt);                    % 估算采样点个数 N
N=N+mod(N+1,2);                           % 调整 N 为奇数
Np=fix(wp/(2*pi/N));                      % 通带采样点数 Np+1
Ns=N-2*Np-1;                              % 阻带采样点数 Ns
Hk=[ones(1,Np+1),zeros(1,Ns),ones(1,Np)];
Hk(Np+2)=T;
Hk(N-Np)=T;
thetak=-pi*(N-1)*(0:N-1)/N;
Hdk=Hk.*exp(j*thetak);                    % 构造频域采样向量
hn=real(ifft(Hdk));
Hw=fft(hn,1024);                          % 计算频率响应函数
wk1=2*pi*[0:1023]/1024;
Hgw=Hw.*exp(j*wk1*(N-1)/2);               % 计算幅度响应函数
% 计算通带最大衰减和阻带最小衰减
Rp=max(20*log10(abs(Hgw)));
hgmin=min(real(Hgw));
Rs=20*log10(abs(hgmin));
% 如下为绘图程序
figure(1)
stem(hn)
xlabel('n')
ylabel('h(n)')
figure(2)
stem(Hk)
xlabel("{\omega}/{\pi}")
ylabel("H_{g}(k)")
figure(3)
wk2=linspace(0,1,512);
plot(wk2,20*log10(abs(Hgw(1:512))))
xlabel("{\omega}/{\pi}")
ylabel("20lg|H_{g}({\omega})|")
```

```
grid
```

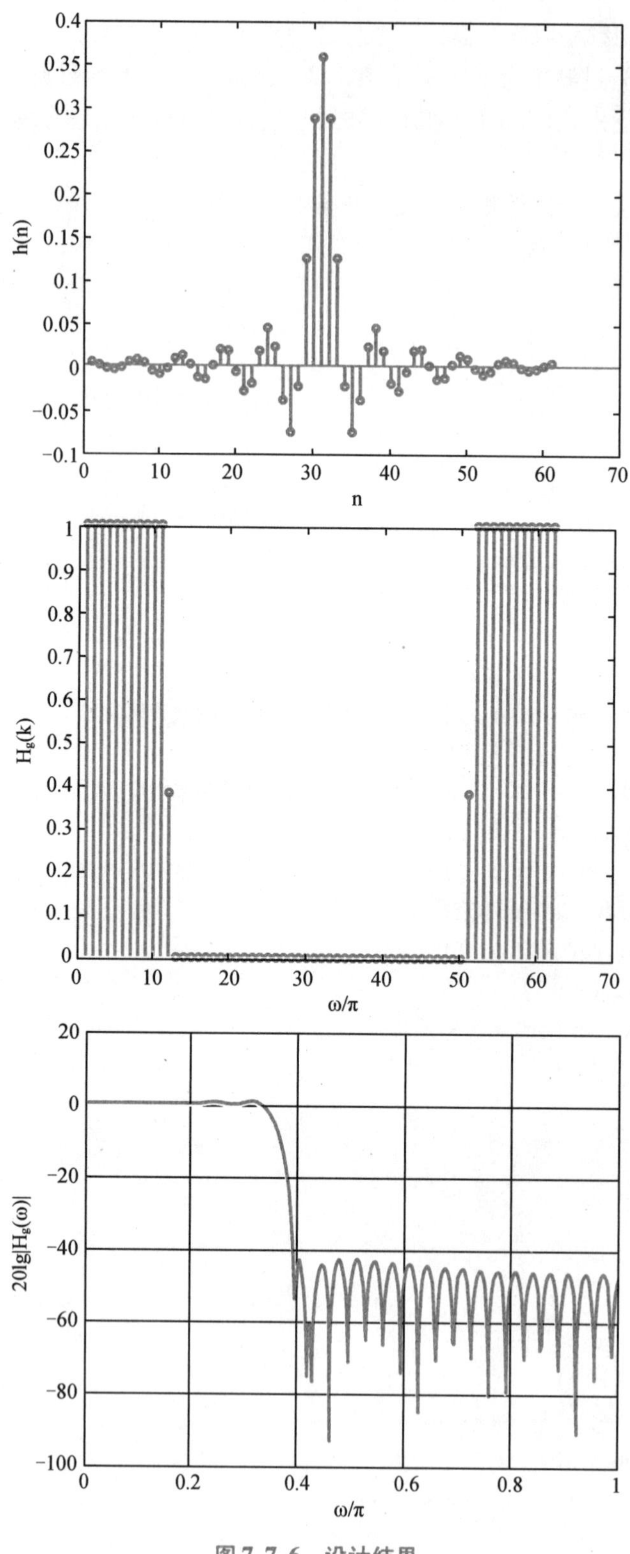

图 7.7.6　设计结果

当过渡带采样点数给定时，过渡带采样值不同，则逼近误差不同，所以对过渡带采样值优化设计才是有效的方法。MATLAB 信号处理工具箱函数 fir2 是一种频率采样法与窗函数法相结合的 FIR 数字滤波器设计函数。

```
b = fir2(n,f,m ,window)
```

返回一个 n 阶 FIR 滤波器，其频率幅度特性在向量 f 和 m 中指定。可选的窗函数有 boxcar、bartlett、hamming、blackman、kaiser 和 chebwin，缺省为 hamming 窗。当 window 选为 boxcar 时，fir2 就是纯粹的频率采样法。

【例 7.7.6】 调用 fir2 函数实现上例的参考程序如下，设计结果如图 7.7.7 所示。

```
% 调用 fir2 函数频率取样法设计线性相位低通 FIR 数字滤波器
T=0.38
Bt=pi/15;
wp=0.35*pi;
m=1;
N=ceil((m+1)*2*pi/Bt);                    % 估算采样点个数 N
N=N+mod(N+1,2);                           % 调整 N 为奇数
F=[0,wp/pi,wp/pi+2/N,wp/pi+4/N,1];
A=[1,1,T,0 ,0];
hn=fir2(N-1,F,A,boxcar(N));
% 如下为绘图程序
figure(1)
stem(hn)
xlabel('n')
ylabel('h(n)')
figure(2)
plot(F,A)
xlabel("{\omega}/{\pi}")
ylabel("H_{dg}({\omega})")
axis([0,1,0,1.1])
```

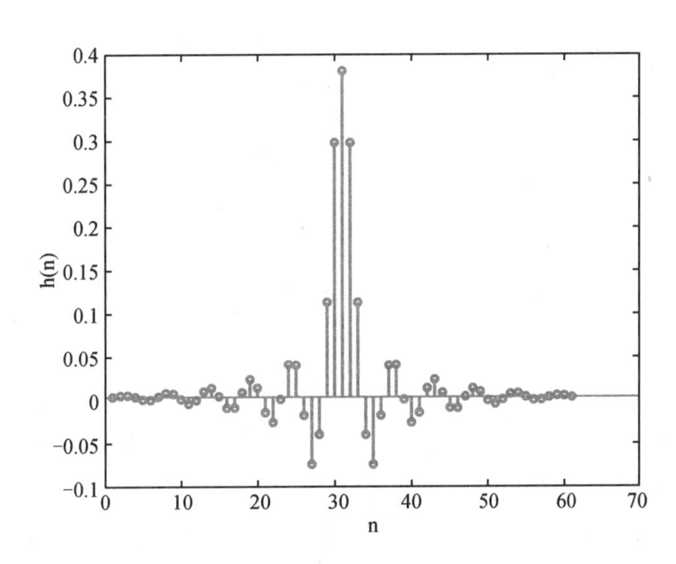

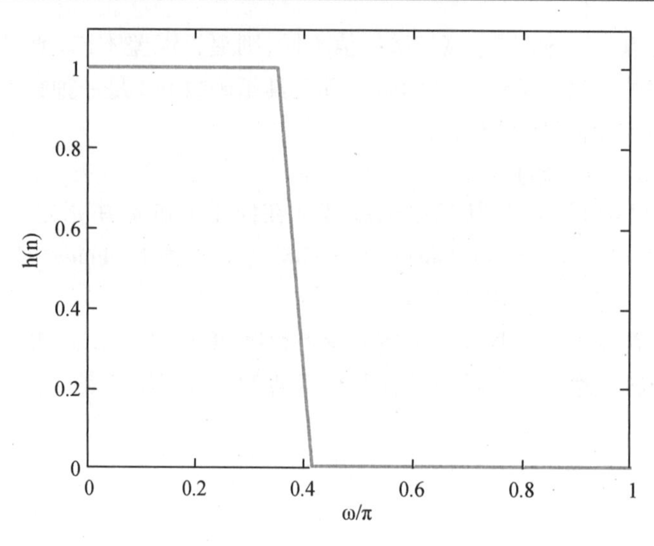

图 7.7.7　调用 fir2 函数的设计结果

7.7.3　MATLAB 实现优化设计

MATLAB 中的 firpm 函数使用 Parks-McClellan 算法设计一个线性相位 FIR 滤波器。Parks - McClellan 算法的核心思想是使用 Remez 交换算法和 Chebyshev 近似理论设计滤波器,使滤波器在期望频率响应和实际频率响应之间的最大误差最小化的意义上是最优的。以这种方式设计的滤波器在其频率响应中表现出等波纹特性,有时也被称为等波纹滤波器。由于这种等波纹特性,firpm 在脉冲响应的头部和尾部表现出不连续性。

```
b =firpm(n,f,a)
```

返回包含 n 阶 FIR 滤波器的 n+1 个系数的行向量 b,该 FIR 滤波器的频率 - 幅度特性与向量 f 和 a 给出的特性匹配。b 中的输出滤波器系数(抽头)遵循对称关系。

【例 7.7.7】 设计长度为 31 的近似 FIR - Hilbert 变换器的参考程序如下,设计结果如图 7.7.8 所示。

```
f =[0.1 0.9];
a =[1 1];
b =firpm(30,f,a,'hilbert');
% 如下为绘图程序
figure(1)
stem(b)
xlabel('n')
ylabel('h(n)')
```

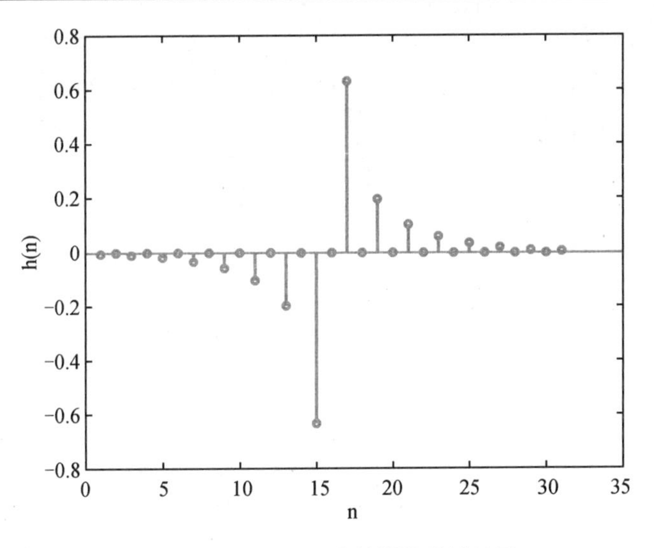

图 7.7.8　Hilbert 变换器的设计结果

【例 7.7.8】　利用 Parks – McClellan 算法设计 17 阶 FIR 带通滤波器。指定归一化通带截止频率和阻带截止频率。调用 firpm 函数实现上例的参考程序如下，设计结果如图 7.7.9所示。

```
f = [0 0.3 0.4 0.6 0.7 1];
a = [0 0.0 1.0 1.0 0.0 0];
b =firpm(17,f,a);
[h,w] = freqz(b,1,512);
plot(f,a,w/pi,abs(h))
legend('Ideal','firpm Design')
xlabel 'Radian Frequency (\omega/\pi)'
ylabel 'Magnitude'
```

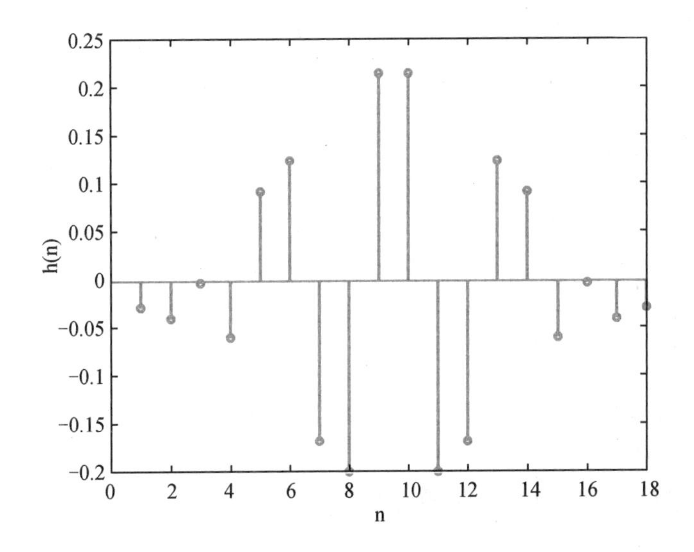

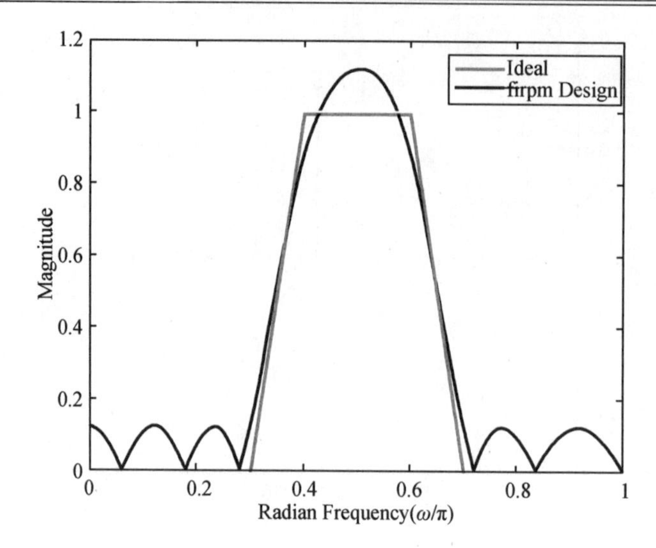

图 7.7.9　调用 firpm 函数的设计结果

习　　题

1. 用矩形窗设计一个 FIR 线性相位低通数字滤波器。已知 $\omega_c=0.5\pi, N=21$。求出 $h(n)$ 并画出 $20\lg|H(e^{j\omega})|$ 曲线。

2. 用矩形窗设计线性相位低通 FIR 滤波器，要求过渡带宽度不超过 $\pi/8$ rad。希望逼近的理想低通滤波器频率响应函数 $H_d(e^{j\omega})$ 为

$$H_d(e^{j\omega})=\begin{cases}e^{j\omega}, & 0\leqslant|\omega|\leqslant\omega_c\\ 0, & \omega_c<|\omega|\leqslant\pi\end{cases}$$

(1) 求出理想低通滤波器的单位脉冲响应 $h_d(n)$；

(2) 求出加矩形窗设计的低通 FIR 滤波器的单位脉冲响应 $h(n)$ 表达式，确定 α 与 N 之间的关系；

(3) 简述 N 取奇数或偶数对滤波特性的影响。

3. 用三角形窗设计一个 FIR 线性相位低通数字滤波器。已知：$\omega_c=0.5\pi, N=21$。求出 $h(n)$ 并画出 $20\lg|H(e^{j\omega})|$ 的曲线。

4. 用汉宁窗设计一个线性相位高通滤波器

$$H_d(e^{j\omega})=\begin{cases}e^{-j(\omega-\pi)\alpha}, & \pi-\omega_c\leqslant\omega\leqslant\pi\\ 0, & 0\leqslant\omega<\pi-\omega_c\end{cases}$$

求出 $h(n)$ 的表达式，确定 α 与 N 的关系。写出 $h(n)$ 的值，并画出 $20\lg|H(e^{j\omega})|$ 曲线（设 $\omega_c=0.5\pi, N=51$）。

5. 用海明窗设计一个线性相位带通滤波器

$$H_d(e^{j\omega})=\begin{cases}e^{-j\omega\alpha}, & -\omega_c\leqslant\omega-\omega_0\leqslant\omega_c\\ 0, & 0\leqslant\omega<\omega_0-\omega_c,\omega_0+\omega_c<\omega\leqslant\pi\end{cases}$$

求出 $h(n)$ 的表达式并画出 $20\lg|H(e^{j\omega})|$ 曲线。(设 $\omega_c=0.2\pi,\omega_0=0.5\pi,N=51$)

6. 用布莱克曼窗设计一个线性相位的理想带通滤波器

$$H_d(e^{j\omega})=\begin{cases}e^{-j\omega\alpha}, & -\omega_c\leqslant\omega-\omega_0\leqslant\omega_c\\ 0, & 0\leqslant\omega<\omega_0-\omega_c,\omega_0+\omega_c<\omega\leqslant\pi\end{cases}$$

求出 $h(n)$ 序列,并画出 $20\lg|H(e^{j\omega})|$ 曲线。(设 $\omega_c=0.2\pi,\omega_0=0.4\pi,N=51$)

7. 试用频率抽样法设计一个 FIR 线性相位数字低通滤波器。已知 $\omega_c=0.5\pi,N=51$。

8. 如果一个线性相位带通滤波器的频率响应为 $H_{BP}(e^{j\omega})=H_{BP}(\omega)e^{j\varphi(\omega)}$:

(1)试证明一个线性相位带阻滤波器可以表示成

$$H_{BR}(e^{j\omega})=[1-H_{BP}(\omega)]\cdot e^{j\varphi(\omega)},0\leqslant\omega\leqslant\pi$$

(2)试用带通滤波器的单位冲激响应 $h_{BP}(n)$ 来表达带阻滤波器的单位冲激响应 $h_{BP}(n)$。

9. 请选择合适的窗函数及 N 来设计一个线性相位低通滤波器

$$H_d(e^{j\omega})=\begin{cases}e^{-j\omega\alpha}, & 0\leqslant\omega<\omega_c\\ 0, & \omega_c\leqslant\omega\leqslant\pi\end{cases}$$

要求其最小阻带衰减为 -45 dB,过渡带宽为 $8\pi/51$。求出 $h(n)$ 并画出 $20\lg_{10}|H(e^{j\omega})|$ 曲线(设 $\omega_c=0.5\pi$)。

10. MATLAB 实现用频率取样法设计一个满足如下指标的低通滤波器:

$$\begin{cases}M=52\\ \Omega_p=4.0\ \text{rad/s}\\ \Omega_r=4.2\ \text{rad/s}\\ \Omega_s=10.0\ \text{rad/s}\end{cases}$$

11. MATLAB 实现设计一个满足如下指标的带阻滤波器:

$$\begin{cases}M=50\\ \Omega_{c1}=\dfrac{\pi}{4}\ \text{rad/s}\\ \Omega_{c2}=\dfrac{\pi}{2}\ \text{rad/s}\\ \Omega_s=2\pi\ \text{rad/s}\end{cases}$$

答案

第 8 章　多速率信号处理

在实际系统中,经常会遇到抽样率转换的问题。但是,有时会遇到抽样频率的变换问题,使系统工作在“多抽样率”情况下。例如,多种媒体(语音、视频、数据)的传输,它们的频率不相同,抽样率自然不同,必须实行抽样率的转换;又如,两个数字系统的时钟频率不同,信号要在此两系统中传输时,为了便于信号的处理、编码、传输和存储,则要求根据时钟频率对信号的抽样率加以转换。因此,我们需要能对抽样率进行转换,或要求数字系统能工作在多抽样率状态。

降低抽样率以去掉过多数据的过程称为信号的抽取;提高抽样率以增加数据的过程称为信号的插值。抽取、插值及两者结合使用可实现信号抽样率的转换。信号抽样率的转换及滤波器组是多抽样率信号处理的核心内容。

8.1　多速率系统中的基本单元

8.1.1　抽取

设 $x(n)$ 是抽样率为 f_s 的离散时间信号,欲使抽样率减少为原来的 $\frac{1}{D}$,即得到的抽样率 $f_{s1}=f_s/D$。最简单的方法是对序列 $x(n)$ 每 D 个点抽取一个点,组成一个新的序列 $x_D(n)$,即可表示成

$$x_D(n)=x(Dn) \tag{8.1.1}$$

D 的取值大于 1,称为抽取因子,D 为整数时,这样的抽取称为序列的整数倍抽取,用符号 $\boxed{\downarrow D}$ 表示。上述的抽取框图如图 8.1.1 所示。

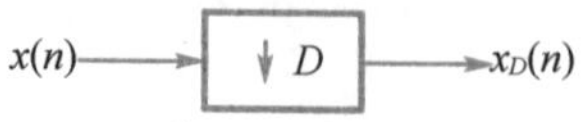

$x(n)$ → $\boxed{\downarrow D}$ → $x_D(n)$

图 8.1.1　抽取器框图

信号的时域抽取过程看起来比较简单,只需要每 D 个点或者每隔 $D-1$ 个点抽取一个就可以了,但抽取降低了抽样率,一般会产生频谱混叠现象,具体分析如下:

先定义一个中间序列 $x_p(n)$,它是将 $x(n)$ 进行脉冲抽样得到的,即

$$x_p(n)=\begin{cases}x(n), & n=0,\pm D,\pm 2D,\cdots \\ 0, & \text{其他 } n\end{cases} \tag{8.1.2}$$

显然，$x_p(n)$ 去掉零值点后即为所需的抽取序列 $x_D(n)$，$x_p(n)$ 可表示成 $x(n)$ 和一个脉冲串 $p(n)$ 的相乘，即

$$x_p(n) = x(n)p(n) = x(n)\sum_{i=-\infty}^{\infty}\delta(n-iD) \tag{8.1.3}$$

式中，$p(n)$ 在 D 的整数倍处的值为 1，其余为 0。图 8.1.2 表示了 $x(n)$、$p(n)$、$x_p(n)$ 及 $x_D(n)$ 之间的关系，其中 $D=3$。由图 8.1.2 可看出

$$x_D(n) = x_p(Dn) = x(Dn)$$

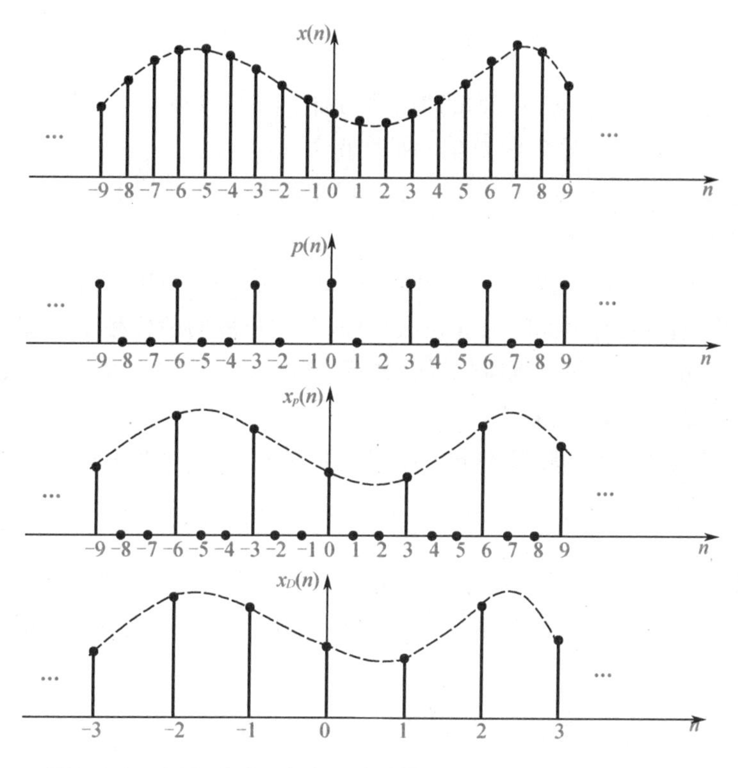

图 8.1.2　序列 $x(n)$、$p(n)$、$x_p(n)$ 及 $x_D(n)$ $(D=3)$ 之间的关系

$x_p(n)$ 的傅里叶变换 $X_p(e^{j\omega})$ 表示为

$$X_p(e^{j\omega}) = \sum_{n=\infty}^{\infty} x(n)p(n)e^{-j\omega n}, \omega = 2\pi f/f_s$$

由于两序列乘积的傅里叶变换等于两序列各自的傅里叶变换的复卷积乘以 $\frac{1}{2\pi}$，则有

$$\begin{aligned} X_p(e^{j\omega}) &= \frac{1}{2\pi}\mathrm{DTFT}[x(n)] * \mathrm{DTFT}[p(n)] \\ &= \frac{1}{2\pi}\mathrm{DTFT}[x(n)] * \mathrm{DTFT}\left[\sum_{i=-\infty}^{\infty}\delta(n-iD)\right] \\ &= \frac{1}{2\pi}X(e^{j\omega}) * \frac{2\pi}{D}\sum_{k=0}^{D-1}\delta\left(\omega-\frac{2\pi k}{D}\right) \end{aligned}$$

$$= \frac{1}{D}\sum_{k=0}^{D-1} X(e^{j(\omega-\frac{2\pi k}{D})}) \tag{8.1.4}$$

$x_D(n)$的傅里叶变换$X_D(e^{j\omega})$表示为

$$X_D(e^{j\omega}) = \sum_{n=-\infty}^{\infty} x_D(n)e^{-j\omega n} = \sum_{n=-\infty}^{\infty} x(nD)e^{-j\omega n}$$

$$= \sum_{n=-\infty}^{\infty} x_p(nD)e^{-j\omega n} = X_p(e^{j\omega/D}) \tag{8.1.5}$$

由式(8.1.4)和式(8.1.5)可得到$X(e^{j\omega})$与$X_D(e^{j\omega})$的关系为

$$X_D(e^{j\omega}) = \frac{1}{D}\sum_{k=0}^{D-1} X(e^{j(\omega-2\pi k)/D}) \tag{8.1.6}$$

式(8.1.6)表明,D倍抽取后序列的频谱可由下列步骤获得:

(1)将原序列频谱$X(e^{j\omega})$先做D倍的扩展得$X(e^{j\omega/D})$;

(2)再在ω轴上右移$2\pi k(k=1,2,\cdots,D-1)$倍得$X(e^{j(\omega-2\pi k)/D})$;

(3)将幅度降为原来的$1/D$;

(4)将D个由(3)得的函数叠加起来即可得D倍抽取后序列的频谱。

要特别注意,抽取是有可能产生混叠失真的,若抽取后的抽样频率f_s/D小于信号最高频率的两倍,就一定会产生频率响应的混叠失真。因此抽样率必须满足$f_s \geq 2f_m$的条件,抽样的结果才不会发生频谱的混叠。

例如,设某信号的序列的频谱$X(e^{j\omega})$如图8.1.3(a)所示,如果$D=3$,由式(8.1.6)可得$X_D(e^{j\omega}) = \frac{1}{3}X(e^{j\omega/3}) + \frac{1}{3}X(e^{j(\omega-2\pi)/3}) + \frac{1}{3}X(e^{j(\omega-4\pi)/3})$,这3项的意义分别是:将$X(e^{j\omega})$做3倍的扩展,如图8.1.3(b)所示,将$X(e^{j\omega})$做3倍扩展后移动$2\pi$,如图8.1.3(c)所示,将$X(e^{j\omega})$做3倍扩展后移动$4\pi$,如图8.1.3(d)所示,然后将这3项叠加形成抽取后的频谱图,如图8.1.3(e)所示。

当再做D倍抽取时,只要原序列一个周期的频谱限制在$|\omega| \leq \frac{\pi}{D}$范围内,则抽取后信号$x_D(n)$的频谱不会发生混叠失真,如图8.1.3(e)所示。由此可以看到,当$f_s \geq 2Df_m$时,抽取的结果不会发生频谱的混叠。但由于D是可变的,所以很难要求在不同的D下都能保证$f_s \geq 2Df_m$。例如,图8.1.3(f)中,当$D=4$时,结果就出现了频谱的混叠。也就是说信号不会产生混叠失真的条件是带宽必须满足

$$|\omega| \leq \frac{\pi}{D} \tag{8.1.7}$$

即

$$f_m \leq \frac{f_s}{2D}$$

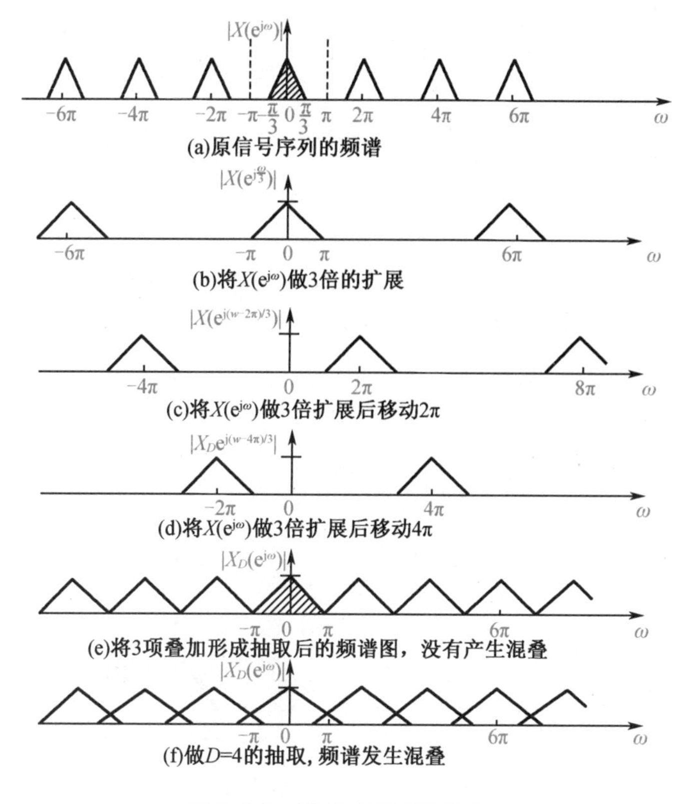

图 8.1.3　抽取对频域的影响

8.1.2　插值

如果将 $x(n)$ 的抽样频率提高到 I 倍,即为对 $x(n)$ 的插值。若原序列 $x(n)$ 的抽样周期为 $T=\dfrac{1}{f_s}$,抽样频率为 f'_s,则插值后的序列 $x_I(n)$ 的抽样周期为 $T'=T/I$,抽样频率 $f'_s=If_s$。插值的方法很多,仍讨论在数字域直接处理的方法。最简单的方法是在原序列的两相邻样点间插入 $I-1$ 个抽样值,即可求得 I 倍插值结果。I 整数倍插值器框图如图 8.1.4 所示,图中 $\boxed{\uparrow I}$ 表示在 $x(n)$ 的相邻采样点间补 $(I-1)$ 个零值点,称为零值插值器,又称扩展器。

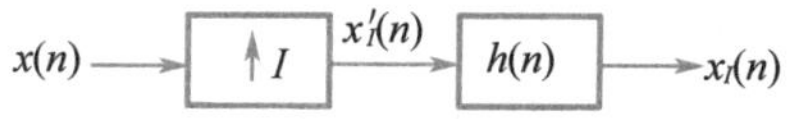

$x(n)$ → $\boxed{\uparrow I}$ → $x'_I(n)$ → $\boxed{h(n)}$ → $x_I(n)$

图 8.1.4　I 整数倍插值器框图

由上所述,零值插值器的输出 $x'_I(n)$ 为

$$x'_I(n)=\begin{cases}x(n/I), & n=0,\pm I,\pm 2I,\cdots\\ 0, & \text{其他 } n\end{cases}\tag{8.1.8}$$

考虑到 n 不为 I 的整数倍时,$x'_I(n)=0$,则 $x'_I(n)$ 的 Z 变换为

$$\begin{aligned} X'_I(z) &= \sum_{n=-\infty}^{\infty} x'_I(n) z^{-n} = \sum_{n=I\text{的整数倍}} x'_I(n) z^{-n} \\ &= \sum_{n=I\text{的整数倍}} x(n/I) z^{-n} = \sum_{m=-\infty}^{\infty} x(m) z^{-mI} \\ &= X(z^I) \end{aligned} \tag{8.1.9}$$

代入 $z=\mathrm{e}^{\mathrm{j}\omega'}$，可得 $x'_I(n)$ 的频谱 $X'_I(\mathrm{e}^{\mathrm{j}\omega'})$，即

$$X'_I(\mathrm{e}^{\mathrm{j}\omega'}) = X(\mathrm{e}^{\mathrm{j}\omega' I}) = X(\mathrm{e}^{\mathrm{j}\omega}), \omega' = \omega/I \tag{8.1.10}$$

插值($I=3$)全过程中的各信号及其频谱如图 8.1.5 所示。从图 8.1.5(a)插入零值点后的幅度谱 $|X'_I(\mathrm{e}^{\mathrm{j}\omega'})|$ 看出，它不仅包含基带频谱，即 $|\omega'|\leqslant\pi/I$ 之内的有用频谱，而且在 $|\omega'|\leqslant\pi$ 的范围内还有基带信号的镜像，它们的中心频率在 $\pm 2\pi/I$，$\pm 4\pi/I$，…处。在此例中，在 $|\omega'|\leqslant\pi$ 内只有 $\pm\dfrac{2\pi}{3}$ 有镜像，为此必须滤除这些镜像频谱。

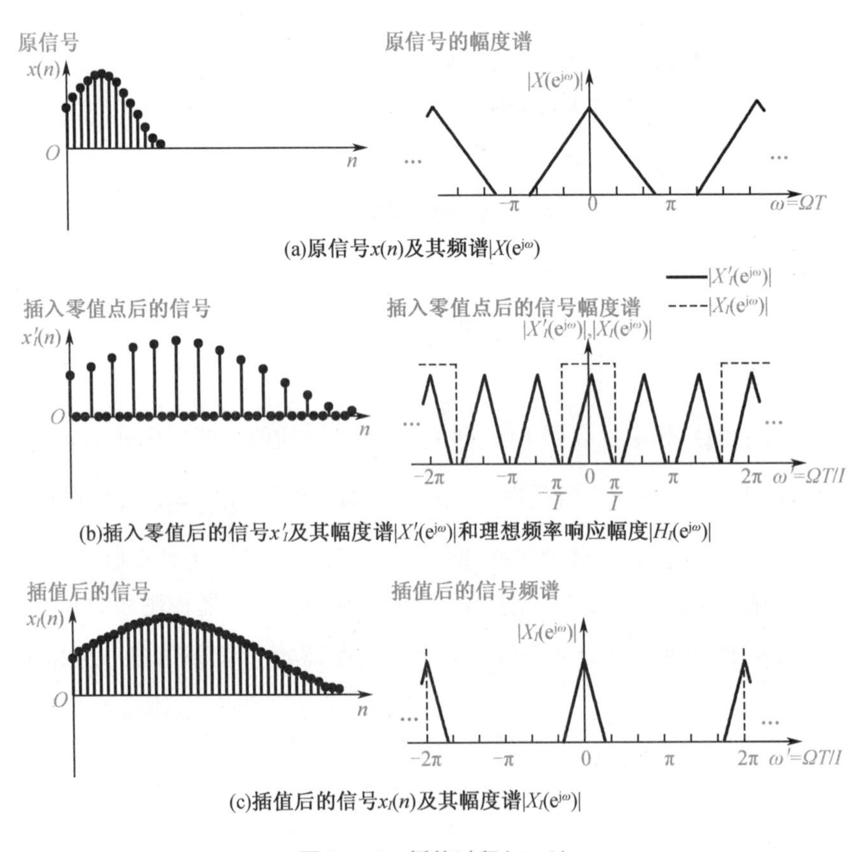

图 8.1.5　插值过程($I=3$)

8.1.3　基本单元的级联

多速率信号处理系统一般是由抽取、内插和滤波器等基本单元级联构成的。由于抽取和内插运算的特殊性，这些级联存在一些独特的性质，其在多速率系统的理论分析与设计中起着重要的作用。下面介绍多速率系统中常见的基本单元的级联。

(1)抽取/内插与加法的级联

抽样率相同的两个信号先分别抽取(抽取因子相同),然后相加,等价于先相加然后抽取,如图8.1.6(a)所示。

抽样率相同的两个信号先分别零值内插(内插因子相同),然后相加,等价于先相加然后零值内插,如图8.1.6(b)所示。

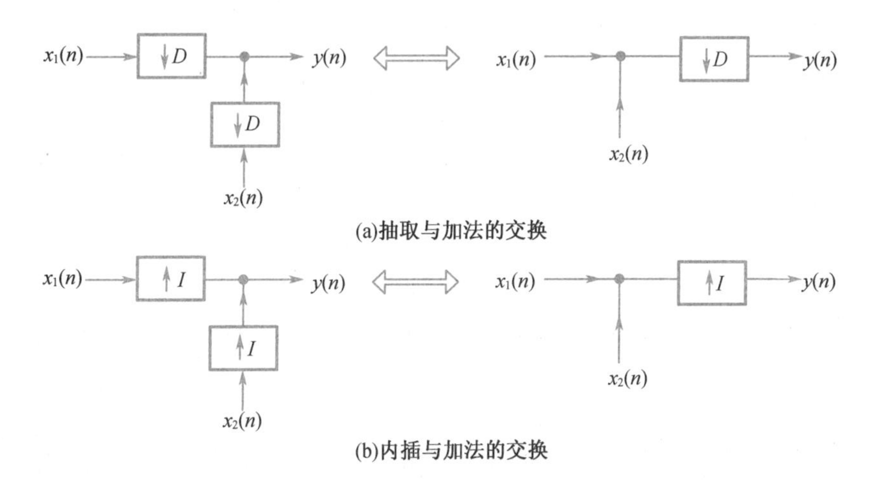

图8.1.6　抽取/内插与加法的级联

(2)抽取和内插的级联

抽取和内插运算可以运用适当的方式进行级联,图8.1.7给出了抽取和内插的两种级联方式,在一般情况下这两种结构不等价。

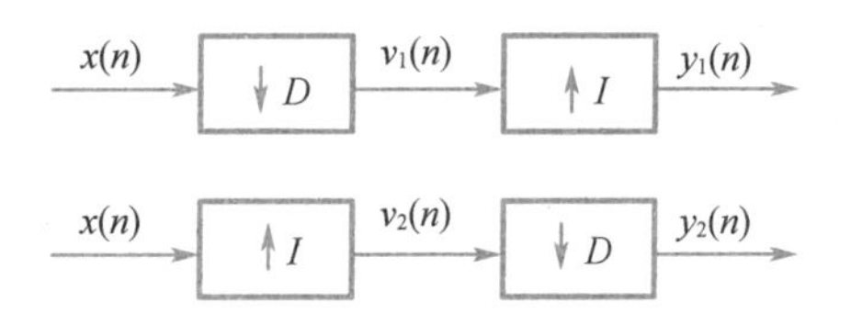

图8.1.7　抽取和内插级联

图8.1.8给出了$D=I=2$时,两种级联方式的输出,由图可知

$$y_1(n) \neq y_2(n)$$

图8.1.9给出了$D=3,I=2$时,两种级联方式的输出,由图可知

$$y_1(n)=y_2(n)$$

可以证明,只有在D与I互素的特殊情况下,即D与I的最大公因子为1时,上述两种级联等价。

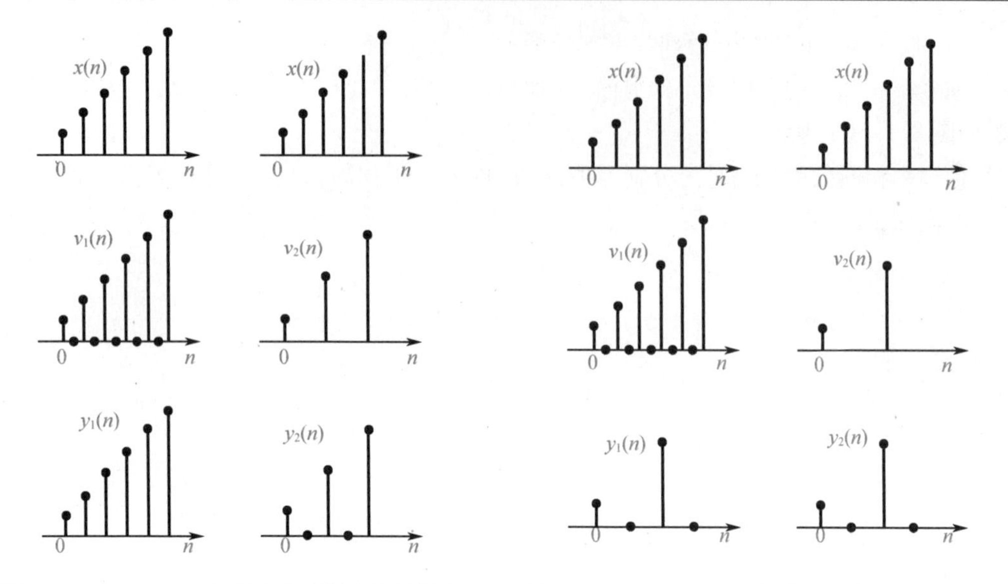

图 8.1.8　$D=I=2$ 时，抽取和内插级联的例图　　图 8.1.9　$D=3, I=2$ 时，抽取和内插级联的例图

(3)抽取等式

由图 8.1.10 可知，当图 8.1.10(a)中的滤波器具有特殊形式 $H(z^D)$时，可先对信号进行抽取，降低信号的速率，然后在低速率端用 $H(z)$对信号进行滤波。

$x(n) \rightarrow \boxed{H(z^D)} \rightarrow \boxed{\downarrow D} \rightarrow y(n) \iff x(n) \rightarrow \boxed{\downarrow D} \rightarrow \boxed{H(z)} \rightarrow y(n)$

(a)　　(b)

图 8.1.10　抽取等式

下面证明抽取等式。由式(8.1.6)可得图 8.1.10(b)系统的输出为

$$Y_2(z) = H(z)\frac{1}{D}\sum_{k=0}^{D-1} X(z^{\frac{1}{D}}W_D^k) \tag{8.1.11}$$

式中，$z = e^{j\omega}$，$W_D = e^{-j\frac{2\pi}{D}}$。

图 8.1.10(a)系统的输出为

$$Y_1(z) = X(z)H(z^D)\big|_{\downarrow D} = \frac{1}{D}\sum_{k=0}^{D-1} X(z^{\frac{1}{D}}W_D^k)H[(z^{\frac{1}{D}})D]$$

由于 $W_D^{kD}=1$，所以

$$Y_1(z) = \frac{H(z)}{D}\sum_{k=0}^{D-1} X(z^{\frac{1}{D}}W_D^k) \tag{8.1.12}$$

比较式(8.1.11)和式(8.1.12)可知，$Y_1(z)=Y_2(z)$，则图 8.1.10 表示的抽取等式成立。

(4)插值等式

由于信号插值时会产生镜像频谱，故在插值后需用一个滤波器滤除频谱中的镜像分量，如图 8.1.11(a)所示。当滤波器具有特殊形式 $H(z^I)$时，可先在低速率端用 $H(z)$进行滤波，然后进行插值。

图 8.1.11　内插等式

由式(8.1.10)可得图 8.1.11(b)系统的输出为

$$Y_2(z)=X(z)H(z)\mid_{\uparrow I}=X(z^I)H(z^I) \tag{8.1.13}$$

图 8.1.11(a)系统的输出为

$$Y_1(z)=X(z^I)H(z^I) \tag{8.1.14}$$

比较式(8.1.13)和式(8.1.14)可知，$Y_1(z)=Y_2(z)$，则图 8.1.11 表示的插值等式成立。图 8.1.13 和图 8.1.14 表示的等式在多速率系统的分析和实现中起着重要的作用。

8.2　用正有理数 *I/D* 做抽样率转换

通过前面的讨论可知，抽样率转换的问题转换为抗混叠滤波器和镜像滤波器的设计问题。而 FIR 滤波器具有绝对稳定性，容易实现线性相位特性，特别是容易实现高效结构等突出优点，因此一般采用 FIR 滤波器来实现抽样率转换滤波器。

8.2.1　抽取滤波器

由 8.1.1 节的分析可知，离散序列抽取后其频谱有可能会出现混叠失真。为了减少混叠造成的误差，在抽取之前一定要加上防止混叠的低通滤波器。这样会损失掉原信号的部分高频分量，但总比混叠失真好。该低通滤波器称为抽取滤波器。若抽取滤波器是截止频率为 $w_c=\dfrac{\pi}{D}$的理想低通滤波器，该滤波器可滤除 $X(e^{j\omega})$ 中 $|\omega|>\dfrac{\pi}{D}$的所有频率成分，使得抽取后的信号不会出现频谱混叠。

实际应用中，都是在抽取器之前加上防混叠滤波器，使抽取前的序列的频带限制在 $|\omega|\leqslant\dfrac{\pi}{D}$，然后做 D 倍抽取，构成抽取系统，如图 8.2.1 所示。

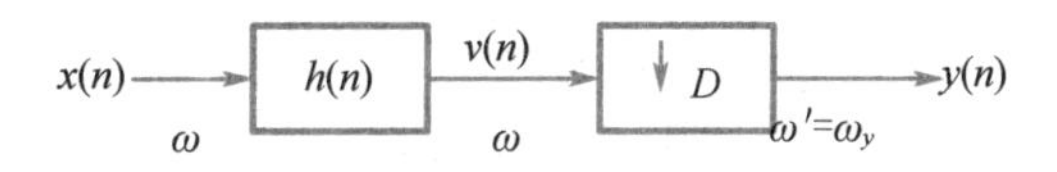

图 8.2.1　抽取系统的框图

图 8.2.1 中，$h(n)$为一理想低通滤波器，即

$$H(e^{j\omega})=\begin{cases}1, & |\omega|\leqslant\dfrac{\pi}{D}\\ 0, & \text{其他}\end{cases} \tag{8.2.1}$$

由图 8.2.1 可知,利用 $h(n)$ 可得输入信号 $x(n)$ 与滤波后输出的 $v(n)$ 之间关系为

$$v(n)=\sum_{i=-\infty}^{\infty}h(i)x(n-i)=\sum_{i=-\infty}^{\infty}x(i)h(n-i) \tag{8.2.2}$$

$v(n)$ 再通过抽取 D 倍后得到序列 $y(n)$,故有

$$y(n)=v(Dn)=\sum_{i=-\infty}^{\infty}h(i)x(Dn-i)=\sum_{i=-\infty}^{\infty}x(i)h(Dn-i) \tag{8.2.3}$$

下面我们来导出频域间的关系,先看 z 域的关系,有

$$Y(z)=\frac{1}{D}\sum_{k=0}^{D-1}V(e^{-j2\pi k/D}\cdot z^{1/D}) \tag{8.2.4}$$

由式(8.2.2)可得

$$V(z)=H(z)X(z)$$

将其代入式(8.2.4),可得

$$Y(z)=\frac{1}{D}\sum_{k=0}^{D-1}H(e^{-j2\pi k/D}\cdot z^{1/D})X(e^{-j2\pi k/D}\cdot z^{1/D})$$

在单位圆 $z=e^{j\omega'}$ 上计算 $Y(z)$,可得

$$Y(e^{j\omega'})=\frac{1}{D}\sum_{k=0}^{D-1}H(e^{j(\omega'-2\pi k)/D})X(e^{j(\omega'-2\pi k)/D}) \tag{8.2.5}$$

式中,$\omega'=D\omega$。

将式(8.2.5)的 D 项展开,可得

$$Y(e^{j\omega'})=\frac{1}{D}[H(e^{j\omega'/D})X(e^{j\omega'/D})+H(e^{j(\omega'-2\pi)/D})X(e^{j(\omega'-2\pi)/D})+\cdots]$$

可以看出,$y(n)$ 的频谱是 $x(n)$ 的各延拓分量分别与 $h(n)$ 的频谱的各延拓分量相乘后的叠加。由于在一个周期内,当 $|\omega|\leqslant\frac{\pi}{D}$ 时,$|H(e^{j\omega})|=1$,因而在 $|\omega|\leqslant\pi$ 的一个周期范围内,若 $H(e^{j\omega})$ 与理想特性相近,则式(8.2.5)只存在 $k=0$ 这一项,$D-1\geqslant k\geqslant1$ 的各分量可以忽略,如果令 $w'=w_y$,则有

$$Y(e^{j\omega_y})=\frac{1}{D}H(e^{j\omega_y/D})X(e^{j\omega_y/D})\approx\frac{1}{D}X(e^{j\omega_y/D}),\quad |\omega_y|\leqslant\pi \tag{8.2.6}$$

当 $D=4$ 时,$|H(e^{j\omega})|$ 如图 8.2.2(a)所示,滤波后的输出为 $v(n)$,其频谱 $|V(e^{j\omega})|$ 如图 8.2.2(b)所示,$v(n)$ 再通过抽取 D 倍后得到序列 $y(n)$,其频谱 $|Y(e^{j\omega_y})|$ 如图 8.2.2(c)所示。

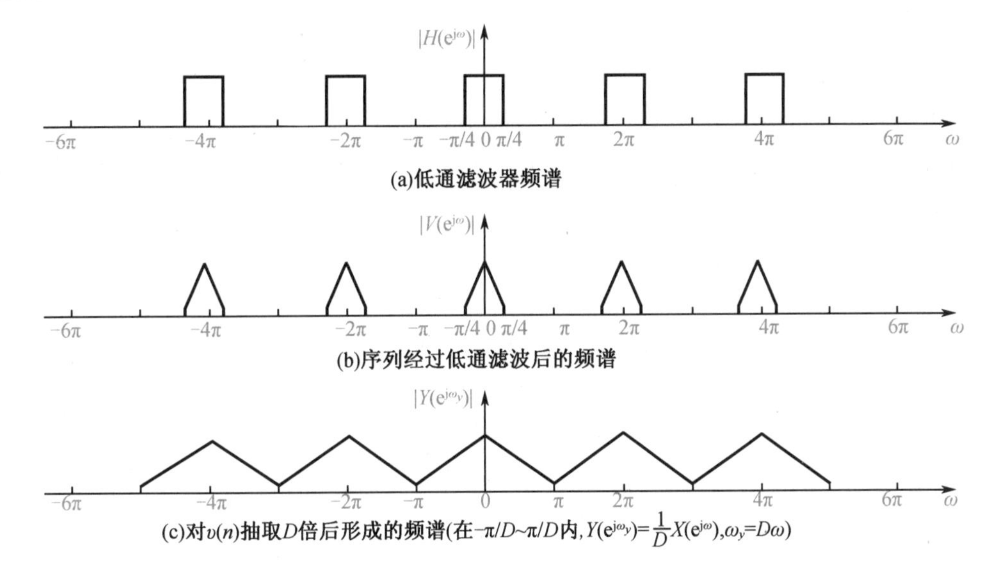

图 8.2.2　对序列抽取前先通过低通带限滤波器再进行抽取的频谱示意图

可见,对序列抽取前先通过低通带限滤波器再进行抽取,可以避免产生频率响应的混叠失真。

【例 8.2.1】　已知信号 $x(n)$ 的取样频率 f_s 等于 Nyquist 频率,即 $f_s=2f_m$,这里 f_m 是信号的最高频率。设计一个将取样频率降低到 1/8 的抽取器系统。

(1)画出系统框图,并注明系统中各信号的取样频率;

(2)画出抗混叠滤波器的理想幅度响应。

解　(1)系统框图如图 8.2.3 所示。

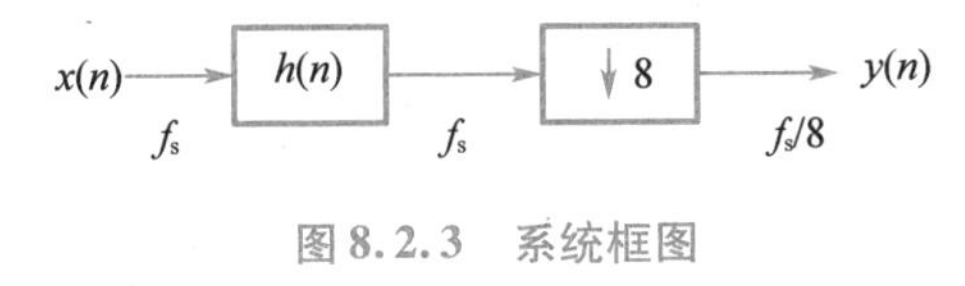

图 8.2.3　系统框图

(2)由于 $f_s=2f_m$,故抗混叠滤波器的截止频率 $F_0=f_m/8=f_s/16$,因此,抗混叠滤波器的理想幅度响应为

$$H(e^{j\omega})=\begin{cases}1, & 0\leqslant |f|\leqslant f_s/16\\ 0, & f_s/16<|f|\leqslant f_s/2\end{cases}$$

在抽取系统中,要用到抗混叠滤波器,可以采用因果稳定的 FIR 滤波器。之所以采用 FIR 滤波器,是因为从理论上讲,FIR 滤波器永远稳定,具有严格的线性相位,可用 FFT 算法快速实现。更重要的是,在抽取系统中,利用 FIR 滤波器可以得到高效的结构。

当所用的数字低通滤波器为 FIR 滤波器时,通过采用合理的结构可以大大提高运算效率。设图 8.2.1 所用的滤波器 $h(n)$ 是 FIR 滤波器且单位脉冲响应的长度为 N 时,其系统函数为

$$H(z) = \sum_{n=0}^{N-1} h(n) z^{-n} \tag{8.2.7}$$

D 倍抽取器的直接型 FIR 滤波器实现结构如图 8.15(a)所示。该结构直观、简单，运算关系明确，但缺点是 $x(n)$ 的每个采样点都要与 FIR 滤波器的系数相乘，运算量大，因此 FIR 滤波器 $h(n)$ 工作在高采样率 f_s 状态下，而 $y(n)$ 是经过 D 倍抽取输出的，所以计算结果中每 D 个样点只有一个作为 $y(n)$ 输出，其余均被舍弃，即产生了 $D-1$ 个无效运算。可见，这种运算结构出现了冗余的计算，该结构运算效率很低。

为提高运算效率，需要用等效变换的方法。将图 8.2.4(a)中的抽取操作由滤波器的输出端移至每条支路的乘法器之前，嵌入 FIR 滤波器中，得到如图 8.2.4(b)所示的高效结构图。先对输入的信号 $x(n)$ 做抽取，然后再与 $h(n)$，$n=0,1,\cdots,N-1$ 相乘。下面分析图 8.2.4(a)和图 8.2.4(b)所得输出是相同的，即这两个图是等效的。

图 8.2.4(a)是先抽取再相乘，根据式(8.1.1)和式(8.2.2)可知，系统的输入和输出之间的关系为

$$y(n) = \sum_{i=0}^{N-1} x(Dn-i)h(i) \tag{8.2.8}$$

图 8.2.4(b)中每隔 D 时刻，各支路上所有的抽样器全部开通，输入序列的一组延迟抽样值 $x(Dn)$，$x(Dn-1)$，$x(Dn-2)$，$\cdots$，$x(Dn-N+1)$ 同时进入滤波器的各运算支路进行乘法运算，再通过加法器得到此时输出序列为

$$y(n) = \sum_{i=0}^{N-1} x(Dn-i)h(i) \tag{8.2.9}$$

由于式(8.2.8)和式(8.2.9)完全相同，因此图 8.2.4(a)和图 8.2.4(b)是等效的。由于图 8.2.4(b)中每隔 D 时刻先进行抽取后进行乘法运算，因此图 8.2.4(a)中需要在 T 时间内完成的运算量，在图 8.2.4(b)中只需要在 DT 时间内完成即可，也就是说，在相同的时间内，图 8.2.4(b)中乘法的运算量只是图 8.2.4(a)中乘法运算量的 $1/D$，所以是一种高效的运算结构。图 8.2.4(b)由于工作在抽取后的低采样率状态，系统的运算效率提高了 $D-1$ 倍。

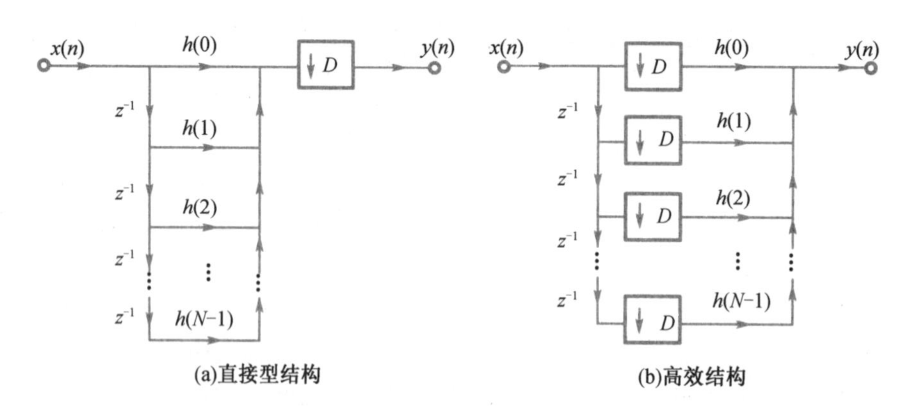

图 8.2.4　抽取过程的 FIR 结构

8.2.2　内插滤波器

信号的内插不会引起频谱的混叠,但会产生镜像频谱。去除镜像的目的实质上是解决所插值为零的点的问题,方法是滤波。即插值后需采用低通滤波器以截取 $X_I(e^{j\omega'})$ 的一个周期,也就是去除多余的镜像。插值后再用一低通数字滤波器进行处理,构成插值器系统,其框图如图 8.2.5 所示。该低通滤波器称为内插滤波器。

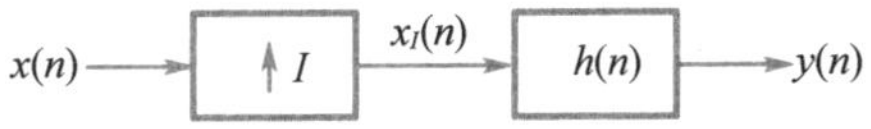

$x(n) \rightarrow \boxed{\uparrow I} \xrightarrow{x_I(n)} \boxed{h(n)} \rightarrow y(n)$

图 8.2.5　插值器系统的框图

序列 $x(n)$ 经插值器系统后输出序列 $y(n)$,显然有

$$y(n) = x_I(n) * h(n) = \sum_{i=-\infty}^{\infty} x_I(i)h(n-i) \tag{8.2.10}$$

将式(8.2.8)代入式(8.2.10)得

$$y(n) = \sum_{i=-\infty}^{\infty} x(i/I)h(n-i)\big|_{i/I\text{为整数}} = \sum_{r=-\infty}^{\infty} x(r)h(n-rI) \tag{8.2.11}$$

若内插滤波器是截频为 $w_c = \dfrac{\pi}{I}$ 的理想低通滤波器,该滤波器可滤除信号 $x_I(n)$ 频谱中的镜像频谱,仅保留$\left[-\dfrac{\pi}{I},\dfrac{\pi}{I}\right]$范围内的频谱。

为此,该滤波器的特性要逼近理想特性要求。令

$$H_I(e^{j\omega'}) = \begin{cases} I, & |\omega'| \leqslant \dfrac{\pi}{I} \\ 0, & \text{其他} \end{cases} \tag{8.2.12}$$

式中,滤波器增益 I 为常数,一般情况下,如果要求 $y(0)=x(0)$,才能保证 I 数值的正确性,即对理想的插值器能恢复插值前的信号。$H_I(e^{j\omega'})$ 的波形如图 8.1.5(b)虚线所示。证明如下:

$$\begin{aligned} y(0) &= \frac{1}{2\pi}\int_{-\pi}^{\pi} Y(e^{j\omega'})e^{j\omega'\cdot 0}d\omega = \frac{1}{2\pi}\int_{-\pi}^{\pi} X_I(e^{j\omega'})H_I(e^{j\omega'})d\omega' \\ &= \frac{I}{2\pi}\int_{-\pi/I}^{\pi/I} X(e^{j\omega' I})d\omega' = \frac{1}{2\pi}\int_{-\pi}^{\pi} X(e^{j\omega})d\omega \\ &= x(0) \end{aligned}$$

可见,当滤波器增益为 I 时,$y(0)=x(0)$。在图 8.1.5 中,信号的插值虽然是靠插入 $I-1$ 个 0 来实现的,但将 $x_I(n)$ 通过低通滤波后,这些零值点将不再是 0,从而得到插值后的输出 $y(n)$。

实际上,由于滤波器滤除掉镜像分量后,在 $0 \leqslant \omega' \leqslant \pi$ 范围内只保留 I 个样本中的一个样本,而将 $I-1$ 个镜像分量滤除掉了,使信号平均能量减少成原来的 $1/I^2$,因而内插滤波器的增益必须是 I,以补偿这一能量的损失。应特别注意,镜像分量不会造成信息的损失(失

真），这是与抽取会产生混叠失真所不同的地方。

【例 8.2.2】 已知信号 $x(n)$ 的取样频率 $f_s=12$ Hz，系统框图如图 8.2.5 所示，设内插倍数 $I=3$。

（1）求系统输出信号 $y(n)$ 的抽样频率；

（2）写出抗镜像滤波器的幅度响应表达式。

解 （1）系统输出信号 $y(n)$ 的取样频率为 $If_s=3\times12=36$ Hz。

（2）抗镜像滤波器是一个截止频率为 $F_0=f_s/2I=12/(2\times3)=2$ Hz，增益为 $I=3$ 的低通滤波器，因此，它的理想幅度响应为

$$H(e^{j\omega})=\begin{cases}3, & 0\leqslant|f|\leqslant2\\0, & 2<|f|\leqslant6\end{cases}$$

对于图 8.2.5 的 I 倍内插过程，可以画出 I 整数倍插值系统的直接型 FIR 结构如图 8.2.6 所示。同样，该结构中 FIR 滤波器是工作在高抽样率 If_s 状态，结构运算效率很低。

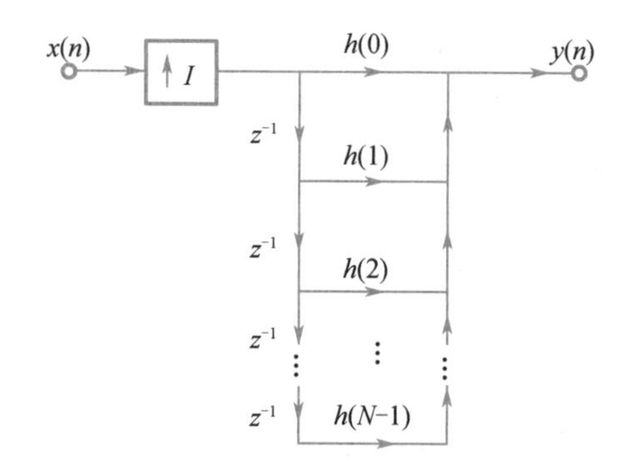

图 8.2.6 整倍数 I 插值的直接型 FIR 滤波器结构

那么如何得到 I 整数倍插值系统的 FIR 高效结构呢？当图中 $h(n)$ 为长度为 N 的 FIR 滤波器时，能不能直接将图中的插值器移到 FIR 滤波器结构中的 N 个乘法器之后呢？显然是不可以的，因为如果直接将置于各支路乘法运算之后，那么就会变成先滤波后插值，这就改变了原来的运算次序。必须通过等效变换，进而得出相应的直接型 FIR 滤波器高效结构。

根据转置定理，可以首先对图 8.2.6 中的滤波器部分进行转置，将原 FIR 滤波网络的延迟链变换到滤波器的右侧，得到如图 8.2.7 所示的转置结构，然后仿照抽取的做法，将内插器嵌入 FIR 滤波网络中的 N 个乘法器之后，得到提高运算效率的内插 FIR 结构，如图 8.2.7(b) 所示。在图 8.2.7(b) 所示的结构中，由于是先进行相乘运算再内插，即 $h(n)$ 以低的运算速率与 $x(n)$ 相乘后再内插零，使运算量仅是图 8.2.7(a) 的 $\frac{1}{I}$，所以图 8.2.7(b) 是图 8.2.7(a) 的高效实现结构。由于插值器仍然在延迟链之前，所以是先插值后滤波，运算结果与图 8.2.6 是等价的。

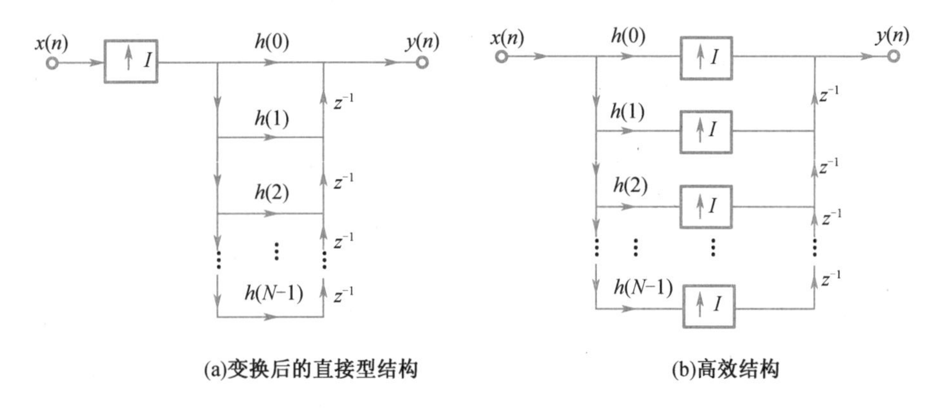

图 8.2.7　变换后的整倍数 I 插值的直接型 FIR 滤波器实现及高效结构

8.2.3　有理数倍抽样率转换

前面讨论了降低抽样频率的 D 整数倍抽取和提高抽样频率的 I 整数倍插值。在此基础上,本节讨论按有理因子 I/D 的抽样率转换的原理。显然,这样的系统可以由 D 整数倍抽取和 I 整数倍插值级联而成。

对给定的信号 $x(n)$,若希望将抽样率转变为 I/D 倍,可以先将 $x(n)$ 作 D 整数倍的抽取,再做 I 整数倍的插值来实现,或者是做 I 整数倍的插值,然后对插值滤波器的输出序列进行 D 整数倍的抽取,达到按有理因子 I/D 抽样率转换的目的。但是,一般来说,抽取使 $x(n)$ 的数据点减少,会产生信息的丢失,因此,为了最大限度地保留输入序列的频率成分,合理的方法是先对信号做 I 整数倍插值,然后再做 D 整数倍抽取,如图 8.2.8 所示。

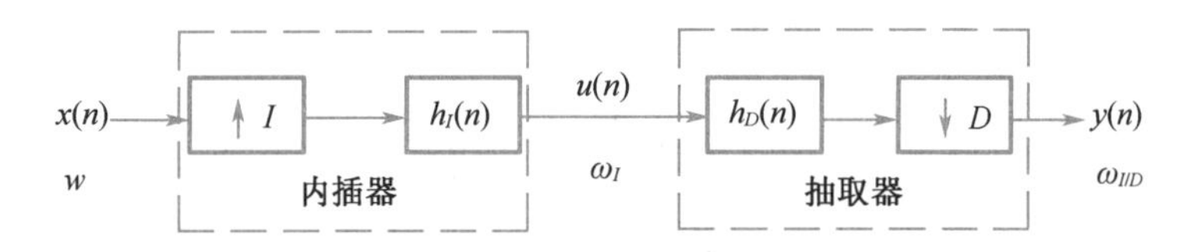

图 8.2.8　按有理因子 I/D 抽样率转换的原理图

在图 8.2.8 所示的系统中,$x(n)$、$u(n)$ 和 $y(n)$ 的数字域频率分别为 ω、ω_I 和 $\omega_{I/D}$,因此整个系统有 3 个不同的抽样频率,是一个多速率数字系统。由前面可知,三个频率之间的关系为

$$\begin{cases} \omega_I = \dfrac{\omega}{I} \\ \omega_{I/D} = \dfrac{D}{I}\omega \end{cases} \tag{8.2.13}$$

滤波器 $h_I(n)$ 的作用是平滑插值,$h_D(n)$ 的作用是抗混叠滤波,它们都是数字低通滤波器,且工作在同一抽样频率 w_I,因此完全可以将它们合并成一个等效滤波器 $h(n)$,按有理因子 I/D 抽样率转换的等效原理框图如图 8.2.9 所示。

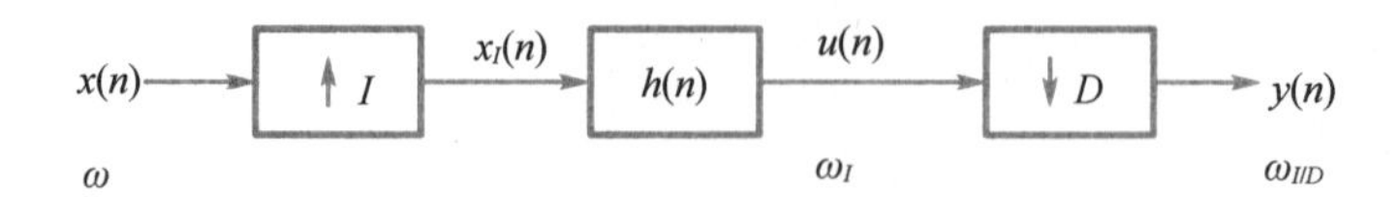

图 8.2.9　按有理因子 I/D 抽样率转换的等效原理图

按有理因子 I/D 抽样率转换系统的低通滤波器 $h(n)$ 的频率响应为

$$H(e^{j\omega_I})=\begin{cases}I, & 0\leqslant|\omega_I|\leqslant\min\left(\dfrac{\pi}{I},\dfrac{\pi}{D}\right)\\0, & \text{其他 }\omega\end{cases}\tag{8.2.14}$$

由于 $h_I(n)$ 和 $h_D(n)$ 均为理想低通滤波器，因此 $h(n)$ 也应为理想低通滤波器，且其截止频率为 $h_I(n)$ 和 $h_D(n)$ 的截止频率中的小者，其增益与插值滤波器 $h_I(n)$ 的增益相同。

下面讨论 I/D 抽样率转换系 $u(n)$ 统的输入序列和输出序列在时域和频域中的关系。

式(8.2.11)已给出了 $x(n)$ 和 $h(n)$ 之间的关系，即

$$u(n)=x_{\mathrm{I}}(n)*h(n)=\sum_{r=-\infty}^{\infty}h(n-Ir)x(r)\tag{8.2.15}$$

再根据抽取器的基本关系，最后得到 $y(n)$ 和 $x(n)$ 的关系，即

$$y(n)=u(Dn)=\sum_{r=-\infty}^{\infty}h(Dn-Ir)x(r)\tag{8.2.16}$$

令

$$r=\left\lfloor\frac{Dn}{I}\right\rfloor-i\tag{8.2.17}$$

式中 $\left\lfloor\dfrac{Dn}{I}\right\rfloor$ 表示求小于或等于 $\dfrac{D_n}{I}$ 的最大整数，这样可以得到式(8.2.16)的另外一种表示形式，即

$$y(n)=\sum_{i=-\infty}^{\infty}h(Dn-\left\lfloor\frac{Dn}{I}\right\rfloor I+iI)x(\left\lfloor\frac{Dn}{I}\right\rfloor-i)\tag{8.2.18}$$

由于

$$Dn-\left\lfloor\frac{Dn}{I}\right\rfloor I=Dn \bmod I=\langle Dn\rangle_I$$

最后得到 $y(n)$ 和 $x(n)$ 的关系为

$$y(n)=\sum_{i=-\infty}^{\infty}h(iI+\langle Dn\rangle_I)x(\left\lfloor\frac{Dn}{I}\right\rfloor-i)\tag{8.2.19}$$

由式(8.2.19)可以看出，$y(n)$ 可看作是将 $x(n)$ 通过一个时变滤波器后所得到的输出。

再分析 $y(n)$ 和 $x(n)$ 的频域关系。

根据图 8.2.9，由式(8.2.14)的卷积关系，得

$$U(e^{j\omega_I})=X_{\mathrm{I}}(e^{j\omega_I})H(e^{j\omega_I})=X(e^{jI\omega_I})H(e^{j\omega_I})\tag{8.2.20}$$

而

$$Y(e^{j\omega_{I/D}})=\frac{1}{D}\sum_{k=0}^{D-1}U(e^{j(\omega_{I/D}-2\pi k)/D})$$

将式(8.2.20)代入上式，得

$$Y(e^{j\omega_{I/D}}) = \frac{1}{D}\sum_{k=0}^{D-1} X(e^{j(I\omega_{I/D}-2\pi k)/D})H(e^{j(\omega_{I/D}-2\pi k)/D}) \tag{8.2.21}$$

当滤波器频率响应 $H(e^{j\omega_1})$ 逼近理想特性(注意其幅值为 I)时,则式(8.2.21)可以写为

$$Y(e^{j\omega_{I/D}}) = \begin{cases} \dfrac{I}{D}X(e^{j\omega_{I/D}\frac{I}{D}}), & 0 \leqslant |\omega_{I/D}| \leqslant \min(\pi, \dfrac{D\pi}{I}) \\ 0, & \text{其他} \end{cases} \tag{8.2.22}$$

【例 8.2.3】 数字录音带(DAT)驱动器的采样频率为 48 kHz,而光盘(CD)播放机则以 44.1 kHz 的采样频率工作。为了直接把声音从 CD 录制到 DAT,需要把采样频率从 44.1 kHz 转换为 48 kHz。为此,考虑如图 8.2.10 所示系统完成这个采样率转换。求 I 和 D 的最小可能值以及适当的滤波器 $H(e^{j\omega})$ 完成这个转换。

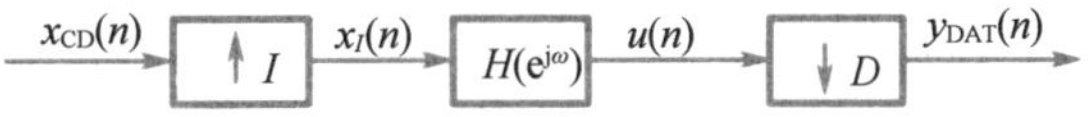

图 8.2.10　采样率转换系统

解　为改变采样频率,需要

$$\frac{I}{D} = \frac{48\ 000}{41\ 100} = \frac{160 \times 300}{147 \times 300} = \frac{160}{147}$$

所以,如果以 $I = 160$ 上采样和以 $D = 147$ 下采样,便得所求采样率转换,且所求的滤波器截止频率为

$$w_c = \min(\frac{\pi}{I}, \frac{\pi}{D}) = \frac{\pi}{160}$$

其增益为 $I = 160$。

【例 8.2.4】 已知一个多抽样系统的框图如图 8.2.11(a)所示。

输入序列 $x(n)$ 的抽样频率为 2 kHz,且其频谱如图 8.2.11(b)所示。若希望输出序列 $y(n)$ 的抽样频率为 3 kHz,试确定系统的插值倍数 I 和抽取倍数 D,并画出输出序列的频谱图。

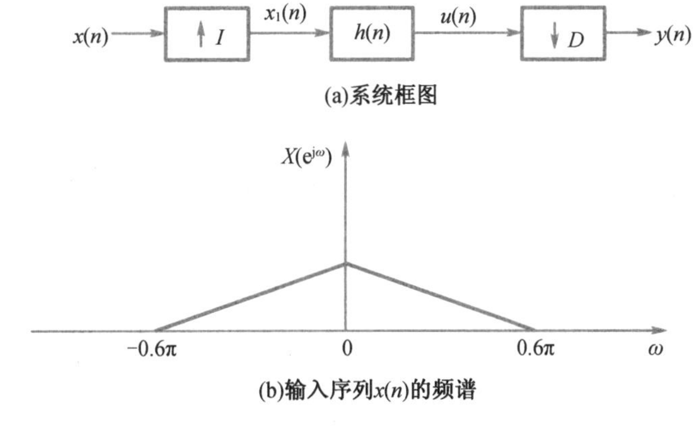

(a)系统框图

(b)输入序列x(n)的频谱

图 8.2.11　多抽样系统及输入序列的频谱

解　由 3 kHz/2 kHz = 3/2 可知,可取插值倍数 $I=3$,抽取倍数 $D=2$,于是按 $I=3$ 插值后得到的序列 $u(n)$ 的频谱 $U(\mathrm{e}^{\mathrm{j}\omega_I})$ 和输出序列 $y(n)$ 的频谱 $Y(\mathrm{e}^{\mathrm{j}\omega_{I/D}})$ 分别如图 8.2.12(a) 和图 8.2.12(b) 所示。

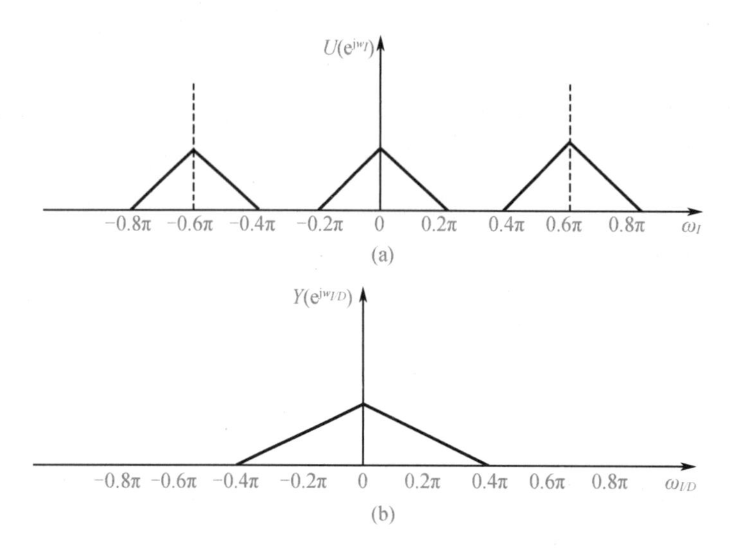

图 8.2.12　输出序列 $u(n)$ 和 $y(n)$ 的频谱图

8.3　多相分解

多相分解是指将滤波器的转移函数 $H(z)$ 分解成若干个不同相位的组。它是多速率系统分析和设计的基本工具。在实现抽取和内插滤波系统时,可利用多相分解得到更有效的系统实现结构,从而降低系统的计算复杂度。此外,在设计滤波器组时,利用多相分解进行设计是一种有效的设计方法。

8.3.1　多相分解表示

在 FIR 滤波器中,有

$$H(z) = \sum_{n=0}^{N-1} h(n) z^{-n} \tag{8.3.1}$$

式中,N 为滤波器长度。如果将冲激响应 $h(n)$ 按下列的排列分成 D 个组,并设 N 为 D 的整数倍,即 $\frac{N}{D}=Q$,Q 为整数,则

$$\begin{aligned}
H(z) &= \sum_{n=0}^{DQ-1} h(n) z^{-n} \\
&= h(0) + h(D)z^{-D} + \cdots + h((Q-1)D)z^{-(Q-1)D} + \\
&\quad h(1)z^{-1} + h(D+1)z^{-(D+1)} + \cdots + h((Q-1)D+1)z^{-(Q-1)D-1} +
\end{aligned}$$

$$
\begin{aligned}
&\vdots \qquad\qquad \vdots \qquad\qquad\qquad\qquad\qquad \vdots + \\
&h(D-1)z^{-(D-1)} + h(2D-1)z^{-(2D-1)} + \cdots + h((Q-1)D+D-1)z^{-(Q-1)D-(D-1)} \\
&= \sum_{n=0}^{Q-1} h(nD)(z^D)^{-n} + z^{-1}\sum_{n=0}^{Q-1} h(nD+1)(z^D)^{-n} + \cdots + \\
&z^{-(D-1)}\sum_{n=0}^{Q-1} h(nD+D-1)(z^D)^{-n}
\end{aligned}
\tag{8.3.2}
$$

则

$$H(z) = \sum_{k=0}^{D-1} z^{-k} \sum_{n=0}^{Q-1} h(Dn+k)z^{-nD} \tag{8.3.3}$$

令

$$E_k(z^D) = \sum_{n=0}^{Q-1} h(Dn+k)\,(z^D)^{-n},k = 0,1,\cdots,D-1 \tag{8.3.4}$$

则

$$H(z) = \sum_{k=0}^{D-1} z^{-k}E_k(z^D) \tag{8.3.5}$$

式(8.3.5)就是系统 $H(z)$ 的多相分解表示,$E_k(z^D)$ 称为 $H(z)$ 的多相分量。

从式(8.3.2)可以看出,把冲激响应 $h(n)$ 分成了 D 个组,其中第 $k+1$ 个组是 $h(nD+k)$,$k=0,1,\cdots,D-1$,即滤波器 $H(z)$ 被分解为 D 个滤波器:第一个滤波器的系数是 $h(n)$ 中序号为 D 整数倍的样点,第二个滤波器的系数是 $h(n)$ 中序号为 D 整数倍加 1 的样点,依此类推。从式(8.3.5)也可以看出,$z^{-k}E_k(z^D)$ 是 $H(z)$ 中的第 $k+1$ 个组,$k=0,1,\cdots,D-1$。如果将式(8.3.5)中的 z 换成 $e^{j\omega}$,则

$$H(e^{j\omega}) = \sum_{k=0}^{D-1} e^{-j\omega k}E_k(e^{j\omega D}) \tag{8.3.6}$$

式中,$e^{-j\omega k}$ 表示不同的 k 具有不同的相位,所以称为多相表示。式(8.3.5)或式(8.3.6)称为 I 型多相分解。式(8.3.5)所对应的多相分解实现结构如图 8.3.1 所示。

可以看出,系统 $H(z)$ 的抽样率是 $E_k(z)$ 的 D 倍,这样,就用低抽样率子系统 $E_k(z)$ 表示了系统 $H(z)$。

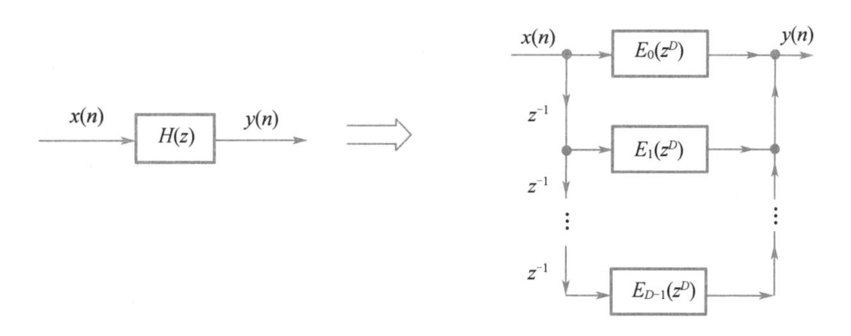

图 8.3.1　多相分解的第一种形式(类型 I)

如果把式(8.3.2)中的多相分量重新定义,令

$$R_{D-1-k}(z^D) = E_k(z^D) = \sum_{n=0}^{Q-1} h(Dn+k)(z^D)^{-n}, k = 0,1,\cdots,D-1 \tag{8.3.7}$$

则可得多相分解的另一种表述形式为

$$\begin{aligned} H(z) &= R_{D-1}(z^D) + z^{-1}R_{D-1-1}(z^D) + \cdots + z^{-(D-1)}R_0(z^D) \\ &= \sum_{m=0}^{D-1} z^{-(D-1-m)} R_m(z^D) \end{aligned} \tag{8.3.8}$$

式(8.3.8)称为Ⅱ型多相分解。其多相分解实现结构如图8.3.2所示。第二种多相形式相当于用 $D-1-k$ 代替类型Ⅰ中的 k 得到。

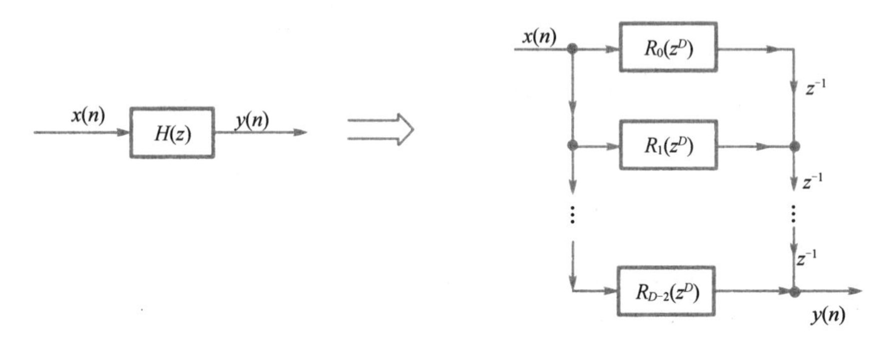

图8.3.2　多相分解的第二种形式(类型Ⅱ)

上面的多相分解对FIR和IIR系统都适用。

【例8.3.1】　对FIR系统

$$H(z) = 1 + 1.5z^{-1} + 2.2z^{-2} + 4z^{-3} + 2.2z^{-4} + 1.5z^{-5} + z^{-6}$$

按 $D=2$ 进行多相分解。

解

$$\begin{aligned} H(z) &= 1 + 1.5z^{-1} + 2.2z^{-2} + 4z^{-3} + 2.2z^{-4} + 1.5z^{-5} + z^{-6} \\ &= (1 + 2.2z^{-2} + 2.2z^{-4} + z^{-6}) + (1.5z^{-1} + 4z^{-3} + 1.5z^{-5}) \\ &= (1 + 2.2z^{-2} + 2.2z^{-4} + z^{-6}) + z^{-1}(1.5 + 4z^{-2} + 1.5z^{-4}) \end{aligned}$$

令

$$E_0(z) = 1 + 2.2z^{-1} + 2.2z^{-2} + z^{-3}$$

$$E_1(z) = 1.5 + 4z^{-1} + 1.5z^{-2}$$

则有

$$H(z) = E_0(z^2) + z^{-1}E_1(z^2)$$

【例8.3.2】　已知某一阶IIR滤波器的系统函数为

$$H(z) = \frac{1+z^{-1}}{1-\alpha z^{-1}} \cdot \frac{1-\alpha}{2}$$

试求其 $D=2$ 时的多相分量 $E_0(z)$ 和 $E_1(z)$。

解　由于

$$H(z) = \frac{1+z^{-1}}{1-\alpha z^{-1}} \cdot \frac{1-\alpha}{2}$$

$$=\frac{(1+z^{-1})(1+\alpha z^{-1})}{(1-\alpha z^{-1})(1+\alpha z^{-1})}\cdot\frac{1-\alpha}{2}$$

$$=\frac{(1+\alpha z^{-2})+(1+\alpha)z^{-1}}{(1-\alpha^2 z^{-2})}\cdot\frac{1-\alpha}{2}$$

$$=\frac{1+\alpha z^{-2}}{1-\alpha^2 z^{-2}}\cdot\frac{1-\alpha}{2}+\frac{(1+\alpha)z^{-1}}{1-\alpha^2 z^{-2}}\cdot\frac{1-\alpha}{2}$$

根据 $H(z)=E_0(z^2)+z^{-1}E_1(z^2)$，则系统的多相分量为

$$E_0(z)=\frac{1+\alpha z^{-1}}{1-\alpha^2 z^{-1}}\cdot\frac{1-\alpha}{2},E_1(z)=\frac{1+\alpha}{1-\alpha^2 z^{-1}}\cdot\frac{1-\alpha}{2}=\frac{1-\alpha^2}{2(1-\alpha^2 z^{-1})}$$

8.3.2　抽取器的多相 FIR 结构

由多相分解可以推导出抽取和内插滤波系统的多相结构。相比于直接型结构，多相结构的计算效率更高。结合前面等效变换的相关知识，可以把第一种多相结构用于抽取的高效实现。

在图 8.2.1 所示的抽样系统中采用的抗混叠滤波器，它的卷积运算是在高抽样率的一侧进行的，如果用 I 型多相分解表示，则此系统的结构如图 8.3.3(a)所示。此时卷积运算仍在高抽样率的一端。

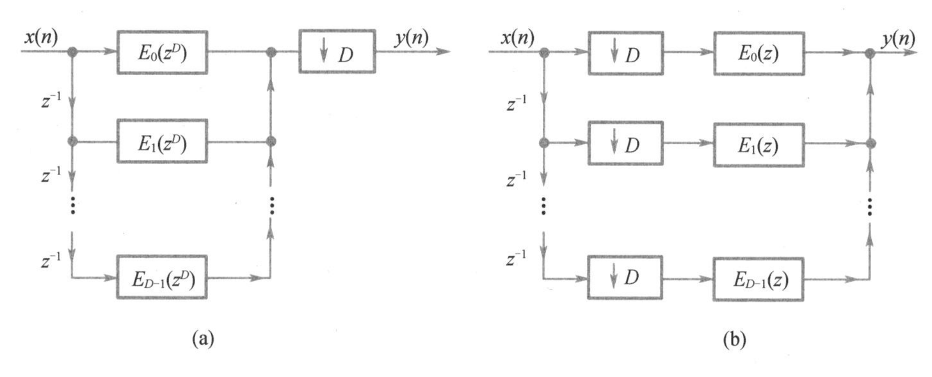

图 8.3.3　抽取滤波系统的多相结构

根据图 8.1.10 表示的抽取等式，将 $E_k(z^D)$ 与 ↓D 变换位置，可得图 8.3.3(b)所示的等价结构。这时卷积运算已经变到低抽样率的一侧进行，可以大大降低计算的工作量。

为了比较图 8.3.3(b)相对于图 8.3.3(a)所示的抽取滤波系统的直接型结构的计算效率，设 $H(z)$ 是长度为 N 的 FIR 系统，输入信号的抽样周期为 1 个单位时间。图 8.3.3(a)系统只需计算 $k=\cdots,-2D,-D,0,D,2D,\cdots$ 时的输出样本，每个输出样本需要 N 次乘法和 $N-1$ 次加法。当时间从 kD 变化到 $kD+1$ 时，延迟寄存器的内容将发生变化，所以必须在一个单位时间内完成 N 次乘法和 $N-1$ 次加法。在接下来的 $D-1$ 个周期，系统的运算单元处在空闲状态。

下面分析图 8.3.3 所示的抽取滤波系统多相结构。设 N_k 表示多相分量 $E_k(z^D)$ 构成的 FIR 子系统的长度，则子系统 $E_k(z^D)$ 需要 N_k 次乘法和 N_k-1 次加法。整个系统所需的乘法

次数为 $\sum_{k=0}^{D-1} N_k = N$，所需的加法次数为 $\sum_{k=0}^{D-1}(N_k - 1) + (D - 1) = N - 1$，这与直接型结构所需的计算量是相同的。由于子系统 $E_k(z^D)$ 的工作频率是输入信号的 $1/D$，所以系统可在 D 个单位时间内完成与直接型相同的运算量。

将图 8.3.3(b)的抽取器的高效 FIR 结构加以转换，导出抽取器的高效多相结构。将式(8.2.3)重写如下：

$$y(n) = \sum_{i=0}^{N-1} h(i)x(Dn - i) \tag{8.3.9}$$

$h(n)$是一个线性时不变的 FIR 滤波器，总长度为 N，而从 $x(n)$ 到 $y(n)$ 的整个抽取系统则是线性时变系统。现在以 $N=12$，$D=4$ 为例来讨论。由图 8.3.3(b)的高效抽取系统以及式(8.3.9)可知，与系数 $h(0)$ 相乘的是抽取后的 $x(Dn)$，其输入端相应的信号为$\{x(n), x(n+4), x(n+8), \cdots\}$，与系数 $h(1)$ 相乘的是抽取后的 $x(Dn-1)$，其输入端相应的信号为$\{x(n-1), x(n+3), x(n+7), \cdots\}$，与系数 $h(4)$ 相乘的是抽取后的 $x(Dn-4)$，其输入端相应的信号为$\{x(n-4), x(n), x(n+4), x(n+8), \cdots\}$，它正好是送到系数 $h(0)$ 的输入序列的延时，延时量为 $D=4$；同样，系数 $h(5)$ 与 $h(1)$ 的输入端序列，系数 $h(6)$ 与 $h(2)$ 的输入端序列，系数 $h(7)$ 与 $h(3)$ 的输入端序列，其延时量都是 D，其他系数也有这样的关系。因而，我们看到，可以将抽取结构分成 D 组，即可导出多相结构。

一般都是取 $h(n)$ 的点数 N 是 D 的整倍数，即 $N/D=Q$。在式(8.3.9)中，令 $i = Dm + k$，式中 $k=0,1,\cdots,D-1$，$m=0,1,\cdots,Q-1$，这样可保证 i 在$[0,N-1]$范围内。利用此变量代换，可重写式(8.3.9)为

$$y(n) = \sum_{k=0}^{D-1}\sum_{m=0}^{Q-1} h(Dm + k)x[D(n - m) - k] \tag{8.3.10}$$

利用式(8.3.10)，可以把抽取结构分成 $D=4$ 组，每一组都是完全相似的 $Q=3$ 个系数的 FIR 系统，如上所述，其中一组是$[h(0), h(4), h(8)]$，另外三组分别是$[h(1), h(5), h(8)]$，$[h(2), h(6), h(10)]$，$[h(3), h(7), h(11)]$。于是，我们将图 8.3.3(b)转换为图 8.3.4 的抽取器多相结构。

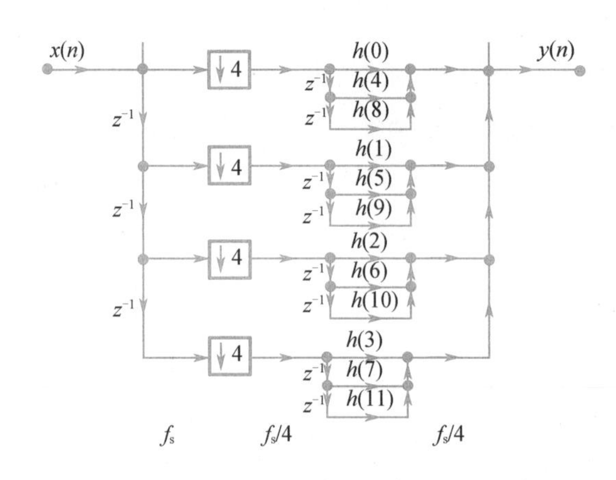

图 8.3.4　$N=12$，$D=4$ 时，抽取器的多相 FIR 高效结构

图中当采用 $D=4$ 倍抽取时,多相结构共有 D 个抽取器,也就是说有 D 组子滤波器,每组有 $Q=N/D$ 个滤波器系数。左边的三个单位延迟 z^{-1} 如同一个和原抽样率同步的波段开关一样,把输入序列 $x(n)$ 分成了四组,每组依次相差一个延迟。各组经 $D=4$ 倍的抽取后,再将各组的 $x(n)$ 分配给每个滤波器。

图中三个子滤波器结构相同,仅是滤波器的系数相差了 D 个延迟,称这些滤波器为多相滤波器。定义

$$p_k(m)=h(Dm+k),k=0,1,\cdots,D-1;m=0,1,\cdots,Q-1 \tag{8.3.11}$$

式中,$p_k(m)$ 长度为 Q,为多相滤波器的每个子滤波器的单位脉冲响应,如 $p_0(m)=\{h(0),h(4),h(8)\}$,$p_1(m)=\{h(1),h(5),h(8)\}$,$p_2(m)=\{h(2),h(6),h(10)\}$,$p_3(m)=\{h(3),h(7),h(11)\}$,它们就是图中各子滤波器的系数。则输出序列可写成

$$\begin{aligned}y(n)&=\sum_{k=0}^{D-1}\sum_{m=0}^{Q-1}h(Dm+k)x[D(n-m)-k]\\&=\sum_{k=0}^{D-1}\sum_{m=0}^{Q-1}p_k(m)x[D(n-m)-k]\end{aligned} \tag{8.3.12}$$

可以看到,多相滤波器 $p_k(m)(k=0,1,\cdots,D-1)$ 都是工作在低采样率(f_s/D)下的线性时不变滤波器。于是对给定 D 的情况,可由图 8.3.4 得到抽取器的多相 FIR 高效结构,如图 8.3.5 所示。

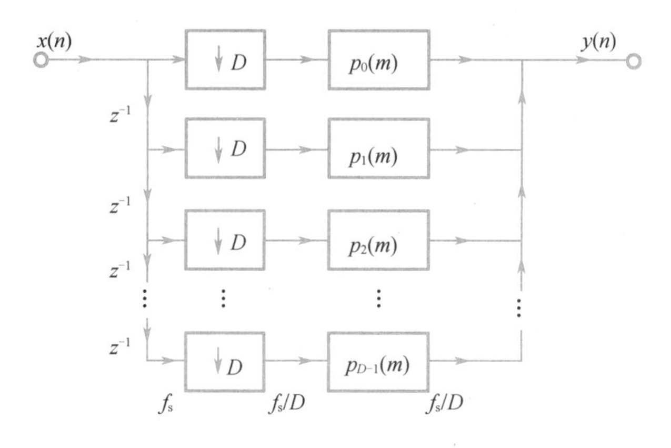

图 8.3.5　抽取器的多相 FIR 高效结构

8.3.3　内插器的多相 FIR 结构

类似地,多相分解也适用于带有去镜像滤波的内插系统。由图 8.2.5 可以看出,卷积运算是在高抽样率一侧进行的,这不是高效结构。如果将 $H(z)$ 进行第二种类型多相分解,并利用式(8.3.8),则有

$$H(z)=\sum_{m=0}^{I-1}z^{-(I-1-m)}R_m(z^I) \tag{8.3.13}$$

及

$$R_m(z^I) = \sum_{n=0}^{Q-1} h(nI + I - 1 - m)(z^I)^{-n} \tag{8.3.14}$$

式中，$Q = N/I$。于是 $H(z)$ 的实现可如图 8.3.6(a) 所示。再利用内插与 $R_m(z^I)$ 等效变换，则得到图 8.3.6(b) 所示的结构，这时卷积运算已移到低抽样率的一端，从而大大减少了计算工作量。

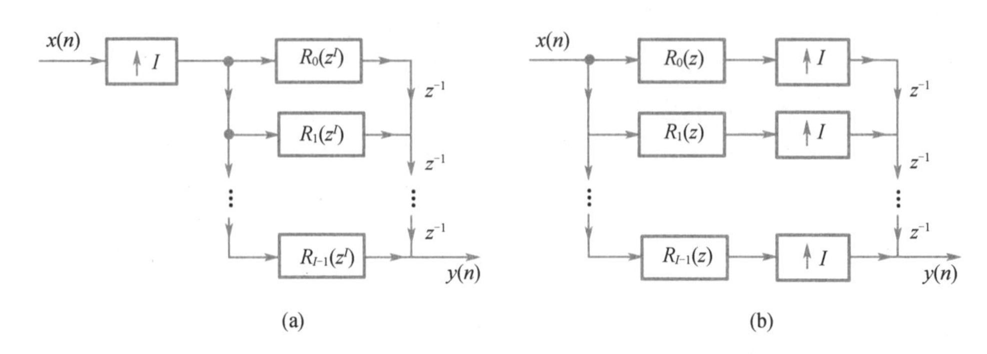

图 8.3.6　内插滤波系统的多相结构

为了比较图 8.3.6(b) 相对于图 8.2.9(a) 所示的内插滤波器系统直接型结构的计算效率，设 $H(z)$ 是长度为 N 的 FIR 系统，由于内插滤波器的输入信号中最多只有 $1/I$ 的样本值为非零，所以在任意时刻内插滤波器 $H(z)$ 只有 $1/I$ 的乘法器在工作，其他乘法器处在空闲状态。由于延迟寄存器的内容随时间在变化，工作的乘法器必须在 $1/I$ 单位时间内完成运算。所以用直接型结构完成内插滤波器系统效率不高。

在图 8.3.6(b) 所示的内插滤波系统的多相结构中，子系统 $R_m(z^I)$ 的工作频率与输入信号相同，所以每个乘法器都只需一个单位时间来完成运算，与直接型相比较，降低了对系统运算速度的要求。

下面分析图 8.3.6 所示的内插滤波系统多相结构。这里面的插值滤波器也采用 FIR 结构滤波器。仿照上述讨论，如果 FIR 滤波器总长度为 N，经过 I 倍抽取后，多相滤波器组由 I 个长度为 $Q = N/I$ 的短滤波器构成。多相滤波器的单位脉冲响应为

$$p_k(m) = h(k + mI), k = 0, 1, \cdots, I-1; m = 0, 1, \cdots, Q-1 \tag{8.3.15}$$

由此可得 I 插值器的多相结构，如图 8.3.7 所示。对每个输入样值 $x(n)$，有 I 路输出，且第一路为经过 $p_0(m) = h(mI), m = 0, \pm 1, \pm 2, \cdots$，其输出 $u_0(m)$ 在 $m = kI$ 时为非零值，对应于输出 $x_I(kI)$；而第二路的 $u_1(m)$ 在 $m = kI + 1$ 时为非零值，对应于输出 $x_I(kI+1)$，这个值是插值输出；同样，$u_2(m), u_3(m), \cdots, u_{I-1}(m)$ 的支路分别对应于 $x_I(kI+2), x_I(kI+3), \cdots, x_I(kI+I-1)$，它们都是插值输出。也就是说，对每个输入样本，多相网络的每个输出提供一个输出样本，共有 I 个，其中 1 个是原抽样值，其他 $I-1$ 个是插值输出。由于图 8.3.7 的滤波器的乘、加运算都是在低抽样率 f_s 下完成的，因而是高效网络结构。

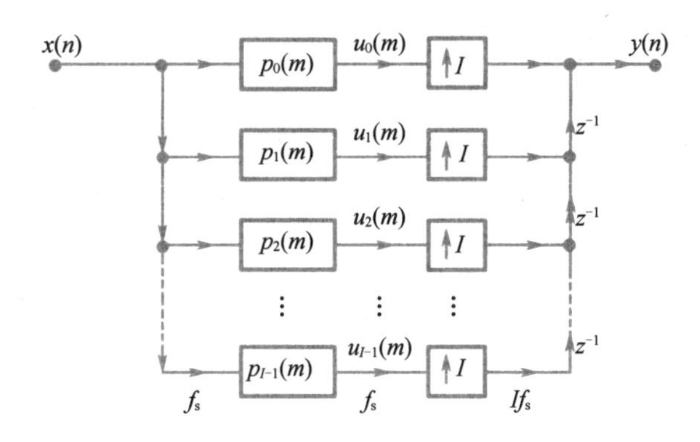

图 8.3.7　插值器的多相 FIR 高效结构

如果令 $N=12, I=4$，则 $Q=N/I=3$，可以导出 I 插值器的多相 FIR 的具体结构。如 $p_0(m)=\{h(0),h(4),h(8)\}$，$p_1(m)=\{h(1),h(5),h(8)\}$，$p_2(m)=\{h(2),h(6),h(10)\}$，$p_3(m)=\{h(3),h(7),h(11)\}$，它们就是各子滤波器的系数。由此，我们可以得到 $I=4$ 插值器的多相 FIR 高效结构，如图 8.3.8 所示。

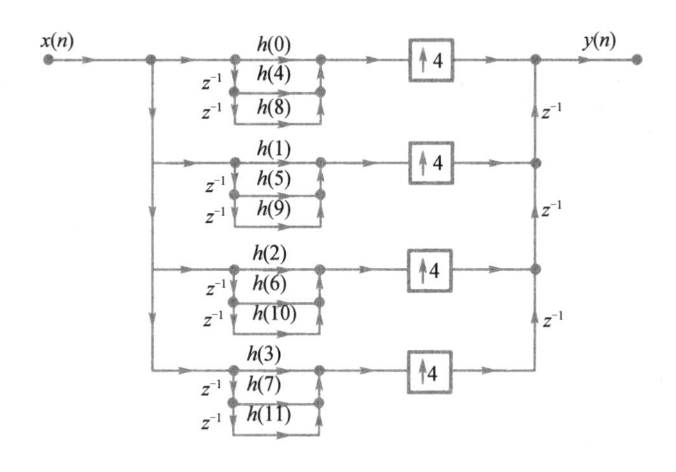

图 8.3.8　$N=12, I=4$ 时，插值器的多相 FIR 高效结构

显然图 8.3.8 的插值器 FIR 高效结构与图 8.3.4 的抽取器的 FIR 高效结构互为转置[在线性移变系统意义上的转置，即抽取与插值互相转换，延时(z^{-1})表示的意义有变化]。

【例 8.3.3】　设计一个按因子 $I=5$ 的内插器，要求镜像滤波器通带最大衰减为 0.1 dB，阻带最小衰减为 30 dB，过渡带宽度不大于 $\pi/20$。设计 FIR 滤波器系数 $h(n)$，并求出多相滤波器实现结构中的 5 个多相滤波器系数。

解　由式(8.2.11)知道 FIR 滤波器 $h(n)$ 的阻带截止频率为 $\pi/5$，根据题意可知滤波器其他指标参数：通带截止频率为 $\pi/5-\pi/20=3\pi/20$，通带最大衰减为 0.1 dB，阻带最小衰减为 30 dB。调用 remezord 函数求得 $h(n)$ 长度 $N=47$，为了满足 5 的整数倍，取 $N=50$。调用 remez 函数求得 $h(n)$ 如下：

$h(0)=6.684246\text{e}-002=h(48)$　　　$h(1)=-3.073256\text{e}-002=h(48)$

$h(2)=-4.303671\text{e}-002=h(47)$　　　$h(3)=-5.803086\text{e}-002=h(46)$

$h(4) = -6.758203e-002 = h(45)$ $h(5) = -6.483008e-002 = h(44)$

$h(6) = -4.657608e-002 = h(43)$ $h(7) = -1.386252e-002 = h(42)$

$h(8) = 2.674276e-002 = h(41)$ $h(8) = 6.463158e-002 = h(40)$

$h(10) = 8.776083e-002 = h(38)$ $h(11) = 8.607506e-002 = h(38)$

$h(12) = 5.500303e-002 = h(37)$ $h(13) = -1.800562e-003 = h(36)$

$h(14) = -7.220485e-002 = h(35)$ $h(15) = -1.370181e-001 = h(34)$

$h(16) = -1.740183e-001 = h(33)$ $h(17) = -1.631824e-001 = h(32)$

$h(18) = -8.215300e-002 = h(31)$ $h(18) = 4.004513e-002 = h(30)$

$h(20) = 2.202028e-001 = h(28)$ $h(21) = 4.238884e-001 = h(28)$

$h(22) = 6.181818e-001 = h(27)$ $h(23) = 7.725483e-001 = h(26)$

$h(24) = 8.568808e-001 = h(25)$

根据式(8.3.15)确定多相滤波器实现结构中的5个多相滤波器系数如下：

$p_0(m) = h(mI) = \{h(0), h(5), h(10), h(15), h(20), h(25), h(30), h(35), h(40), h(45)\}$

$p_1(m) = h(1+mI) = \{h(1), h(6), h(11), h(16), h(21), h(26), h(31), h(36), h(41), h(46)\}$

$p_2(m) = h(2+mI) = \{h(2), h(7), h(12), h(17), h(22), h(27), h(32), h(37), h(42), h(47)\}$

$p_3(m) = h(3+mI) = \{h(3), h(8), h(13), h(18), h(23), h(28), h(33), h(38), h(43), h(48)\}$

$p_4(m) = h(4+mI) = \{h(4), h(8), h(14), h(18), h(24), h(28), h(34), h(38), h(44), h(48)\}$

8.3.4 正有理数的抽样率转换系统的变系数 FIR 结构

在图8.2.9所示的有理因子 I/D 抽样率转换的等效原理框图中，根据8.3.2和8.3.3两节多相FIR高效结构分析，如果交换抽取器与滤波器的次序或交换内插器与滤波器的次序，使滤波器工作在更低的取样率，从而使计算效率得以提高。但是对于图8.2.9所示的抽样率转换系统来说，该办法却遇到了困难。因为，如果利用此方法高效实现内插器与滤波器的计算，那么将会面对如何高效实现 D 倍抽取的问题。反之，如果利用此办法高效实现抽取器与滤波器的计算，则无法实现 I 倍内插器的高效结构。因此，不可能简单地用交换抽取器(或内插器)与滤波器的次序和利用转置结构的方法来解决该系统的高效计算问题。本节介绍的具有时变系数的FIR滤波器结构是一种有效的解决办法。

前面式(8.2.19)已得出抽样率做 I/D 倍变换后的输入输出关系，现重写如下：

$$y(n) = \sum_{i=-\infty}^{\infty} h(iI + \langle Dn \rangle_I)x\left(\left\lfloor \frac{Dn}{I} \right\rfloor - i\right) \tag{8.3.16}$$

如果令

$$g_n(i) = h(iI + \langle Dn \rangle_I), \ -\infty < n, m < +\infty \tag{8.3.17}$$

把式(8.3.16)与式(8.3.17)结合起来,可得

$$y(n) = \sum_{i=-\infty}^{\infty} g_n(i) x\left(\left\lfloor \frac{Dn}{I} \right\rfloor - i\right) \tag{8.3.18}$$

这里,$h(n)$是图 8.2.7 中的滤波器,我们采用 FIR 滤波器,设其点数为 N,并假定 N 是 I 的整数倍,即 $N = IQ$。由于 $< Dn >_I$ 是对 I 取模运算,故全部系数集有 I 个子集,即 $g_n(i)(n=0,1,\cdots,I-1)$,而每个子集中共有 Q 个系数($i=0,1,\cdots,Q-1$),也就是说

$$g_n(i) = h(iI + < Dn >_I), n=0,1,\cdots,I-1, i=0,1,\cdots,Q-1 \tag{8.3.19}$$

由于

$$g_{n+kI}(i) = h(iI + < Dn + DkI >_I) = h(iI + < Dn >_I) \tag{8.3.20}$$

故 $g_n(i)$对 n 是周期性的,周期为 I,即有 $g_n(i) = g_{<n>_I}(i)$。因此,式(8.3.16)简化为

$$y(n) = \sum_{i=0}^{Q-1} g_{<n>_I}(i) x\left(\left\lfloor \frac{Dn}{I} \right\rfloor - i\right) \tag{8.3.21}$$

由此看出:

(1)第 n 个输出 $y(n)$是将 $x(i)$从 $x\left(\left\lfloor \frac{Dn}{I} \right\rfloor\right)$开始的连贯的 Q 个信号值 $x\left(\left\lfloor \frac{Dn}{I} \right\rfloor - i\right)$,分别与 $g_{<n>_I}(i)$的 Q 个系数相乘后相加而得到。

(2)此加权系数 $g_{<n>_I}(i)$是周期性时变的,计算第 n 个输出时,用的是第 $<n>_I$ 个系数集,也就是说,系数集一共只有 I 个 $g_{<n>_I}(i)$,即只有 $g_0(i), g_1(i), \cdots, g_{I-1}(i)$。因此,$n$ 等于 kI 到$(k+1)I-1$ 的输出,其所用的系数集与 $n=0,1,\cdots,I-1$ 的输出所用的系数集相同,都是 $g_n(i), n=0,1,\cdots,I-1$。

(3)对同一个 n 的输出,加权系数集 $g_{<n>_I}(i)$只有 Q 个系数。

例如,设 $h(n)$的长度 $N=12, D=3, I=4$,计算 $y(n)$时所使用的数据段和时变滤波器系数的时间对应关系如表 8.3.1 所示。

表 8.3.1　数据段和时变滤波器系数的时间对应关系

$y(n)$	$x\left(\left\lfloor \frac{Dn}{I} \right\rfloor - i\right)$	$g_{<n>_I}(i) = h(iI + < Dn >_I)$
$y(0)$	$x(0-i)$	$g_0(i) = h(iI+0)$
$y(1)$	$x(0-i)$	$g_1(i) = h(iI+3)$
$y(2)$	$x(1-i)$	$g_2(i) = h(iI+2)$
$y(3)$	$x(2-i)$	$g_3(i) = h(iI+1)$
$y(4)$	$x(3-i)$	$g_0(i) = h(iI+0)$
$y(5)$	$x(3-i)$	$g_1(i) = h(iI+3)$

可以看到,计算 $y(0)$和 $y(1)$需要数据段 $x(0-i)$,计算 $y(2)$需要 $x(1-i)$,计算 $y(3)$需要 $x(2-i)$,等等。数据段的起始时间由$\lfloor Dn/I \rfloor$确定,所有数据段的长度都是 $Q=3$。计算 $y(0)$使用系数组 $g_0(i)$,计算 $y(1)$使用系数组 $g_1(i)$,等等,但计算 $y(4)$时,重新使用系数组 $g_0(i)$,即系数组按照 $I=4$ 的周期重复使用,这由 $g_{<n>_I}(i)$的下标 $<n>_I$ 决定。如上所

述,式(8.3.21)的计算过程可以用图 8.3.9 的算法结构表示。该结构是一个具有时变系数的 FIR 滤波器的直接型结构,输入信号 $x(n)$ 的取样频率为 f_s,输出信号 $y(n)$ 的取样频率为 $(I/D)f_s$。

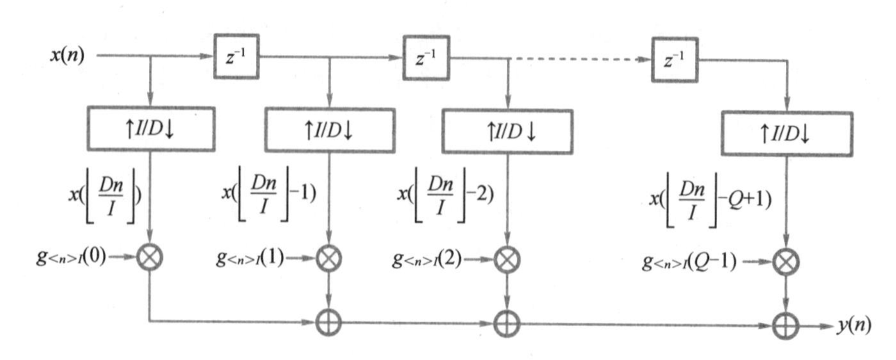

图 8.3.9　I/D 倍抽样率变换的高效结构

图 8.3.9 中,抽头延时线是一个长为 Q 的移位寄存器,顺序存储器输入信号 $x(n)$ 的一段数据。延时线每个抽头接一个保持/取样器,作用是将输入取样频率变换成输出取样频率,具体过程是:将当前取样值一直保持到下一个取样值到来,并在时刻 Dn/I 对保持信号进行取样。当 Dn/I 为整数时,即输入与输出的取样时间相同时,移位寄存器中的数据(即保持/取样器的输入信号)要进行改变,然后对改变后的输入信号进行保持和取样。滤波器的时变系数为 $g_{<n>_I}(i)$,$0 \leqslant i \leqslant Q-1$。由于所有滤波运算都工作在输出取样频率 $(I/D)f_s$ 上,而且计算每个输出 $y(n)$ 所需要的时变滤波系数最少(只有 Q 个),因此获得了高计算效率。

用程序实现 I/D 倍取样频率变换的计算过程可以用图 8.3.10 来说明。总的要求是,用 $x(n)$ 中取出的一段长为 D 的数据,来计算 I 个输出取样值 $y(n)$。具体计算过程如下:

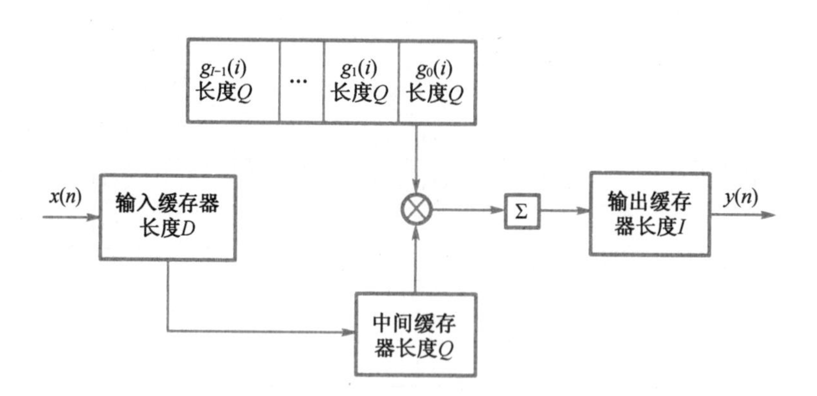

图 8.3.10　用程序实现 I/D 倍取样频率变换的计算过程框图

(1)从 $x(n)$ 中取出长为 D 的一段数据暂存在输入缓存器中。输入缓存器每次移出一数据到数据缓存器。数据缓存器长为 Q,所存数据为 $x(\lfloor Dn/I \rfloor - i)$,$0 \leqslant i \leqslant Q-1$。

(2)将 I 组系数 $g_{<n>_I}(i)$ 存入系数存储器。每组 Q 个系数,即 $0 \leqslant i < Q-1$。系数组的

标号 $<n>_I$ 说明滤波器系数的时变性质，$0\leqslant <n>_I \leqslant I-1$。

(3)将数据缓存器中的 Q 个数据 $x(\lfloor Dn/I \rfloor - i)$ 与时变滤波器的一组系数 $g_{<n>_I}(i)$ 对应相乘，然后将乘积求和（累加器的求和范围是 $0\leqslant i\leqslant Q-1$），便得到 $y(n)$；然后，用数据缓存器中的数据 $x(\lfloor D(n+1)/I \rfloor - i)$ 与下一组系数 $g_{<n+1>_I}(i)$ 中的对应元素相乘并将乘积求和，便得到下一个输出 $y(n+1)$，等等。每当 $\lfloor Dn/I \rfloor$ 的数值为整数时，$\lfloor Dn/I \rfloor$ 的数值将增加 1，这时要从输入缓存器中将 $x(n)$ 的一个取样值移入数据缓存器；这样，当计算完 I 个输出取样值 $\{y(n), y(n+1), \cdots, y(n+I-1)\}$ 时，输入缓存器中的 D 个取样值都被移入数据缓存器。此后，对下一个数据块重复以上计算过程。在用 D 个输入取样值的数据块计算 I 个输出取样值的过程中，数据缓存器要顺序寻址 I 次，而系数存储器的缓冲器则只寻址一次。

【例 8.3.4】　设计一个将 $f_s = 2\,100$ Hz 变换成 $f'_s = 2\,800$ Hz 的取样频率变换器，采用线性相位 FIR 低通滤波器作为抗混叠抗镜像组合滤波器，滤波器的阶 $N=44$。用矩阵表示时变滤波器的系数 $g_{<n>_I}(i)$。

解　因为 $f'_s/f_s = 2\,800/2\,100 = 4/3$，故 $I=4$，$D=3$。$Q=\lfloor (N+1)/I \rfloor = 11$。则滤波器时变系数用矩阵表示：

$$g_{<n>_I}(i) = h(iI + <Dn>_I) = h(4i + <3n>_4),\ 0\leqslant i\leqslant 11,\ 0\leqslant <n>_4 \leqslant 3$$

表 8.3.2 列出了 $h(4i + <3n>_4)$ 的序号。

表 8.3.2　$h(4i + <3n>_4)$ 的序号

$<n>_4$	i											
	0	1	2	3	4	5	6	7	8	8	10	11
0	0	4	8	12	16	20	24	28	32	36	40	44
1	3	7	11	15	18	23	27	31	35	38	43	0
2	2	6	10	14	18	22	26	30	34	38	42	0
3	1	5	8	13	17	21	25	28	33	37	41	0

8.4　两通道滤波器组

8.4.1　两通道滤波器组的无混叠失真条件

一个滤波器组是指一组滤波器，它们有着共同的输入，用以将输入信号分解成一组子带信号，或者有着共同的相加后的输出，用以将子带信号重新合成为所需的信号。前者为分解滤波器组，后者为合成滤波器组，如图 8.4.1 所示。

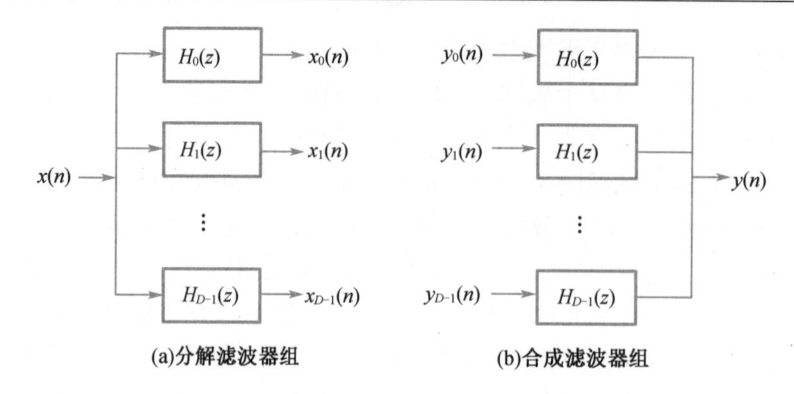

(a)分解滤波器组　　(b)合成滤波器组

图 8.4.1　滤波器组示意图

假定滤波器 $H_0(z), H_1(z), \cdots, H_{D-1}(z)$ 是一组带通滤波器，其通带中心频率分别为 $\frac{2\pi}{D}k, k=0,1,2,\cdots,D-1$，则 $x(n)$ 通过这些滤波器后，得到的 $x_0(n), x_1(n), \cdots, x_{D-1}(n)$ 是 $x(n)$ 的子带信号。理想情况下，各子带信号的频谱之间没有交叠。

由于 $H_0(z), H_1(z), \cdots, H_{D-1}(z)$ 的作用是对 $x(n)$ 做子带分解，因此称它们为分解滤波器组。

分解滤波器 $H_0(z), H_1(z), \cdots, H_{D-1}(z)$ 的作用如下：

(1)将原信号 $x(n)$ 分成 D 个子带信号；

(2)作为抽取前的无混叠滤波器。

D 个信号 $y_0(n), y_1(n), \cdots, y_{D-1}(n)$ 分别通过滤波器 $G_0(z), G_1(z), \cdots, G_{D-1}(z)$，称为合成滤波器组，其任务是将 D 个子带信号合成为信号 $y(n)$。

合成滤波器 $G_0(z), G_1(z), \cdots, G_{D-1}(z)$ 的作用如下：

(1)信号重建；

(2)作为插值后去除映像的滤波器。

考虑到分解后子带信号的带宽小于原输入信号，可以降低抽样率，以提高计算效率。如果 $x(n)$ 均匀分成 D 个子带信号，则 D 个子带信号的带宽将是原来的 $\frac{1}{D}$，这样，它们的抽样率也降低至 $\frac{1}{D}$，需要在分解滤波器 $H_0(z), H_1(z), \cdots, H_{D-1}(z)$ 后分别加上一个 D 倍的抽取器，如图 8.4.2 所示。图 8.4.2 中，$H_0(z), H_1(z), \cdots, H_{D-1}(z)$ 工作在抽样率 f_s 状态下，抽样后的信号处在低抽样率状态($\frac{f_s}{D}$)。

各子带信号在低抽样率状态被处理之后，应再恢复为高速率信号，因此，图 8.4.2 中的合成滤波器 $G_0(z), G_1(z), \cdots, G_{D-1}(z)$ 之前分别加上了一个 D 倍的插值器。合成滤波器组合成输出信号，重建后的信号 $y(n)$ 应等于原信号 $x(n)$，或是 $x(n)$ 的近似。

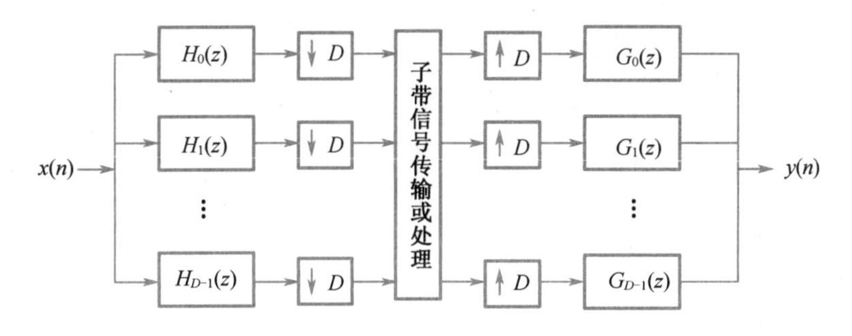

图 8.4.2　D 通道滤波器组

最简单的滤波器组是 $D=2$ 时的滤波器组，称为两通道滤波器组。当 $D>2$ 时，称为 D 通道滤波器组。图 8.4.3 所示为两通道滤波器组，分解滤波器组 $[H_0(z),H_1(z)]$ 将输入信号 $x(n)$ 分解为两个子带信号 $x_0(n)$ 和 $x_1(n)$。通常 $H_0(z)$ 和 $H_1(z)$ 分别为低通和高通滤波器，为了不增加系统的数据量，对每个子带信号分别进行 2 倍的抽取从而得到信号 $u_0(n)$ 和 $u_1(n)$。在实际应用中可分别对子带信号 $u_0(n)$ 和 $u_1(n)$ 进行编码，从而达到数据压缩的目的。

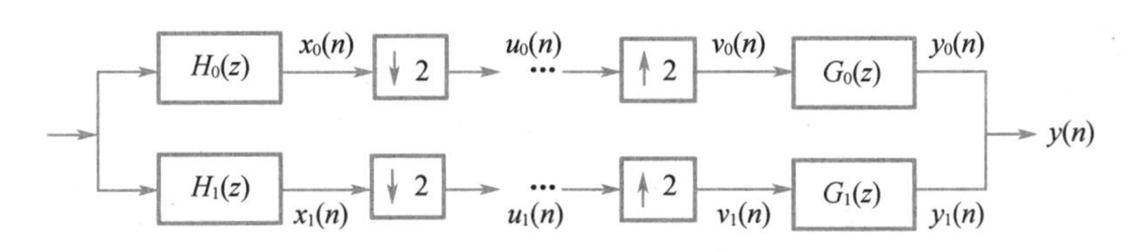

图 8.4.3　两通道滤波器组

在接收端，首先将解码后的信号进行 2 倍的内插，然后将其通过低通滤波器 $G_0(z)$ 和高通滤波器 $G_1(z)$ 构成的合成滤波器组 $[G_0(z),G_1(z)]$ 处理，得到重建的信号 $y(n)$，希望重建信号 $y(n)=x(n)$。例如，在通信中总希望接收到的信号与发送的信号完全一样。

但是，在一般情况下，两通道滤波器组输出的重建信号 $y(n)$ 与输入信号 $x(n)$ 不同。如果有

$$y(n)=cx(n-n_0)\,,c,n_0\text{为常数} \tag{8.4.1}$$

即 $y(n)$ 是 $x(n)$ 纯延迟后的信号，只是幅度发生倍乘，信号通过该滤波器组后信号将不会发生畸变，则称 $y(n)$ 是 $x(n)$ 的准确重建或理想重建（perfect reconstruction，PR），能实现 PR 的滤波器组就称为 PR 系统。

$u_0(n)$ 和 $u_1(n)$ 信号经过压缩和编码等处理，以适合传输或存储。在被送入合成滤波器组之前，两路信号都要被解码。由于量化误差和信道失真等因素的存在，处理前后的信号不完全相同。因为本节主要讨论滤波器组的影响，所以对量化误差和信道失真等因素忽略不计。利用信号抽取与内插的 z 域分析，可得到两通道滤波器组在 z 域的输入与输出关系。

由图 8.4.3 可知

$$\begin{cases} X_0(z) = X(z)H_0(z) \\ U_0(z) = \dfrac{1}{2}[X_0(z^{\frac{1}{2}}) + X_0(-z^{\frac{1}{2}})] \\ V_0(z) = U_0(z^2) \\ Y_0(z) = V_0(z)G_0(z) \end{cases} \tag{8.4.2}$$

可得

$$Y_0(z) = \frac{1}{2}H_0(z)G_0(z)X(z) + \frac{1}{2}H_0(-z)G_0(z)X(-z) \tag{8.4.3}$$

同理可得

$$Y_1(z) = \frac{1}{2}H_1(z)G_1(z)X(z) + \frac{1}{2}H_1(-z)G_1(z)X(-z) \tag{8.4.4}$$

$x(n)$的重建信号$y(n)$的Z变换为

$$\begin{aligned} Y(z) &= Y_0(z) + Y_1(z) \\ &= \frac{1}{2}[H_0(z)G_0(z) + H_1(z)G_1(z)]X(z) + \frac{1}{2}[H_0(-z)G_0(z) + \\ &\quad H_1(-z)G_1(z)]X(-z) \end{aligned} \tag{8.4.5}$$

令

$$T(z) = \frac{1}{2}[H_0(z)G_0(z) + H_1(z)G_1(z)] \tag{8.4.6}$$

$$F(z) = \frac{1}{2}[H_0(-z)G_0(z) + H_1(-z)G_1(z)] \tag{8.4.7}$$

则有

$$Y(z) = T(z)X(z) + F(z)X(-z) \tag{8.4.8}$$

称$T(z)$为滤波器组的畸变系统函数,$F(z)$为滤波器组的混叠系统函数。

上式中

$$X(-z)\big|_{z=e^{j\omega}} = X(-e^{j\omega}) = X(e^{j(\omega-\pi)})$$

是$X(e^{j\omega})$移位π后的结果,因此是混叠成分。

要实现信号的理想重建,输入、输出信号需满足

$$y(n) = cx(n-n_0),c,n_0\text{为常数}$$

即

$$Y(z) = cX(z)z^{-n_0}$$

于是可以得到信号的理想重建条件如下。

(1)无混叠条件

为了消除映像$X(-z)$引起的混叠,要求

$$F(z) = \frac{1}{2}[H_0(-z)G_0(z) + H_1(-z)G_1(z)] = 0$$

此时

$$Y(z) = T(z)X(z) = \frac{1}{2}[H_0(z)G_0(z) + H_1(z)G_1(z)]X(z) \tag{8.4.9}$$

如果将合成滤波器取为

$$G_0(z)=H_1(-z),G_1(z)=-H_0(-z) \tag{8.4.10}$$

可以看出,无论给出什么样的 H_0 和 H_1,都可去除混叠失真,即可消除混叠项对整个系统输出响应的影响。滤波器组输出项中无混叠项的滤波器组称为无混叠滤波器组。

消除系统输出响应中的混叠项,并不意味着每个通道内不存在混叠。一般情况下,抽取后的信号 $u_0(n)$ 和 $u_1(n)$ 中都存在混叠。当式(8.4.10)成立时,在对两个通道的输出信号求和时,可使两个通道中的混叠项相互抵消,从而使整个系统的输出中没有混叠项。

(2)纯延迟条件

$T(z)$ 反映了去除混叠失真后的两通道滤波器组的总的传输特性,为了使 $Y(z)$ 成为 $X(z)$ 的延迟,要求

$$T(z)=cz^{-n_0},c\neq 0 \tag{8.4.11}$$

上式中 c、n_0 为常数,且 n_0 为整数。即要求 $T(z)$ 是具有线性相位特性的全通系统,以保证整个系统既不发生幅度失真也不发生相位失真。

无混叠条件和纯延迟条件共同构成信号理想重建的条件。

对于无混叠滤波器组,系统的输出为

$$Y(z)=T(z)X(z) \tag{8.4.12}$$

则滤波器组的输出为

$$Y(z)=cz^{-n_0}X(z),c\neq 0 \tag{8.4.13}$$

上式的时域等价表示为

$$y(n)=cx(n-n_0),c\neq 0$$

满足式(8.4.11)的滤波器组称为 PR 滤波器组,称式(8.4.11)为滤波器组的 PR 条件。

若滤波器组 PR 条件为 $T(z)=z^{-n_0}$,将式(8.4.10)代入式(8.4.8)可得滤波器组 PR 条件为

$$H_0(z)G_0(z)-H_0(-z)G_0(-z)=2z^{-n_0} \tag{8.4.14}$$

定义乘积滤波器 $P(z)$ 为

$$P(z)=H_0(z)G_0(z) \tag{8.4.15}$$

则滤波器组 PR 条件可用乘积滤波器简洁地表示为

$$P(z)-P(-z)=2z^{-n_0} \tag{8.4.16}$$

由此可得设计满足 PR 条件 $T(z)=z^{-n_0}$ 的滤波器组的步骤为:

①设计满足条件 $P(z)-P(-z)=2z^{-n_0}$ 的乘积低通滤波器 $P(z)$;

②由 $P(z)$ 的因式分解确定低通滤波器 $H_0(z)$ 和 $G_0(z)$;

③由 $G_0(z)=H_1(-z),G_1(z)=-H_0(-z)$ 确定高通滤波器 $H_1(z)$ 和 $G_1(z)$。

如果在分解滤波器 H_0、H_1 之间建立如下联系:

$$H_1(z)=H_0(-z)$$

则两者的幅频关系满足

$$H_1(e^{jw})=H_0(-e^{jw})=H_0(e^{j(w-\pi)})$$

即该滤波器组为正交镜像滤波器组(QDFB)。如果 $H_0(z)$ 是低通的,则 $H_1(z)$ 是高通的。不

难看出，按式(8.4.10)，$G_0(z)$是低通的，而$G_1(z)$是高通的。

要实现理想重建，在无混叠的条件下，还要去除相位失真和幅度失真。如果$H_0(z)$、$H_1(z)$、$G_0(z)$和$G_1(z)$全部用线性相位的FIR数字滤波器实现，可以设计出符合PR条件的滤波器组。遗憾的是，符合PR条件的滤波器$H_0(z)$和$H_1(z)$不具有锐截止特性，因此没有实际意义。尽管PR是最终目的，但滤波器组的核心作用是信号的子带分解。在两通道滤波器组中，我们希望$H_0(z)$和$H_1(z)$能把信号分解成频谱分别在$0\sim\frac{\pi}{2}$和$\frac{\pi}{2}\sim\pi$范围内的两个子带信号，且希望频谱尽量不重叠，因此对$H_0(z)$和$H_1(z)$通带和阻带的性能要求是非常高的。而实际情况是，在$H_0(z)$和$H_1(z)$都是FIR数字滤波器的情况下，既保持滤波器组的PR性质，又使$H_0(z)$和$H_1(z)$具有实际意义是不可能的。目前已经证明，对选取$H_1(z)=H_0(-z)$的QDFB，要满足PR特性，其阻带衰减特性是很差的。解决上述矛盾的途径如下。

(1)去除相位失真，尽可能地减小幅度失真，实现近似理想重建(NPR)。实现方案是FIR正交镜像滤波器组。

(2)去除幅度失真，不考虑相位失真，这种情况也是实现近似理想重建(NPR)。实现方案是IIR正交镜像滤波器组。

(3)放弃$H_1(z)=H_0(-z)$的简单形式，取更为合理的形式，从而实现理想重建。

【例8.4.1】　已知某两通道滤波器组的乘积滤波器为

$$P(z)=\frac{(1+z^{-1})^2}{2}$$

(1)验证乘积滤波器$P(z)$满足式$P(z)-P(-z)=2z^{-n_0}$的PR条件；

(2)若两通道滤波器组中分解低通滤波器为$H_0(z)=(1+z^{-1})/\sqrt{2}$，试求该两通道滤波器组的其他滤波器。

解　(1)由于

$$P(z)=\frac{(1+z^{-1})^2}{2}=\frac{1+2z^{-1}+z^{-2}}{2}$$

所以

$$P(z)-P(-z)=\frac{1+2z^{-1}+z^{-2}}{2}-\frac{1-2z^{-1}+z^{-2}}{2}=2z^{-1}$$

即乘积滤波器$P(z)$满足式$P(z)-P(-z)=2z^{-n_0}$的PR条件。

(2)由于

$$P(z)=H_0(z)G_0(z)=\frac{(1+z^{-1})^2}{2}=\frac{1+z^{-1}}{\sqrt{2}}\times\frac{1+z^{-1}}{\sqrt{2}}$$

$$H_0(z)=\frac{1+z^{-1}}{\sqrt{2}}$$

所以重建低通滤波器$G_0(z)$为

$$G_0(z)=\frac{1+z^{-1}}{\sqrt{2}}$$

由式(8.4.10)可得高通滤波器为

$$H_1(z) = G_0(-z) = \frac{1 - z^{-1}}{\sqrt{2}}$$

$$G_1(z) = -H_0(-z) = \frac{-1 + z^{-1}}{\sqrt{2}}$$

8.4.2　FIR 正交镜像滤波器组

FIR 滤波器的优点是容易实现线性相位。假定 $H_0(z)$ 是 N 点 FIR 低通滤波器,其单位脉冲响应为 $h_0(n)$,则

$$H_0(z) = \sum_{n=0}^{N-1} h_0(n) z^{-n}$$

如果有

$$h_0(n) = h_0(N-1-n)$$

则 $H_0(z)$ 是线性相位的。根据

$$\begin{cases} H_1(z) = H_0(-z) \\ G_0(z) = H_1(-z) \\ G_1(z) = -H_0(-z) \end{cases} \tag{8.4.17}$$

可知,H_1、G_0 和 G_1 也是线性相位的。因而

$$T(z) = \frac{1}{2}[H_0(z)G_0(z) + H_1(z)G_1(z)] = \frac{1}{2}[H_0^2(z) - H_1^2(z)] \tag{8.4.18}$$

或

$$T(e^{j\omega}) = \frac{1}{2}[H_0^2(e^{j\omega}) - H_1^2(e^{j\omega})] = \frac{1}{2}[H_0^2(e^{j\omega}) - H_0^2(e^{j(\omega+\pi)})] \tag{8.4.19}$$

也是线性相位的,可以去除相位失真。下面来分析一下,在保证线性相位条件下,$T(e^{j\omega})$ 的幅度情况。

将线性相位 FIR 低通滤波器 $H_0(z)$ 的频响表示为

$$H_0(e^{j\omega}) = e^{-j\omega(N-1)/2} H_0(\omega) \tag{8.4.20}$$

式中,幅度函数 $H_0(\omega)$ 是 ω 的实函数,可正可负。将式(8.4.20)代入式(8.4.19),有

$$T(e^{j\omega}) = e^{-j\omega(N-1)} \frac{1}{2}[H_0^2(w) - (-1)^{N-1} H_0^2(\omega+\pi)]$$

$$= e^{-j\omega(N-1)} \frac{1}{2}[|H_0(e^{j\omega})|^2 - (-1)^{N-1} |H_0(e^{j(\omega+\pi)})|^2]$$

如果 $N-1$ 为偶数,即 N 为奇数,则 $T(e^{j\omega})$ 可以表示为

$$T(e^{j\omega}) = e^{-j\omega(N-1)} \frac{1}{2}[|H_0(e^{j\omega})|^2 - |H_0(e^{j(\omega+\pi)})|^2]$$

可以看出,$|H_0(e^{j\omega})|^2 - |H_0(e^{j(\omega+\pi)})|^2$ 在 $\omega = \frac{\pi}{2}$ 处为 0,即

$$T(e^{j\omega})\big|_{\omega=\frac{\pi}{2}} = 0$$

也就是说,$|T(e^{j\omega})|$ 不可能是全通函数,这将导致严重的幅度失真。

如果 $N-1$ 为奇数,即 N 为奇数,则 $T(e^{j\omega})$ 可以表示为

$$T(e^{j\omega}) = e^{-j\omega(N-1)}\frac{1}{2}[\,|H_0(e^{j\omega})|^2 + |H_0(e^{j(\omega+\pi)})|^2\,]$$

可以看出，只要

$$|H_0(e^{j\omega})|^2 + |H_0(e^{j(\omega+\pi)})|^2 = 1 \tag{8.4.21}$$

则有

$$T(e^{j\omega}) = 0.5e^{-j\omega(N-1)}$$

这样，既去除了相位失真，又去除了幅度失真。按照式(8.4.17)，可以将式(8.4.21)表示为

$$|H_0(e^{j\omega})|^2 + |H_1(e^{j\omega})|^2 = 1 \tag{8.4.22}$$

该式就是功率互补滤波器。也就是说，如果能设计出功率互补的线性相位 FIR 滤波器 $H_0(z)$ 和 $H_1(z)$（单位脉冲响应的长度 N 为偶数），就可以实现理想重建。

但是，前面已经指出，若使用 FIR 滤波器组及简单地选择 $H_1(z)=H_0(-z)$，那么能够实现理想重建的 $H_0(z)$ 和 $H_1(z)$ 将因频率选择性差而失去实用价值。因此，实际中只能使滤波器的频响近似式(8.4.22)，在保证无相位失真的情况下实现近似理想重建（NPR），近似的程度取决于滤波器的设计。约翰斯顿（Johnston）算法是方法之一，该算法通过优化过程，使 $H_0(e^{j\omega})$ 在通带内的幅频特性接近于 1，在阻带内的幅频特性接近于 0，同时，由于选择了 $H_1(z)=H_0(-z)$，因此，$H_1(e^{j\omega})$ 在 $H_0(e^{j\omega})$ 的通带内的幅频特性接近于 0，在其阻带内的幅频特性接近于 1，$H_0(z)$ 和 $H_1(z)$ 的幅频特性可以近似做到式(8.4.21)所示的功率互补。限于篇幅，这里不做详细讨论，有兴趣的读者可以参阅有关文献。

8.4.3 IIR 正交镜像滤波器组

根据式(8.4.17)可知

$$T(z) = \frac{1}{2}[H_0(z)G_0(z) + H_1(z)G_1(z)] = \frac{1}{2}[H_0^2(z) - H_1^2(z)] \tag{8.4.23}$$

将 $H_0(z)$ 按 $D=2$ 表示成多相形式，有

$$H_0(z) = E_0(z^2) + z^{-1}E_1(z^2) \tag{8.4.24}$$

则 $H_1(z)=H_0(-z)$ 的多相表示为

$$H_1(z) = E_0(z^2) - z^{-1}E_1(z^2) \tag{8.4.25}$$

对合成滤波器，有

$$G_0(z) = H_1(-z) = E_0(z^2) + z^{-1}E_1(z^2)$$

$$G_1(z) = -H_0(-z) = -[E_0(z^2) - z^{-1}E_1(z^2)]$$

于是可将图 8.4.3 所示的两通道滤波器组用图 8.4.4 所示的多相结构来实现。为减少运算量，通常将运算放在抽取之后、插值之前进行。利用等效关系，可以将图 8.4.4 进一步表示为其等效形式，如图 8.4.5 所示。

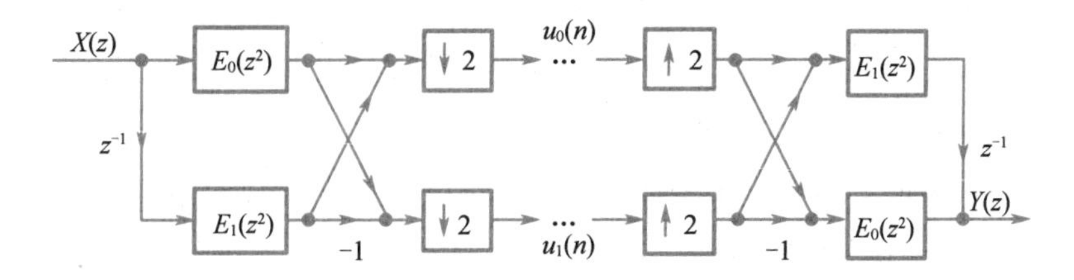

图 8.4.4　多相分量实现两通道滤波器组

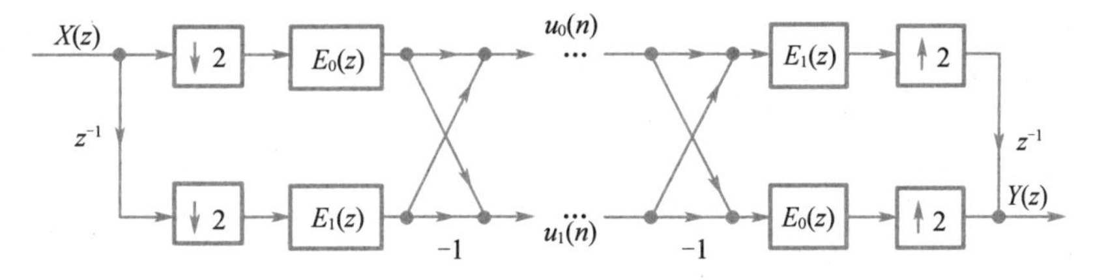

图 8.4.5　多相分量实现两通道滤波器组的等效形式

根据式(8.4.24)和式(8.4.25),可以将式(8.4.23)表示为

$$T(z)=2z^{-1}E_0(z^2)E_1(z^2) \tag{8.4.26}$$

如果要去除幅度失真,传递函数 $T(z)$ 必须是全通函数,则 $E_0(z)$ 和 $E_1(z)$ 也都是全通的,因而也都是 IIR 的。

如果令

$$E_0(z)=\frac{1}{2}A(z)$$

$$E_1(z)=\frac{1}{2}B(z)$$

则式(8.4.24)和式(8.4.25)所示的分析滤波器可以构造为如下形式:

$$H_0(z)=\frac{1}{2}[A(z^2)+z^{-1}B(z^2)] \tag{8.4.27a}$$

$$H_1(z)=\frac{1}{2}[A(z^2)-z^{-1}B(z^2)] \tag{8.4.27b}$$

可以证明,$A(z)$ 和 $B(z)$ 都是幅度为 1 的全通系统,即

$$A(z)=\prod_{i=1}^{N}\frac{a_i+z^{-1}}{1+a_iz^{-1}}$$

$$B(z)=\prod_{i=1}^{M}\frac{b_i+z^{-1}}{1+b_iz^{-1}}$$

对合成滤波器,有

$$G_0(z)=H_1(-z)=\frac{1}{2}[A(z^2)+z^{-1}B(z^2)] \tag{8.4.28a}$$

$$G_1(z)=-H_0(-z)=-\frac{1}{2}[A(z^2)-z^{-1}B(z^2)] \tag{8.4.28b}$$

则传递函数 $T(z)$ 为

$$T(z) = \frac{1}{2} z^{-1} A(z^2) B(z^2)$$

这是一个全通的传递函数。

利用 IIR 滤波器构造全通传递函数 $T(z)$，可以去除幅度失真，但会带来相位失真，因此也不具备 PR 性能，只能实现近似理想重建。图 8.4.5 所示为全通分量实现图 8.4.3 所示的两通道滤波器组。

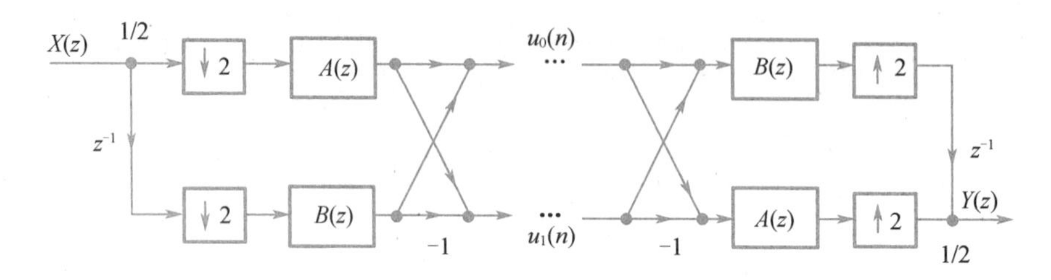

图 8.4.6　全通分量实现两通道滤波器组

之所以将 $H_0(z)$ 分解为两个全通系统，主要是考虑在滤波器组的实现中能够利用全通系统在实现上的一些优点。一阶、二阶及 N 阶全通系统的系统函数可以用展开式表示为

$$\begin{aligned} A_1(z) &= \frac{\lambda + z^{-1}}{1 + \lambda z^{-1}} \\ A_2(z) &= \frac{\lambda_2 + \lambda_1 z^{-1} + z^{-2}}{1 + \lambda_1 z^{-1} + \lambda_2 z^{-2}} \\ &\vdots \\ A_N(z) &= \frac{\lambda_N + \lambda_{N-1} z^{-1} + \cdots + \lambda_1 z^{-(N-1)} + z^{-N}}{1 + \lambda_1 z^{-1} + \lambda_2 z^{-2} + \cdots + \lambda_N z^{-N}} \end{aligned} \tag{8.4.29}$$

根据上面的表达式的特点，可以将全通系统在实现上的一些优点简单总结如下。

(1)一个 N 阶的 IIR 系统，直接实现时需要 $2N$ 个乘法器(假定分子分母的阶次都是 N)。但是，如果将该 IIR 系统按式(8.4.27a)分解为两个全通系统的并联，假定它们的阶次分别为 r 和 $N-r$，那么它们分别实现时各用 r 个和 $N-r$ 个乘法器，这样，实现该 IIR 系统共需要 N 个乘法器，比直接实现减少了一半。

以一阶 IIR 系统为例，假定分子分母的阶次都为 1，则直接实现时需要两个乘法器。而式(8.4.29)所示的一阶全通系统，两个乘法器都是与因子 λ 相乘，因此用一个乘法器就可实现，如图 8.4.7 所示。

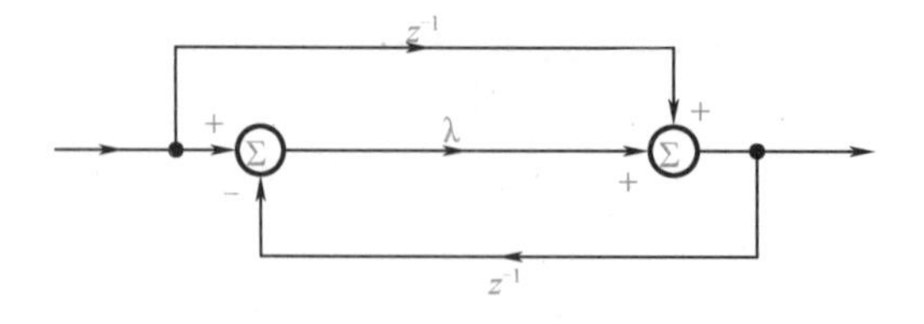

图 8.4.7　一阶全通系统

(2)因为 $A(z)$ 和 $B(z)$ 都是幅度为 1 的全通系统,如果用 $\widetilde{A}(z)$ 表示对 $A(z)$ 的系数取共轭,并用 z^{-1} 代替 z,则有

$$\begin{bmatrix}\widetilde{A}(z^2) & z\widetilde{B}(z^2)\end{bmatrix}\begin{bmatrix}A(z^2)\\ z^{-1}B(z^2)\end{bmatrix}=2 \tag{8.4.30}$$

将式(8.4.27)表示为

$$\begin{bmatrix}H_0(z)\\ H_1(z)\end{bmatrix}=\frac{1}{2}\begin{bmatrix}1 & 1\\ 1 & -1\end{bmatrix}\begin{bmatrix}A(z^2)\\ z^{-1}B(z^2)\end{bmatrix} \tag{8.4.31}$$

根据式(8.4.30)和式(8.4.31),考虑到 $\begin{bmatrix}1 & 1\\ 1 & -1\end{bmatrix}^{\mathrm{T}}\begin{bmatrix}1 & 1\\ 1 & -1\end{bmatrix}=2\begin{bmatrix}1 & 0\\ 0 & 1\end{bmatrix}$,可得

$$\begin{bmatrix}\widetilde{H}_0(z) & \widetilde{H}_1(z)\end{bmatrix}\begin{bmatrix}H_0(z)\\ H_1(z)\end{bmatrix}=1$$

即 $H_0(z)\widetilde{H}_0(z)+H_1(z)\widetilde{H}_1(z)=1$,满足功率互补(功率对称)性质。从式(8.4.27)和图 8.4.5 可知,$A(z)$ 和 $B(z)$ 相加可得到 $H_0(z)$ 的输出,相减可得到 $H_1(z)$ 的输出,也就是说,一对全通系统相加、相减即可得到一对功率互补滤波器的输出。这时并没有增加额外的乘法器,只是增加了一些加法器,这对降低滤波器组中的计算量和硬件的复杂性是非常有利的。

(3)将 $H_0(z)$ 分解为两个全通系统的并联后,每一个全通系统在实现时由一个个一阶或二阶的全通子系统级联而成。由于全通子系统分子多项式、分母多项式中的系数因子是一样的,因此乘法运算时存在的舍入误差基本上不影响该子系统的全通特性。$H_0(z)$ 的通带频率特性对系统中的量化误差不敏感,这也是用全通分解的方法实现 IIR 功率互补滤波器组的主要原因。

现在我们关心的问题是:怎样构造合适的全通系统 $A(z)$ 和 $B(z)$? 研究表明,如果将低通滤波器 $H_0(z)$ 设计成奇阶椭圆滤波器,那么,当椭圆滤波器通带和阻带的频响、边缘频率及纹波满足一定的条件时,通过分配 $H_0(z)$ 的极点,可以构造两个幅度为 1 的全通函数 $A(z)$ 和 $B(z)$。奇阶椭圆滤波器的设计方法及如何分配 $H_0(z)$ 的极点构造 $A(z)$ 和 $B(z)$,这里不做详细讨论,读者可以参阅有关文献。

8.5　多速率信号处理的 MATLAB 仿真

多抽样率数字信号处理主要是通过内插和抽取来实现的。主要 MATLAB 函数包括 decimate、interp、resample、downsample、upsample 等。

8.5.1　与抽样率数字信号处理相关的 MATLAB 函数

1. decimate

语法:

```
y = decimate(x,r)
```

```
y=decimate(x,r,n)
y=decimate(x,r,'fir')
y=decimate(x,r,n,'fir')
```

介绍：函数 decimate 用于把原序列的抽样率降低，和插值的作用相反。抽取对输入信号进行低通滤波，然后在较低的抽样率下对信号进行重新抽样。

y = decimate(x,r)语句用于把输入信号 x 的抽样率降低 r 倍。

y = decimate(x,r,n)语句主要是用一个 n 阶的切比雪夫滤波器来进行抽取。当阶数大于 13 时，由于数字的不稳定，最好不要用。

y = decimate(x,r,'fir')语句主要是用一个 30 阶的滤波器而不是用切比雪夫滤波器来进行抽取。

y = decimate(x,r,n,'fir')语句主要是用一个 n 阶的 FIR 滤波器来进行抽取。

2. interp

语法：

```
y=interp(x,r)
y=interp(x,r,l,alpha)
[y,b]=interp(x,r,l,alpha)
```

介绍：函数 interp 用于对输入序列进行整数倍的插值。

y = interp(x,r)语句用于把输入序列 x 进行 r 倍的插值，y 的长度是输入序列 x 的 r 倍。

y = interp(x,r,l,alpha)语句主要用于在特定的滤波器长度和截止频率的情况下对信号进行插值，默认的 l 是 4，而 alpha 是 0.5。

[y,b] = interp(x,r,l,alpha)语句返回了用于插值滤波器的系数 b。

3. resample

语法：

```
y=resample(x,p,q)
y=resample(x,p,q,n)
y=resample(x,p,q,n,beta)
y=resample(x,p,q,b)
[y,b]=resample(x,p,q)
```

介绍：函数 resample 主要用于对输入序列进行有理数倍的抽取或者内插。

y = resample(x,p,q)语句主要用于对输入序列 x 进行 p/q 倍的抽样或者内插，p 和 q 必须是整数。

y = resample(x,p,q,n,beta)语句用于按照指定的恺撒窗的参数 beta 的滤波器对信号进行处理，默认的 beta 是 5。

y = resample(x,p,q,b)语句主要是按照系数为 b 的滤波器对信号 x 进行处理。

[y,b] = resample(x,p,q)语句返回用于滤波的滤波器的系数 b。

4. downsample

语法：

```
y = downsample(x,n)
y = downsample(x,n,phase)
```

介绍：函数 downsample 主要用于整数倍地降低输入序列的抽样率。

y = downsample(x,n)是从第一个抽样值开始每隔 n 个抽样值进行抽样。

y = downsample(x,n,phase)是从第 phase 抽样值开始每隔 n 个抽样值进行抽样。phase 必须是整数，且应该在 0 ~ n - 1 之间。

5. upsample

语法：

```
y = upsample(x,n)
y = upsample(x,n,phase)
```

介绍：函数 upsample 主要用于整数倍地增加输入序列的抽样率。

y = upsample(x,n)语句是原始序列的抽样值中间插入 n - 1 个 0。

y = upsample(x,n,phase)语句主要是对插值之后的序列有一个大小为 phase 的偏移。phase 必须是整数，且应该在 0 ~ n - 1 之间。

8.5.2　多抽样率数字信号的 MATLAB 实现

【例 8.5.1】　产生一个长度为 20 的序列，对其分别进行 2 倍抽取和 2 倍插值，并且画出它们的时域和频域图形。

解　程序如下：

```
x = [1 2 3 4 5 6 7 88 10 10 8 8 7 6 5 4 3 2 1];
y1 = downsample(x,2);
y2 = upsample(x,2);
subplot(3,1,1);stem(x,'k');title('原始序列');
subplot(3,1,2);stem(y1,'k');title('2 倍抽取之后的序列');
subplot(3,1,3);stem(y2,'k');title('2 倍插值之后的序列');
figure;
subplot(3,1,1);
plot(abs(fft(x,128)),'k');
title('原始序列的频谱')
subplot(3,1,2);
plot(abs(fft(y1,128)),'k');
title('2 倍抽取之后的序列的频谱')
subplot(3,1,3);
plot(abs(fft(y2,128)),'k');
title('2 倍插值之后的序列的频谱')
```

程序运行之后的图形如图 8.5.1(a)和图 8.5.1(b)所示。

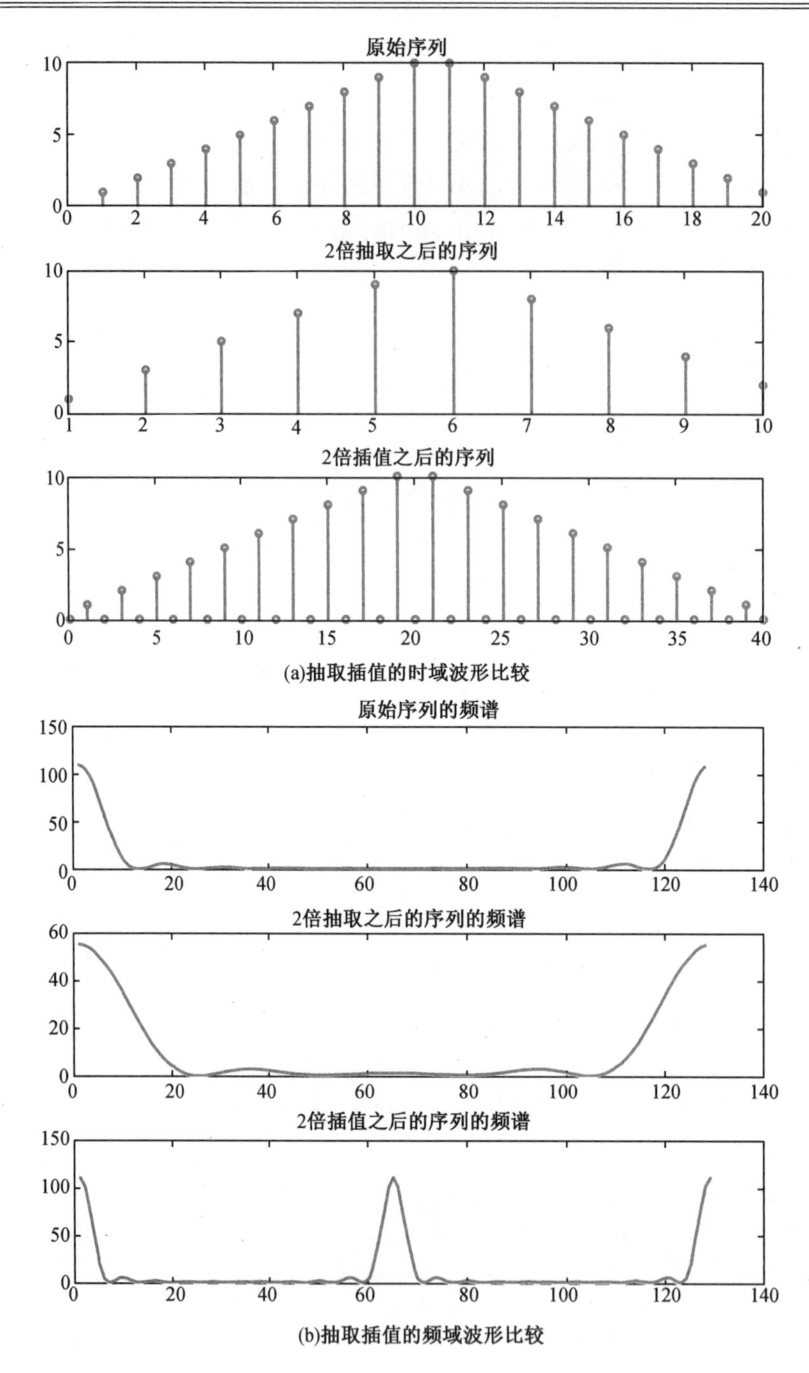

图 8.5.1　例 8.5.1 程序运行结果

【例 8.5.2】　已知一个连续时间信号 $x(t)$ 的表达式为

$$x(t)=A\cos(2\pi f_1 t)+B\cos(2\pi f_2 t)$$

式中,$f_1=50$ Hz,$f_2=100$ Hz,$A=1.5$,$B=1$。试用 MATLAB 完成如下变换:

(1)画出信号 $x(t)$ 的采样图;

(2)按 4 整数倍对信号进行插值运算,并画出插值后的信号图;

(3)对插值后的信号进行 4 整数倍抽取,画出抽取后的信号图。

解　利用函数 interp 完成插值运算,MATLAB 程序如下。

```
fs =1000;                                          % 采样频率
A =1.5;B =1;
f1 =50;f2 =100;                                    % 信号频率
t =0:1/fs:1;                                       % 时间
x =A * cos(2 * pi * f1 * t) +B * cos(2 * pi * f2 * t);   % 给定信号
y =interp(x,4);                                    % 按 4 整数倍插值
subplot(2,2,1);stem(x(1:25),'.');                  % 画出输入信号
xlabel('时间,nT');
ylabel('输入信号');
gridon;
subplot(2,2,2);stem(y(1:100),'.');                 % 画出插值信号
xlabel('时间,4nT');
ylabel('输出插值信号');
gridon;
y1 =decimate(y,4);                                 % 按 4 整数倍抽取
subplot(2,1,2);stem(y1(1:25),'.');                 % 画出抽取信号
xlabel('时间,nT');
ylabel('输出抽取信号');
grid on;
```

程序运行之后的图形如图 8.5.2 所示。

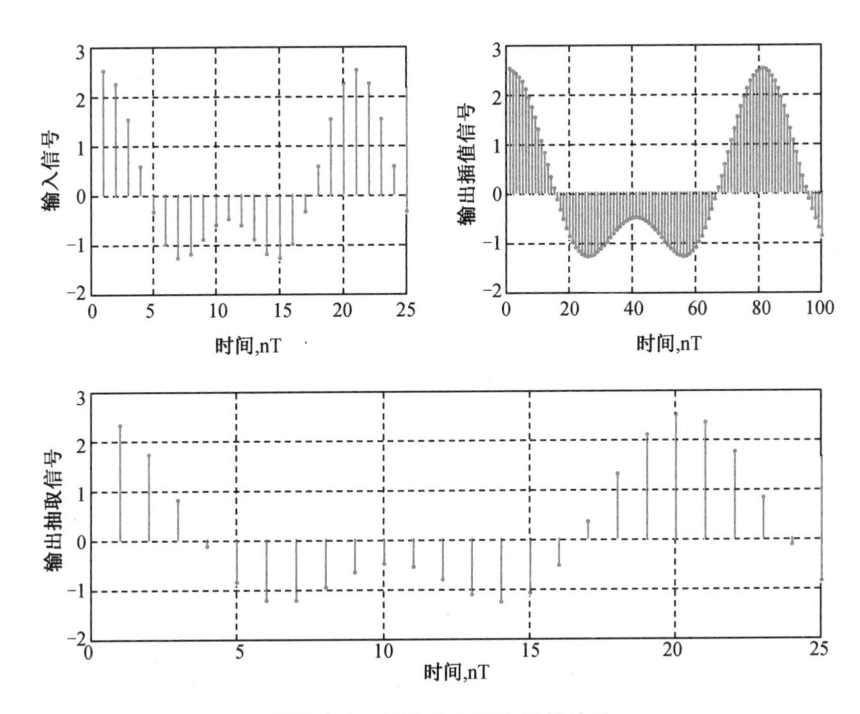

图 8.5.2　例 8.5.2 程序运行结果

【例 8.5.3】　已知 $x(n)=1.5\cos(0.3\pi n)$，用 MATLAB 对 $x(n)$ 按有理因子 3/5 进行抽样速率转换。

解　利用函数 resample 完成按有理因子抽样率转换，MATLAB 程序如下。

```
n = 0:24;
x = 1.5 * cos(0.3 * pi * n);% 给定信号
[y,h] = resample(x,3,5);% x(n)按有理因子 3/5 进行抽样速率转换
subplot(2,2,1);stem(n,x);% 画出输入信号
xlabel('时间,n');ylabel('输入信号');
ny = 0:length(y) -1;
subplot(2,2,2);stem(ny,y);% 画出插值信号
xlabel('时间,n');ylabel('输出变换信号');
w = (0:511) * 2/512;
H = 20 * log10(abs(fft(h,512)));
subplot(2,1,2);plot(w,H);
gridon;
xlabel('频率');ylabel('幅值');
```

程序运行之后的图形如图 8.5.3 所示。

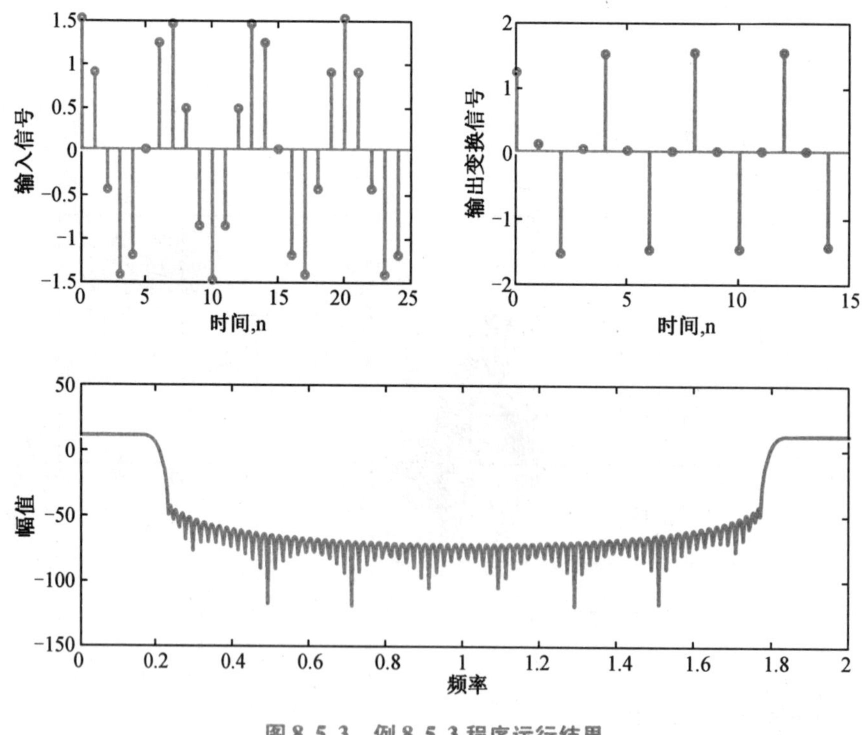

图 8.5.3　例 8.5.3 程序运行结果

【例 8.5.4】　用 MATLAB 函数 x = firls(127,[0 0.4 0.5 1],[1 1 0 0]);产生一个序列，试比较直接内插信号与内插滤波信号的特性。

解　比较内插前后信号频谱的 MATLAB 程序如下。

```
I =2;
x = firls(127,[0 0.4 0.5 1],[1 1 0 0]);
x1 =upsample(x,I);% 直接内插
[x2,h] = interp(x,I);% 内插后在滤波
w = linspace( -pi,pi,1024);
X = freqz(x,[1],w);% 原信号的频谱
X1 = freqz(x1,[1],w);% 直接内插后信号的频谱
X2 = freqz(x2,[1],w);% 内插后滤波所得信号的频谱
plot(w/pi,abs(X),w/pi,abs(X1),'g',w/pi,abs(X2),'r');
grid on
```

比较内插前后信号时域波形的 MATLAB 程序如下。

```
I =2;
x = firls(127,[0 0.4 0.5 1],[1 1 0 0]);
x1 = upsample(x,I);% 直接内插
x2 = interp(x,I);% 内插后在滤波
N = length(x) -54;% 显示一段波形
k =54 +1:N;
subplot(3,1,1);stem(k -1,x(k),'.');
k1 =54 * I +1:2:I * N;
k2 =54 * I +2:2:I * N;
subplot(3,1,2);stem(k1 -1,x1(k1),'b.');
holdon;stem(k2 -1,x1(k2),'r.');
subplot(3,1,3);stem(k1 -1,x2(k1),'b.');
holdon;stem(k2 -1,x2(k2),'r.');
gridon
```

程序运行之后的图形如图 8.5.4 所示。

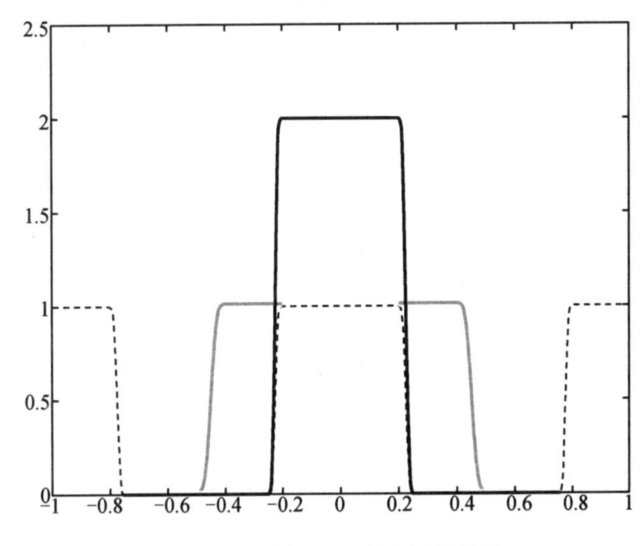

图 8.5.4　例 8.5.4 程序运行结果

【例 8.5.5】 离散信号 $x(n)$ 的抽样频率为 10 Hz，试求出抽样频率为 15 Hz 的序列 $y(n)$。

解　完成抽样频率转换的 MATLAB 程序如下。

```
fs1 =10;fs2 =15;N =40;
k1 =0:N -1;
x1 =cos(2 *0.4 *pi *k1 /fs1);
k2 =0:1.5 *N -1;
x2 =cos(2 *0.4 *pi *k2 /fs2);
x3 =resample(x1,3,2);
subplot(4,1,1);stem(x1,'k.');
subplot(4,1,2);stem(x2,'b.');
subplot(4,1,3);stem(x3,'r.');
subplot(4,1,4);stem(abs(x3 -x2),'.');
gridon
```

程序运行之后的图形如图 8.5.5 所示。

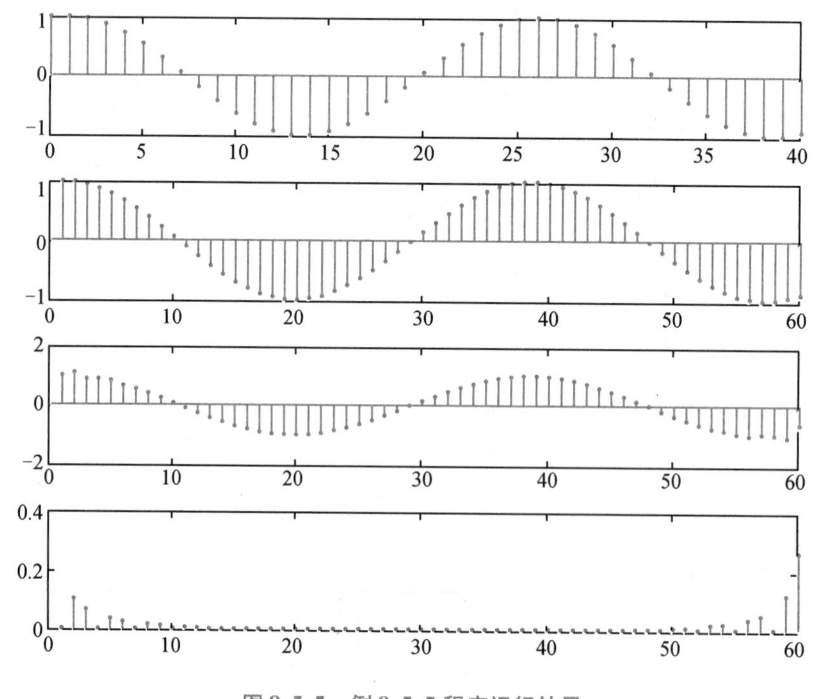

图 8.5.5　例 8.5.5 程序运行结果

【例 8.5.6】 令 $x(n)=\sin(2\pi nf/f_s)$，$f/f_s=1/12$，请编程实现该题的要求，并给出每种情况下的数字低通滤波器的频率特性及频率转换后的信号图形，并解释所得结果。

(1) 做 $I=2$ 倍的插值，每个周期为 24 点；

(2) 做 $D=3$ 倍的抽取，每个周期为 4 点；

(3) 做 $I/D=2/3$ 倍的抽样率转换，每个周期为 8 点。

解　因为 $w_0=2\pi f/f_s=\pi/6$，$N=12$。实现抽样率转换的关键是设计出高性能的低通滤波器,即设计的滤波器通带尽量平坦,阻带衰减尽量大,过渡带尽量窄,且是线性相位。这里,我们采用海明窗。

(1)对于插值,需要设计去镜像的滤波器。为此,利用式(8.2.12),令

$$H(e^{j\omega})=\begin{cases}I=2, & |\omega|\leqslant\dfrac{\pi}{I}=\dfrac{\pi}{2}\\ 0, & 其他\end{cases}$$

采用海明窗,阶次 $N=33$,所得单位脉冲响应和幅频响应分别如图 8.5.6(a)和图 8.5.6(b)所示,经 $I=2$ 倍插值后的波形如图 8.5.6(c)和图 8.5.6(d)所示。

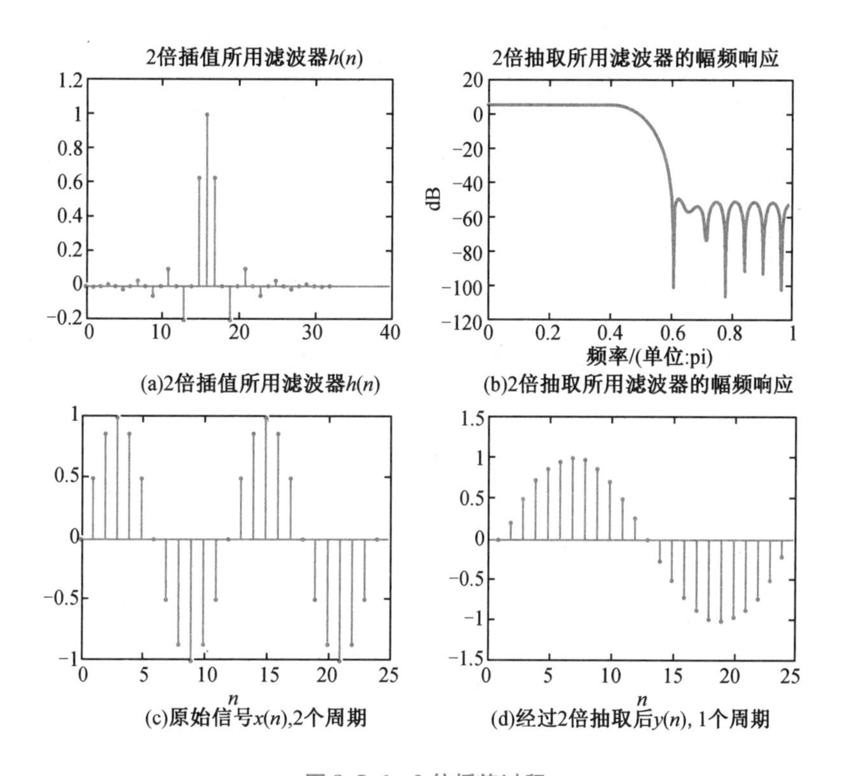

图 8.5.6　2 倍插值过程

(2)对于抽取,需要设计抗混叠滤波器。为此,利用式(8.2.1),令

$$H(e^{j\omega})=\begin{cases}1, & |\omega|\leqslant\dfrac{\pi}{D}=\dfrac{\pi}{3}\\ 0, & 其他\end{cases}$$

同样取阶次 $N=33$,所得单位脉冲响应和幅频响应分别如图 8.5.7(a)和图 8.5.7(b)所示,经 $D=3$ 倍抽取后的波形如图 8.5.7(c)和图 8.5.7(d)所示。

(3)对于分数倍抽样率转换,需要设计插值和抽取共用的滤波器。为此,利用式(8.2.14),令

$$H(e^{j\omega})=\begin{cases}I=2, & 0\leqslant|\omega|\leqslant\min\left(\dfrac{\pi}{I},\dfrac{\pi}{D}\right)=\dfrac{\pi}{3}\\ 0, & 其他\end{cases}$$

同样取阶次 $N=33$，经 $I/D=2/3$ 倍抽取后的波形如图 8.5.8 所示。

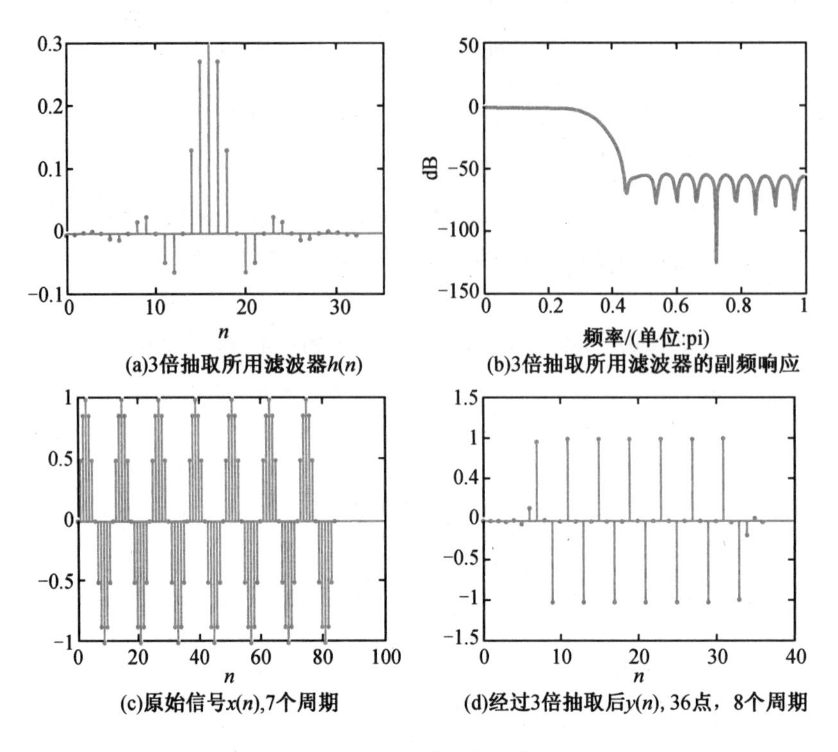

(a)3倍抽取所用滤波器$h(n)$　(b)3倍抽取所用滤波器的副频响应

(c)原始信号$x(n)$,7个周期　(d)经过3倍抽取后$y(n)$, 36点，8个周期

图 8.5.7　3 倍抽取过程

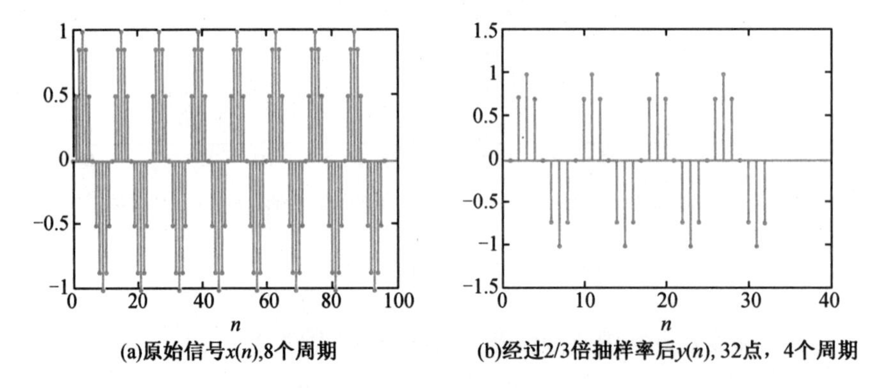

(a)原始信号$x(n)$,8个周期　(b)经过2/3倍抽样率后$y(n)$, 32点，4个周期

图 8.5.8　2/3 倍抽样率转换前后的波形

主要 MATLAB 程序如下。

(1)插值过程

```
% 去镜像滤波器设计
N =33;wc =pi/2;% hamming 窗,去镜像滤波器
n =0:N -1;I =2;
hn2 =I * fir1(N -1,wc/pi,hamming(N));
subplot(2,2,1);stem(n,hn2,'.');
xlabel('n');title('2 倍插值所用滤波器 h(n)');
```

```
hw = fft(hn2,512);
w = 2 * [0:255]/512;
subplot(2,2,2);
H = 20 * log10(abs(hw));
plot(w,H(1:256));
title('2 倍插值所用滤波器的幅频响应');xlabel('频率(单位:pi)');ylabel('dB')
% 插值
n = 1:24;% 2 倍插值
x = sin(2 * pi * n/12);subplot(2,2,3);stem(n,x,'.');xlabel('n')
y = zeros(1,24);
for m = 1:24
  if mod(m,2) = = 0
    y(m) = x(m/2);
  else
    y(m) = 0;
  end
end
N = 33;wc = pi/2;% hamming 窗
hdn = 2 * fir1(N - 1,wc/pi,hamming(N));
yn = conv(hdn,y);subplot(2,2,4);stem(n,yn(16:38),'.');xlabel('n')
```

(2)抽取过程

```
% 混叠滤波器设计
N = 33;wc = pi/3;
n = 0:N - 1;
hn2 = fir1(N - 1,wc/pi,hamming(N));
subplot(2,2,1);stem(n,hn2,'.');
axis([0 35  -0.1 0.3]);xlabel('n');
hw = fft(hn2,512);
w = 2 * [0:255]/512;
subplot(2,2,2);
H = 20 * log10(abs(hw));
plot(w,H(1:256));
xlabel('频率(单位:pi)');ylabel('dB')
% 抽取
n = 1:84;
x = sin(2 * pi * n/12);% 信号源
N = 33;wc = pi/3;
hn2 = fir1(N - 1,wc/pi,hamming(N));% 抗混叠滤波器
y = conv(x,hn2);% 输出信号
subplot(2,2,3);stem(x,'.');xlabel('n');
y1 = zeros(1,36);
```

```
for m=1:36
    y1(m)=y(1+(m-1)*3);% 3 倍抽取
end
subplot(2,2,4);stem(y1,'.');xlabel('n');
```

(3)抽样率转换

```
n=1:86;% 2 倍插值
x=sin(2*pi*n/12);subplot(2,2,1);stem(n,x,'.');xlabel('n');
y=zeros(1,86);
for m=1:86
if mod(m,2)==0
    y(m)=x(m/2);
  else
    y(m)=0;
  end
end
N=33;wc=pi/2;% hamming 窗
hdn=2*fir1(N-1,wc/pi,hamming(N));
yn=conv(hdn,y);
y1=zeros(1,37);
for m=1:37
  y1(m)=yn(1+(m-1)*3);% 3 倍抽取
end
subplot(2,2,2);stem(y1(6:37),'.');xlabel('n');
```

习　　题

1. 试求题 1 图所示系统的输入和输出关系。

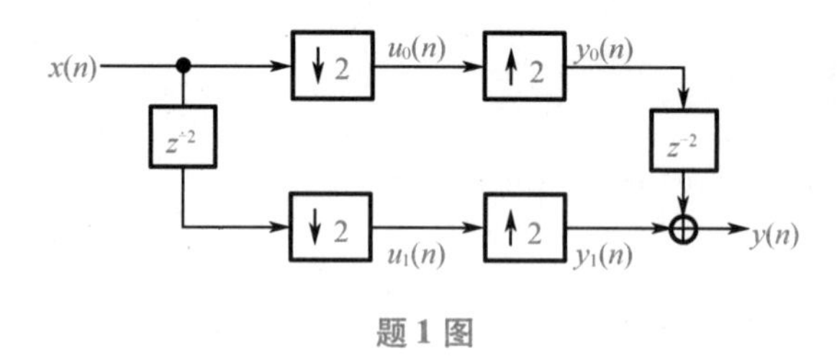

题 1 图

2. 已知序列 $x(n)$ 的频谱 $X(e^{j\omega})$ 如题 2 图所示，试画出 $D=3$ 整数倍抽取后序列 $x_d(n)$ 的频谱 $X_d(e^{j\omega_d})$。

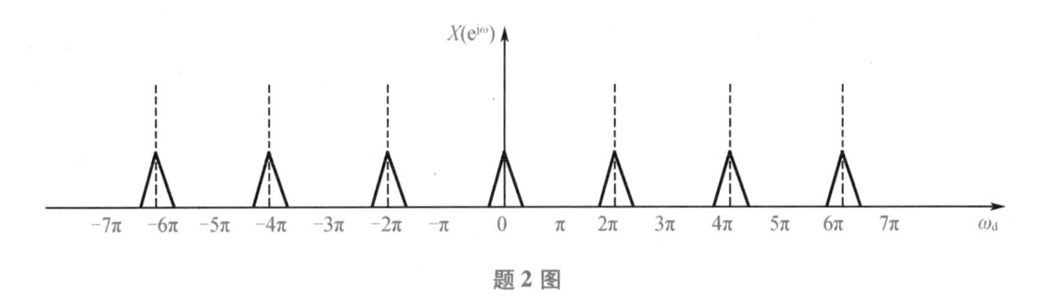

题 2 图

3. 题 3 图所示系统输入为 $x(n)$，输出为 $y(n)$，零值插入系统在每一序列 $x(n)$ 值之间插入两个零值点，抽取系统定义为 $y(n)=\omega(5n)$。其中 $\omega(n)$ 是抽取系统的输入序列。若输入

$$x(n)=\frac{\sin(\omega_1 n)}{\pi n}$$

试确定下列 ω 值时的输出 $y(n)$：

(1) $\omega_1 \leqslant \frac{3}{5}\pi$；

(2) $\omega_1 > \frac{3}{5}\pi$。

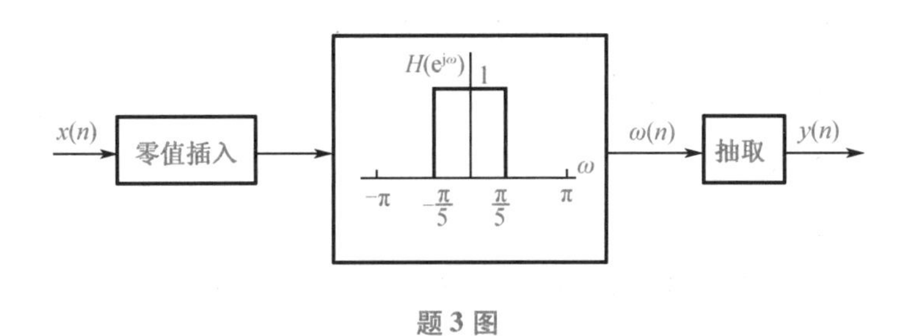

题 3 图

4. 按整数因子 I 内插器原理方框图如题 4(a) 图所示。图中，$F_x = 200$ Hz，$F_y = 1$ kHz，输入序列 $x(n)$ 的频谱如题 4(b) 图所示。确定内插因子 I，并画出题 4 图中理想低通滤波器 $h_I(n)$ 的频率响应特性曲线和序列 $v(n)$ 和 $y(n)$ 的频谱特性曲线。

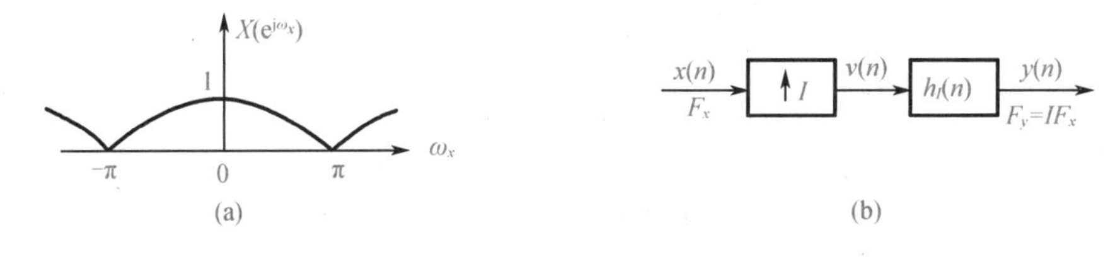

题 4 图

5. 已知用有理数 I/D 作抽样率转换的两个系统，如题 5 图所示。

(1) 写出 $X_{Id_1}(z)$，$X_{Id_2}(z)$，$X_{Id_1}(e^{j\omega})$，$X_{Id_2}(e^{j\omega})$ 的表达式；

(2)若 $I=D$,试分析这两个系统是否有 $x_{Id_1}(n)=x_{Id_2}(n)$,请说明理由;

(3)若 $I\neq D$,请问在什么条件下 $x_{Id_1}(n)=x_{Id_2}(n)$,并说明理由。

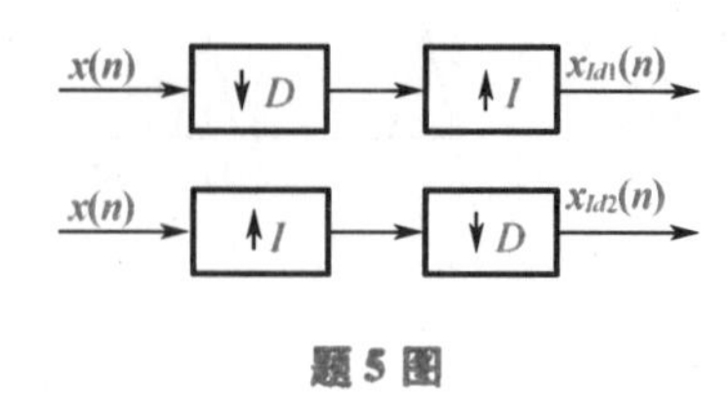

题5图

6. 已知信号 $x(n)=a^n u(n)$, $|a|<1$。

(1)求信号 $x(n)$ 的频谱函数 $X(e^{j\omega})=FT[x(n)]$;

(2)按因子 $D=2$ 对 $x(n)$ 抽取得到 $y(n)$,试求 $y(n)$ 的频谱函数;

(3)证明:$y(n)$ 的频谱函数就是 $x(2n)$ 的频谱函数。

7. 若对信号 $x_a(t)$ 以频率 8 kHz 采样,而我们想导出的是以频率 10 kHz 采样就可以得到的离散时间信号,如何进行?

8. 已知某 I 型线性相位系统的系统函数为

$$H(z)=a+bz^{-1}+cz^{-2}+dz^{-3}+cz^{-4}+bz^{-5}+az^{-6}$$

(1)试求 $M=2$ 时,$H(z)$ 的多相分量 $E_0(z)$ 和 $E_1(z)$;

(2)根据(1)的结果,分析该系统多相有何对称特性。

9. 试确定二阶 IIR 系统

$$H(z)=\frac{2+z^{-1}}{1+0.7z^{-1}+0.8z^{-2}}$$

试求 $M=2$ 时,$H(z)$ 的多相分量 $E_0(z)$ 和 $E_1(z)$。

10. 已知某两通道滤波器组的乘积滤波器 $P(z)$ 为

$$P(z)=(1+z^{-1})^4(-1+4z^{-1}-z^{-2})/16$$

(1)验证乘积滤波器 $P(z)$ 满足式 $P(z)-P(-z)=2z^{-n}$ 的 PR 条件。

(2)若两通道滤波器组中分解低通滤波器为

$$H_0(z)=(1+z^{-1})^2(-1+4z^{-1}-z^{-2})/8$$

试求该两通道滤波器组中的其他滤波器。该系统就是著名的 5/3 小波。

(3)若两通道滤波器组中分解低通滤波器为

$$H_0(z)=\frac{1+\sqrt{3}}{4\sqrt{2}}(1+z^{-1})^2[-(2-\sqrt{3})+z^{-1}]$$

试求该两通道滤波器组中的其他滤波器。该系统也被称为 db2 小波。

11. 下面是在数字域实现抽样率转换的简单的例子。在题 11 图中,(a)图得到 $x(n)$,(b)图得到 $x_1(n)$,(c)图为模拟滤波器的频率特性,希望用数字域方法直接从 $x(n)$ 得到 $x_1(n)$,给出具体实现方法的框图,并给出各框图的具体指标要求。

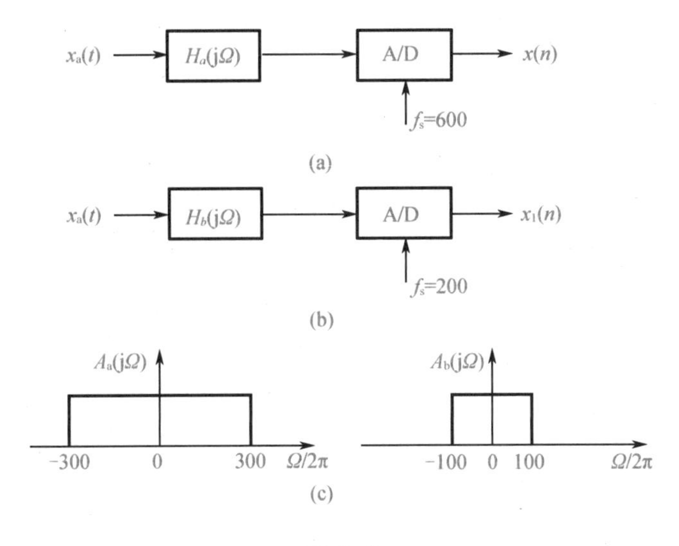

题 11 图

12. 设计一采样频率转换系统,需要把采样频率从 44.1 kHz 转换到 24 kHz。(东南大学 2008 年研)

13. 一个傅里叶变换如题 13 图所示的信号 $x_c(t)$,用采样周期 $T=2\pi/\Omega_0$ 采样形成序列 $x(t)=x(nT)$。

(1) 对 $|\omega|<\pi$,画出傅里叶变换 $X_c(e^{j\omega})$ 的频谱图。

(2) 要从 $x(n)$ 完整恢复 $x_c(t)$,请画出该恢复系统的框图,并给出相应特性,假设可以可用理想滤波器。

(3) T 在什么范围内(用 Ω_0 表示),$x_c(t)$ 可以从 $x(n)$ 恢复?[山东大学 2018 年研]

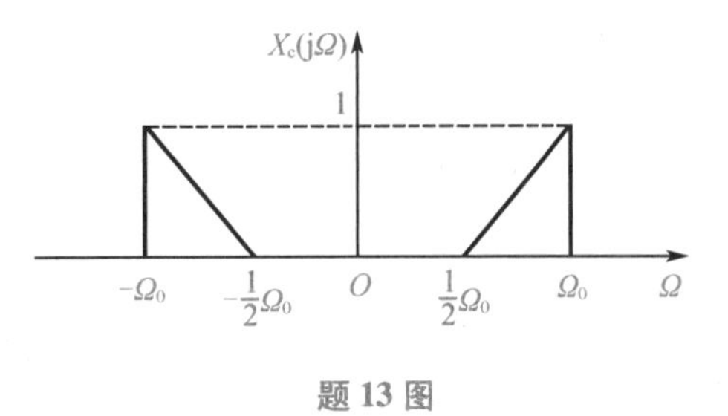

题 13 图

14. 产生一个正弦信号,每个周期 40 个点,分别用 interp、decimate 做 $I=2,D=3$ 的插值与抽取,再用 resample 做 2/3 倍的抽样率转换,给出信号的波形。

15. 设计一个按有理因子 3/7 的降低抽样率的抽样率转换器,画出原理方框图,要求其中的 FIR 低通滤波器的通带最大衰减为 1 dB,阻带最小衰减为 40 dB,过渡带宽为 $\Delta\omega=0.08\pi$,求滤波器的单位抽样响应,并画出其高效实现结构。

答案

第9章 数字信号处理实验

数字信号处理是一门理论与实际紧密结合的课程。数字信号处理的概念比较抽象，而且其数值计算比较烦琐。因此，国外很早便把MATLAB用于数字信号处理的教学中，并取得了很好的效果。现在MATLAB已经成为解决数字信号处理问题的公认的标准软件。MATLAB上机实验是数字信号处理课程学习的重要实践环节，它不仅可以帮助大家深入理解基本理论，而且能提高大家解决问题的能力，对以后深入学习和应用数字信号处理知识，解决一些实际问题，均会有很大的帮助。本章给出了6个实验，前4个实验属基础理论实验，第5个属综合应用实验，第6个属探究性实验。任课教师可根据教学实际情况，选做其中的实验内容。

9.1 实验一：时域采样和频域采样

1. 实验目的

(1)掌握模拟信号经理想采样后的频谱变化关系，加深对时域采样定理的理解；

(2)掌握频域采样会引起时域周期化的概念，以及频域采样定理及其对频域采样点数选择的指导作用。

2. 实验原理

(1)时域采样定理

对模拟信号 $x_a(t)$ 以 T 为周期进行时域等间隔理想采样，采样信号 $\hat{x}_a(t)$ 的频谱 $\hat{X}_a(j\Omega)$ 为原模拟信号频谱 $X_a(j\Omega)$ 以采样角频率 Ω_s ($\Omega_s = 2\pi/T$)为周期进行周期延拓的结果。其数学表达式为

$$\hat{X}_a(j\Omega) = FT[\hat{x}_a(t)] = \frac{1}{T}\sum_{n=-\infty}^{\infty} X_a(j\Omega - jn\Omega_s)$$

奈奎斯特采样定理指出：采样频率 $f_s(f_s = \Omega_s/2\pi)$ 必须大于等于模拟信号最高频率的两倍以上，才能使采样信号的频谱不产生频谱混叠，从而可以实现无失真恢复原信号。

为便于计算机计算，下面推导出另外一种关系形式。因为理想采样信号 $\hat{x}_a(t)$ 与模拟信号 $x_a(t)$ 之间的关系可以写为

$$\hat{x}_a(t) = x_a(t)\sum_{n=-\infty}^{\infty}\delta(t - nT)$$

对上式进行傅里叶变换可得

$$\begin{aligned}\hat{X}_a(j\Omega) &= \int_{-\infty}^{\infty}[x_a(t)\sum_{n=-\infty}^{\infty}\delta(t-nT)]e^{-j\Omega t}dt \\ &= \sum_{n=-\infty}^{\infty}\int_{-\infty}^{\infty}x_a(t)\delta(t-nT)e^{-j\Omega t}dt \\ &= \sum_{n=-\infty}^{\infty}x_a(nT)e^{-j\Omega nT} \\ &= X(e^{j\omega})\big|_{\omega=\Omega T}\end{aligned}$$

上式说明采样信号的傅里叶变换可用相应序列的傅里叶变换 $X(e^{j\omega})$ 得到,只要将自变量 ω 用 ΩT 代替即可。

(2)频域采样定理

对信号 $x(n)$ 的频谱函数 $X(e^{j\omega})$ 在[0,2π]上等间隔采样 N 点,得到:

$$X_N(k) = X(e^{j\omega})\big|_{\omega=\frac{2\pi k}{N}}, \quad k = 0,1,2,\cdots,N-1$$

则 N 点 IDFT$[X_N(k)]$得到的序列就是原序列 $x(n)$ 以 N 为周期进行周期延拓后的主值序列,即

$$x_N(n) = \mathrm{IDFT}[X_N(k)]_N = [\sum_{i=-\infty}^{\infty}x(n+iN)]R_N(n)$$

频域采样定理指出:频域采样点数 N 必须大于等于时域离散信号的长度 M(即 $N\geqslant M$),才能使时域周期延拓序列不产生混叠,则 N 点 IDFT$[X_N(k)]$ 得到的序列 $x_N(n)$ 才是原序列 $x(n)$。

3. 实验内容及步骤

(1)验证时域采样定理

设模拟信号为

$$x_a(t) = Ae^{-\alpha t}\sin(\Omega_0 t)u(t)$$

其中,$A=444.128$,$\Omega_0=\alpha=50\sqrt{2}\pi$。分别以抽样频率 f_s 为 1 000 Hz、400 Hz、200 Hz 进行等间隔抽样,利用 FFT 求抽样序列 $x(n)$ 的幅频特性,以验证时域采样定理。观测时间选 $T_p=128$ ms。因为采样频率不同,得到的三种抽样序列的长度亦不相同。选取 FFT 的变换点数为 $N=128$,序列长度不够 128 的尾部补零即可。编写 MATLAB 程序,分别绘制模拟信号及采样序列的时域波形和幅度频谱图,观察频谱混叠现象。

(2)验证频域采样定理

给定离散序列信号如下:

$$x(n) = \begin{cases} n+1, & 0\leqslant n\leqslant 14 \\ 28-n, & 15\leqslant n\leqslant 27 \\ 0, & 其他\end{cases}$$

分别对频谱函数 $X(e^{j\omega}) = \mathrm{FT}[x(n)]$ 在区间[0,2π]上分别等间隔采样 64 点、32 点和 16 点,得到 $X_{64}(k)$、$X_{32}(k)$ 和 $X_{16}(k)$。然后再分别对 $X_{64}(k)$、$X_{32}(k)$和 $X_{16}(k)$进行 64 点、32 点和 16 点 IFFT,得到 $x_{64}(n)$、$x_{32}(n)$ 和 $x_{16}(n)$。编写 MATLAB 程序,分别绘制序列 $x(n)$ 波形及其幅度频谱 $X(e^{j\omega})$,并绘制 $X(e^{j\omega})$ 在区间[0,2π]上的三种频域抽样 $X_{64}(k)$、

$X_{32}(k)$ 和 $X_{16}(k)$ 的幅度谱和对应 IFFT 的 $x_{64}(n)$、$x_{32}(n)$ 和 $x_{16}(n)$ 的波形，进行对比和分析，验证频域采样定理。

4. 思考题

(1)在满足采样定理的前提下，数字频率和模拟频率之间的关系是什么？

(2)采样频率不同时，相应理想采样序列的傅里叶变换频率的数字频率度量是否都相同？它们所对应的模拟频率是否相同，为什么？

(3)如果序列 $x(n)$ 的长度为 M，希望得到其频谱 $X(e^{j\omega})$ 在$[0, 2\pi]$上的 N 点等间隔采样，当 $N<M$ 时，如何用一次最少点数的 DFT 得到该频谱采样？

5. 实验报告及要求

(1)简述实验目的及实验原理；

(2) 对实验过程中所得到的结果和图形进行分析；

(3) 实验报告要求附 MATLAB 源程序，且包含详细的注释；

(4)解答思考题。

9.2　实验二：利用 FFT 对正弦信号进行频谱分析

1. 实验目的

学习用 FFT 对连续正弦信号和时域离散正弦信号进行谱分析的方法，了解可能出现的分析误差及其原因，以便正确应用 FFT。

2. 实验原理

数字信号处理的重要用途之一是在离散时间域中确定连续时间信号的频谱，称为频谱分析。经常需要进行谱分析的信号是模拟信号和时域离散信号。如果连续时间信号 $x_a(t)$ 是带限的，则它的离散时间等效 $x_a(n)$ 可根据式(9.2.1)给出 $x_a(t)$ 谱的近似估计。

$$X_a(e^{j\omega}) = \sum_{n=-\infty}^{\infty} x_a(n)e^{-j\omega n} \tag{9.2.1}$$

无限长序列 $x_a(n)$ 先与一个长度为 N 的窗函数 $w(n)$ 相乘，使其变成长度为 M 的有限长序列 $x_1(n) = x_a(n)w(n)$ ，对 $x_1(n)$ 求出的 $X_1(e^{j\omega})$ 作为原连续模拟信号 $x_a(t)$ 的频谱估计，然后求出 $X_1(e^{j\omega})$ 在 $0 \leqslant \omega \leqslant 2\pi$ 区间等分为 N 点的离散傅里叶变换 DFT。为保证足够的分辨率，DFT 的长度 N 选得比窗长度 M 要大，其方法是在截断了的序列后面补上 $N-M$ 个零。

对信号进行谱分析的重要参量是频谱分辨率 D 和分析误差。频谱分辨率直接和 FFT 的变换区间 N 有关，因为 FFT 能够实现的频率分辨率是 $2\pi/N$ ，因此要求 FFT 能够实现的频率 $2\pi/N \leqslant D$。可以根据此式选择 FFT 的变换区间 N。用 FFT 做频谱分析时，得到的是离散谱，而信号(周期信号除外)是连续谱，只有当 N 较大时，离散谱的包络才能逼近连续谱。因此为满足误差要求，N 要适当选得大一些。

周期信号的频谱是离散谱,只有用整数倍周期的长做 FFT,得到的离散谱才能代表周期信号的频谱。如果不知道信号的周期,可以尽量选择信号的观察时间长一些。对模拟信号进行谱分析时,首先要按照采样定理将其转换成时域离散信号。如果是模拟周期信号,也应该选取整数倍周期的长度,经过采样后形成周期序列,按照周期序列的谱分析进行。

3. 实验步骤及内容

(1)设信号为 $x(t) = \cos(2\pi f_0 t + \varphi)$,频率 f_0 分别为 $f_0 = 10$ Hz 和 $f_0 = 11$ Hz ,对该信号进行谱分析,选择采样频率为 64 Hz,变换区间 N 为 32。分别打印其幅频特性曲线,并进行对比、分析和讨论。

(2)设信号为 $x(n) = 0.7\sin(2\pi f_1 n) + \sin(2\pi f_2 n)$,数字频率为 $f_1 = 0.22$ 及 $f_2 = 0.34$。试分析 DFT 的长度 N 对双频率信号频谱分析的影响(分别取 N 为 16,32,64 和 128 四个不同值)。分别打印其幅频特性曲线,并进行对比、分析和讨论。

(3)若把(2)中两个正弦波的频率靠近,取 $f_1 = 0.22$, $f_2 = 0.25$,试选择 FFT 参数,在频谱分析中分辨出这两个分量。分别打印其幅频特性曲线,并进行对比、分析和讨论。

4. 思考题

(1)对于周期序列,如果周期不知道,如何用 FFT 进行谱分析?

(2)如何选择 FFT 的变换区间?(包括非周期信号和周期信号)

(3)FFT 补零可以提高分辨率吗,为什么?

5. 实验报告及要求

(1)简述实验目的及实验原理;

(2)对实验过程中所得到的结果和图形进行分析;

(3)实验报告要求附 MATLAB 源程序,且包含详细的注释;

(4)解答思考题。

9.3　实验三:IIR 数字滤波器设计

1. 实验目的

(1)熟悉脉冲响应不变法和双线性变换法设计 IIR 数字滤波器的原理与方法;

(2) 学会调用 MATLAB 信号处理工具箱中滤波器设计函数(或滤波器设计分析工具 FDATool)设计各种 IIR 数字滤波器,学会根据滤波需求确定滤波器指标参数。

(3)通过观察滤波器输入、输出信号的时域波形及其频谱,建立数字滤波的概念。

2. 实验原理

IIR 数字滤波器的设计方法可以概括为图 9.3.1 所示。IIR 数字滤波器一般采用从模拟滤波器设计 IIR 数字滤波器的间接法(脉冲响应不变法和双线性变换法),应用最广泛的是双线性变换法。基本设计过程是: ① 将给定的数字滤波器的指标转换成过渡模拟滤波器的指标;② 设计过渡模拟滤波器;③ 将过渡模拟滤波器系统函数转换成数字滤波器的系统函数。MATLAB 信号处理工具箱中的各种 IIR 数字滤波器设计函数都是采用双线性变换法。本实验要求读者调用滤波器设计函数 butter、cheby1、cheby2 和 ellip 直接设计巴特沃斯、切比雪夫 1、切比雪夫 2 和椭圆 IIR 数字滤波器，并调用 MATLAB 信号处理工具箱函数 filter 对给定的输入信号 $x(n)$ 进行滤波，得到滤波后的输出信号 $y(n)$，并绘制相关时域和频域波形。

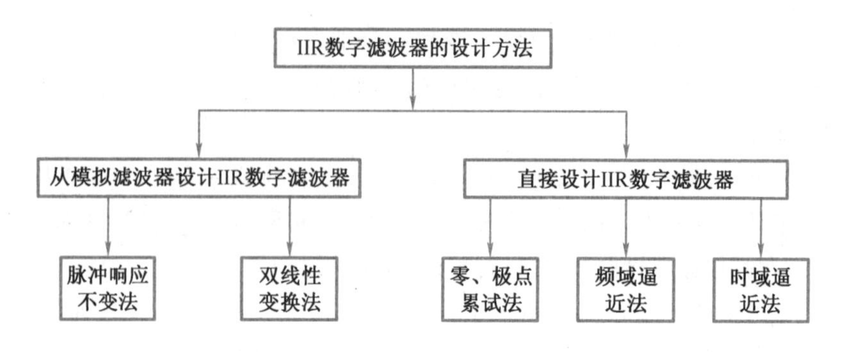

图 9.4.1　IIR 数字滤波器的设计方法

3. 实验内容及步骤

(1) 调用信号产生函数 mstg 产生由三路抑制载波调幅信号相加构成的复合信号 st，画出信号 st 的时域波形和幅频频谱特性（以 Hz 为横坐标单位）。分别确定三路调幅信号的载波频率和调制信号频率（三路调幅信号的载波频率分别为 250 Hz、500 Hz、1 000 Hz，相应的调制信号频率分别为 25 Hz、50 Hz、100 Hz）。信号长度取 $N=1\ 600$，抽样频率设为 $F_s=10$ kHz。

(2) 通过观察信号 st 的幅频特性曲线，分别确定可以分离 st 中三路抑制载波单频调幅信号的三个滤波器（低通滤波器、带通滤波器、高通滤波器）的通带截止频率和阻带截止频率。要求滤波器的通带最大衰减为 0.1 dB，阻带最小衰减为 60 dB。

(3) 以椭圆低通滤波器为原型滤波器，采用双线性变换法，调用 MATLAB 滤波器设计函数 ellipord 和 ellip 设计这三个椭圆滤波器中的任意一个，画出数字滤波器的幅频响应特性曲线。

(4) 调用滤波器实现函数 filter，用以上设计的数字滤波器对信号 st 进行滤波，分离出 st 中的任意一路调幅信号，并绘图显示其时域波形，观察分离效果。

4. 思考题

(1) 信号产生函数 mstg 中采样点数 $N=1\ 600$，对 st 进行 N 点 FFT 可以得到 6 根理想谱线。如果取 $N=1\ 800$，可否得到 6 根理想谱线，为什么？请改变函数 mstg 中采样点数 N 的值，观察频谱图对理论判断加以验证。

(2) 双线性变换法中 Ω 和 ω 之间的关系是非线性的，在实验中是否注意到这种非线性关系？从哪几种数字滤波器的幅频特性曲线中可以观察到这种非线性关系？

(3) 能否利用公式 $H(z)=H(s)\big|_{s=\frac{1}{T}\ln z}$ 完成脉冲响应不变法的数字滤波器设计，为什么？

5. 实验报告要求

(1)简述实验目的及原理;

(2)绘制所设计滤波器的损耗函数曲线;

(3)对实验过程中所得到的结果和图形进行分析;

(4)实验报告要求附 MATLAB 源程序,且包含详细的注释;

(5)解答思考题。

9.4　实验四:FIR 数字滤波器设计

1. 实验目的

(1)熟悉 FIR 数字滤波器设计的基本方法;

(2)掌握用窗函数法设计 FIR 数字滤波器的原理和方法;

(3)学会调用 MATLAB 函数设计与实现 FIR 滤波器。

2. 实验原理

FIR 数字滤波器的设计问题在于寻求一系统函数 $H(z)$,使其频率响应 $H(e^{j\omega})$ 逼近滤波器要求的理想频率响应 $H_d(e^{j\omega})$,其对应的单位脉冲响应为 $h_d(n)$ 。用窗函数法设计 FIR 数字滤波器的基本原理请读者参考教材相关内容。

3. 实验内容及步骤

(1)调用信号产生函数 xtg 产生一个长度为 $N=1\ 000$,且具有加性高频噪声的信号单频调幅信号 xt,其采样频率 $F_s=1\ 000$ Hz,载波频率 $f_c=F_s/10=100$ Hz,调制正弦波频率 $f_0=f_c/10=10$ Hz。绘制 xt 时域波形及其频谱。

(2)设计 FIR 低通滤波器,从高频噪声中提取 xt 中的单频调幅信号,要求信号幅频失真小于 0.1 dB,将噪声频谱衰减 60 dB。观察 xt 的频谱,确定滤波器指标参数。

(3) 根据滤波器指标选择合适的窗函数,计算窗函数的长度 N,调用 MATLAB 函数 fir1 设计一个 FIR 低通滤波器。并编写程序,调用 MATLAB 快速卷积函数 fftfilt 实现对 xt 的滤波。绘图显示滤波器的频响特性曲线、滤波器输出信号的幅频特性图和时域波形图。

4. 思考题

(1) 如果给定通带截止频率和阻带截止频率以及阻带最小衰减, 如何用窗函数法设计线性相位低通滤波器? 请写出设计步骤。

(2) 如果要求用窗函数法设计带通滤波器, 且给定通带上、下截止频率为 ω_{pl} 和 ω_{pu} ,阻带上、下截止频率为 ω_{sl} 和 ω_{su} ,试求理想带通滤波器的截止频率 ω_{cl} 和 ω_{cu} 。

5. 实验报告要求

(1)简述实验目的及实验原理;

(2)对实验过程中所得到的结果和图形进行分析;

(3)实验报告要求附 MATLAB 源程序,且包含详细的注释;

(4)解答思考题。

9.5 实验五:双音多频信号的检测

1. 实验目的

(1)理解电话拨号音的合成与检测的基本原理;

(2)深入理解频谱分析理论中相关参数的作用和意义;

(3)了解频谱分析在工程实际中的应用实例。

2. 实验原理

(1)双音多频信号

双音多频(dual tone multi frequency,DTMF)信号是音频电话中的拨号信号,由美国 AT&T 贝尔公司实验室研制。它不仅用于按键电话拨号,还可以用于传输十进制数据的其他通信系统中。DTMF 信号系统是一个典型的小型信号处理系统,它用数字方法产生模拟信号并进行传输,其中还用到了 D/A 变换器。在接收端用 A/D 变换器将其转换成数字信号,并进行数字信号处理与识别。为了提高系统的检测速度并降低成本,还开发出一种特殊的 DFT 算法,称为戈泽尔(Goertztel)算法,这种算法既可以用硬件(专用芯片)实现,也可以用软件实现。

在 DTMF 通信系统中,高频音与低频音的一个组合表示 0 ~9 中一个特定的十进制数字或者字符 * 和#,所用的 8 个频率分成高频带和低频带两组,低频带有四个频率: 679 Hz、770 Hz、852 Hz 和 941 Hz;高频带也有四个频率: 1 209 Hz、1 336 Hz、1 477 Hz 和 1 633 Hz。每一个数字均由高、低频带中各一个频率组合构成,例如 1 用 697 Hz 和 1 209 Hz 两个频率,信号用 $\sin(2\pi f_1 t)+\sin(2\pi f_2 t)$ 表示,其中 $f_1=679$ Hz,$f_2=1\ 209$ Hz。这样 8 个频率形成 16 种不同的双频信号。频率分配方法如图 9.5.1 所示。最后一列在电话中暂时未使用。

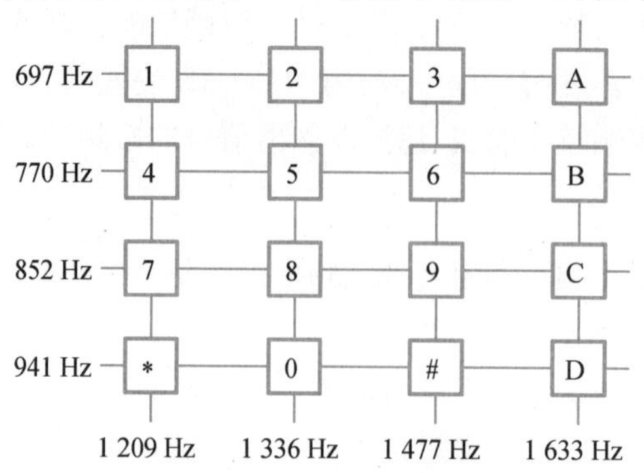

图 9.5.1 频率分配方法

DTMF 信号在电话中有两种作用:一个是用拨号信号去控制交换机接通被叫的用户电

话机;另一个作用是控制电话机的各种动作,如播放留言、语音信箱等。

(2)双音多频信号的产生

DTMF 音频的正弦波形可用计算法或查表法产生。计算法的缺点是要占用一些运算时间;查表法的速度较快,缺点是要占用一定的存储空间。两个正弦波的数字样本按比例相加在一起就得到阶梯波形 DTMF 音频信号。规定采样频率为 8 kHz,必须每 125 ms 输出一个样本。将这个叠合阶梯波形信号送到 D/A 转换器转换成模拟音频信号,就可以通过电话线路传送到交换机。

(3)双音多频信号的检测

在接收端,要对收到的双音多频信号进行检测,需要检测两个正弦波的频率值,以此来判断所对应的十进制数字或者符号。接收端将收到的模拟音频信号进行 A/D 转换,恢复为数字信号,然后检测其中的音频频谱来确定所发送的数字。检测算法可以用 FFT(DFT)算法,也可以用一组滤波器来提取所需频率。当检测的音频数目比较少时,用滤波器组实现更合适。FFT 是 DFT 的快速算法,但当 DFT 的变换区间较小时,FFT 快速算法的效果并不明显,而且还要占用很多内存,因此不如直接用 DFT 合适。

序列 $x(n)$ 的 N 点 DFT 为

$$X(k) = \sum_{n=0}^{N-1} x(n) W_N^{nk}, k = 0,1,\cdots,N-1$$

直接用 FFT 算法实现该 DFT 计算,计算量(复数乘法和加法)是 $N\log_2 N$ 。可以得到 DFT 的所有 N 个值,至少要 N 个存储器。然而,DTMF 只希望计算 DFT 的 8 个点,而 $8 \ll N$。因此直接计算 8 个频点上的频谱分量可以节省很多内存,Goertzel 算法就是这样一种方法,本质上是计算 DFT 的一种线性滤波方法。

(4)Goertzel 算法

Goertzel 算法利用相位因子 W_N^k 的周期性,将 DFT 运算表示为线性滤波运算。由于 $W_N^{-kN} = 1$,则

$$X(k) = W_N^{-kN} \cdot X(k) = \sum_{m=0}^{N-1} x(m) W_N^{-k(N-m)}, k = 0,1,\cdots,N-1 \tag{9.5.1}$$

可见,式(9.5.1)为卷积形式。若定义序列 $y_k(n)$ 为

$$y_k(n) = \sum_{m=0}^{N-1} x(m) W_N^{-k(N-m)} = x(n) \otimes W_N^{-kn} \tag{9.5.2}$$

则 $y_k(n)$ 可以看作两个序列的卷积。一个是长度为 N 的有限长输入序列 $x(n)$,另一个则是以 $h_k(n) = W_N^{-kn} u(n)$ 为单位脉冲响应的滤波器。该滤波器在 $n = N$ 点的输出就是 DFT 在频点 $\omega_k = 2\pi k/N$ 的值,即

$$X_k(k) = y_k(n) \big|_{n=N} \tag{9.5.3}$$

单位脉冲响应为 $h_k(n)$ 的滤波器的系统函数为

$$H_k(k) = \frac{1}{1 - W_N^{-k} z^{-1}} \tag{9.5.4}$$

这个滤波器只有一个位于单位圆上的极点,频率为 $\omega_k = 2\pi k/N$ 。因此,可使输入数据块通过 N 个并行的单极点滤波器组来计算全部 DFT。Goertzel 算法的好处不在于节省时

间,而在于节省空间。如果只需要 K 个 DFT 样本,可以只用 K 个并行的单极点滤波器来分别计算这 K 个样本,其中每个滤波器有一个位于 DFT 相应频率的极点,这就极大地节省了软硬件资源。

根据式(9.5.4)给出的滤波器对应的差分方程,还可以用迭代方法计算 $y_k(n)$,避免式(9.5.1)的卷积计算,可以更加节省硬件资源。因为

$$y_k(n) = W_N^{-n} y_k(n-1) + x(n) \tag{9.5.5}$$

预期的输出为 $X(k) = y_k(n)$。为了执行该计算,可以只算一次相位因子 W_N^{-k} ,将其存储起来。递推的框图如图9.5.2(a)所示。式(9.5.5)中包含一次复数运算。现将具有一对复共轭极点的谐振器 W_N^{-k} 和 W_N^{k} 组合在一起,以避免其中的复数乘法运算,由此可导出双极点滤波器系统函数如下

$$H_k(k) = \frac{1 - W_N^{-k} z^{-1}}{1 - 2\cos(2\pi k/N) z^{-1} + z^{-2}} = \frac{Z[v_k(n)]}{Z[x_k(n)]} \cdot \frac{Z[y_k(n)]}{Z[v_k(n)]} \tag{9.5.6}$$

式(9.5.6)可以用两个差分方程构成的方程组表示为

$$v_k(n) = 2\cos(2\pi k/N) v_k(n-1) - v_k(n-2) + x(n) \tag{9.5.7}$$

$$y_k(n) = v_k(n) - W_N^{-k} v_k(n-1) \tag{9.5.8}$$

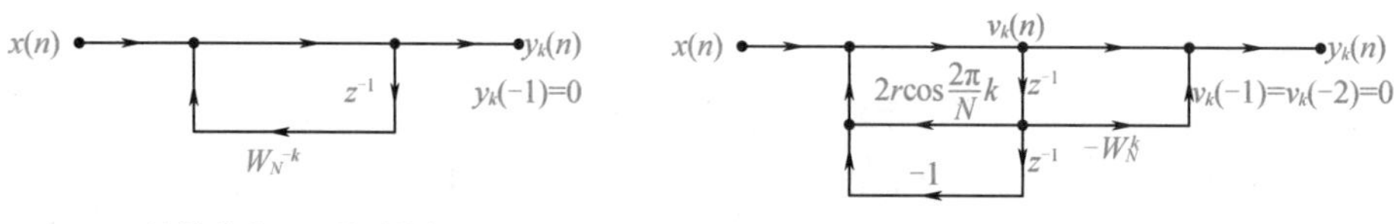

(a)计算单点DFT的递推框图　　(b)计算DFT的双极点谐振器实现

图 9.5.2　用 Goertzel 算法实现 DFT 计算的示意图

初始条件为 $v_k(-1) = v_k(-2) = 0$,这就是 Goertzel 算法的二阶实数算法,其结构如图9.5.2(b)所示,考虑式(9.5.7)和式(9.5.8)的计算量,式(9.5.7)中的递推关系对 $n=0,1,\cdots,N$ 重复 $N+1$ 次,每次计算只需要一次实数乘和两次实数加;而带有复数运算的方程(9.5.8)仅在 $n=N$ 时刻计算一次。所以,对实数序列 $x(n)$,由于对称性,用上述算法计算 $X(k)$ 和 $X(N-k)$ 的值只需要 N 次实数乘法和一次复数乘法运算。

考虑到 DTMF 解码器中只要求出幅度值 $|X(k)|$ 或幅度平方值 $|X(k)|^2$ 即可,并不需要计算复数值 $X(k)$,滤波器计算的前向部分的 DFT 值的运算可以简化为

$$\begin{aligned} |X(k)|^2 &= |y_{k2}(k)|^2 = |v_k(N) W_N^k v_k(N-1)|^2 \\ &= v_k^2(N) + v_k^2(N-1) - 2\cos(\frac{2\pi}{N}k) v_k(N) v_k(N-1) \end{aligned} \tag{9.5.9}$$

这样就完全避免了 DTMF 解码器中的复数运算。由于 DTMF 解码器中有 8 种可能的音频要检测,所以需要 8 个式(9.5.6)所给出的滤波器,并将 8 个滤波器分别调谐到这 8 个频率。当然,我们可以直接调用 MATLAB 信号处理工具箱中戈泽尔算法的函数 Goertzel,计算 N 点 DFT 的几个感兴趣的频点的值。

(5)检测 DTMF 信号的 DFT 参数选择

选择 DTMF 信号的参数要考虑多方面的因素。用 DFT 检测模拟 DTMF 信号所含有的

两个音频频率,是一个用 DFT 对模拟信号进行频谱分析的问题。根据用 DFT 对模拟信号进行谱分析的理论和对信号频谱分析的要求来确定三个参数:采样频率 F_s;DFT 的变换点数 N;对信号的观察时间的长度 T_p。对信号频谱分析的三个要求为:频率分辨率;谱分析的频谱范围;检测频率的准确性。

①频谱分析的分辨率。因为要检测的 8 个频率,两两之间间隔最小的是第一和第二个频率,间隔为 770 Hz − 697 Hz = 73 Hz,要求 DFT 最少能够分辨相隔 73 Hz 的两个频率,即要求分辨率 F_{min} = 73 Hz。DFT 的分辨率和对信号的观察时间 T_p 有关,$T_{pmin} = 1/F_{pmin} = 1/73 =$ 13.7 ms。出于对可靠性的考虑,要求按键的时间最短为 40 ms,留有一定余量。

②频谱分析的频率范围。要检测的信号频率范围是 697 ~ 1 633 Hz,但考虑到存在语音干扰,除了检测这 8 个频率外,还要检测它们的二次倍频的幅度大小,波形正常且干扰小的正弦波的二次倍频是很小的,如果发现二次谐波很大,那就可以判断这是外来声音的干扰。这样,频谱分析的频率范围为 697 ~ 3 266 Hz。按照采样定理,最高频率不能超过折叠频率,即 $0.5F_s \geqslant 3\,622$ Hz,由此要求最小的采样频率应为 7.24 kHz。因为电话数字化的采样频率规定为 F_s = 8 kHz,因此对频谱分析范围的要求是一定满足的。按照 T_{pmin} = 13.7 ms,F_s = 8 kHz,算出对信号最少的采样点数为 $N_{min} = T_{pmin} \times F_s \approx 110$。

③检测频率的准确性。序列的 N 点 DFT 是对序列频谱函数在 0 ~ 2π 区间的 N 点等间隔采样,如果是一个周期序列,截取周期序列的整数倍周期进行 DFT,其采样点刚好在周期信号的频率上,DFT 的幅度最大处就是信号的准确频率。分析这些 DTMF 信号,不可能经过采样得到周期序列,因此存在检测频率的准确性问题。

DFT 的频率采样点频率为 $\omega_k = 2\pi k/N\ (k = 0, 1, 2, \cdots, N-1)$,相应的模拟域采样点频率为 $f_k = F/N\ (k = 0, 1, 2, \cdots, N-1)$,希望选择一个合适的 N,使用该公式算出的 f_k 能接近要检测的频率,或者用 8 个频率中的任一个频率 f_k' 代入公式 $f_k' = F_s k/N$ 中时,得到的 k 值最接近整数值,这样虽然用幅度最大点检测的频率有误差,但可以准确判断所对应的 DTMF频率,从而可以准确判断对应的数字或符号。经过分析研究认为 N = 205 是最好的。按照 F_s = 8 kHz,N = 205,算出 8 个基频及其二次谐波对应的 k 值以及 k 取整数时的频率误差见表 9.5.1。

表 9.5.1　8 个基频及其二次谐波对应的 k 值以及 k 取整数时的频率误差

8 个基频/Hz	最近的整数 k 值	DFT 的 k 值	绝对误差	二次谐波/Hz	对应的 k 值	最近的整数 k 值	绝对误差
697	17.861	18	0.139	1 394	35.024	35	0.024
770	19.531	20	0.269	1 540	38.692	39	0.308
852	21.833	22	0.167	1 704	42.813	43	0.187
941	24.113	24	0.113	1 882	47.285	47	0.285
1 209	30.981	31	0.019	2 418	60.752	61	0.248
1 336	34.235	34	0.235	2 672	67.134	67	0.134
1 477	37.848	38	0.152	2 954	74.219	74	0.219
1 633	41.846	42	0.154	3 266	82.058	82	0.058

通过以上分析，确定 $F_s=8$ kHz，$N=205$，$T_p \geq 40$ ms。

3. 实验内容及步骤

DTMF 信号的产生与识别仿真实验在 MATLAB 环境下进行，编写仿真程序，运行程序，先输一个电话号码或字符，然后根据这个号码查出它对应的两个频率，并生成相应的双频信号，这是模拟 DTMF 信号发送过程，程序中以对应声音作为标志。在模拟接收端，对收到的双频信号进行截取，再用 DFT 进行谱分析，显示每一位号码数字的 DTMF 信号的 DFT 幅度谱，按照幅度谱的最大值确定对应的频率。接着按照频率分别取出满足规定行和列电平的序号，确定收到的按键号。

4. 实验报告要求

(1)简述实验目的及原理；

(2)编写 MATLAB 程序，给出程序流程图；

(3)绘制电话号码 DTMF 信号的幅度谱；

(4)说明 DTMF 信号的参数：采样频率、DFT 的变换点数、观测时间。

9.6 实验六：探究性实验课题——压缩感知原理及应用

探究性学习指学生通过类似于科学家科学探究活动的方式获取科学知识，并在这个过程中，学会科学的方法和技能、科学的思维方式，形成科学观点和科学精神。探究性实验课题是围绕课程中某个主题，依循一定的步骤开展探究性学习，具体步骤包括：提出问题、确定研究方向、组织研究、搜索并整理资料、编程实现、得出结论等。本节给出数字信号处理中有关压缩感知方面的课题供读者进行探究性实验。

1. 实验目的

(1)了解压缩感知基本原理；

(2)了解压缩感知在各领域的应用；

(3)锻炼查阅资料、分析问题和解决问题等方面的能力。

2. 压缩感知基本原理

压缩感知(compressed sensing，CS)，也称为压缩采样、稀疏采样或压缩传感，是信号处理领域进入 21 世纪以来取得的最耀眼的成果之一。它作为一个新的采样理论，通过开发信号的稀疏特性，在远小于奈奎斯特采样率的条件下，用随机采样获取信号的离散样本，然后通过非线性重建算法完美地重建信号。压缩感知理论一经提出，就引起学术界和工业界的广泛关注。

传统的信号采集和处理过程主要包括采样、压缩、传输和解压缩四个部分。其采样过程必须满足香农采样定理，即采样频率必须大于信号最高频率的 2 倍。信号压缩是先对信号进行某种变换(离散余弦变换、小波变换等)，再对少数绝对值较大系数和位置进行压缩编码，舍掉零或接近零的系数。由于采样数据在压缩过程中被删除，因此这种采样机制是冗余的。

压缩感知对信号的采样和压缩编码一步完成，利用信号的稀疏性，以远低于奈奎斯特采样率对信号进行非自适应测量编码，即在采样过程中完成了数据压缩的过程。简单地说，压缩感知理论指出：只要信号是可压缩的或在某个变换域是稀疏的，那么就可以用一个与变换基不相关的观测矩阵将变换所得高维信号投影到一个低维空间上，然后求解一个优化问题就可以从这些少量的投影中以高概率重构出原信号，可以证明这样的投影包含了重构信号的足够信息。

在该理论框架下，采样速率不再取决于信号的带宽，而在很大程度上取决于两个基本准则：稀疏性和非相关性。压缩感知的优点在于信号的投影测量数据量远远小于传统采样方法所获得的数据量，突破了香农采样定理的瓶颈，使得高分辨率信号的采集成为可能。压缩感知理论主要包括三部分：①信号的稀疏表示；②设计测量矩阵，要在降低维数的同时保证原始信号 x 的信息损失最小；③设计信号恢复算法，利用 M 个观测值无失真地恢复出长度为 N 的原始信号。理论依据为：①设长度为 N 的信号 X 在某个正交基 Ψ 上是 K－稀疏的（即含有 k 个非零值）；②如果能找到一个与 Ψ 不相关（不相干）的观测基 Φ；③用观测基 Φ 观测原信号得到长度 M 的一维测量值的 M 个观测值 Y，$K < M \ll N$；④那么就可以利用最优化方法从观测值 Y 中高概率恢复 X。

3. 实验内容

查阅相关国内外文献，以压缩感知在信息论、图像处理、模式识别、无线通信、生物医学工程等领域的应用场景，任选其一进行深入研究探索，并基于 MATLAB 进行仿真实现。

4. 实验报告要求

（1）简述实验目的及压缩感知基本原理；

（2）选择压缩感知的某一应用领域并进行文献综述；

（3）选择某一具体问题进行深入研究并进行 MATLAB 仿真。

附录 A　MATLAB 主要命令函数表

1. 管理用命令

addpath	增加一条搜索路径	demo	运行 MATLAB 演示程序
lookfor	搜索关键词的帮助	help	启动联机帮助
rmpath	删除一条搜索路径	type	列出. M 文件
path	设置或查询 MATLAB 路径	what	列出当前目录下的有关文件

2. 管理变量与工作空间用命令

clear	删除内存中的变量与函数	disp	显示矩阵与文本
length	查询向量的维数	load	从文件中装入数据
pack	整理工作空间内存	save	将工作空间的变量存盘
size	查询矩阵的维数	who,whos	列出工作空间中的变量名

3. 文件与操作系统处理命令

cd	改变当前工作目录	delete	删除文件
diary	将 MATLAB 运行命令存盘	dir	列出当前目录的内容
edit	编辑. M 文件	MATLABroot	获得 MATLAB 的安装根目录
tempdir	获得系统的缓存目录	tempname	获得一个缓存(temp)文件

4. 运算符号与特殊字符

<table>
<tr><td>*</td><td>矩阵乘</td><td>. *</td><td>向量乘</td></tr>
<tr><td>^</td><td>矩阵乘方</td><td>.^</td><td>向量乘方</td></tr>
<tr><td>kron</td><td>矩阵 kron 积</td><td>\</td><td>矩阵左除</td></tr>
<tr><td>/</td><td>矩阵右除</td><td>. \</td><td>向量左除</td></tr>
<tr><td>./</td><td>向量右除</td><td>:</td><td>向量生成或子阵提取</td></tr>
<tr><td>( )</td><td>下标运算或参数定义</td><td>[ ]</td><td>矩阵生成</td></tr>
<tr><td>.</td><td>点乘运算,常与其他运算符联合使用(如. \)</td><td>xor</td><td>逻辑运算异或</td></tr>
<tr><td>…</td><td>续行符</td><td>,</td><td>分行符(该行结果不显示)</td></tr>
<tr><td>;</td><td>分行符(该行结果显示)</td><td>%</td><td>注释符</td></tr>
<tr><td>!</td><td>操作系统命令提示符</td><td>.</td><td>向量转置</td></tr>
<tr><td>=</td><td>赋值运算</td><td>= =</td><td>关系运算之相等</td></tr>
<tr><td>~ =</td><td>关系运算之不等</td><td><</td><td>关系运算之小于</td></tr>
<tr><td>< =</td><td>关系运算之小于等于</td><td>></td><td>关系运算之大于</td></tr>
<tr><td>> =</td><td>关系运算之大于等于</td><td>&</td><td>逻辑运算与</td></tr>
<tr><td>|</td><td>逻辑运算或</td><td>~</td><td>逻辑运算非</td></tr>
</table>

5. 控制流程

break	中断循环执行的语句	case	与 switch 结合实现多路转移

else	与 if 一起使用的转移语句	elseif	与 if 一起使用的转移语句
end	结束控制语句块	error	显示错误信息
for	循环语句	if	条件转移语句
otherwise	多路转移中的缺省执行部分	return	返回调用函数
switch	与 case 结合实现多路转移	warning	显示警告信息
while	循环语句		

6. 基本矩阵

eye	产生单位阵	ones	产生元素全部为 1 的矩阵
:	产生向量	rand	产生随机分布矩阵
randn	产生正态分布矩阵	zeros	产生零矩阵

7. 特殊向量与常量

ans	缺省的计算结果变量	flops	浮点运算计数
i	复数单元	inf	无穷大
eps	精度容许误差(无穷小)	j	复数单元
non	非数值常量常由 0/0 或 Inf/Inf 获得	pi	圆周率
realmax	最大浮点数值	realmin	最小浮点数值
varargin	函数中输入的可选参数	varargout	函数中输出的可选参数

8. 矩阵处理

repmat	复制并排列矩阵函数	diag	建立对角矩阵或获取对角向量
fliplr	按左右方向翻转矩阵元素	flipud	按上下方向翻转矩阵元素
reshape	改变矩阵行列个数	rpt90	将矩阵逆时针旋转 90°
tril	抽取矩阵的下三角部分	triu	抽取矩阵的上三角部分

9. 三角函数

sin/asin	正弦/反正弦函数	sinh/asinh	双曲正弦/反双曲正弦函数
cos/acos	余弦/反余弦函数	cosh/acosh	双曲余弦/反双曲余弦函数
tan/atan	正切/反正切函数	tanh/atanh	双曲正切/反双曲正切函数
atan2	四个象限内反正切函数	sec/asec	正割/反正割函数
sech/asech	双曲正割/反双曲正割函数	csc/acsc	余割/反余割函数
csch/acsch	双曲余割/反双曲余割函数	cot/acot	余切/反余切函数
coth/acoth	双曲余切/反双曲余切函数		

10. 指数函数

exp	指数	log	自然对数
log10	常用对数	sqrt	平方根

11. 复数函数

abs	绝对值	angle	相位角
conj	共轭复数	imag	复数虚部
real	复数实部		

12. 数值处理

fix	沿零方向取整	floor	沿 $-\infty$ 方向取整
ceil	沿 $+\infty$ 方向取整	round	舍入取整
rem	求除法的余数	sign	符号函数

13. 特征值与奇异值

poly	求矩阵的特征多项式		

14. 矩阵函数

exp	矩阵指数	funm	一般矩阵
logm	矩阵对数	sqrtm	矩阵平方根

15. 基本运算

cumprod	向量累积	cumsum	向量累加
max	求向量中最大元素	min	求向量中最小元素
mean	求向量中各元素均值	median	求向量中中间无素
prod	对向量中各元素求积	sort	对向量中各元素排序
sortrows	对矩阵中各行排序	sum	对向量中各元素求和

16. 滤波与卷积

conv	卷积与多项式乘法	conv2	二维卷积
deconv	因式分解与多项式乘法	filter	一维数字滤波
filter2	二维数字滤波		

17. 方差处理

corrcoef	相关系数计算	cov	协方差计算

18. Fourier 变换

abs	绝对值	angle	相位角
cplxpair	依共轭复数对重新排序	fft	离散 Fourier 变换
fft2	二维离散 Fourier 变换	fftshift	fft 与 fft2 输出重排
ifft	离散 Fourier 逆变换	ifft2	二维离散 Fourier 逆变换
unwrap	相位角矫正		

19. 多项式处理

conv	卷积与多项式乘法	deconv	因式分解与多项式乘法
poly	求矩阵的特征多项式	polyder	多项式求导
polyeig	多项式特征值	polyfit	数据的多项式拟合
polyval	多项式求值	polyvalm	多项式矩阵求值
residue	部分分式展开	roots	求多项式的根

20. 声音处理

sound	将向量转换成声音	auread	读. au 文件
auwrite	写. au 文件	wavread	读. wav 文件
wawrie	写. wav 文件		

21. 字符串处理

strings	MATLAB 字符串函数说明	isstr	字符串判断
deblank	删除结尾空格	str2mat	字符串转换成文本
strcmp	字符串比较	findstr	字符串查找
upper	字符串大写	lower	字符串小写

22. 字符串与数值转换

num2str	变数值为字符串	str2num	变字符串为数值
int2str	变整数为字符串	sprintf	数值的格式输出

sscant	数值的格式输人		

23. 基本文件输入输出

fclose	关闭文件	fopen	打开文件
fread	读二进制流文件	fwrite	写二进制流文件
fgetl	读文本文件(无行结束符)	fgets	读文本文件(有行结束符)
fprintf	写格式化数据到文件	fscanf	从文件读格式化数据
feof	文件结尾检测	ferror	文件 I/O 错误查询
frewind	文件指针回绕	fseek	设置文件指针位置
ftell	获得文件指针位置	sprintf	格式化数据转换为字符串
sscanf	依数据格式化读取字符串		

24. 图形窗口生成与控制

clf	清除当前图形窗口	close	关闭图形窗口
figure	生成图形窗口	gcf	获取当前图形的窗口句柄
refresh	图形窗口刷新	shg	显示图形窗口

25. 坐标轴建立与控制

axes	坐标轴标度设置	axis	坐标轴位置设置
box	坐标轴盒状显示	caxis	为彩色坐标轴刻度
cla	清除当前坐标轴	gca	获得当前坐标轴句柄
hold	设置当前图形保护模式	ishold	返回 hold 的状态
subplot	将图形窗口分为几个区域	grid	坐标网格线开关设置

26. 处理图形对象

line	线生成	figure	图形窗口生成
image	图像生成	light	光源生成
surface	表面生成	text	文本生成
unicontrol	生成一个用户接口控制	uimenu	菜单生成
load	导人路径或文件	imread	读入图像
imshow	显示图像	rgb2gray	彩色图像转灰度图像
Im2bw	图像二值化	imnoise	图像加噪
imresize	改变图像大小	imrotate	图像旋转
imhist	图像灰度直方图运算	imerode	图像的腐蚀
imdilate	图像的膨胀	imopen	图像开操作
imclose	图像闭操作	histeq	直方图均衡化
medfilt2	中值滤波	edge	图像边缘检测
graythresh	计算最优阈值	watershed	分水岭函数
plot	绘制连续图形	subplot	一个窗口绘制多个图像
stem	绘制离散图形		

27. 滤波器分析与实现

freqs	模拟滤波器频率响应	freqz	数字滤波器频率响应
freqzplot	画出顺率响应曲线	impz	数字滤波器的单位抽样响应
latcfilt	格型滤波器实现	zplane	离散系统零极点图

28. FIR 滤波器设计

fir1	基于窗函数的 FIR 滤波器设计标准响应	fir2	基于窗函数的 FIR 滤波器设计任意响应
bartlett	Bartlett 窗	blackman	Blackman 窗
hamming	Hamming 窗	hanning	Hanning 窗
kaiser	Kaiser 窗	triang	三角窗

29. IIR 滤波器设计

butter	巴特沃斯型滤波器设计	buttord	巴特沃斯型滤波器阶数估计
cheby1	切比雪夫Ⅰ型滤波器设计	cheb1ord	切比雪夫Ⅰ型滤波器阶数估计
cheby2	切比雪夫Ⅱ型滤波器设计	cheb2ord	切比雪夫Ⅱ型滤波器阶数估计
ellip	椭圆型滤波器设计	ellipord	椭圆型滤波器阶数估计
bilinear	双线性变换法的模拟到数字转换	impinvar	脉冲响应不变法的模拟到数字转换
buttap	Butterworth 模拟低通滤波器原型	cheb1ap	Chebyshev Ⅰ模拟低通滤波器原型
cheb2ap	Chebyshev Ⅱ模拟低通滤波器原型	lp2bp	低通到带通模拟滤波器变换
lp2hp	低通到高通模拟滤波器变换	lp2bs	低通到带阻模拟滤波器变换
lp2lp	低通到低通模拟滤波器变换		

附录 B　汉英名词对照表

二画

二进制数 binary numbers
二维离散时间信号 two dimensional discrete time signal
二维离散傅里叶变换 two dimensional discrete Fourier transform

三画

三角形窗 triangular window

四画

无失真传输 distortionless transmission
无限冲激响应系统 infinite impulse response system
互相关 cross-correlation
切比雪夫多项式 Chebyshev polynomial
切比雪夫滤波器 Chebyshev filter
内插 interpolation
内插函数 interpolation function
分级 decomposition
计算机辅助设计 computer-aided design
尺度(变换)特性 scaling property
双边序列 two-sided sequences
双线性变换 bilinear transformation

五画

正交分量 orthogonal sequence
正弦序列 sinusoidal sequence
功率谱 power spectrum
功率谱估计 power spectrum estimation
可分序列 separable sequences
左序列 left-sided sequences
右序列 right-sided sequences
失真 distortion
可实现性 realizability
包络线 envelop
对称性 symmetry
对偶性 duality

六画

吉布斯现象 Gibbs phenomenon
共轭反对称序列 conjugate anti-symmetric sequence
共轭对称序列 conjugate symmetric sequence
过渡带 transition band
有限冲激响应系统 finite-impulse response system
有限字节效应 finite word length effect
有限时宽序列 finite-duration sequences
有效值 effective value
有理分式 rational fraction
同址计算 in-place computation
因果系统 causal system
因果序列 causal sequence
因果性 causality
网络结构 network structure
自相关 auto-correlation
自相关序列 auto-correlation sequence
后向差分 backward difference
全通滤波器 all-pass filter
多采样率 diverse sampling rates
冲激 impulse
冲激不变法 impulse invariance
齐次性 homogeneity
阱节点 sink nodes
收敛域 region of convergence(ROC)
阶跃不变法 step invariance procedure

七画

均方误差 mean-square error
均方值 mean-square value
抗混叠滤波器 anti-aliasing filter
零－极点图 pole-zero plot(diagram)
极－零点图 pole-zero plots
时间平均 time average
时间抽取快速傅里叶变换算法 decimation-in-time FFT algorithms
时域 time domain
时域连续信号 continuous-time signals
时域离散信号 discrete-time signals
角频率 angular frequency
系统函数 system function
快速卷积 fast convolution
初值定理 initial value theorem

阻带 stop-band

八画

抽取 decimation

拉普拉斯变换 Laplace transform

范数 norm

直接形网络 direct form networks

码位倒序 bit-reversed order

奈奎斯特间隔 Nyquist interval

奈奎斯特频率 Nyquist frequency

奇序列 odd sequence

奇函数 odd function

转置定理 transposition theorem

典范形网络 canonic form networks

罗朗级数 Laurent series

帕塞瓦尔 Parseval's theorem

舍入噪声 round-off noise

采样 sampling

采样定理 sampling theorem

采样率转换 sampling rate conversion

采样频率 sampling frequency

周期延拓 periodic extension

周期序列 periodic sequence

周期卷积 periodic convolution

变换域 transform domain

卷积 convolution

卷积和 convolution sum

单位冲激序列 unit impulse sequence

单位冲激响应 impulse response

单位阶跃序列 unit step sequence

单位样本序列 unit-sample sequence

定点 fixed-point

实部 real part

线性非移变系统 linear shift-invariant systems

线性非移变离散系统 linear shift-invariant discrete-time systems

线性卷积 linear convolution

线性相位滤波器 linear phase filter

终值定理 final domain

九画

指数序列 exponential sequence

带宽 bandwidth

带通信号 band-pass signals

柯西积分定理 Cauchy integral theorem

柯西留数定理 Cauchy residue theorem

相关序列 correlation sequence

相位谱 phase spectrum

栅栏效应 fence effect

重叠相加法 overlap-add method

重叠保留法 overlap-save method

复序列 complex sequence

复卷积定理 complex convolution theorem

复指数序列 complex exponential sequence

信号流图表示 signal flow graph representation

差分方程 difference equation

差分算子 difference operator

十画

格型滤波器 lattice filter

圆周(循环)卷积 circular convolution

倒位序 bit-reserved order

留数定理 residue theorem

离散反傅里叶变换 inverse discrete Fourier transform(DFT)

离散时间傅里叶变换 discrete time Fourier transform(DTFT)

离散随机信号 discrete random signals

离散傅里叶级数 discrete Fourier series(DFS)

离散傅里叶变换 discrete Fourier transform(DFT)

部分分式展开 partial fraction expansion

浮点 floating-point

流图 flow-graph

通带宽度 width of band-pass

十一画

理想低通滤波器 ideal low-pass filter

虚部 imaginary part

常系数线性差分方程 linear constant coefficient difference equations

偶序列 even sequence

偶函数 even function

旋转因子 twiddle factor

混叠 aliasing

十二画

插值 interpolation

椭圆滤波器 elliptic filters

最小相位条件 minimum-phase condition

最小相位滤波器 minimum-phase filter

量化 quantization

量化效应 quantization effect
幅度调制 amplitude modulation
幅度谱 amplitude spectrum
等纹波近似 equal ripple approximations
傅里叶级数 Fourier series(FS)
傅里叶变换 Fourier transform(FT)
集点平均 ensemble average
循环(圆周)卷积 circular convolution
滑动平均系统 moving average system
窗函数 window function

十三画

频域 frequency domain
频率抽取快速傅里叶变换算法 decimation-in-frequency FFT algorithm
频率采样 frequency-sampling
频率变换 frequency transformation
频率特性 frequency-shifting property
频谱 frequency spectrum
频谱分析 frequency analysis
频谱泄露 spectrum leakage
数字信号处理 digital signal processing
数字滤波器 digital filter
源节点 source nodes
群延迟 group delay
叠加原理 superposition principle

十四画

截止频率 cut-off frequency
截尾 truncation
模拟系统 analog systems
模拟信号 analog signals
模拟 - 数字变换 analog-digital transformation
模拟 - 数字滤波器变换 analog-digital filter transformations
模拟滤波器 analog filter
稳定系统 stable system
稳定性 stability
精度 accuracy
谱估计 spectral estimation

十五画

蝶形运算 butterfly computation
蝶形流图 butterfly flow-graph

参考文献

[1] 高西全,丁玉美. 数字信号处理[M]. 4 版. 西安:西安电子科技大学出版社,2016.

[2] 程佩青. 数字信号处理教程[M]. 5 版. 北京:清华大学出版社,2017.

[3] 张玲华. 信号处理教程[M]. 北京:人民邮电出版社,2020.

[4] 陈后金. 数字信号处理[M]. 3 版. 北京:高等教育出版社,2018.

[5] 王艳芬,王刚,张晓光,等. 数字信号处理原理及实现[M]. 3 版. 北京:清华大学出版社,2017.

[6] 姚天任. 数字信号处理[M]. 2 版. 北京:清华大学出版社,2018.

[7] 郑佳春,陈仅星,陈金西. 数字信号处理:基于数值计算[M]. 西安:西安电子科技大学出版社,2013.

[8] 徐以涛. 数字信号处理[M]. 西安:西安电子科技大学出版社,2009.

[9] 刘泉,郭志强. 数字信号处理原理与实现[M]. 3 版. 北京:电子工业出版社,2020.

[10] 陈友兴,桂志国,张权,等. 数字信号处理原理及应用[M]. 北京:电子工业出版社,2018.

[11] PROAKIS J G, MANOLAKIS D G. 数字信号处理:原理、算法与应用[M]. 方艳梅,刘永清,译. 4 版. 北京:电子工业出版社,2014.

[12] 陈刚,张晓杰,孙波. 数字信号处理[M]. 北京:机械工业出版社,2017.

[13] 宿富林,冀振元,赵雅琴,等. 数字信号处理[M]. 哈尔滨:哈尔滨工业大学出版社,2012.

[14] 刘顺兰,吴杰. 数字信号处理[M]. 3 版. 西安:西安电子科技大学出版社,2015.

[15] 孙晓艳,王稚慧,要趁红,等. 数字信号处理及其 MATLAB 实现:慕课版[M]. 北京:电子工业出版社,2018.

[16] 欧阳玉梅,汪淑贤,蒋红梅,等. 数字信号处理实验教程:基于 MATLAB 的数字信号处理仿真[M]. 武汉:华中科技大学出版社,2020.

[17] 唐向宏,孙闽红,应娜. 数字信号处理实验教程:基于 MATLAB 仿真[M]. 杭州:浙江大学出版社,2017.

[18] 吴瑛,张莉,张冬玲. 数字信号处理[M]. 2 版. 西安:西安电子科技大学出版社,2017.

[19] 郑国强,傅江涛,彭勃,等. 数字信号处理:理论与实践[M]. 西安:西安电子科技大学出版社,2009.

[20] OPPENHEIM A V. 离散时间信号处理[M]. 刘树堂,黄建国,译. 西安:西安交通大学出版社,2001.